U0951305

中国图学学会
CHINA GRAPHICS SOCIETY

全国大学生先进成图技术与产品信息建模创新大赛第16、17届命题解答汇编

陶　冶　邵立康　王　静　周　佶　王立峰　林　丽
陈　亮　吕　辉　钟延芬　杨万理　张圣敏　杨　亭　编著

中国农业大学出版社
·北京·

内容简介

本书是《全国大学生先进成图技术与产品信息建模创新大赛第 14、15 届命题解答汇编》的续编，收录了全国大学生先进成图技术与产品信息建模创新大赛第 16、17 届大赛的机械类、建筑类、水利类、道桥类及 17 届电子类竞赛题与答案等内容，对于重点题目给出了解题方法以供参考。读者可以通过手机等移动通信设备实现便捷学习。

本汇编是全国大学生先进成图技术与产品信息建模创新大赛选手的重要备考资料，同时也是从事机械、建筑、水利、道桥、电子等相关专业的高校老师、工程技术人员的参考书，更是广大图学与计算机建模爱好者检验自己专业水平的测试卷。

图书在版编目(CIP)数据

全国大学生先进成图技术与产品信息建模创新大赛第 16、17 届命题解答汇编 / 陶冶等编著. --北京：中国农业大学出版社，2025.4. --ISBN 978-7-5655-3437-9

Ⅰ. TB476-44

中国国家版本馆 CIP 数据核字第 20252FP377 号

书　　名　全国大学生先进成图技术与产品信息建模创新大赛第 16、17 届命题解答汇编

作　　者　陶　冶　邵立康　王　静　周　佶　王立峰　林　丽　陈　亮　吕　辉　钟延芬　杨万理　张圣敏　杨　亭　编著

策划编辑　司建新　　**责任编辑**　司建新

封面设计　中通世奥图文设计公司

出版发行　中国农业大学出版社

社　　址　北京市海淀区圆明园西路 2 号　　**邮政编码**　100193

电　　话　发行部 010-62733489，1190　　读者服务部 010-62732336

编辑部 010-62732617，2618　　出　版　部 010-62733440

网　　址　http://www.caupress.cn　　**E-mail**　cbsszs@cau.edu.cn

经　　销　新华书店

印　　刷　运河(唐山)印务有限公司

版　　次　2025 年 4 月第 1 版　　2025 年 4 月第 1 次印刷

规　　格　210 mm×285 mm　　16 开本　　15.25 印张　　458 千字

定　　价　102.00 元

图书如有质量问题本社发行部负责调换

全国大学生先进成图技术与产品信息建模创新大赛
命题解答汇编编委会

编 委 会 主 任： 陶　冶

编委会荣誉主任： 邵立康

编 委 会 成 员： 陶　冶　邵立康　樊　宁　李　明

吴佩年　刘　炀　赵建国　鲁聪达

王　静　阳明庆　陈　亮　周　佶

于习法　王立峰　刘继鹏　何　蕊

张圣敏　钟春欣　詹　平　张丽萍

林　丽　秦　易　石现博　李　征

张志超　杨传耀　金　庆

全国大学生先进成图技术与产品信息建模创新大赛
第 16、17 届命题解答汇编编著者名单

陶　冶　南京航空航天大学金城学院

邵立康　中国人民解放军陆军炮兵防空兵学院

王　静　合肥工业大学

周　佶　南京工业大学

王立峰　东北林业大学

林　丽　新疆农业大学

陈　亮　华南理工大学

吕　辉　南昌航空大学

钟延芬　南昌航空大学

杨万理　西南交通大学

张圣敏　黄河水利职业技术学院

杨　亭　广东开放大学

序

《全国大学生先进成图技术与产品信息建模创新大赛第16、17届命题解答汇编》与大家见面了，本书与已出版的《全国大学生先进成图技术与产品信息建模创新大赛命题解答汇编(1～10届)(机械类与建筑类)》《全国大学生先进成图技术与产品信息建模创新大赛命题解答汇编(1～11届)(机械类、水利类与道桥类)》《全国大学生先进成图技术与产品信息建模创新大赛第12、13届命题解答汇编》及《全国大学生先进成图技术与产品信息建模创新大赛第14、15届命题解答汇编》一脉相承。编著本书，一是给准备参加第18届成图大赛的选手提供更多备赛资料；二是记录该赛事走过的历程并留下珍贵的赛事档案；三是使参与赛事专家们的经验和辛勤成果为更多莘莘学子提供指引与方向，进而从中受益。

习近平总书记在党的二十大报告中提出，教育、科技、人才是全面建设社会主义现代化国家的基础性、战略性支撑。必须坚持科技是第一生产力、人才是第一资源、创新是第一动力，深入实施科教兴国战略、人才强国战略、创新驱动发展战略，开辟发展新领域新赛道，不断塑造发展新动能新优势。全国大学生先进成图技术与产品信息建模创新大赛始终把培养学生创新精神、创造能力和团队合作意识放在首要位置，大赛组委会认真学习和贯彻习近平总书记的讲话精神，不忘初心、牢记使命，把一个初创只有50所学校300多名学生参加的小众竞赛，发展为900多所高校，30多万名大学生参加选拔，1万多名学生参加决赛的全国大型赛事。一路走来，涌现出许多优秀的指导教师和可圈可点的参赛学生，谱写了许多精彩纷呈的故事，培养了许多能力突出、德才兼备的大学生，成长出许多基础知识扎实、创新能力强、教学水平过硬的教学团队。

本书继承了系列书籍一贯的编著特点，按类别给出了赛题及答案，同时新增了电子类赛题及答案，为大赛内容及形式提供了新的活力，充分体现了大赛的先进性、创新性及前瞻性。

十分感谢中国农业大学出版社的编辑们，他们为本书的出版付出了辛勤的劳动。感谢一直以来支持大赛工作的各承办高校及参赛高校，感谢十几年来参与命题的各位专家，还要感谢多年来参与和支持大赛工作的各个企业，感谢所有台前幕后参与大赛工作的各位老师，正是你们的奉献，成就了今天赛事的辉煌。

全国大学生先进成图技术与产品信息建模创新大赛已走过17个年头，未来的大赛将继续遵从初心，朝着以赛促教、以赛促学、以赛促创、以赛促建、以赛促改的方向发展，为国家多培养应用型、专业型、创新型及复合型的高端人才，为中华民族的崛起做出应有的贡献！

陶　冶

2025年2月10日于广州

目　录

机械类

建筑类

水利类

道桥类

电子类

机械类

第16届“高教杯”全国大学生先进成图技术与产品信息建模创新大赛机械类尺规绘图试题

考试时间：30分钟。（请使用在线平台直接作答，如有所需尺寸，直接在图中量取。）

注意：禁止使用建模软件辅助作答。

1. 看懂形体，补全三视图中所漏图线（若投影中有虚线，需画出）。

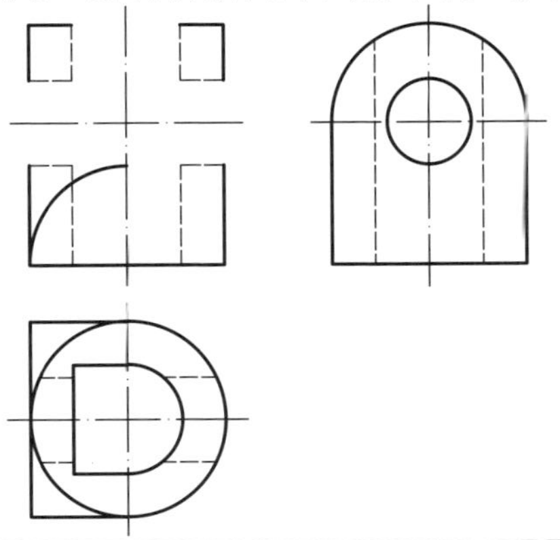

2. 已知一立体的展开平面图，是由8个正三角形和6个正方形组成，求作该立体的三视图和正等轴测图（不画虚线）。

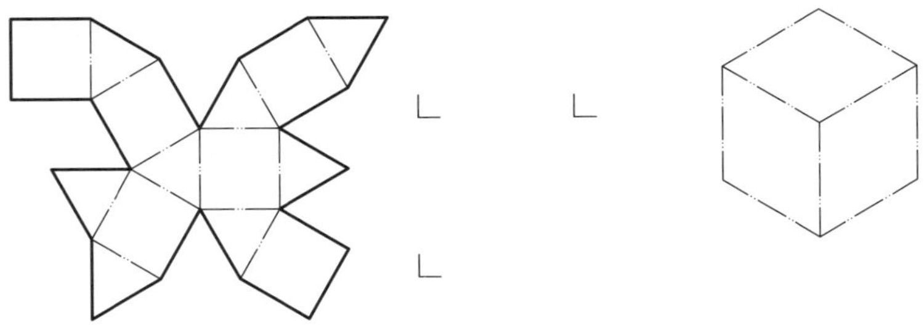

3. 某住房拟从墙边的瓷瓶C向输电线AB搭接引入线，请作图使得接入线最短，最短为________。（精确到小数点后两位，不带单位，保留作图痕迹）

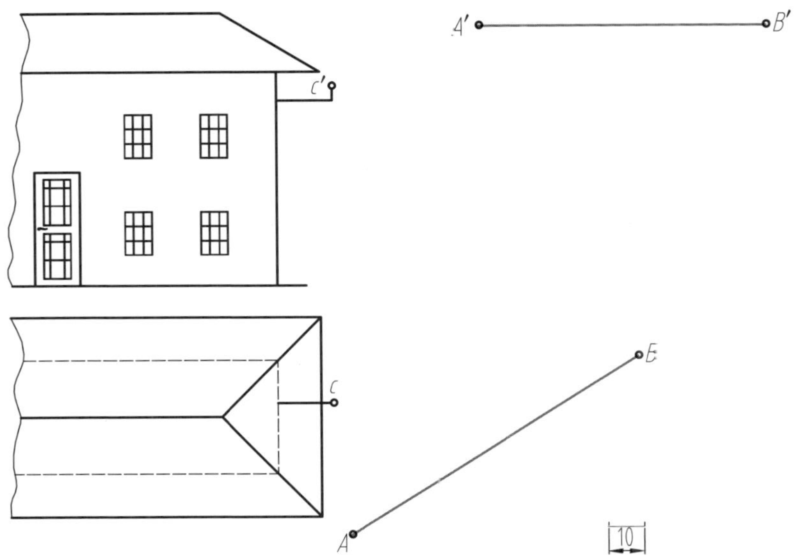

4. 根据所给形体的主视图，分析其余视图并选择相应的俯视图和左视图。

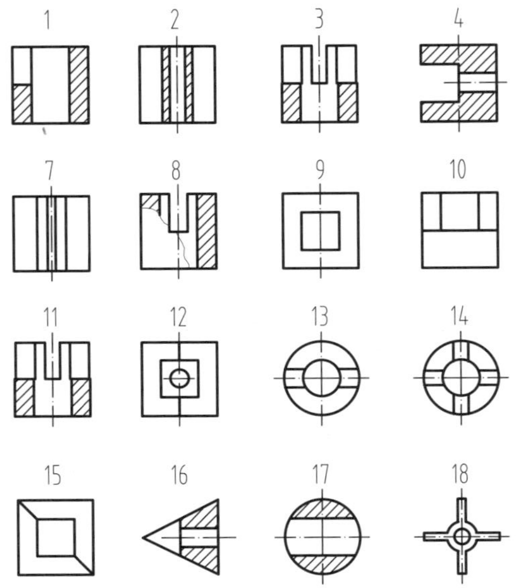

主视图	左视图	俯视图
1		
2		
3		
4		
5		
6		

第16届“高教杯”全国大学生先进成图技术与产品信息建模创新大赛机械类尺规绘图试题答案

考试时间：30分钟。（请使用在线平台直接作答，如有所需尺寸，直接在图中量取。）

1. 看懂形体，补全三视图中所漏图线（若投影中有虚线，需画出）。

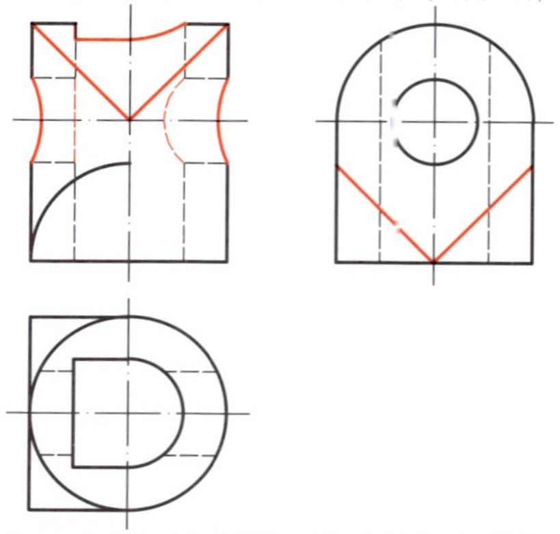

2. 已知一立体的展开平面图，是由8个正三角形和6个正方形组成，求作该立体的三视图和正等轴测图（不画虚线）。

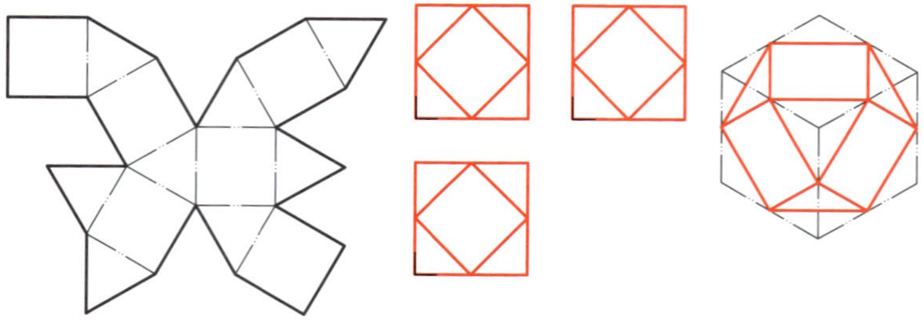

3. 某住房拟从墙边的瓷瓶C向输电线AB搭接引入线，请作图使得接入线最短，最短为47.55。（精确到小数点后两位，不带单位，保留作图痕迹）

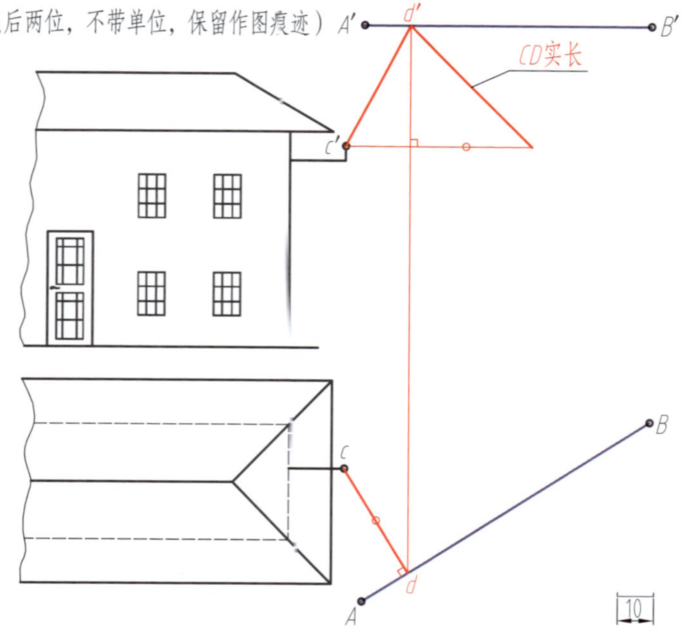

4. 根据所给形体的主视图，分析其余视图并选择相应的俯视图和左视图。

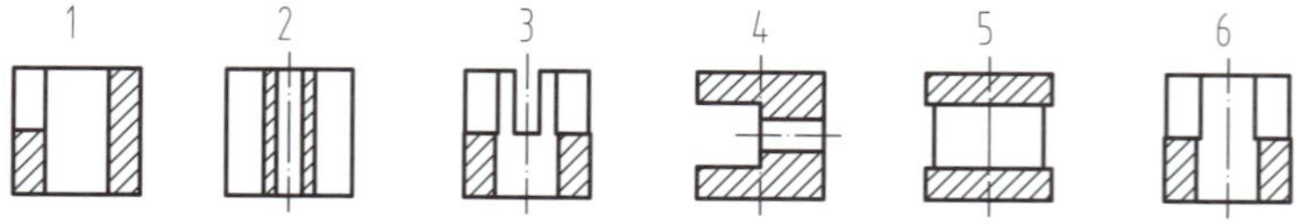

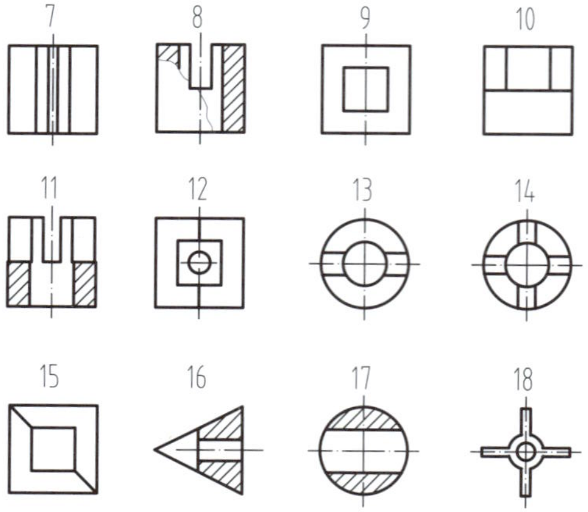

主视图	左视图	俯视图
1	10	15
2	7	18
3	11	14
4	12	16
5	9	17
6	8	13

第 16 届"高教杯"全国大学生先进成图技术与产品信息建模创新大赛 机械类计算机绘图试题

题目要求：

第一题

根据所给的"机械手"中的零件图和装配简图，创建各零件三维模型，将所有零件组装成装配体，并生成二维装配工程图。

完成如下内容：

第一部分：简答题

1. 机械手的最大回转角度为多少度？

2. 当机械手的手指处于水平位置时，夹紧的工件直径为多少(单位：mm)？

3. 杠杆 18 和手指 19 之间的装配设计不足之处是什么？

第二部分：创建所有零件的三维模型(如表 1 所示)，其中零件 5、11、31、36 需根据装配关系设计。

第三部分：将所建模型按装配简图(如图 1 所示)进行组装。

第四部分：创建零件 2 后盖的二维零件工程图(比例为 1∶2，A3 图纸)。

第五部分：创建包含所有零件的二维装配图(比例为 1∶2，A2 图纸)。

第六部分：其他事项

(1)标准件可以使用软件中自带的标准件库资源，也可以按比例画法自建，不得使用第三方插件。

(2)部分零件图中对工艺结构、表面结构和几何公差要求做了简化。

(3)工作原理。

该机械手的回转运动是由回转油缸 4 完成的，定片 32 和回转缸体 4 通过螺钉 33 和销 34 连接在一起，动片 35 和夹紧缸体 10 通过螺钉 43 和销 44 连接在一起，压力油由孔 M 和孔 N 进出油腔，实现机械手的旋转运动，旋转角度的极限值是由定片和动片之间允许的回转角度决定的。旋转位置的定位控制是由电位器进行检测并加以反馈控制的。

该机械手的抓取动作是由楔块 17 和杠杆 18 来实现的，当压力油从孔 P 经由连接座 1 和后盖 2 中的油孔进入夹紧缸体 10 的左腔体，克服压缩弹簧 13 的压力，推动活塞 12 和楔块 17 向右移动，从而推动杠杆 18 绕着销 25 转动，使得手指 19 握紧工件。当控制动作的电磁换向阀换向时，夹紧缸体 10 左腔体中的油液回流油箱，从而使楔块 17 和活塞 12 在压缩弹簧 13 的作用下得以复位，手指 19 在拉伸弹簧 28 的作用下松开工件。

(4)技术要求。

①零件在装配前必须清理和清洗干净，不得有毛刺、飞边、氧化皮、锈蚀、切屑、油污、着色剂和灰尘等。

②装配前应对零、部件的主要配合尺寸，特别是过盈配合尺寸及相关精度进行复查。

③同一零件用多件螺钉紧固时，各螺钉需交叉、对称、逐步、均匀拧紧。

④装配后试运转，各转动部分应灵活，不得有卡阻现象，不得有油液泄漏现象。

⑤机械手中的零件图如图 2 至图 7 所示。

表1 机械手中的零件代号、名称、数量和材料

序号	代号	名称	数量	材料	单件质量	总计质量	备注
44	GB/T 119.2	销6X20	2				
43	GB/T 70.1	螺钉M6X16	2				
42	GB/T 119.2	销10X80	2				
41		电位器座	1	L10			
40	GB/T 65	螺钉M3X20	2				
39	GB/T 894.1	挡圈35	1				
38	GB/T 276	滚动轴承16007	1				
37		螺塞	5	45			
36		密封圈	2	耐油橡胶			
35		动片	1	45			
34	GB/T 119.2	销8X40	2				
33	GB/T 70.1	螺钉M8X30	2				
32		定片	1	45			
31		密封圈	4	耐油橡皮			
30		销	1	45			
29	GB/T 75	螺钉M4X14	1				
28		拉伸弹簧	2	65Mn			
27		弹簧支柱	4	45			
26	GB/T 894.1	挡圈16	2				
25		销	2	45			
24		垫圈	4	45			
23	GB/T 894.1	挡圈13	2				
22		销	2	45			
21	GB/T 70.1	螺钉M10X16	4				
20		罩板	2	有机玻璃			
19		手指	2	45			
18		杠杆	2	45			
17		楔块	1	45			
16	GB/T 70.1	螺钉M8X25	4				
15		衬套	2	ZCuSn10Pt1			
14		支座	1	45			
13		压缩弹簧	1	65Mn			
12		活塞	1	45			
11		密封圈	2	耐油橡胶			
10		夹紧缸体	1	45			
9		锁紧螺母	1	45			
8	GB/T 276	滚动轴承6015	1				
7	GB/T 70.1	螺钉M10X80	8				
6		前盖	1	HT200			
5		密封圈	2	耐油橡胶			
4		回转缸体	1	HT200			
3	GB/T 67	螺钉M4X6	10				
2		后盖	1	HT200			
1		连接座	1	HT200			

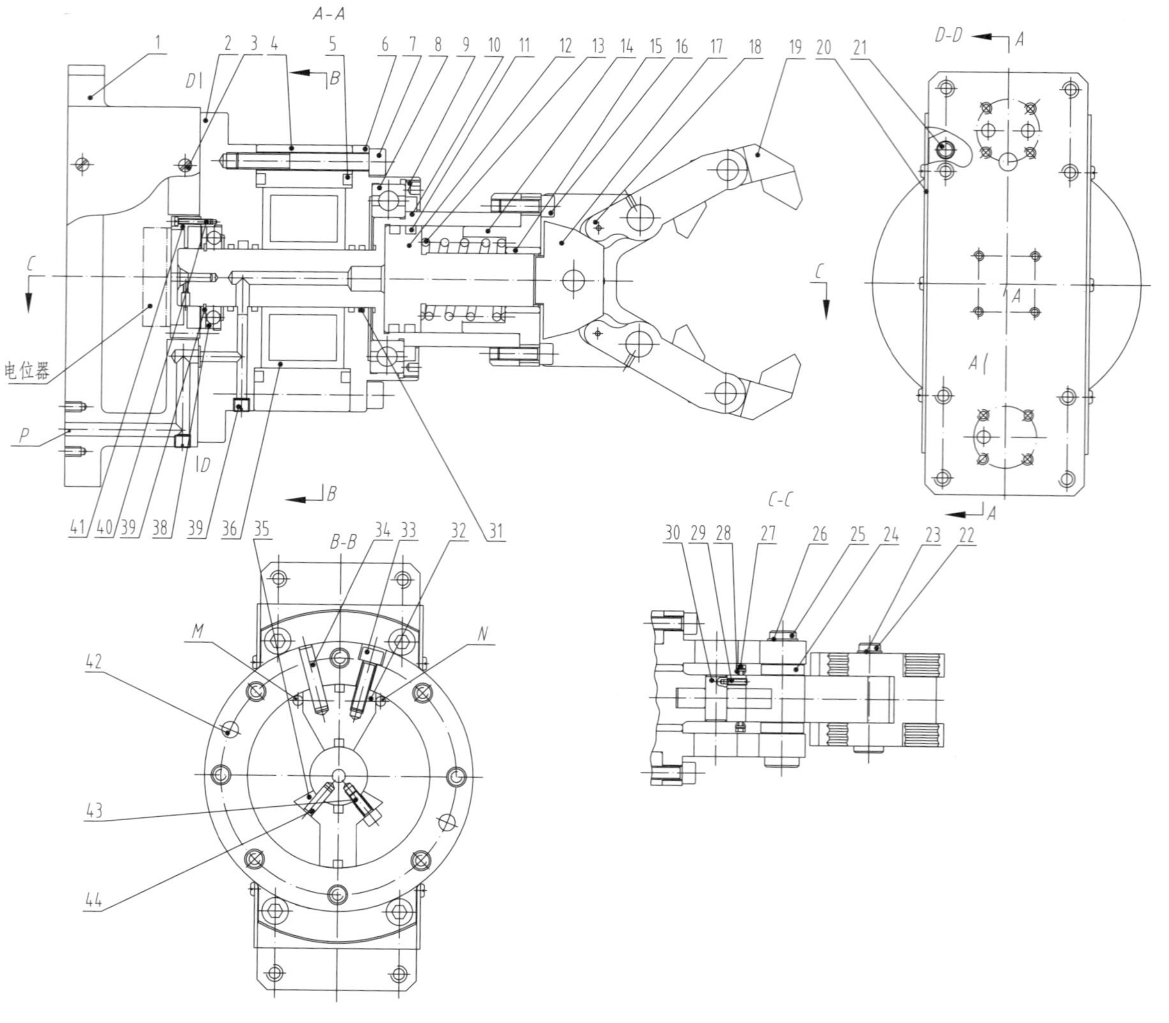

图1 机械手装配简图

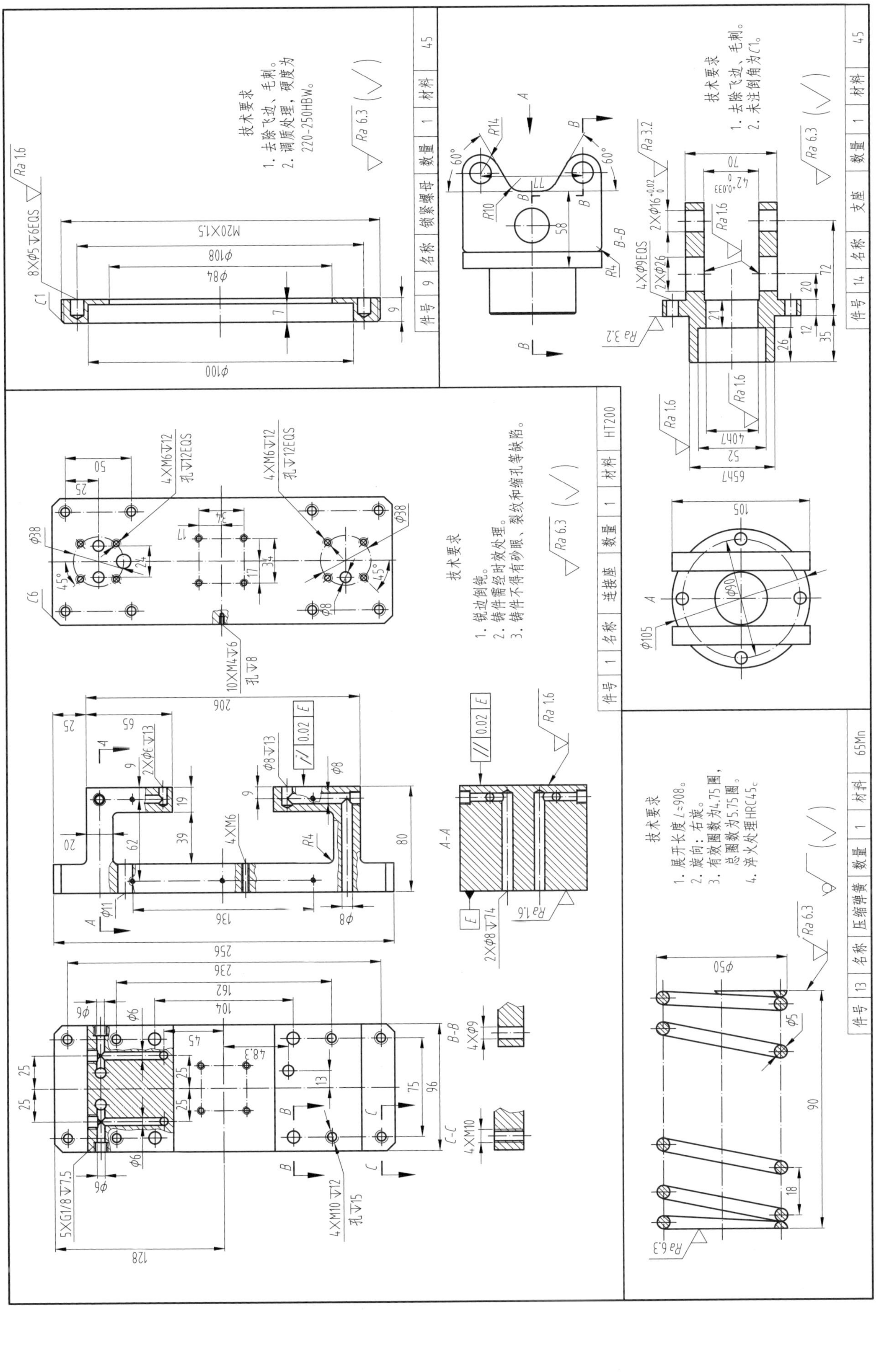
技术要求
1. 去除飞边、毛刺。
2. 调质处理，硬度为220-250HBW。
件号 9 名称 锁紧螺母 数量 1 材料 45
技术要求
1. 去除飞边、毛刺。
2. 未注倒角为C1。
件号 14 名称 支座 数量 1 材料 45
技术要求
1. 锐边倒钝。
2. 铸件需经时效处理。
3. 铸件不得有砂眼、裂纹和缩孔等缺陷。
件号 1 名称 连接座 数量 1 材料 HT200
技术要求
1. 展开长度 L≈908。
2. 旋向：右旋。
3. 有效圈数为4.75圈，总圈数为5.75圈。
4. 淬火处理HRC45c
件号 13 名称 压缩弹簧 数量 1 材料 65Mn

图2 零件图1

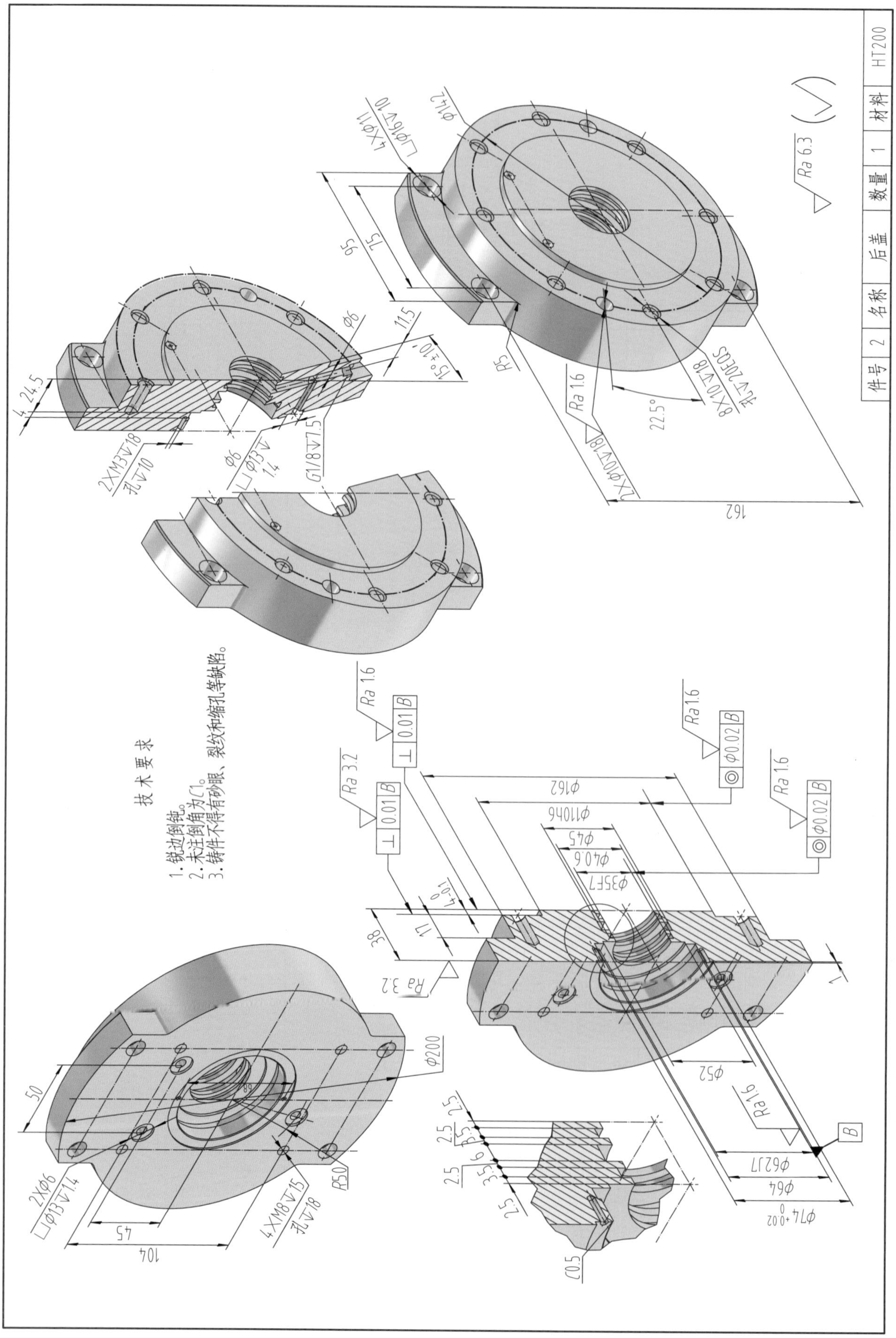
技术要求
1. 锐边倒钝。
2. 未注倒角为C1。
3. 铸件不得有砂眼、裂纹和缩孔等缺陷。
件号
2
名称
后盖
数量
1
材料
HT200
Ra 6.3
4XΦ11
⌴Φ16↧10
Φ142
95
75
11.5
Φ6
15°±10'
R5
Ra 1.6
8XΦ10↧18
孔↧20EQS
22.5°
2XΦ10↧18
162
4
24.5
2XM3↧18
孔↧10
Φ6
⌴Φ13↧14
G1/8↧7.5
Φ162
Φ110h6
Φ45
Φ40.6
Φ35F7
38
17
Ra 3.2
Φ52
Ra 1.6
B
Φ62J7
Φ64
Φ74
Φ200
50
2XΦ6
⌴Φ13↧14
45
104
4XM8↧15
孔↧18
R50
2.5
3.5
6
C0.5

图3 零件图2

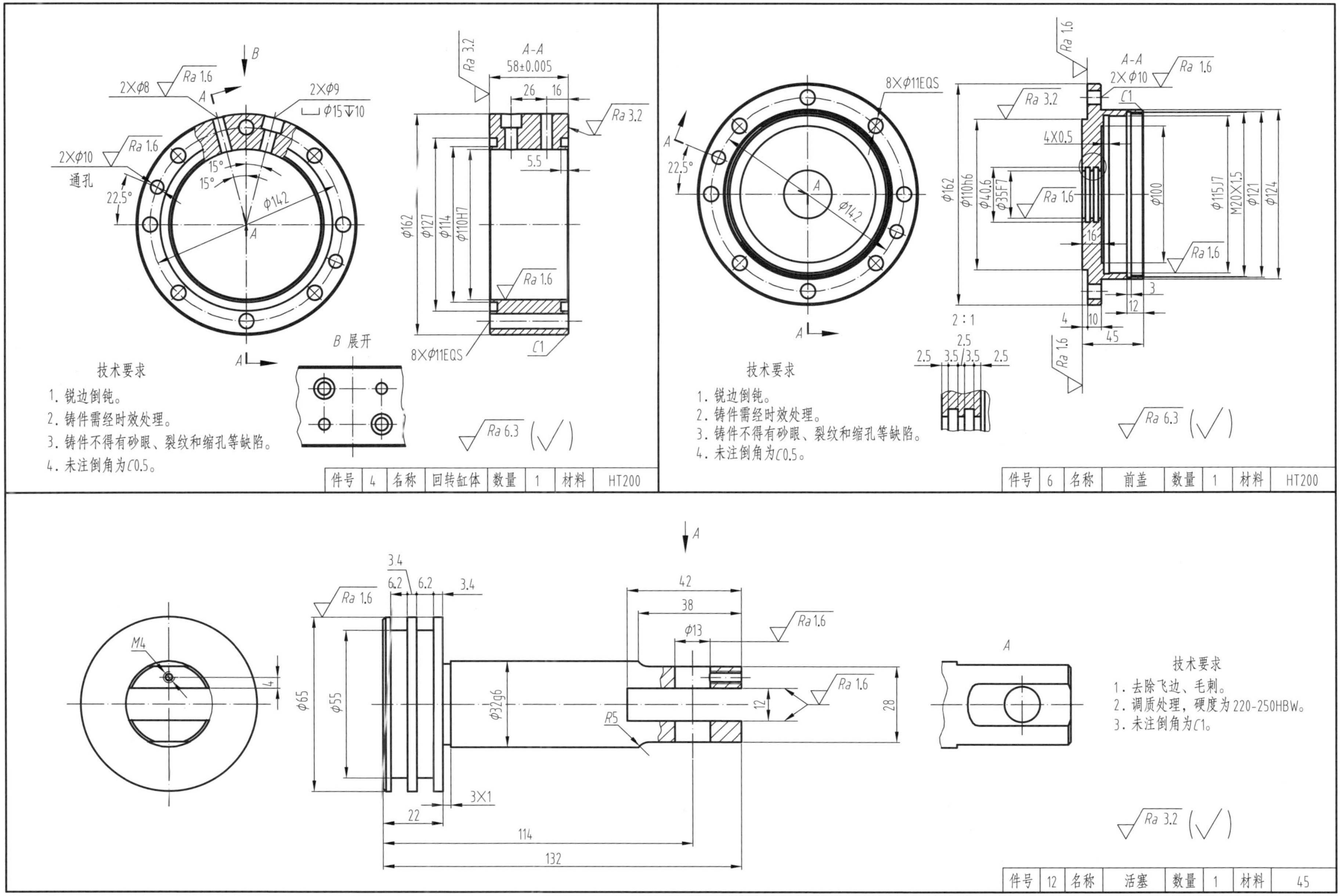
技术要求
1. 锐边倒钝。
2. 铸件需经时效处理。
3. 铸件不得有砂眼、裂纹和缩孔等缺陷。
4. 未注倒角为C0.5。
件号 4 名称 回转缸体 数量 1 材料 HT200
技术要求
1. 锐边倒钝。
2. 铸件需经时效处理。
3. 铸件不得有砂眼、裂纹和缩孔等缺陷。
4. 未注倒角为C0.5。
件号 6 名称 前盖 数量 1 材料 HT200
技术要求
1. 去除飞边、毛刺。
2. 调质处理，硬度为220-250HBW。
3. 未注倒角为C1。
件号 12 名称 活塞 数量 1 材料 45

图4　零件图3

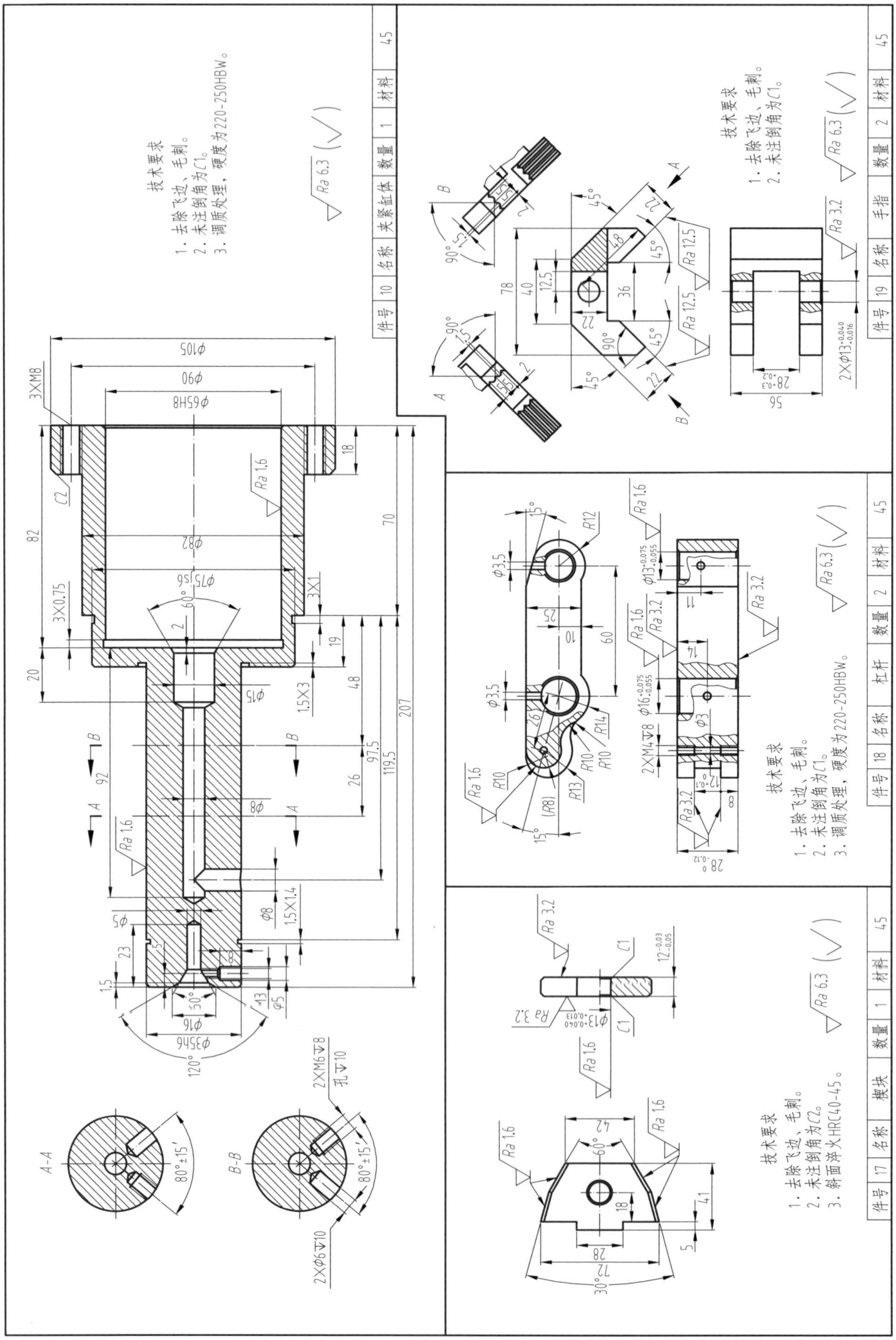
技术要求
1. 去除飞边、毛刺。
2. 未注倒角为C1。
3. 调质处理，硬度为220-250HBW。
件号 10 名称 夹紧缸体 数量 1 材料 45
技术要求
1. 去除飞边、毛刺。
2. 未注倒角为C1。
件号 19 名称 手指 数量 2 材料 45
技术要求
1. 去除飞边、毛刺。
2. 未注倒角为C1。
3. 调质处理，硬度为220-250HBW。
件号 18 名称 杠杆 数量 2 材料 45
技术要求
1. 去除飞边、毛刺。
2. 未注倒角为C2。
3. 斜面淬火HRC40-45。
件号 17 名称 楔块 数量 1 材料 45

图5 零件图4

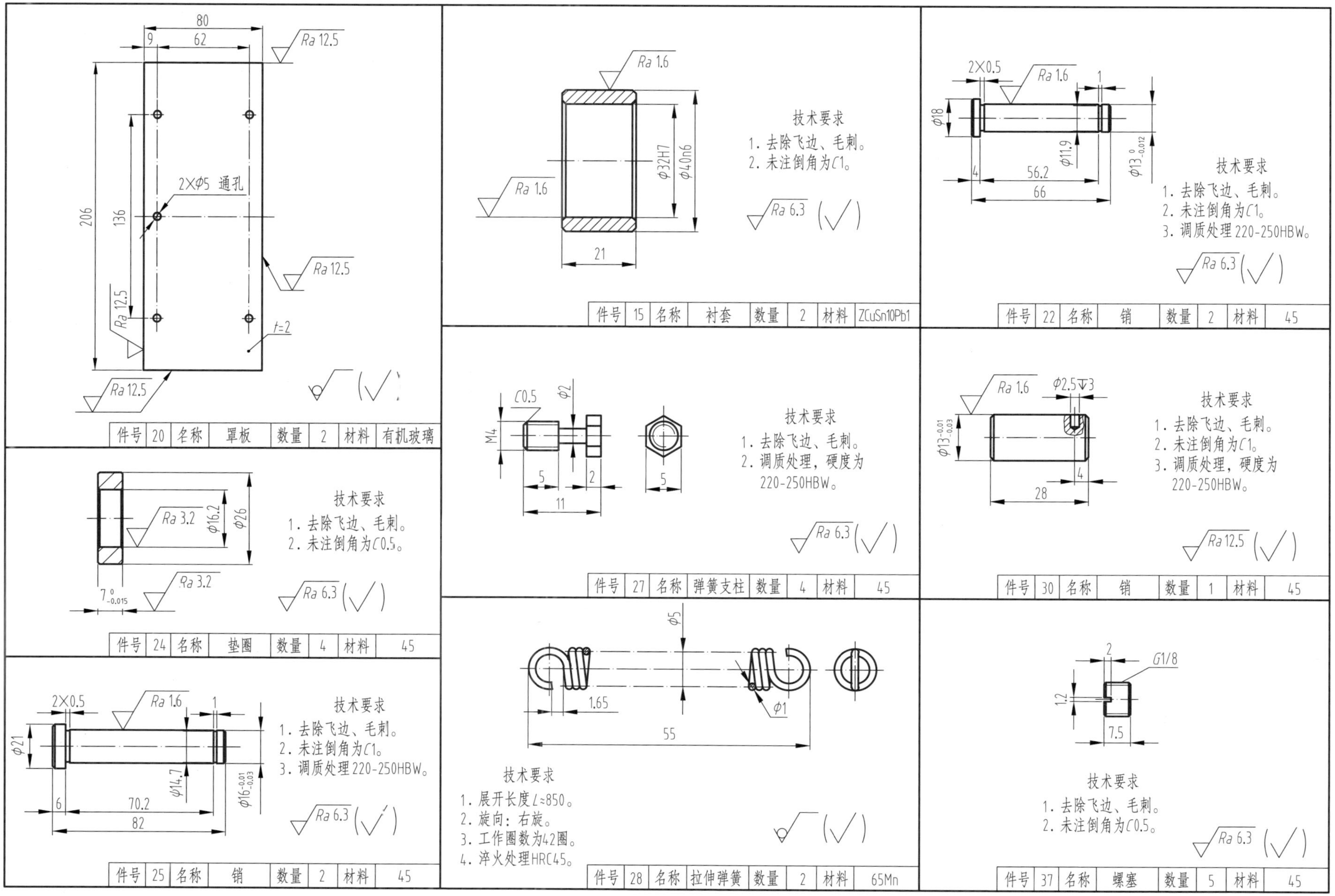
技术要求
1. 去除飞边、毛刺。
2. 未注倒角为C1。
件号 15 名称 衬套 数量 2 材料 ZCuSn10Pb1
件号 20 名称 罩板 数量 2 材料 有机玻璃
2×Φ5 通孔
t=2
技术要求
1. 去除飞边、毛刺。
2. 未注倒角为C1。
3. 调质处理220-250HBW。
件号 22 名称 销 数量 2 材料 45
技术要求
1. 去除飞边、毛刺。
2. 调质处理，硬度为220-250HBW。
件号 27 名称 弹簧支柱 数量 4 材料 45
技术要求
1. 去除飞边、毛刺。
2. 未注倒角为C1。
3. 调质处理，硬度为220-250HBW。
件号 30 名称 销 数量 1 材料 45
技术要求
1. 去除飞边、毛刺。
2. 未注倒角为C0.5。
件号 24 名称 垫圈 数量 4 材料 45
技术要求
1. 去除飞边、毛刺。
2. 未注倒角为C1。
3. 调质处理220-250HBW。
件号 25 名称 销 数量 2 材料 45
技术要求
1. 展开长度L≈850。
2. 旋向：右旋。
3. 工作圈数为42圈。
4. 淬火处理HRC45。
件号 28 名称 拉伸弹簧 数量 2 材料 65Mn
技术要求
1. 去除飞边、毛刺。
2. 未注倒角为C0.5。
件号 37 名称 螺塞 数量 5 材料 45

图6 零件图5

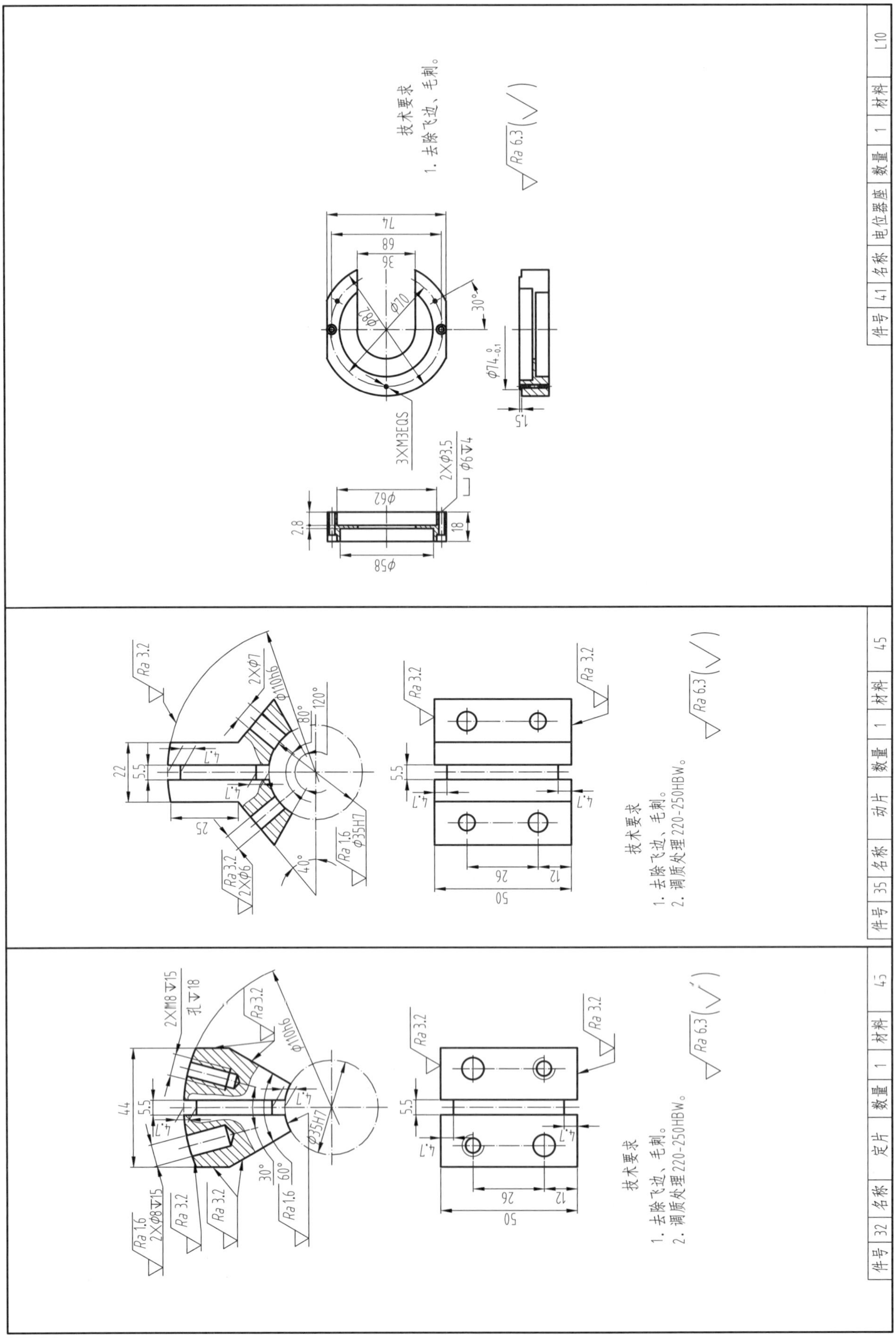
技术要求
1. 去除飞边、毛刺。
Ra 6.3
3×M3EQS
2×φ3.5
φ6↧4
件号 41 名称 电位器座 数量 1 材料 L10
2×φ7
φ110h6
φ35H7
2×φ6
技术要求
1. 去除飞边、毛刺。
2. 调质处理220-250HBW。
件号 35 名称 动片 数量 1 材料 45
2×M8↧15
孔↧18
2×φ8↧15
技术要求
1. 去除飞边、毛刺。
2. 调质处理220-250HBW。
件号 32 名称 定片 数量 1 材料 45

图7 零件图6

第二题

根据图 8 中尺寸，使用建模软件辅助确定台灯照射面积，回答以下问题。

1. 台灯的照射面积为多少(单位：mm^2，精确到整数)？

2. 图中Ⅰ是什么曲线？Ⅱ是什么曲线？

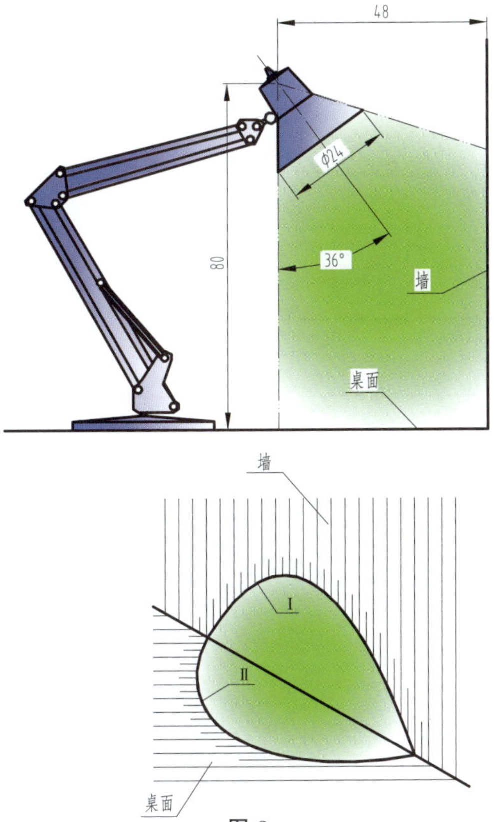

图 8

16 届机械视频

第 16 届“高教杯”全国大学生先进成图技术与产品信息建模创新大赛
机械类计算机绘图参考答案

第一题

第一部分：简答题

序号	问题描述	选手简答
1	机械手的最大回转角度为多少度？	180
2	当机械手的手指处于水平位置时， 夹紧的工件直径为多少？（单位：mm）	75
3	杠杆 18 和手指 19 之间的装配设计不足之处是什么？	应在下手指和杠杆直径增加销联接， 限制它们之间的相对位置。

第二部分：零件模型

零件序号	名称	参考模型
1	连接座	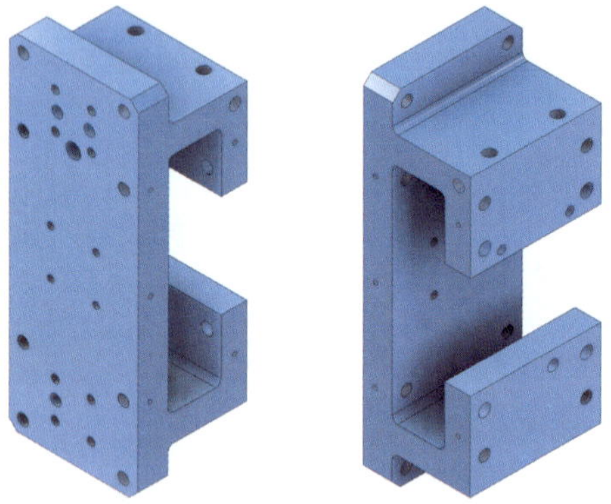
2	后盖	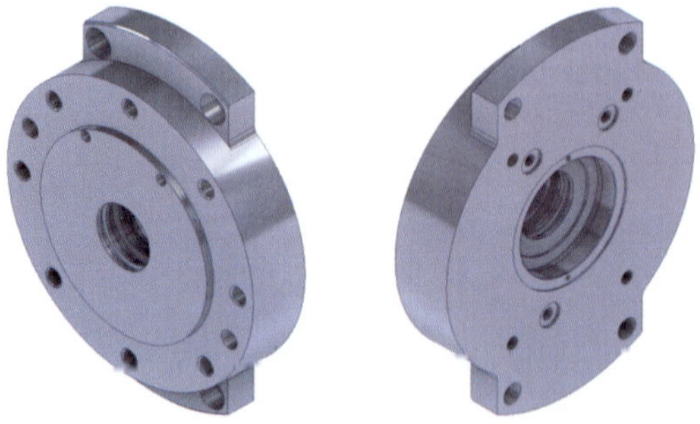
3	螺钉 M4×6	
4	回转缸体	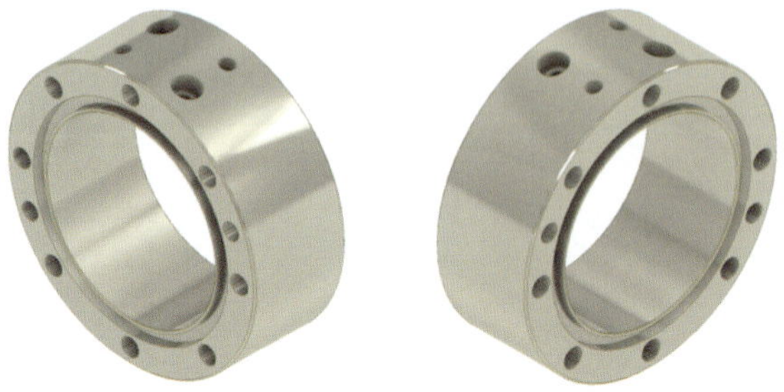

续表

零件序号	名称	参考模型
5	密封圈	
6	前盖	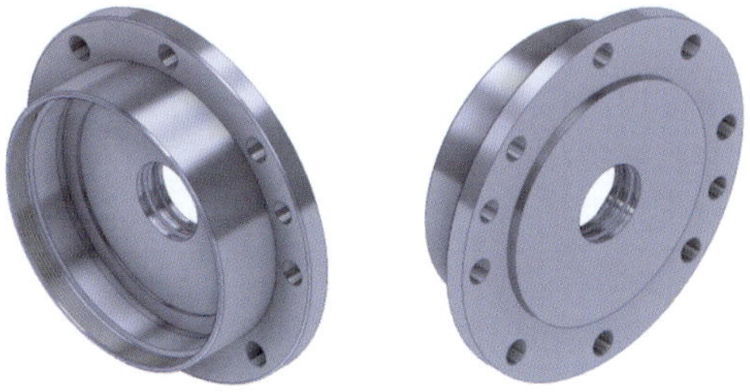
7	螺钉 M10×80	
8	滚动轴承	
9	锁紧螺母	

续表

零件序号	名称	参考模型
10	夹紧缸体	
11	密封圈	
12	活塞	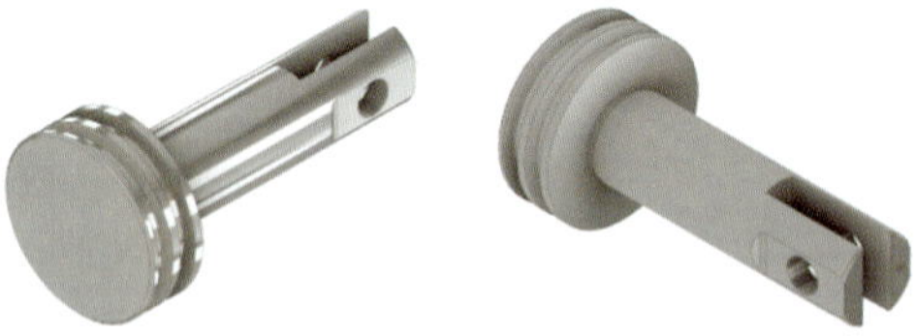
13	压缩弹簧	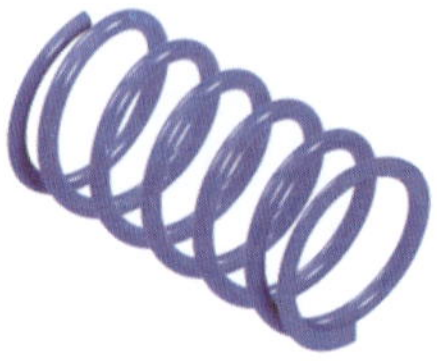
14	支座	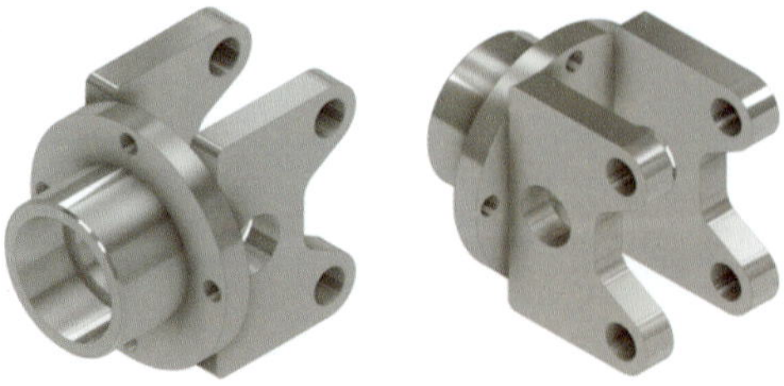
15	衬套	

续表

零件序号	名称	参考模型
16	螺钉 M8×25	
17	楔块	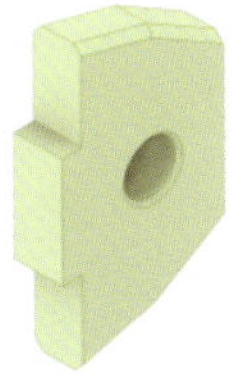
18	杠杆	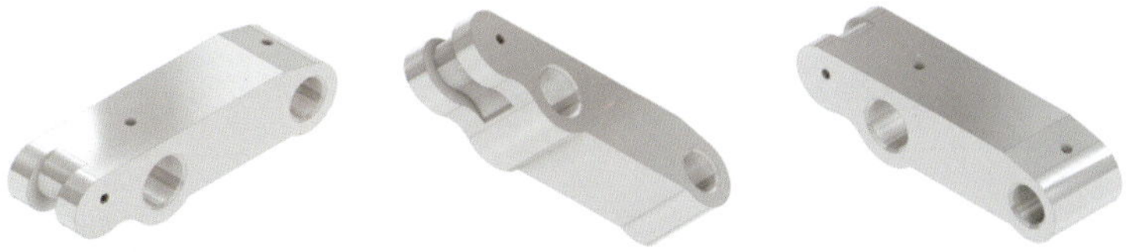
19	手指	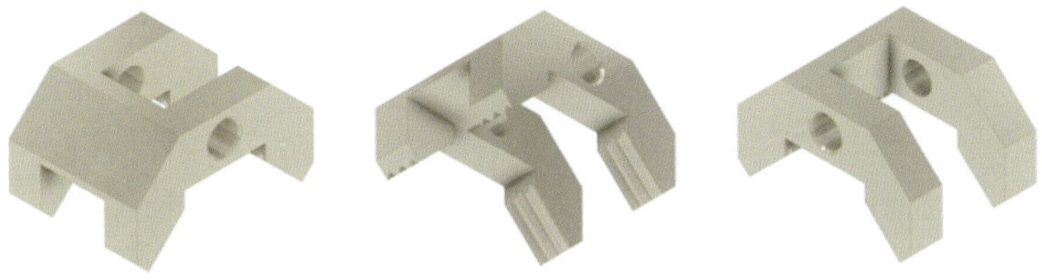
20	罩板	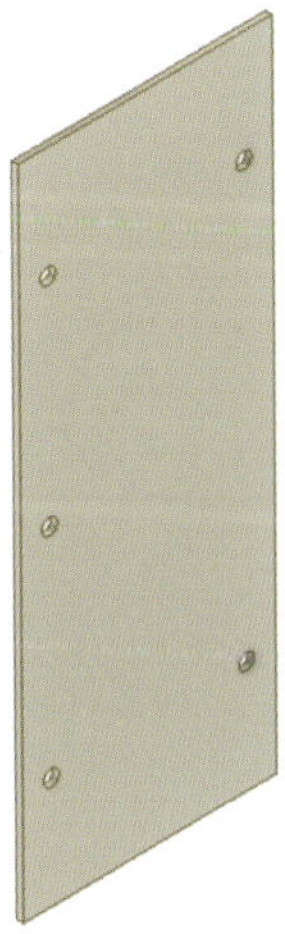
21	螺钉	
22	销	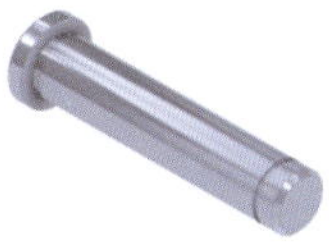

续表

零件序号	名称	参考模型
23	挡圈 13	
24	垫圈	
25	销	
26	挡圈 16	
27	弹簧支柱	
28	拉伸弹簧	
29	螺钉 M4×14	
30	销	
31	密封圈	

续表

零件序号	名称	参考模型
32	定片	
33	螺钉 M8×30	
34	销 8×40	
35	动片	
36	密封圈	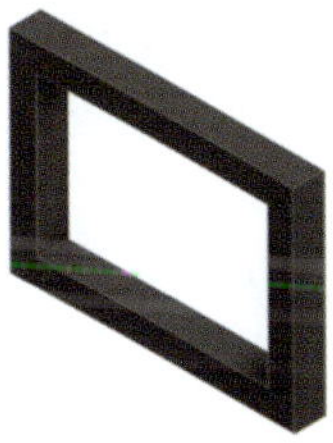
37	螺塞	
38	滚动轴承	
39	挡圈 35	

续表

零件序号	名称	参考模型
40	螺钉 M3×20	
41	电位器座	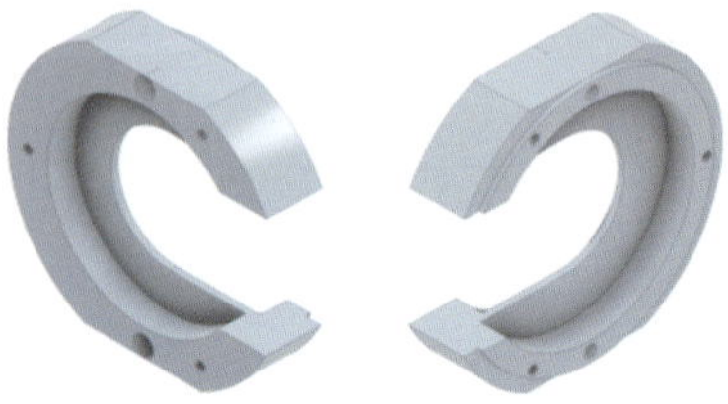
42	销 10×80	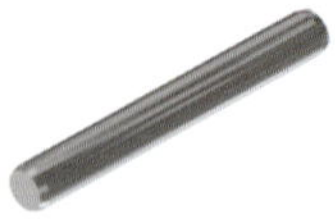
43	螺钉 M6×16	
44	销 6×20	

第三部分:三维装配体

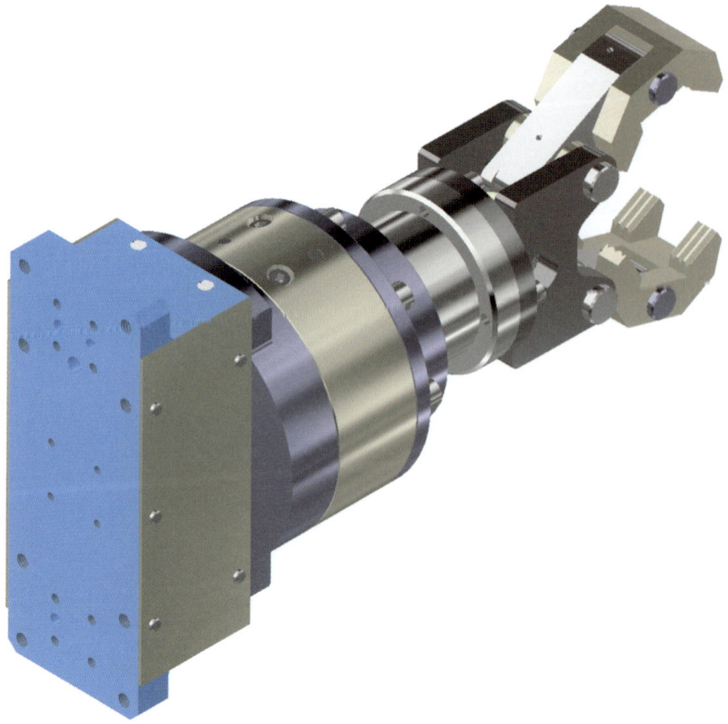

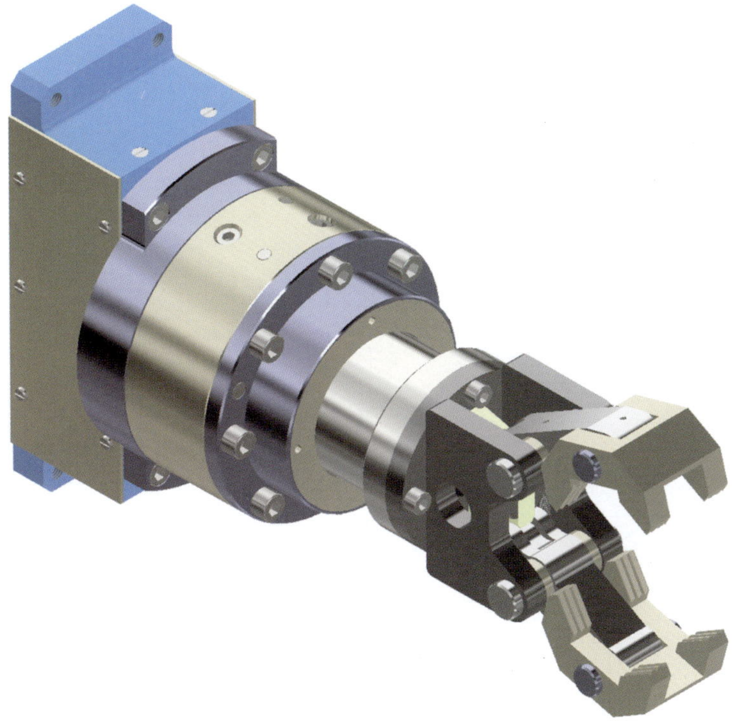

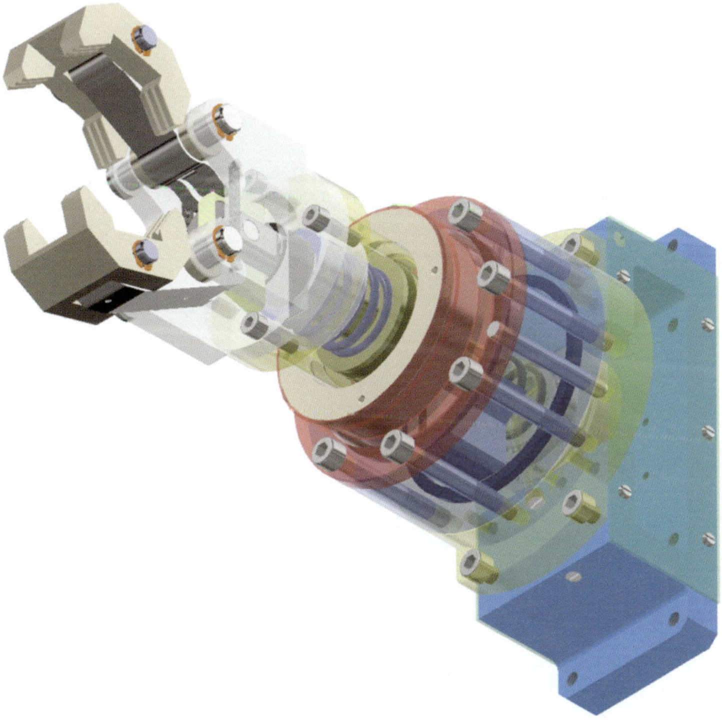

第四部分：零件2后盖的二维零件工程图

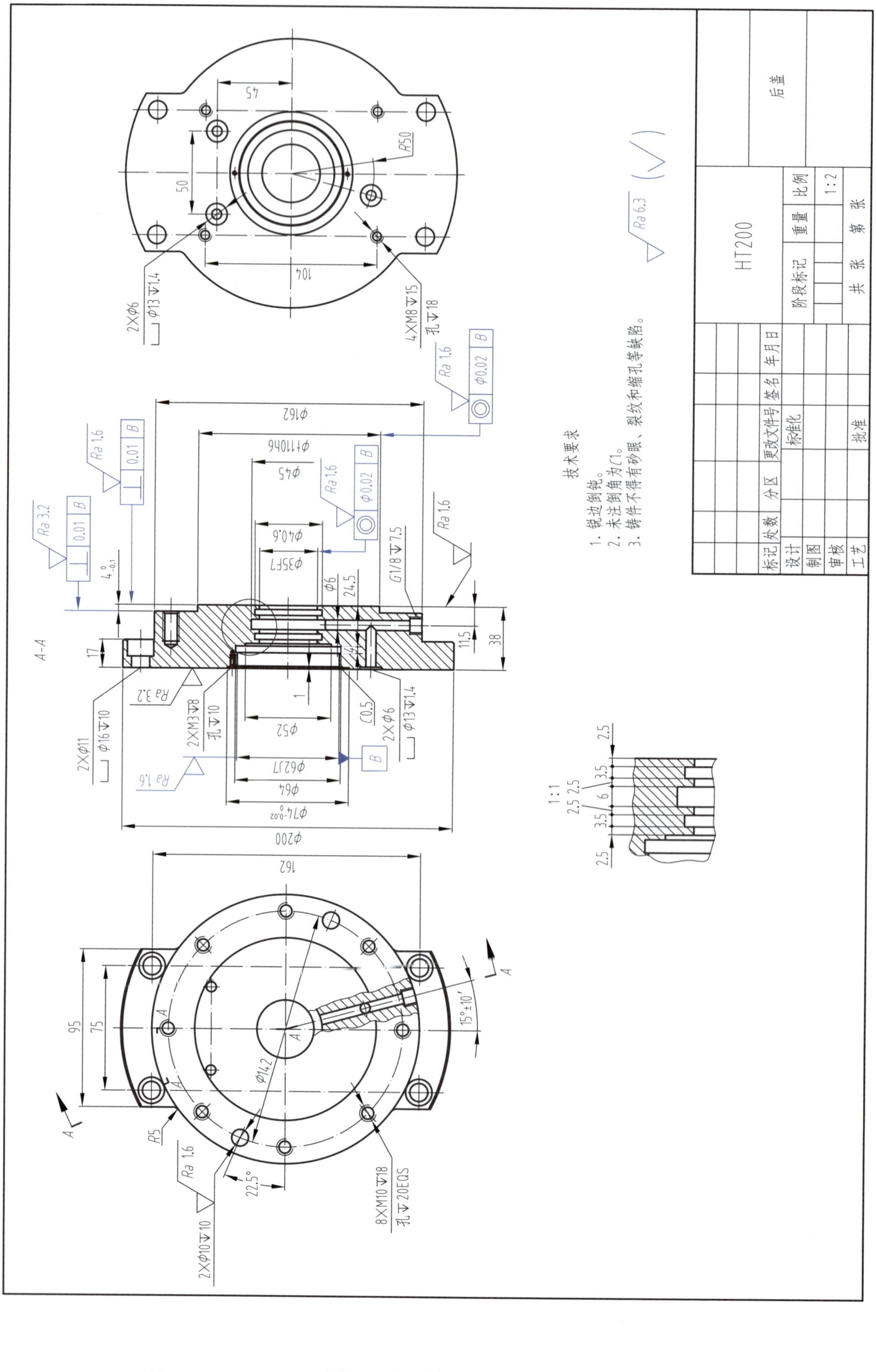

第五部分：二维装配图

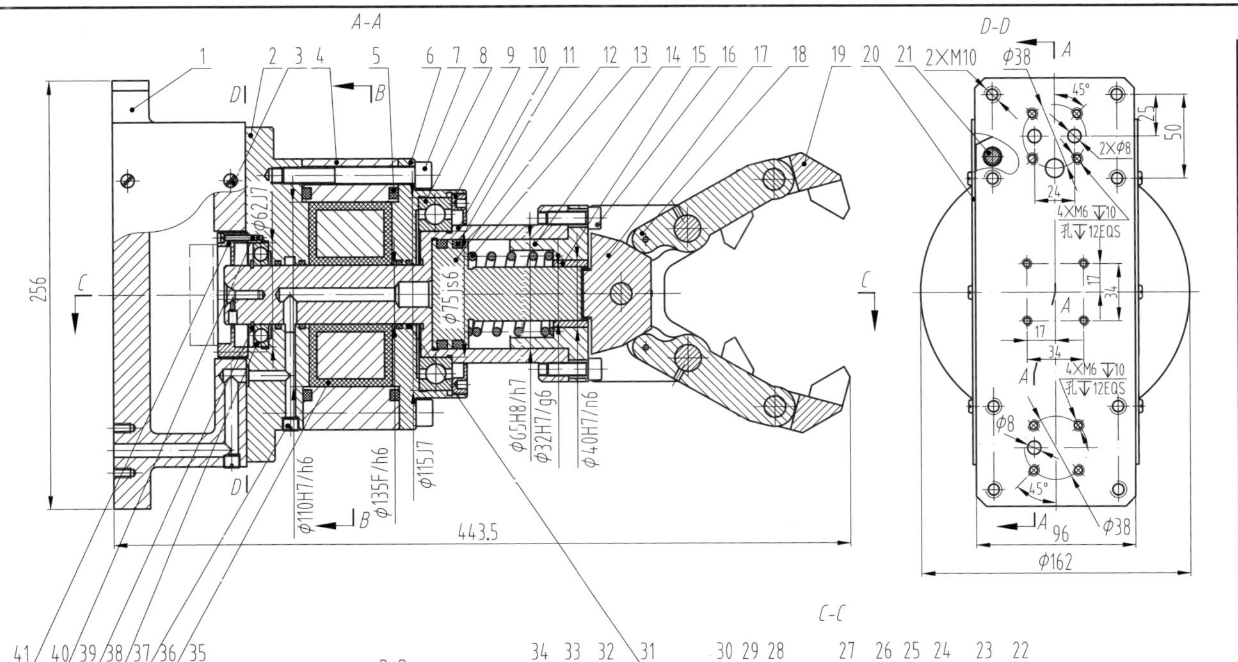

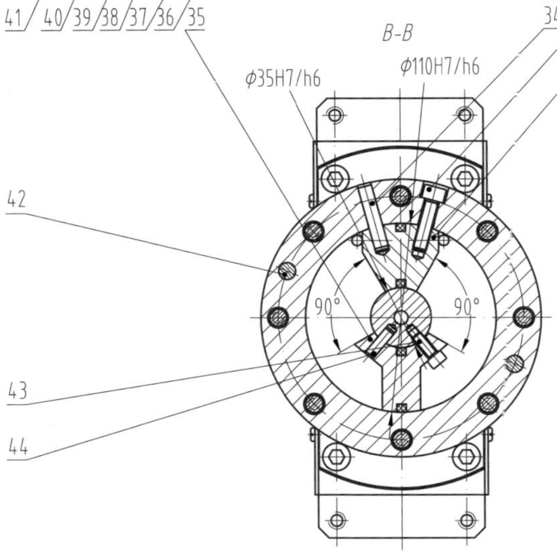

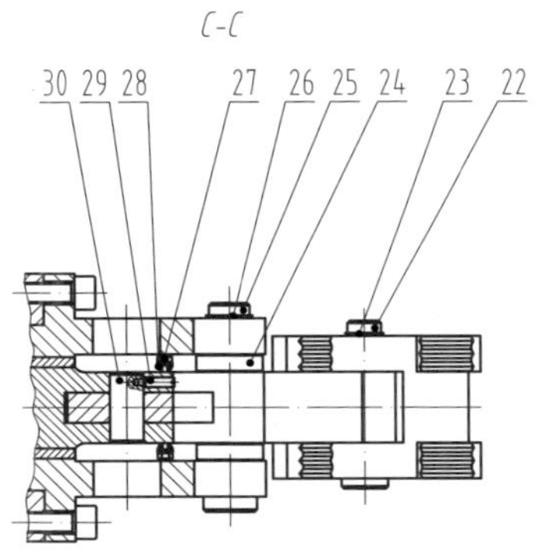

技术要求

1. 零件在装配前必须清理和清洗干净，不得有毛刺、飞边、氧化皮、锈蚀、切屑、油污、着色剂和灰尘等。
2. 装配前应对零、部件的主要配合尺寸，特别是过盈配合尺寸及相关精度进行复查。
3. 同一零件用多件螺钉紧固时，各螺钉需交叉、对称、逐步、均匀拧紧。
4. 装配后试运转，各转动部分应灵活，不得有卡阻现象，不得有油液泄漏。

序号	代号	名称	数量	材料	单件质量	总计质量	备注
44	GB/T 119.2	销6X20	2				
43	GB/T 70.1	螺钉M6X16	2				
42	GB/T 119.2	销10X80	2				
41		电位器座	1	L10			
40	GB/T 65	螺钉M3X20	2	45			
39	GB/T 894.1	挡圈35	1				
38	GB/T 276	滚动轴承16007	1				
37		螺塞	5	45			
36		密封圈	2	耐油橡胶			
35		动片	1	45			
34	GB/T 119.2	销8X40	2				
33	GB/T 70.1	螺钉M8X30	2				
32		定片	1	45			
31		密封圈	4	耐油橡胶			
30		销	1	45			
29	GB/T 75	螺钉M4X14	1				
28		拉伸弹簧	2	65Mn			
27		弹簧支柱	4	45			
26	GB/T 894.1	挡圈16	2				
25		销	2	45			
24		垫圈	4	45			
23	GB/T 894.1	挡圈13	2				
22		销	2	45			
21	GB/T 70.1	螺钉M10X16	4				
20		罩板	2	有机玻璃			
19		手指	2	45			
18		杠杆	2	45			
17		楔块	1	45			
16	GB/T 70.1	螺钉M8X25	4				
15		衬套	2	ZCuSn10Pb1			
14		支座	1	45			
13		压缩弹簧	1	65Mn			
12		活塞	1	45			
11		密封圈	2	耐油橡胶			
10		夹紧缸体	1	45			
9		锁紧螺母	1	45			
8	GB/T 276	滚动轴承6015	1				
7	GB/T 70.1	螺钉M10X80	8				
6		前盖	1	HT200			
5		密封圈	2	耐油橡胶			
4		回转缸体	1	HT200			
3	GB/T 67	螺钉M4X6	10				
2		后盖	1	HT200			
1		连接座	1	HT200			

标记	处数	分区	更改文件号	签名	年月日				第16届全国先进成图大赛
设计	(签名)	(年月日)	标准化	(签名)	(年月日)	阶段标记	重量	比例	机械手
制图								1:2	JXS
审核									
工艺			批准			共1张	第1张		

第二题

序号	问题描述	选手简答
1	台灯的照射面积为多少(单位:mm^2,精确到整数)?	10 246
2	图中Ⅰ是什么曲线?Ⅱ是什么曲线?	抛物线,椭圆弧

第17届“高教杯”全国大学生先进成图技术与产品信息建模创新大赛机械类投影基础与构型试题

考试时间：30分钟。（直接使用在线作图平台答题，不准使用建模软件辅助解题！）

1. 根据主视图、俯视图，补画左视图。

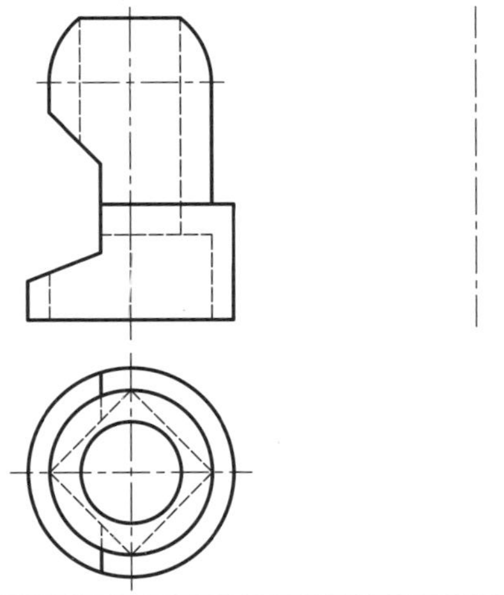

2. 已知立体的俯视图和左视图，画出正确的主视图。

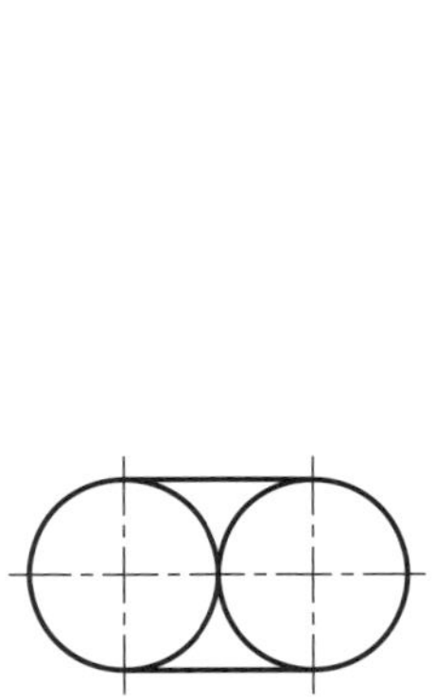

3. 太阳能电池板在安装的时候要考虑生态和环保的要求。下图中，平面$ABCD$是一块太阳能电池板，路灯上有一鸟巢M。已知光线自S_1方向射向太阳能电池板$ABCD$的表面，试通过作图判断反射光线能否照射到鸟巢M。若能照射到，作出反射点K到M的连线，求出其实长；若照射不到，作出反射光线S_2，并在其上拾取一点P，使其与鸟巢M具有相同的高度。

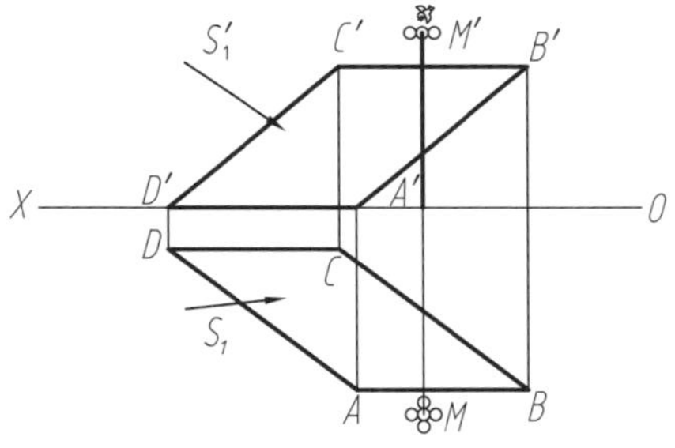

4. 绘制轴测图

（1）实心体模型A通过一定顺序旋转，可以从方向1变换为方向2。现将模型B按照同样顺序旋转，请画出其变换后的轴测图（不画虚线）。

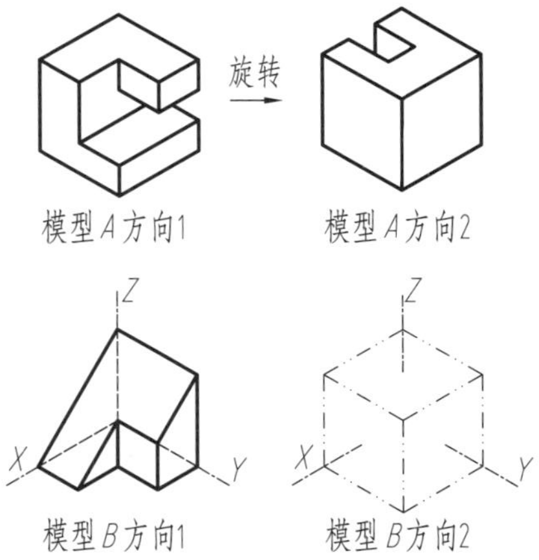

（2）实心体模型C通过一定顺序旋转，可以从方向1变换为方向2。现将模型D按照同样顺序旋转，请画出其变换后的轴测图（不画虚线）。

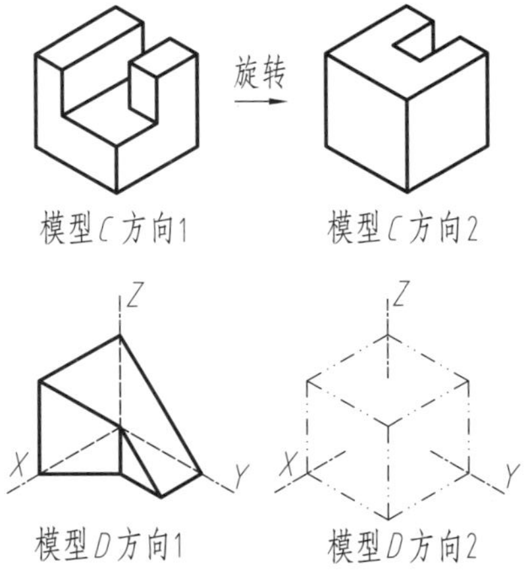

第17届“高教杯”全国大学生先进成图技术与产品信息建模创新大赛机械类投影基础与构型试题答案

考试时间：30分钟。（直接使用在线作图平台答题，不准使用建模软件辅助解题！）满分75分

1. 根据主视图、俯视图，补画左视图。

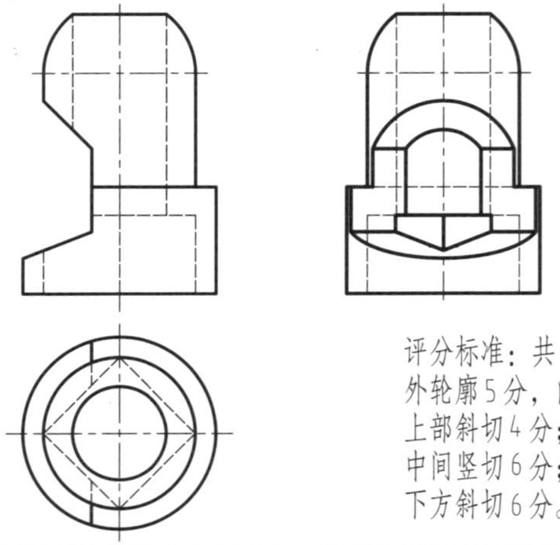

评分标准：共25分
外轮廓5分，内虚线4分；
上部斜切4分；
中间竖切6分；
下方斜切6分。

2. 已知立体的俯视图和左视图，画出正确的主视图。

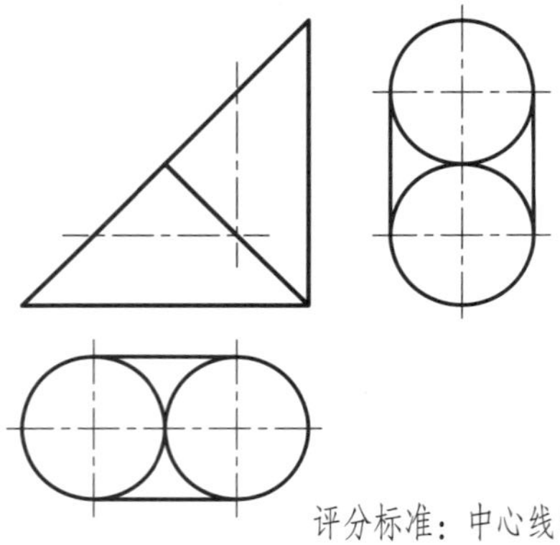

（其他答案见下页）

评分标准：中心线4分，其余线11分。

3. 太阳能电池板在安装的时候要考虑生态和环保的要求。下图中，平面$ABCD$是一块太阳能电池板，路灯上有一鸟巢M。已知光线自S_1方向射向太阳能电池板$ABCD$的表面，试通过作图判断反射光线能否照射到鸟巢M。若能照射到，作出反射点K到M的连线，求出其实长；若照射不到，作出反射光线S_2，并在其上拾取一点P，使其与鸟巢M具有相同的高度。

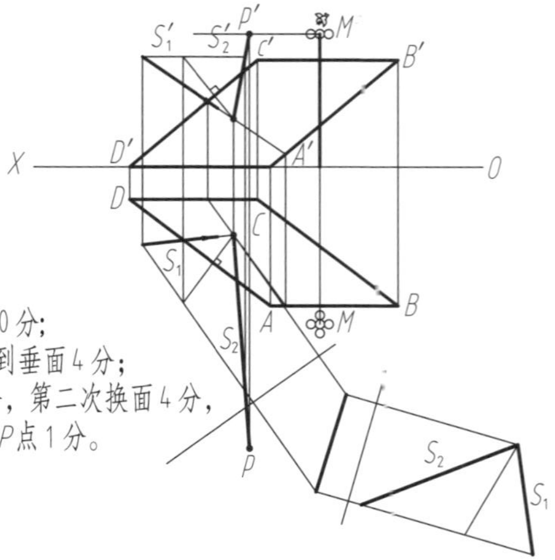

评分标准：共20分；
求交点4分，找到垂面4分；
第一次换面4分，第二次换面4分，
返回结果3分，P点1分。

4. 绘制轴测图

（1）实心体模型A通过一定顺序旋转，可以从方向1变换为方向2。现将模型B按照同样顺序旋转，请画出其变换后的轴测图（不画虚线）。

（2）实心体模型C通过一定顺序旋转，可以从方向1变换为方向2。现将模型D按照同样顺序旋转，请画出其变换后的轴测图（不画虚线）。

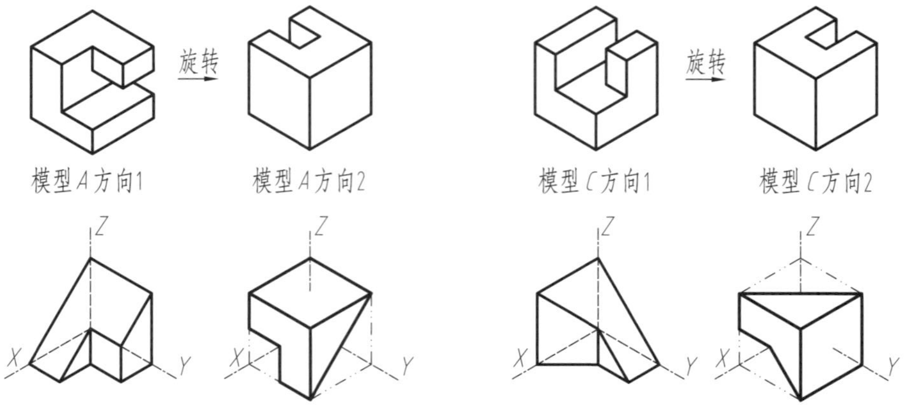

模型A方向1　模型A方向2　模型C方向1　模型C方向2

模型B方向1　模型B方向2　模型D方向1　模型D方向2

评分标准：共15分，第1题8分，第二题7分。正方形部分2分，其余每条线1分。

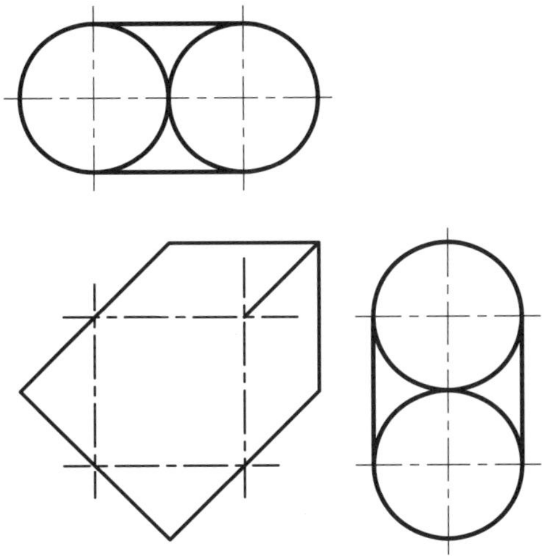

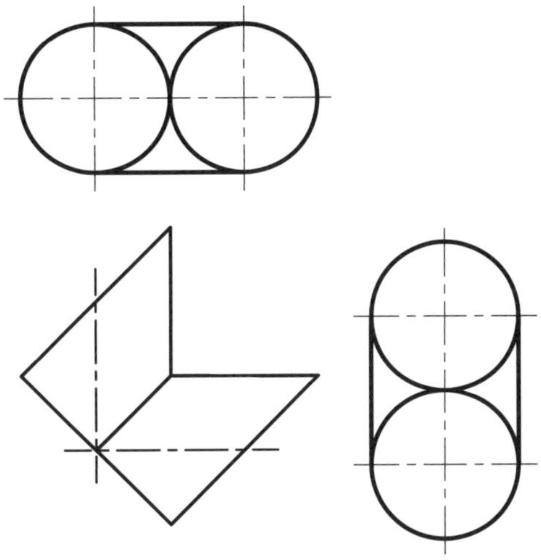

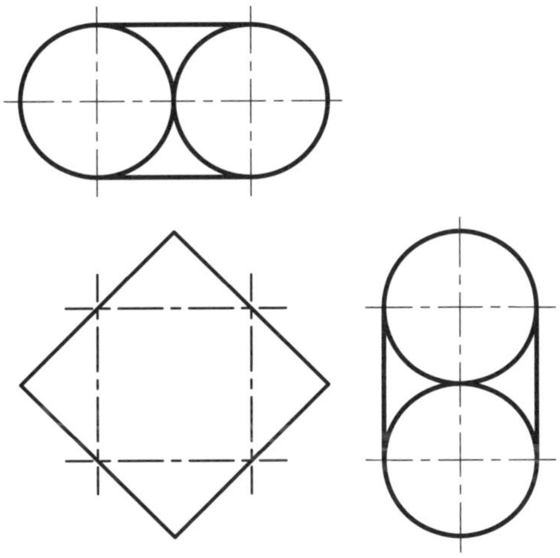

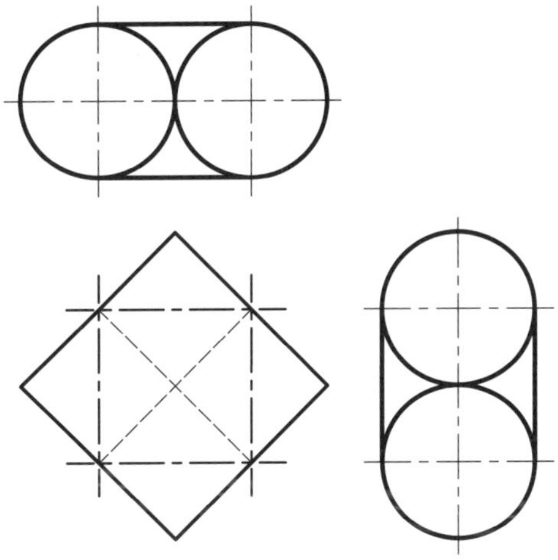

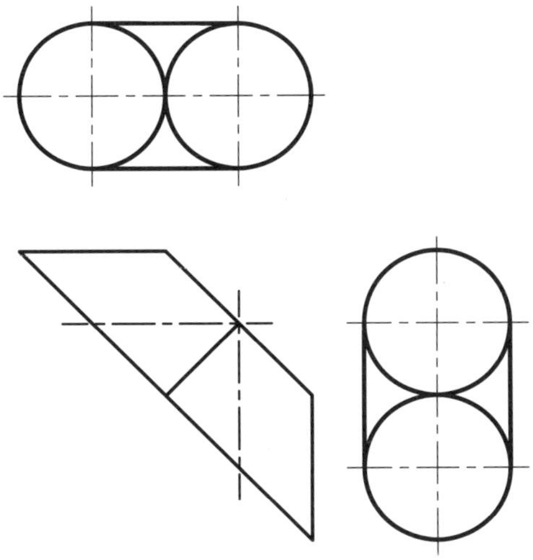

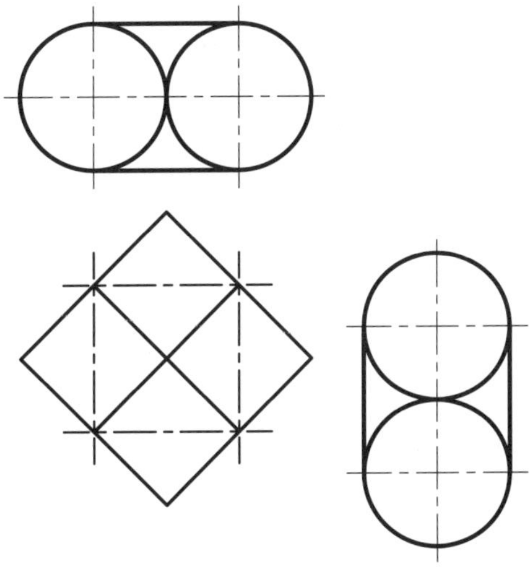

第 17 届“高教杯”全国大学生先进成图技术与产品信息建模创新大赛
机械类产品信息建模试题

竞赛时间 150 分钟，共三道试题。注意：禁止使用翻模、第三方插件、图文识别工具、网络协助等方式答题。

第一题

根据所给的“空气压缩机”的装配简图和零件图等信息创建各零件的三维模型，将零件组装成装配体，并生成二维装配工程图。具体要求如下：

1. 创建所有替换零件的三维模型，每个零件以其序号命名(如 1. stp)；
2. 根据装配简图(见图 9)进行装配，提交三维装配体模型(命名为 ZP. stp)；
3. 创建包含所有零件的二维装配图(比例为 1∶2，A2 幅面，主视图投影方向与装配简图保持一致)，提交通用的 dwg 格式文件(命名为 ZP. dwg)；
4. 根据零件 壳体的轴测图及标准信息，创建其完整的二维零件工程图(比例为 1∶2，A2 幅面)，提交通用的 dwg 格式文件(命名为:KT. dwg)；
5. 运行过程中，活塞 12 的上表面与气缸体 13 活塞孔的表面距离为 1.5 cm～4.15 cm(见图 9)，请依此计算零件 3 和零件 6 的未知尺寸。

文件提交要求

1. 每个单独的零件模型文件务必以其序号(如 1、2、3)命名；
2. 答案上传至系统，包括三个文件:装配体模型(ZP. stp)、装配图(ZP. dwg)和零件图(KT. dwg)；
3. 工程图务必按 1∶2 绘制，A2 幅面，标题栏可参考试题，采用简洁样式；
4. 标准件可以调用软件中自带的标准件库，也可以按比例画法自建，但不得使用第三方插件；
5. 部分零件的工程图省略了粗糙度标注、几何公差标注、滚花等内容，建模时可适当省略。

空气压缩机工作原理

此空气压缩机供汽车轮胎充气之用。

压缩机的工作原理如下:由汽车变速箱传来的动力使大齿轮 38 匀速回转，通过小齿轮 23、曲轴 3、连杆 6 带动活塞 12 上下往复运动；当活塞 12 下行时，活塞上方空间增加，形成负压，外界空气克服弹簧 18 的压力后，进气阀门 17 自行打开，空气通过活塞顶部的小孔进到活塞上方，当活塞 12 上行时，上部气体被压缩，压强增大，进气阀门 17 关闭，钢球 14 被顶开，于是气体便通过接头 16 输送到外部管路。

17 届机械护板建模

17 届机械壳体建模

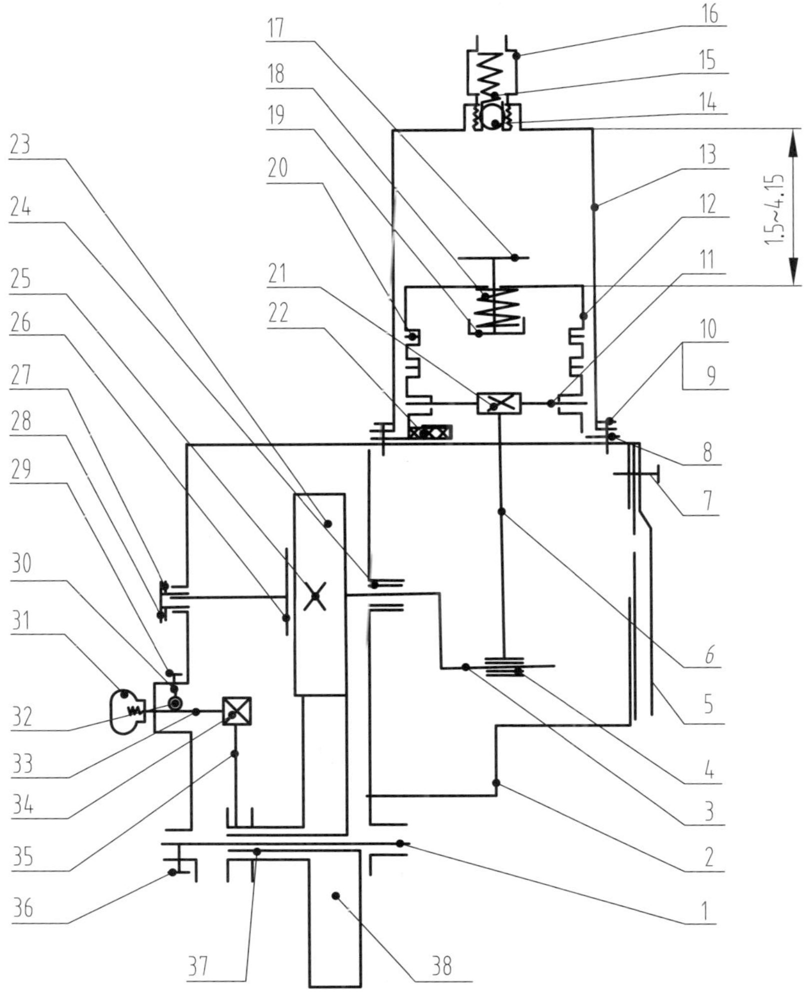

图9 空气压缩机装配简图

序号	零件名称	数量	材料	备注
38	大齿轮	1	HT20-40	
37	轴套-3	1	45	
36	螺钉M6×10	1		GB/T 71-2018
35	拨叉	1	A3	
34	销3×22	1		GB/T 119.1-2000
33	拨叉轴	1	45	
32	钢球Φ6	1	A3	
31	手柄头	1	A1	
30	弹簧	1	弹簧钢	
29	螺钉M8×8	1		GB/T 73-2017
28	纸垫	1	工业用纸	
27	轴塞	1	ZQSn10-5	
26	弹性挡圈16	1		GB/T 894.1-1986
25	键5×5×14	1		GB/T 1096-2003
24	轴套-2	1	45	
23	小齿轮	1	HT20-40	
22	油毡	1	毛粘	
21	销2×18	1		GB/T 119.1-2000
20	活塞环	2	QT45-5	
19	弹簧座	1	A3	
18	弹簧	1	弹簧钢	
17	阀门	1	45	
16	接头	1	A3	
15	弹簧	1	弹簧钢	
14	钢球Φ9	1	A3	
13	气缸体	1	HT 20-40	
12	活塞	1	ZL 102	
11	活塞销	1	45	
10	螺栓M6×20	4		GB/T 29.1-2013
9	垫圈6	4		GB/T 859-1987
8	垫片	1	B2	
7	螺钉M4×12	2		GB/T 67-2016
6	连杆	1	ZG35	
5	护板	1	钢板	
4	轴套	1	45	
3	曲轴	1	45	
2	壳体	1	HT20-40	
1	小轴	1	45	

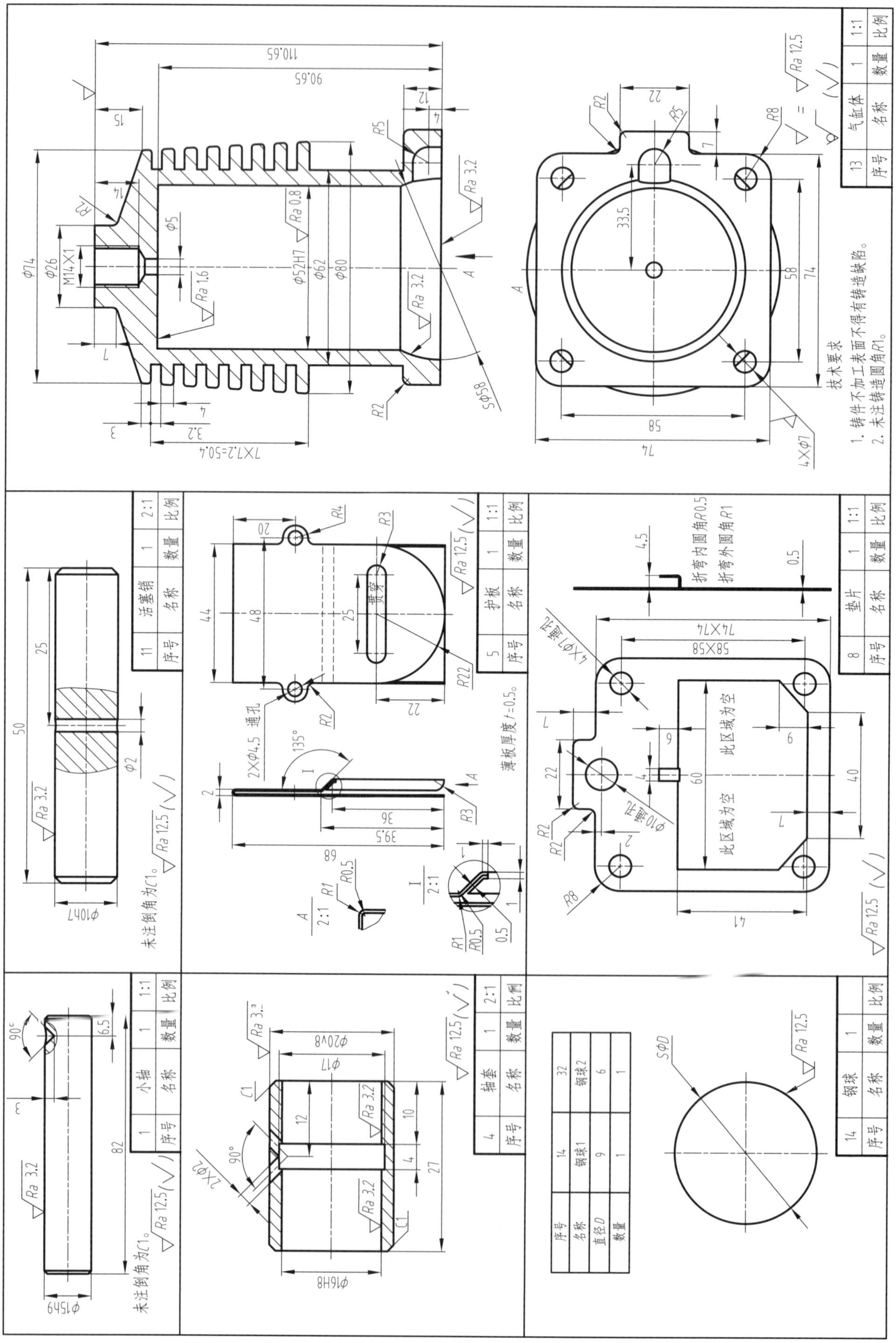
技术要求
1. 铸件不加工表面不得有铸造缺陷。
2. 未注铸造圆角R1。
13 气缸体 1 1:1
序号 名称 数量 比例
11 活塞销 1 2:1
序号 名称 数量 比例
未注倒角为C1。
5 护板 1 1:1
序号 名称 数量 比例
薄板厚度 t=0.5。
8 垫片 1 1:1
序号 名称 数量 比例
此区域为空
折弯内圆角R0.5
折弯外圆角R1
1 小轴 1 1:1
序号 名称 数量 比例
4 轴套 1 2:1
序号 名称 数量 比例
14 钢球 1
序号 名称 数量 比例
序号 14 32
名称 钢球1 钢球2
直径D 9 6
数量 1 1

图10 零件图1

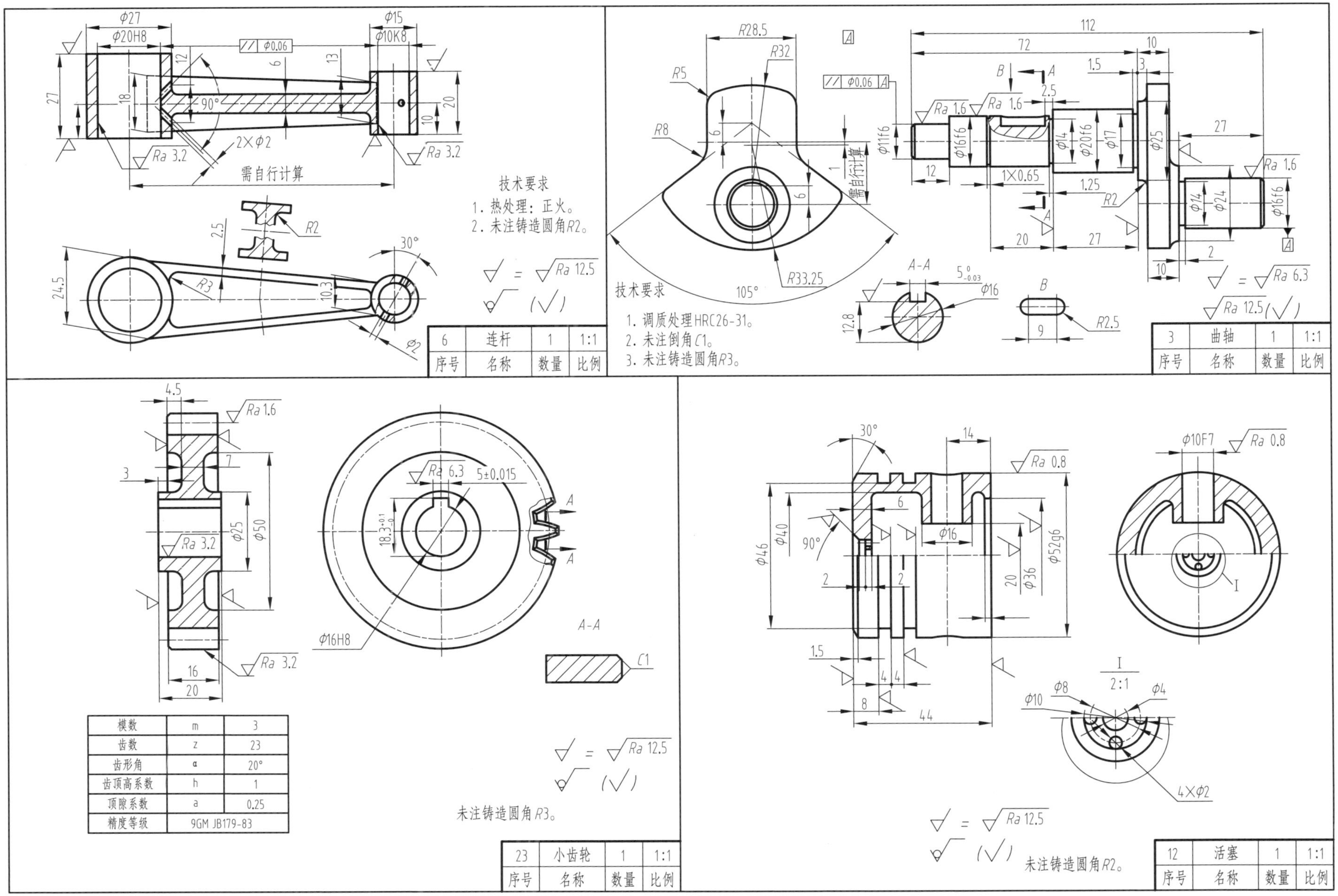
技术要求
1. 热处理：正火。
2. 未注铸造圆角R2。
需自行计算
6 连杆 1 1:1
序号 名称 数量 比例
技术要求
1. 调质处理HRC26-31。
2. 未注倒角C1。
3. 未注铸造圆角R3。
3 曲轴 1 1:1
序号 名称 数量 比例
模数 m 3
齿数 z 23
齿形角 α 20°
齿顶高系数 h 1
顶隙系数 a 0.25
精度等级 9GM JB179-83
未注铸造圆角R3。
23 小齿轮 1 1:1
序号 名称 数量 比例
未注铸造圆角R2。
12 活塞 1 1:1
序号 名称 数量 比例

图11 零件图2

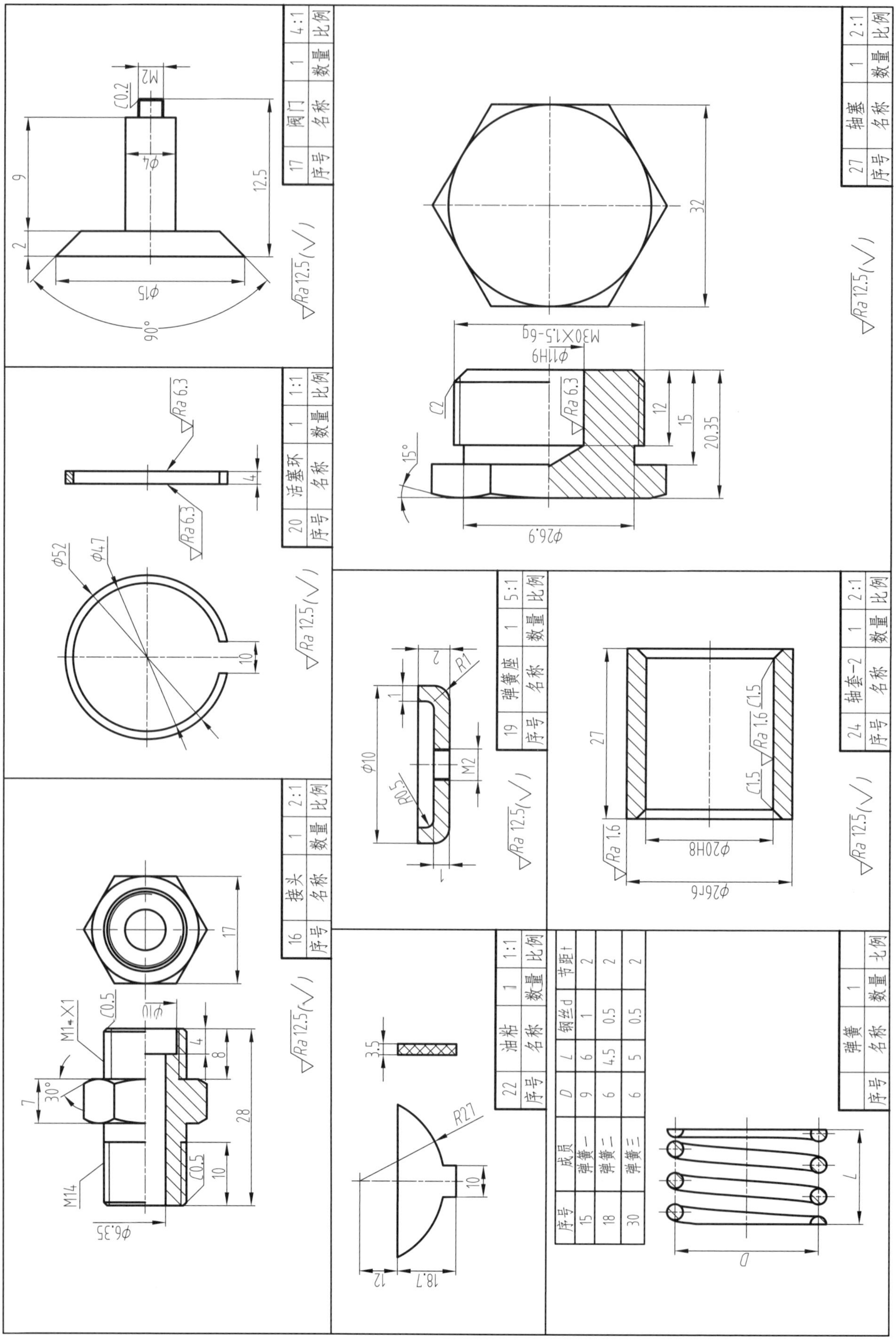
序号 17 名称 阀门 数量 1 比例 4:1
序号 20 名称 活塞环 数量 1 比例 1:1
序号 16 名称 接头 数量 1 比例 2:1
序号 27 名称 轴塞 数量 1 比例 2:1
序号 19 名称 弹簧座 数量 1 比例 5:1
序号 24 名称 轴套-2 数量 1 比例 2:1
序号 22 名称 油粘 数量 1 比例 1:1
名称 弹簧 数量 1
序号 成员 D L 钢丝d 节距t
15 弹簧一 9 6 1 2
18 弹簧二 6 4.5 0.5 2
30 弹簧三 6 5 0.5 2
Ra 12.5

图12 零件图3

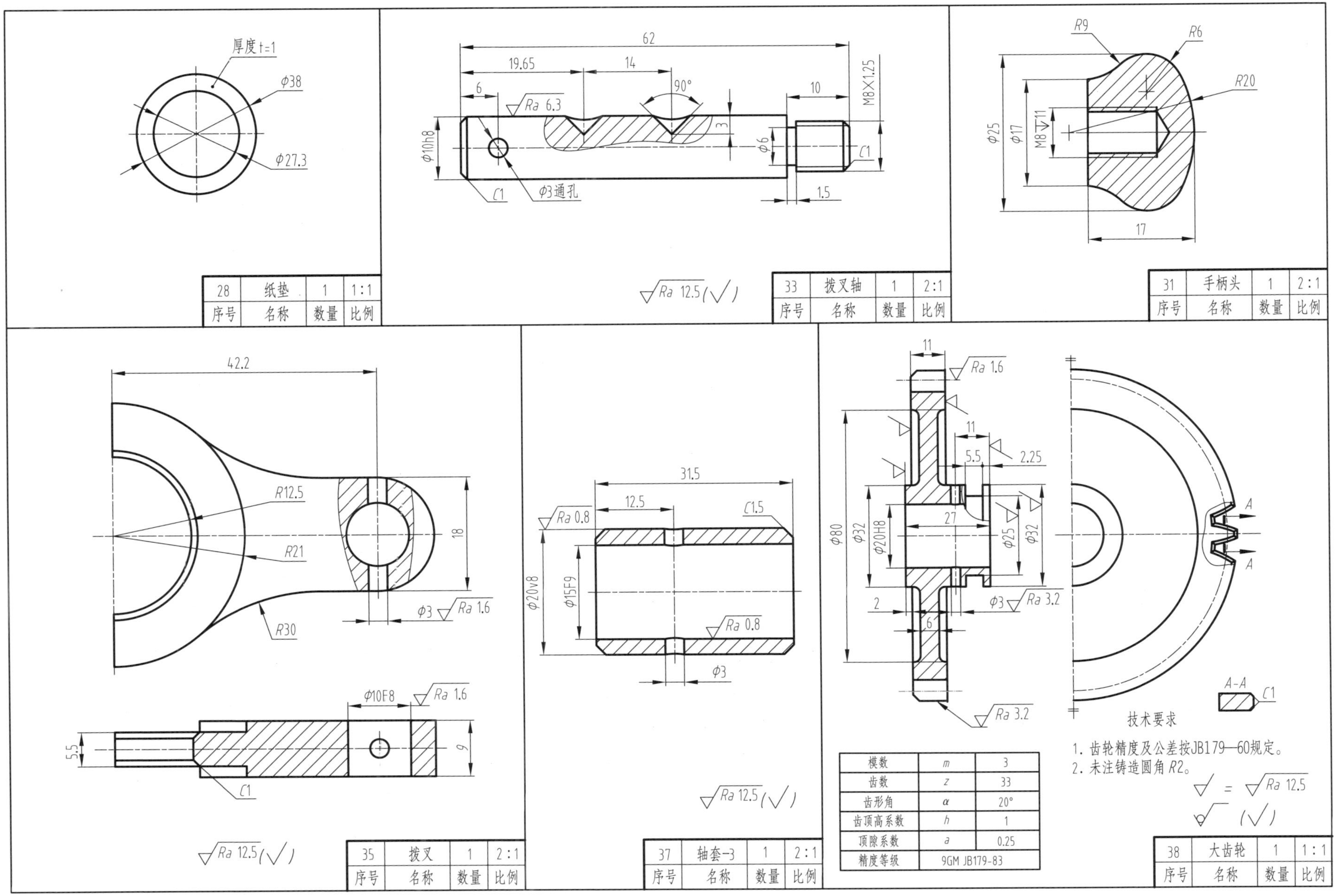
28 纸垫 1 1:1
序号 名称 数量 比例
厚度t=1
φ38
φ27.3
33 拔叉轴 1 2:1
序号 名称 数量 比例
62
19.65
14
10
6
90°
M8×1.25
Ra 6.3
φ10h8
φ6
3
C1
φ3通孔
1.5
Ra 12.5(√)
31 手柄头 1 2:1
序号 名称 数量 比例
R9
R6
R20
φ25
φ17
M8↧11
17
35 拨叉 1 2:1
序号 名称 数量 比例
42.2
R12.5
R21
R30
18
φ3
Ra 1.6
φ10F8
5.5
9
C1
Ra 12.5(√)
37 轴套-3 1 2:1
序号 名称 数量 比例
31.5
12.5
C1.5
Ra 0.8
φ20v8
φ15F9
φ3
Ra 12.5(√)
38 大齿轮 1 1:1
序号 名称 数量 比例
11
Ra 1.6
5.5
2.25
27
φ80
φ32
φ20H8
φ25
φ3
Ra 3.2
2
6
A
A-A
C1
技术要求
1. 齿轮精度及公差按JB179—60规定。
2. 未注铸造圆角R2。
Ra 12.5
(√)
模数 m 3
齿数 z 33
齿形角 α 20°
齿顶高系数 h 1
顶隙系数 a 0.25
精度等级 9GM JB179-83

图13 零件图4

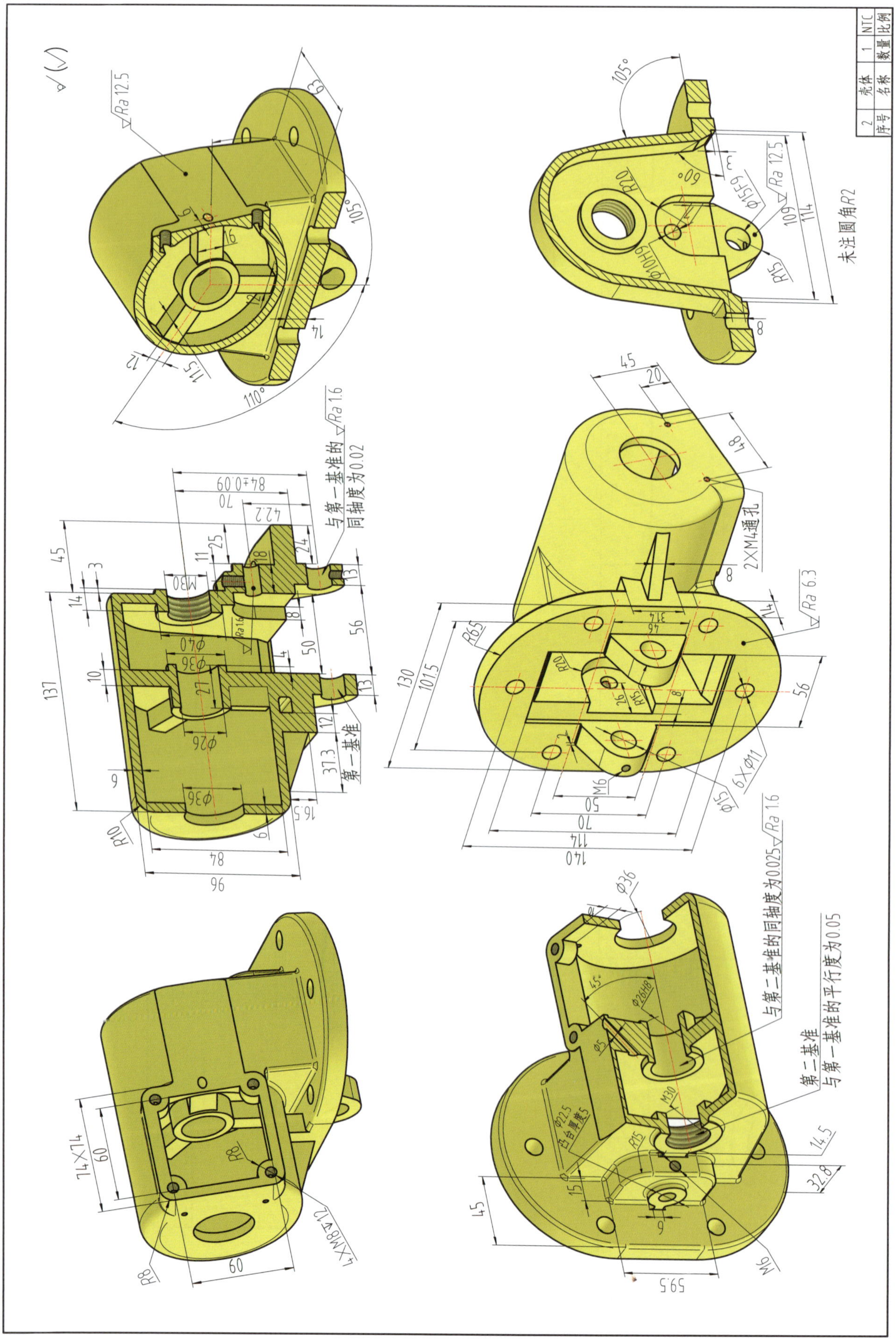
2 壳体 1 NTC
序号 名称 数量 比例
未注圆角R2
2XM4通孔
与第一基准的同轴度为0.02
第一基准
与第一基准的同轴度为0.025
第二基准
与第一基准的平行度为0.05
凸台厚度5
4XM8▽12
6XΦ11

图14 零件图5

第二题： 根据给定的工程图或语言描述，完成形体建模。

1. 创建边长为10 mm的正二十面体三维模型，并基于每个面切除一个相同的三棱锥，提交stp文件，命名为：20MT.stp。

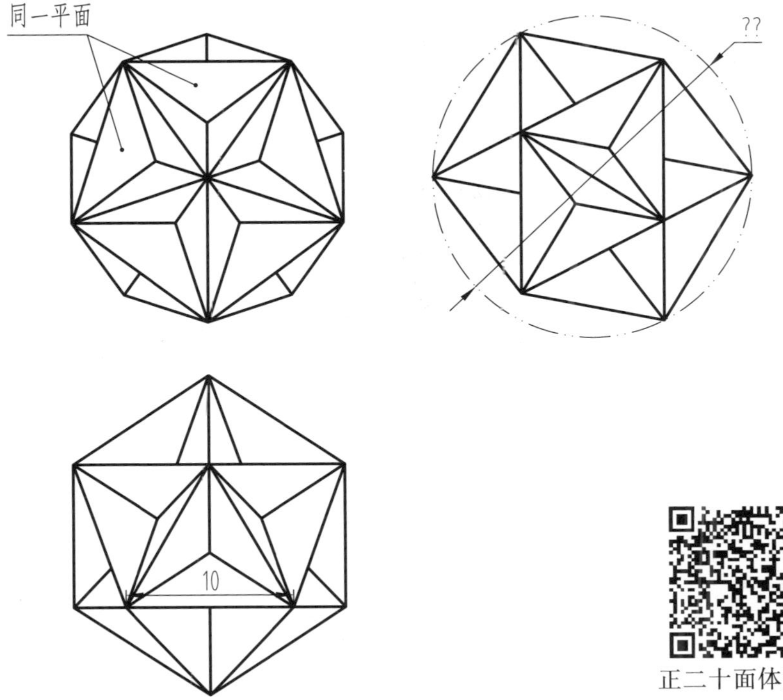

正二十面体建模

2. 水果分拣机进料仓中的各种水果可以近似模拟为不同直径的小球，现有四个小球两两相切，直径分别为4 mm、4 mm、6 mm、6 mm，若还存在第五个小球与这四个小球都相切，请做出五球相切的三维模型，提交stp文件，命名为5Q.stp。（下图仅供参考）

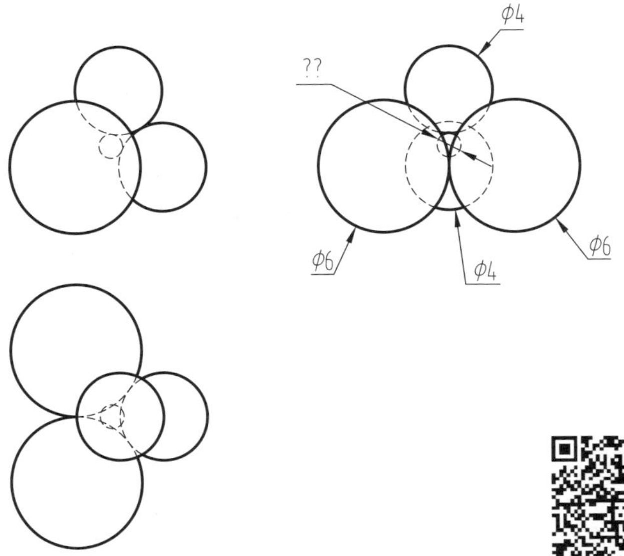

五球相切建模

第三题： 简答题

1. 第二题第1问中，正二十面体外接球的直径(mm)是多少mm（精确到小数点后两位）？________

2. 第二题第2问中，相切的第五个小球的直径(mm)是多少mm（精确到小数点后两位）？________

第 17 届“高教杯”全国大学生先进成图技术与产品信息建模创新大赛
机械类产品信息建模试题评分表

评分内容	序号	名称	分值	评分标准	参考图样
1.1 空气压缩机零件建模(130 分)	1	小轴	2	形状相近得 1 分,尺寸符合得 1 分	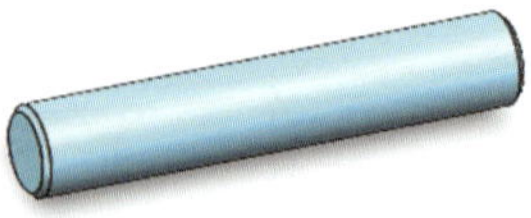
	2	壳体	30	长圆底板及孔 4 分;齿轮箱及内部孔、凸起 4 分;连杆箱及三条加强筋 4 分;正方形凸起、螺孔及斜平面、小孔 4 分;底部两处三角凸起 4 分;肋板及支撑板 4 分;拱形平面端多个凸起、孔 4 分;圆角、倒角等其他特征 2 分	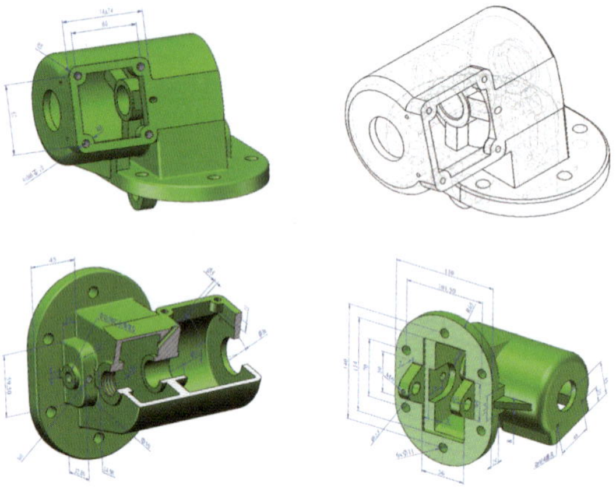
	3	曲轴	6	主体台阶圆柱结构 2 分;键槽 2 分;凸盘 2 分	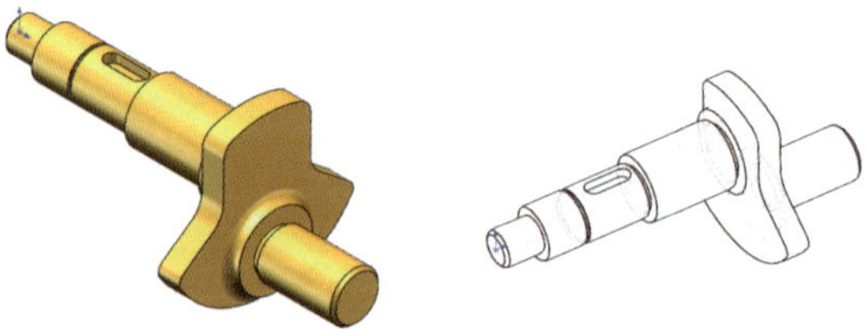
	4	轴套	3	主体结构 2 分;油孔 1 分	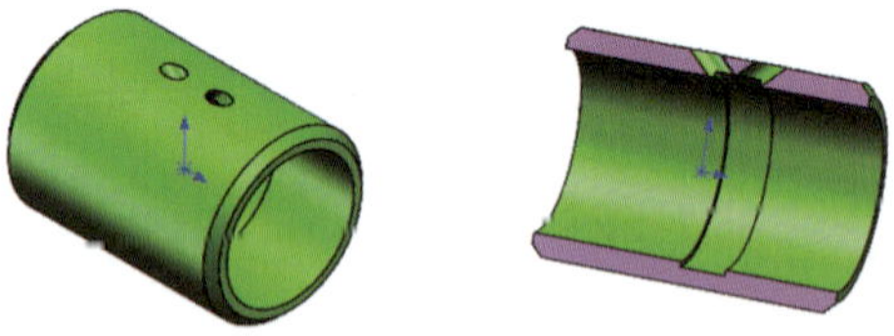
	5	护板	6	总体形态 2 分;折弯与接缝 2 分;圆角 1 分;尺寸相符 1 分	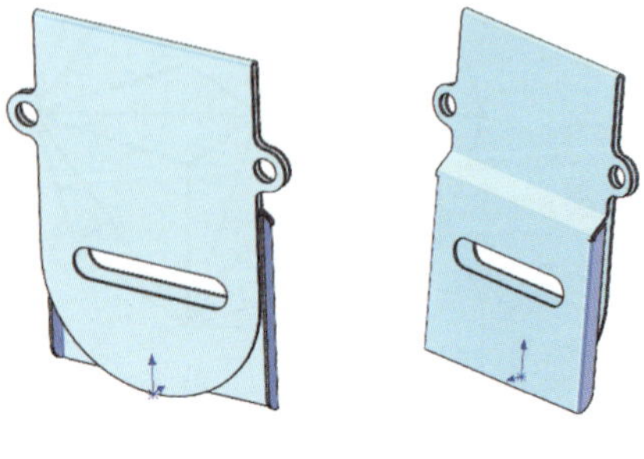

续表

评分内容	序号	名称	分值	评分标准	参考图样
1.1 空气压缩机零件建模（130 分）	6	连杆	7	两个薄壁圆柱 2 分；工字连接杆 2 分；两个斜孔 2 分；圆角 1 分	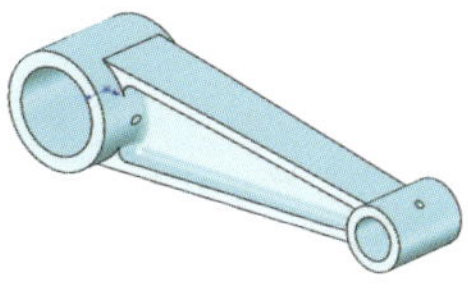 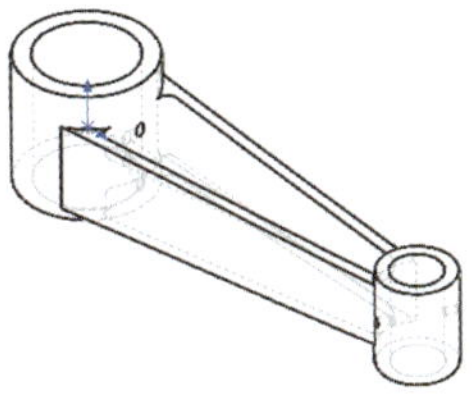
	7	螺钉 M4×12	1	结构、尺寸相符	
	8	垫片	2	总体轮廓 1 分；大方孔及弯折 1 分	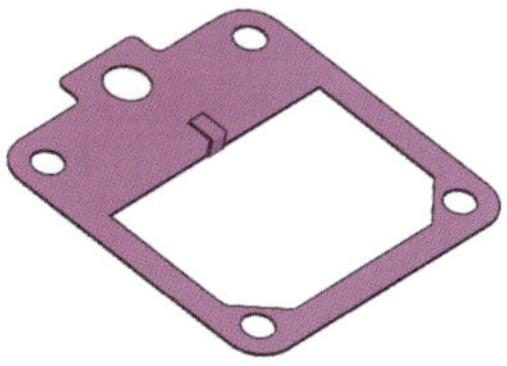
	9	垫圈 6	2	结构正确 1 分；尺寸相符 1 分	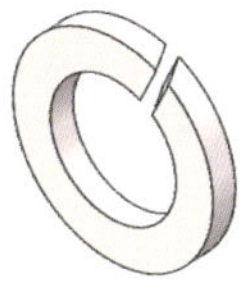
	10	螺栓 M6×20	1	结构、尺寸相符	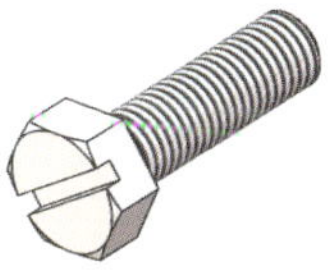
	11	活塞销	2	总体结构 1 分；小孔及其位置 1 分	
	12	活塞	7	大圆柱总体特征 2 分；内部横向空心圆柱 2 分；顶部气孔 2 分；倒角圆角 1 分	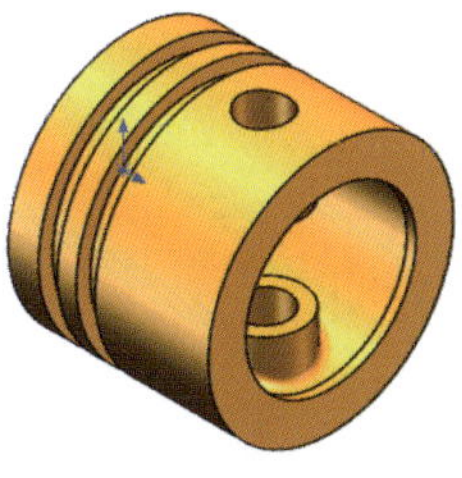 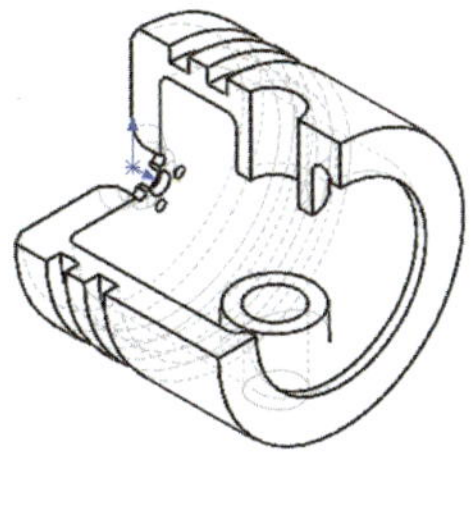

续表

评分内容	序号	名称	分值	评分标准	参考图样
1.1 空气压缩机零件建模（130 分）	13	气缸体	9	散热片与顶部凸起 3 分；下部方板结构 2 分；底部球形与槽型特征 2 分；圆角、倒角及其他细部结构 2 分	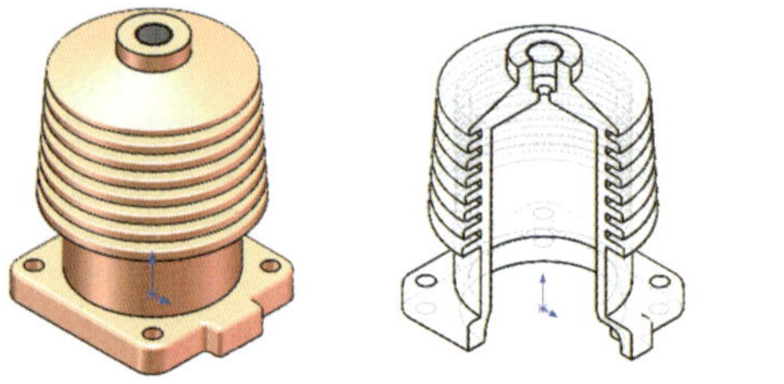
	14	钢球 $\phi 9$	1	结构、尺寸相符	
	15	弹簧	2	直径与高度 1 分；簧丝 1 分	
	16	接头	3	圆柱体 1 分；六棱柱 1 分	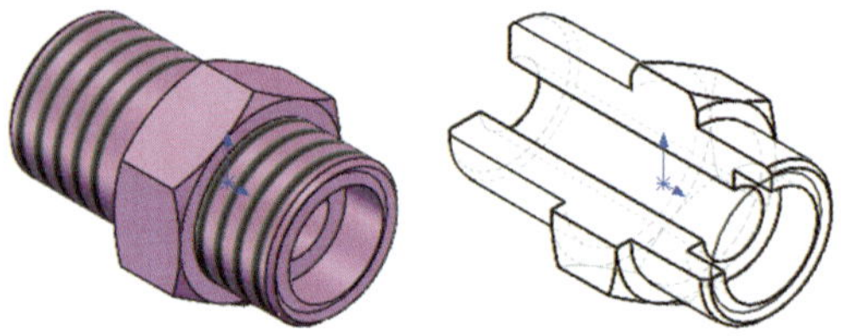
	17	阀门	2	圆台 1 分；两处圆柱 1 分	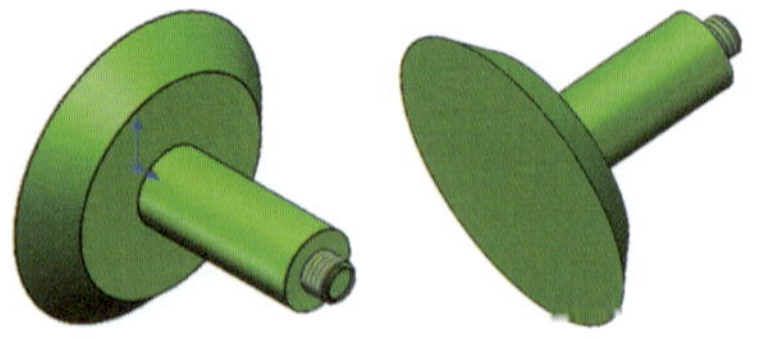
	18	弹簧	2	直径与高度 1 分；簧丝 1 分	
	19	弹簧座	2	圆盘 1 分；圆孔 1 分	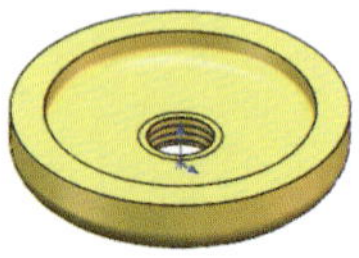

续表

评分内容	序号	名称	分值	评分标准	参考图样
1.1 空气压缩机零件建模（130分）	20	活塞环	2	结构1分；尺寸相符1分	
	21	销2×18	1	结构、尺寸相符	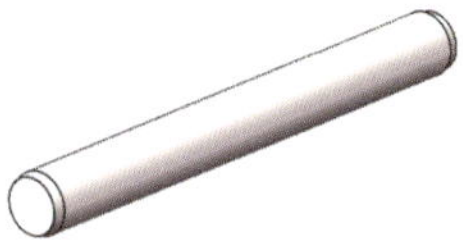
	22	油毡	2	形状1分，厚度1分	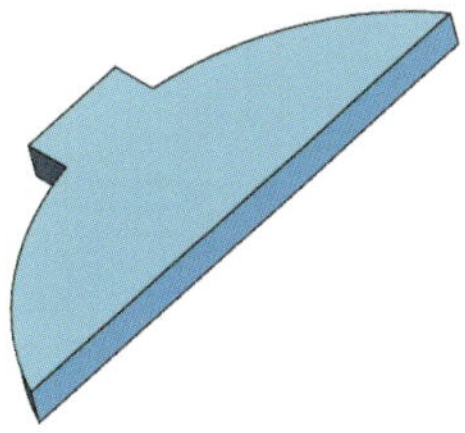
	23	小齿轮	4	轮齿及面宽2分；轴、孔、键槽及内凹2分；	
	24	轴套-2	2	结构1分；尺寸相符1分	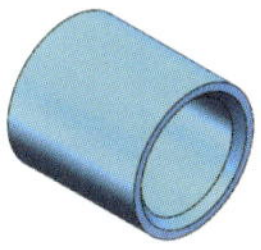
	25	键5×5×14	1	结构、尺寸相符	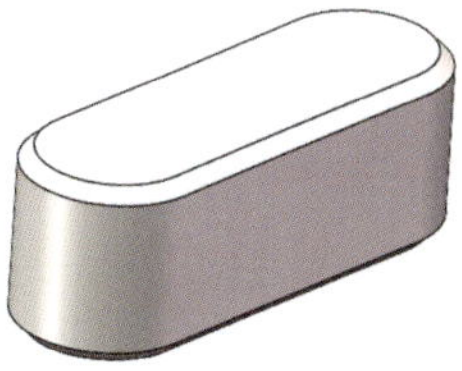
	26	弹性挡圈16	1	结构、尺寸相符	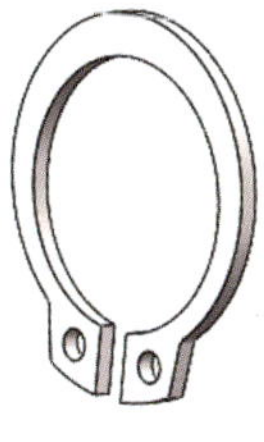

续表

评分内容	序号	名称	分值	评分标准	参考图样
1.1 空气压缩机零件建模（130分）	27	轴塞	3	圆柱1分；六棱柱1分；内孔1分	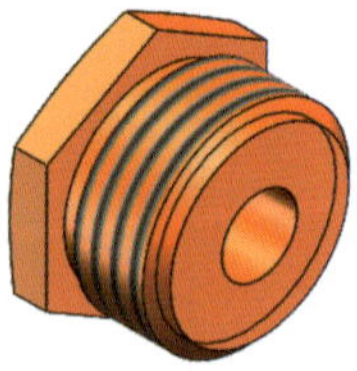
	28	纸垫	1	结构、尺寸相符	
	29	螺钉M8×8	1	结构、尺寸相符	
	30	弹簧	2	直径与高度1分；簧丝1分	
	31	手柄头	3	球状外形2分；内孔1分	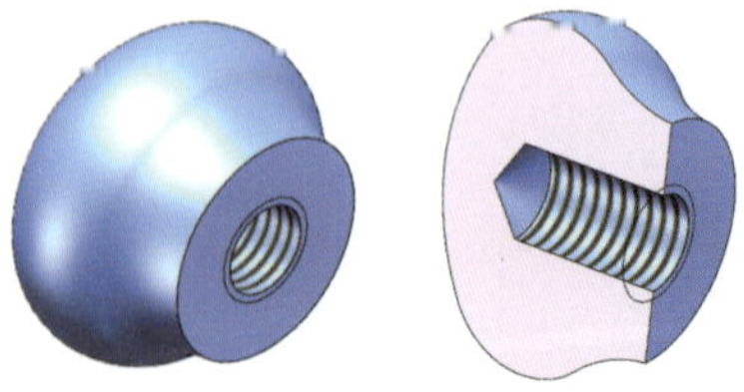
	32	钢球 $\phi 6$	1	结构、尺寸相符	

续表

评分内容	序号	名称	分值	评分标准	参考图样
1.1 空气压缩机零件建模（130 分）	33	拨叉轴	4	主体台阶圆柱结构 2 分；锥孔及销孔 2 分	
	34	销 3×22	1	结构、尺寸相符	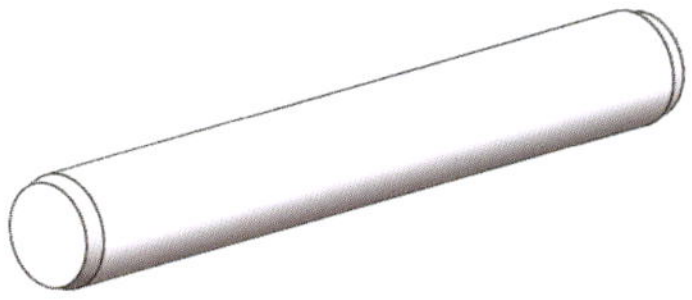
	35	拨叉	4	主体叉状结构 2 分；孔结构、半环状薄片 2 分	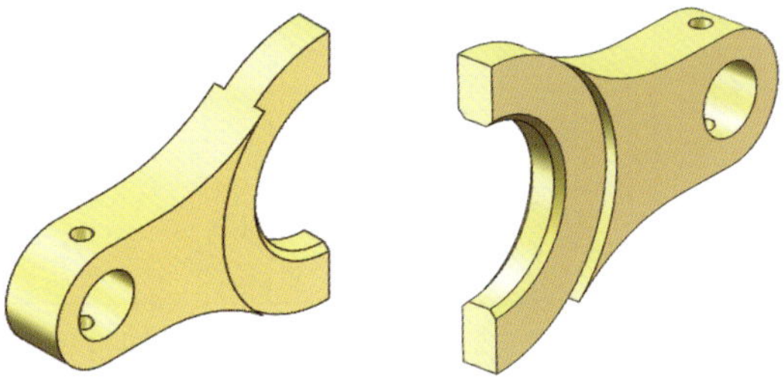
	36	螺钉 M6×10	1	结构、尺寸相符	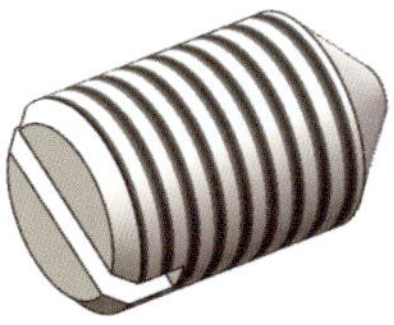
	37	轴套-3	2	套筒 1 分；小孔 1 分	
	38	大齿轮	4	轮齿及面宽 2 分；轴、孔、键槽及内凹 2 分；	

续表

评分内容	序号	名称	分值	评分标准	参考图样
1.2 虚拟装配（15分）	空气压缩机虚拟装配		15	每个装配关系0.5分，不超过15分，少于5个正确装配不评分	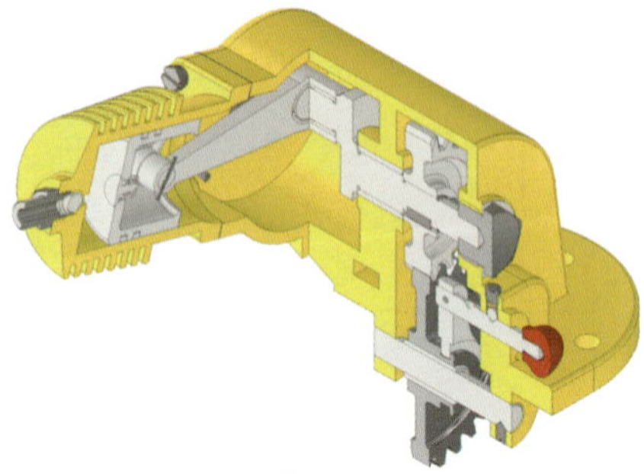 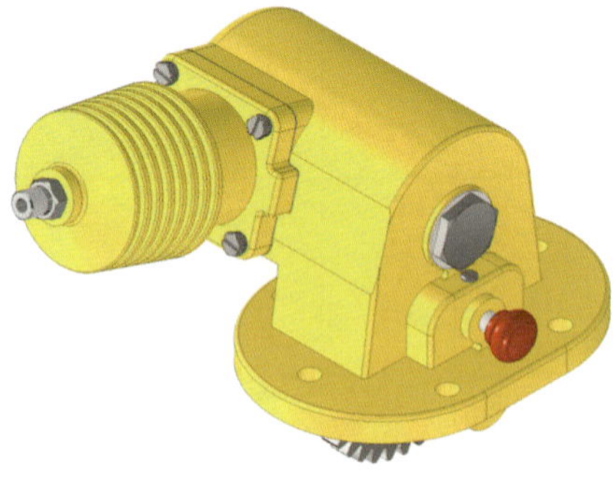
1.3 二维装配图（15分）	空气压缩机二维装配图		15	主视图剖切3分；A－A剖视图3分；俯视图1分；B向斜视图1分；序号2分；明细表2分；尺寸3分（配合尺寸、安装尺寸、性能尺寸每类1分）	见图15
1.4 壳体零件图	空气压缩机壳体零件工程图		20	主视图3分；左视图2分；右视图1分；仰视图1分；*C*向斜视图1分；*D-D*剖视图1分；尺寸4分；尺寸公差1分；几何公差2分；表面结构2分；标题栏及技术要求2分	见图16
2.1 正二十面体零件建模			7	主体结构2分；凸起5分	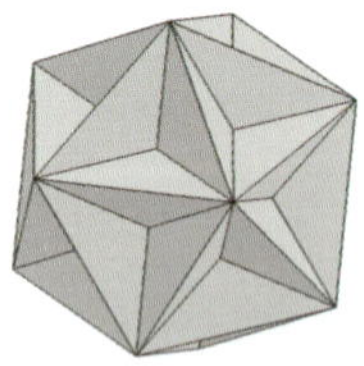
2.2 五球互切建模			7	做出4个小球且两两相切得4分；第5个小球正确得3分；	
3.1	填空：2.1 形体的外接球的直径		3	19.02，完全相符3分；	
3.2	填空：2.2 相切的第五个小球的直径		3	1.0909，小数点后四位完全相符3分；	

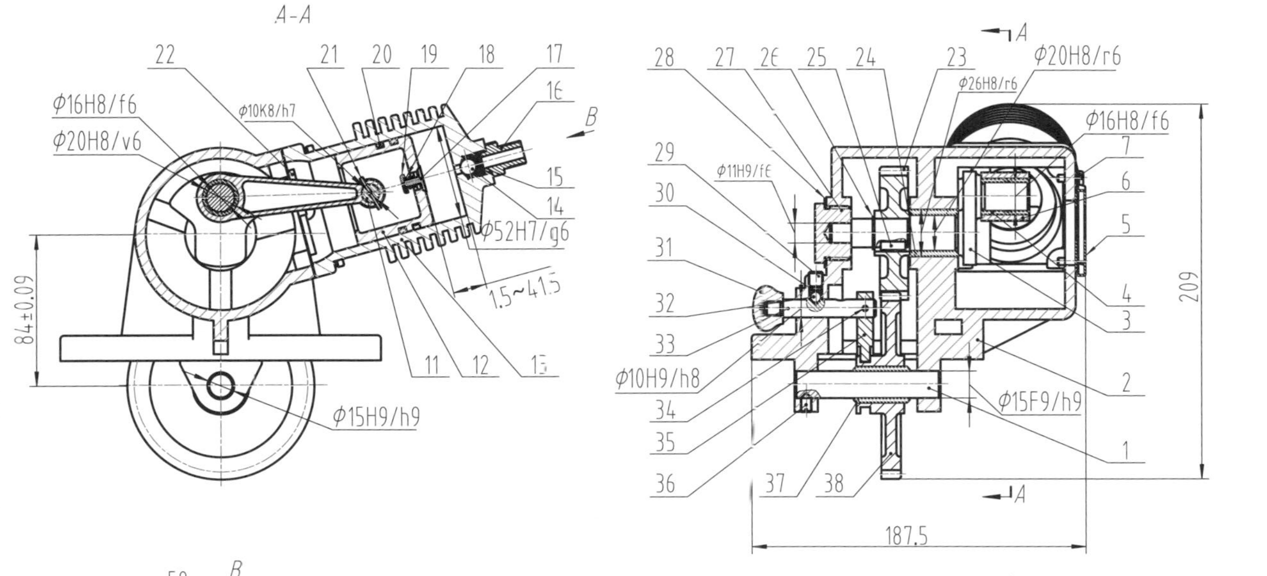

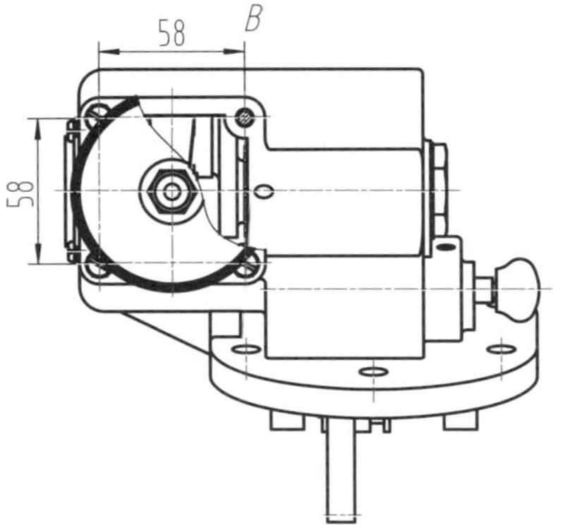

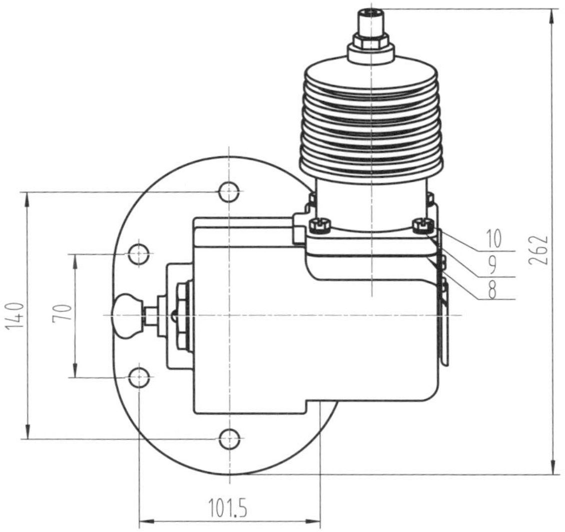

技术要求

1. 装配前应对零、部件的主要配合尺寸，
   特别是过盈配合尺寸及相关精度进行复查。
2. 装配过程中零件不允许磕、碰、划伤和锈蚀。

序号	零件名称	数量	材料	备注
38	大齿轮	1	HT20-40	
37	轴套-3	1	45	
36	螺钉M6×10	1		GB/T 71-2018
35	拨叉	1	A3	
34	销3×22	1		GB/T 119.1-2000
33	拨叉轴	1	45	
32	钢球Φ6	1	A3	
31	手柄头	1	A1	
30	弹簧	1	弹簧钢	
29	螺钉M8×8	1		GB/T 73-2017
28	纸垫	1	工业用纸	
27	轴塞	1	ZQSn10-5	
26	弹性挡圈16	1		GB/T 894.1-1986
25	键5×5×14	1		GB/T 1096-2003
24	轴套-2	1	45	
23	小齿轮	1	HT20-40	
22	油毡	1	毛粘	
21	销2×18	1		GB/T 119.1-2000
20	活塞环	2	QT45-5	
19	弹簧座	1	A3	
18	弹簧	1	弹簧钢	
17	阀门	1	45	
16	接头	1	A3	
15	弹簧	1	弹簧钢	
14	钢球Φ9	1	A3	
13	气缸体	1	HT20-40	
12	活塞	1	ZL102	
11	活塞销	1	45	
10	螺栓M6×20	4		GB/T 29.1-2013
9	垫圈6	4		GB/T 859-1987
8	垫片	1	B2	
7	螺钉M4×12	2		GB/T 67-2016
6	连杆	1	ZG35	
5	护板	1	钢板	
4	轴套	1	45	
3	曲轴	1	45	
2	壳体	1	HT20-40	
1	小轴	1	45	

空气压缩机			比例	1:2
			图号	
制图			第17届“高教杯”全国大学生先进成图技术与产品信息建模创新大赛	
审核				

图15 空气压缩机二维装配图

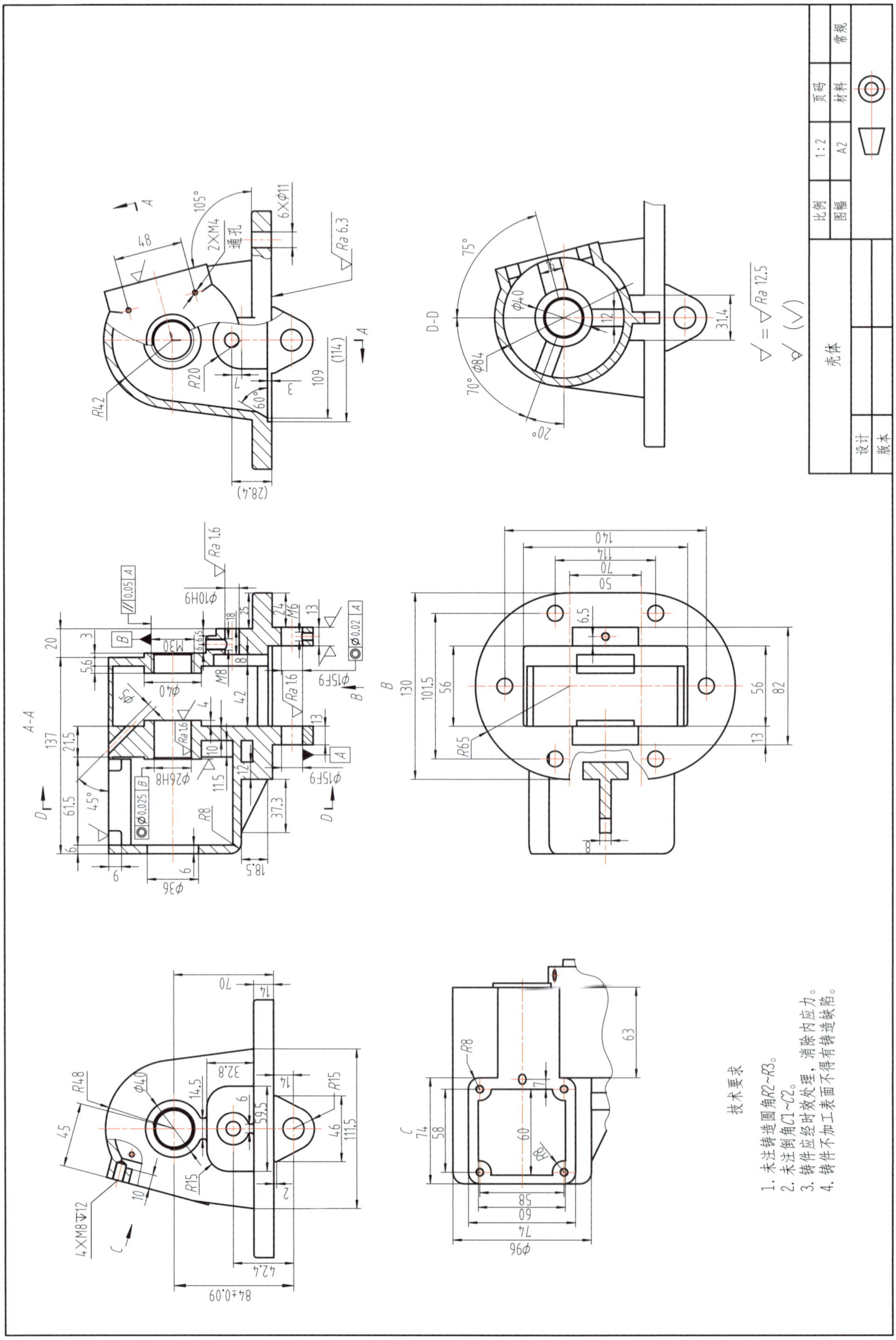

图16 空气压缩机壳体零件工程图

建筑类

第16届“高教杯”全国大学生先进成图技术与产品信息建模创新大赛（建筑类）计算机建模试题

一、任务要求：

根据所给建筑施工图，完成某体育馆的三维信息模型。具体要求及说明如下：

1.外墙厚度未标明的均为300 mm，内墙未标明的均为200 mm。

2.楼板、楼梯平台板厚度未标明的均为150 mm。

3.散水宽度为500 mm。

4.柱子主要尺寸为1 000 mm×1 000 mm、900 mm×900 mm、600 mm×600 mm、500 mm×500 mm。

5.楼梯栏杆扶手高度1 050 mm，具体样式可自行设计。

6.幕墙细部尺寸见幕墙详图，幕墙详图未给出的可自行设计。

7.门窗过梁、楼梯梁、框架梁、天花板、观众座椅不需建模。

8.其余构件未给定的定位及尺寸请自行合理设计。某体育馆建筑施工图详见第2～14页。

9.图中所有图号采用试卷的页码代替（试卷的页码就是图号）。

二、建模要求：

1.根据图纸给定的标高和轴网建立三维定位体系，根据所给施工图尺寸进行三维空间精确定位与定形。

2.按照房屋建筑学的建筑构造要求进行构件分类，例如墙、柱、门窗、楼板、屋顶、楼梯、坡道等。

3.根据输出施工图的要求建立楼层视图便于后续输出楼层平面图。

4.根据输出模型的要求建立三维视图便于后续输出该房屋的信息模型。

三、成果提交：

任务一、使用BIM建模软件创建三维模型后。文件命名规则如下：

模型.XXX

要求：

（1）DWG文件WCS坐标系的Z轴保持垂直向上（房屋不能倒置、侧翻）。

（2）导出时需按建筑构配件的类别导出图层（例如Wall、Window、Floor等），图层命名格式参照附录：“构件分类图层表”。

（3）导出的模型应为ACIS标准。

任务二、利用上述模型发布一层平面图CAD格式文件二维DWG。文件命名规则如下：

±0.000平面图.dwg

任务三、利用上述模型发布南立面CAD格式文件二维DWG。文件命名规则如下：

东立面.dwg

任务四、利用上述模型发布南立面CAD格式文件二维DWG。文件命名规则如下：

南立面.dwg

任务五、利用上述模型发布北立面CAD格式文件二维DWG。文件命名规则如下：

北立面.dwg

任务六、利用上述模型发布西立面CAD格式文件二维DWG。文件命名规则如下：

西立面.dwg

任务七、利用上述模型发布屋顶平面图CAD格式文件二维DWG。文件命名规则如下：

屋顶平面图.dwg

要求：每个任务各单独占据一张图纸。图纸使用A0，比例为1：150。尺寸只标准轴网和标高。

任务八、利用上述模型发布门明细表(取消逐项列举每个实例)。文件命名规则如下：

门明细表.dwg

要求：使用A2图纸，表头样式如下：

<门明细表>				
A	B	C	D	E
类型	底高度	高度	宽度	合计
M1024	0	2400	1000	33
M1524	0	2400	1500	27

任务九、创建5-5剖面图，文件命名规则如下：

5-5剖面图.dwg

第16、17届
建筑赛道讲评

要求：

（1）按国家建筑制图相关标准对5-5剖面图进行标注。

（2）新建图纸空间，图纸幅面：A0，按1：150的比例发布施工图。

（3）图框标题栏格式如下：

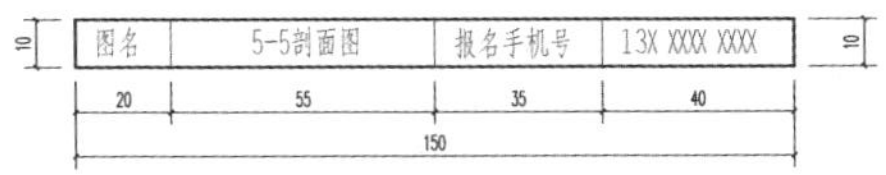

（4）导出该图纸为二维DWG文件（或天正建筑软件输出的T3格式文件，其他格式无效）。

（5）施工图标注应符合国家建筑制图标准。

任务十、建筑表现（建筑外观效果图）

（1）配置RPC（树、车、人）配景，设置日光照明，光照来自正南方向。

（2）在指定位置：Ⓐ轴线下方260 m、① 轴线左方130 m处，创建人视视角：1.75 m高，视角30°的相机，渲染真实感彩色相机视图。图片精度不得低于2 000×1 500像素。文件命名格式规则如下：

“效果图.jpg”

附录：建筑构件图层表

图层	图层名	颜色	线型	内容
轴线	DOTE	1	CONTINUOUS	此图层的直线和弧认为是平面轩线
阳台	BALCONY	6	CONTINUOUS	存放阳台对象，利用阳台做的雨篷
柱子	COLUMN	9	CONTINUOUS	存放各种材质构成的柱子对象
门窗	WINDOW	4	CONTINUOUS	存放插入的门窗图块或墙洞
轴标	AXIS	3	CONTINUOUS	存放轴号对象，轴线尺寸标注
地面	GROUND	2	CONTINUOUS	地面与散水
墙线	WALL	9	CONTINUOUS	存放各种材质的墙对象
梁	BEAM	9	CONTINUOUS	各冲结构梁
面层	SURFACE	6	CONTINUOUS	粉刷层、保温层、详图饰面层
屋顶	ROOF	4	CONTINUOUS	冬种屋顶、老虎窗所在的图层
楼梯	STAIR	2	CONTINUOUS	楼梯段、坡道、台阶、休息平台
洁具	LVTRY	6	CONTINUOUS	洁具
卫生隔断	LATRINE	6	CONTINUOUS	卫生隔断
栏杆	RAIL	3	CONTINUOUS	栏杆
扶手	HANDRAIL	3	CONTINUOUS	扶手
房间	SPACE	7	CONTINUOUS	房间名称、编号与边界线
标高	DIM_ELEV	3	CONTINUOUS	标高标注
索引符号	DIM_IDEN	3	CONTINUOUS	索引标注
引出标注	DIM_LEAD	3	CONTINUOUS	引出标注
符号	DIM _YMB	3	CONTINUOUS	其他各种符号标注
剖线	S _WALL	9	CONTINUOUS	剖切到的墙线
剖窗	S _WINDOW	4	CONTINUOUS	剖切到的门窗
剖梯	S _STAIR	9	CONTINUOUS	剖切到的楼梯
层线	E _FLOOR	4	CONTINUOUS	立面楼层分隔线
立线	E _LINE	7	CONTINUOUS	立面可见线
立窗	E _WINDOW	4	CONTINUOUS	立面门窗
立梯	E_STAIR	2	CONTINUOUS	立面楼梯
梁板	FLOOR	2	CONTINUOUS	梁与楼板(组合用)
檐口	EAVES	7	CONTINUOUS	屋面檐口(组合用)
玻璃	GLASS	6	CONTINUOUS	门窗玻璃(组合用)玻璃幕墙
图框	TITLE	4	CONTINUOUS	图框标题栏(组合用)
标注	DIM	3	CONTINUOUS	尺寸标注(组合用)
公填	PUB_HATCH	8	CONTINUOUS	填充图案
公框	PUB_TITLE	4	CONTINUOUS	图框线与标题栏、会签栏
公窗	PUB_WINDW	7	CONTINUOUS	图纸空间的布局视口
窗名	WINDOW_TEXT	7	CONTINUOUS	门窗编号

第 1 页/共 15 页

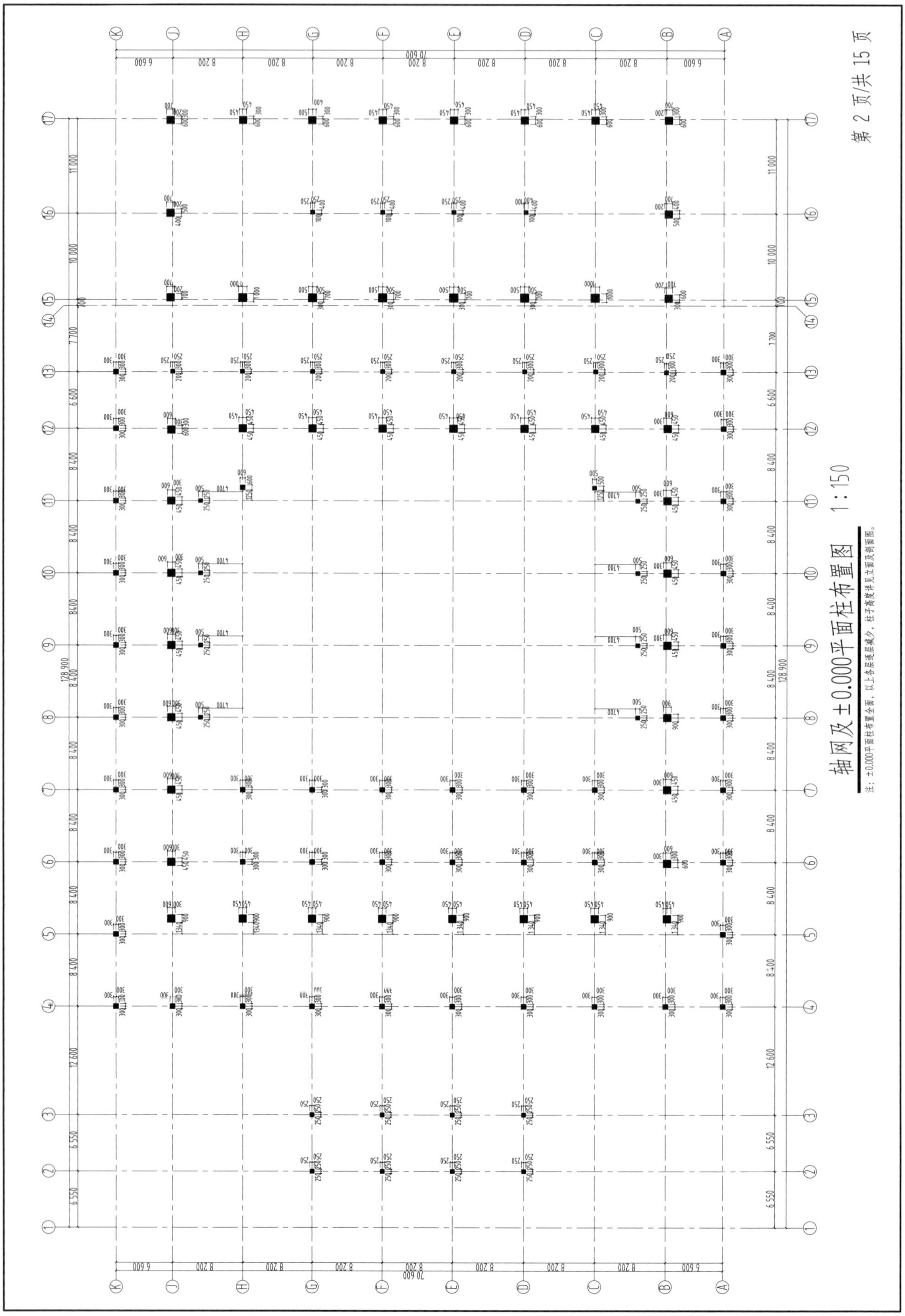
轴网及±0.000平面柱布置图 1:150
注：±0.000平面柱布置全面，以上各层逐层减少，柱子高度详见立面及剖面图。
第 2 页/共 15 页

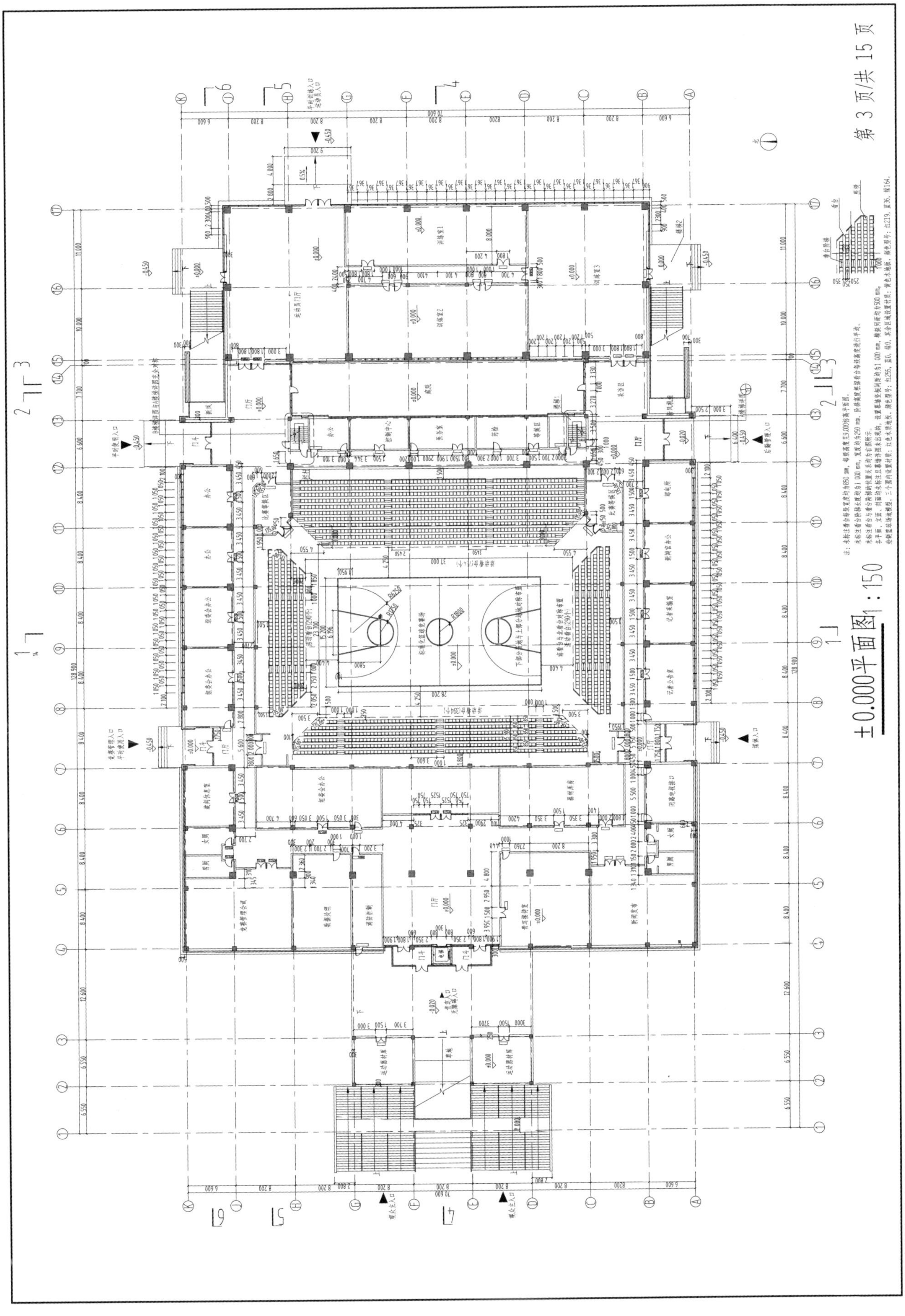
±0.000平面图 1:150
第 3 页/共 15 页

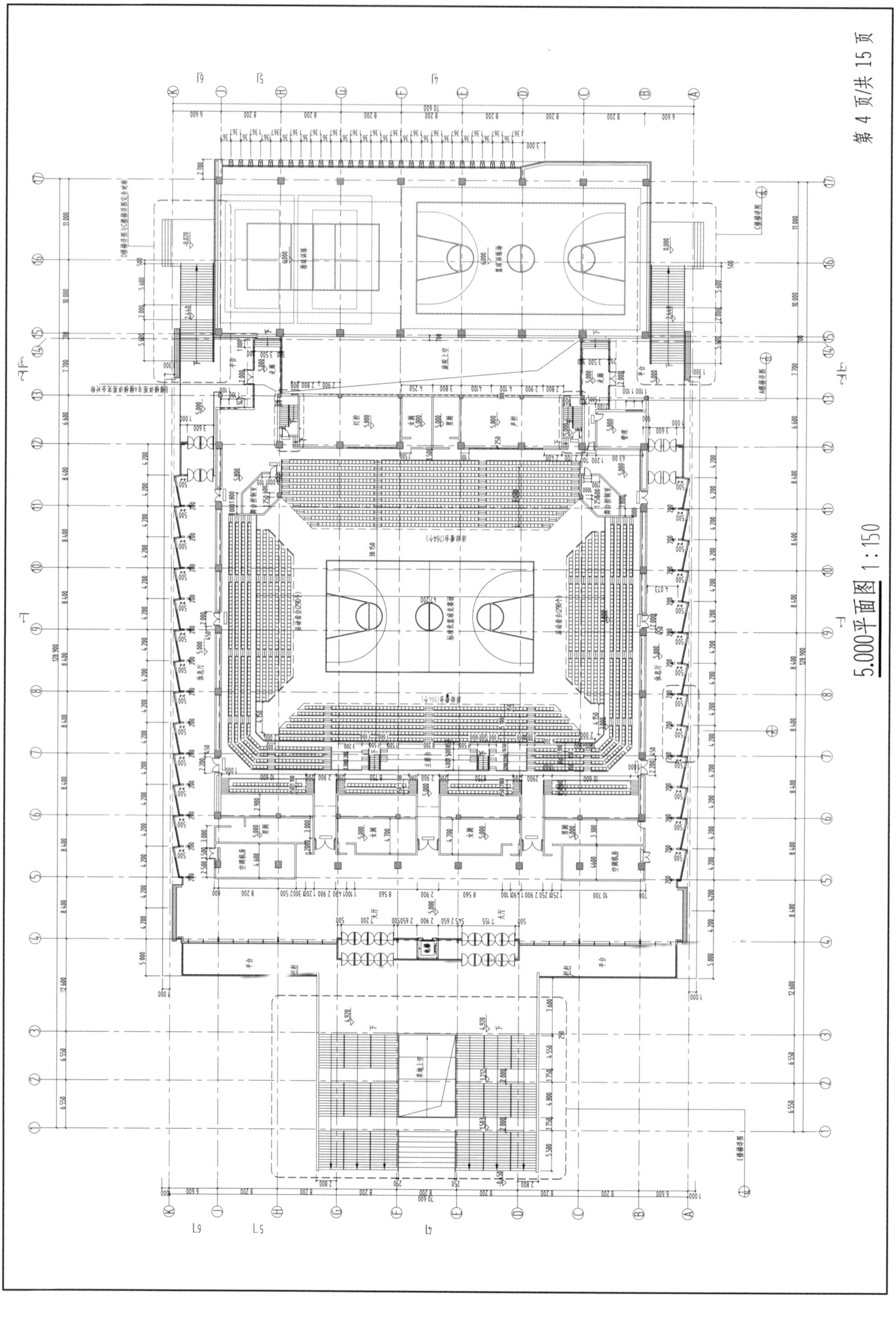
第 4 页/共 15 页
5.000平面图 1:150

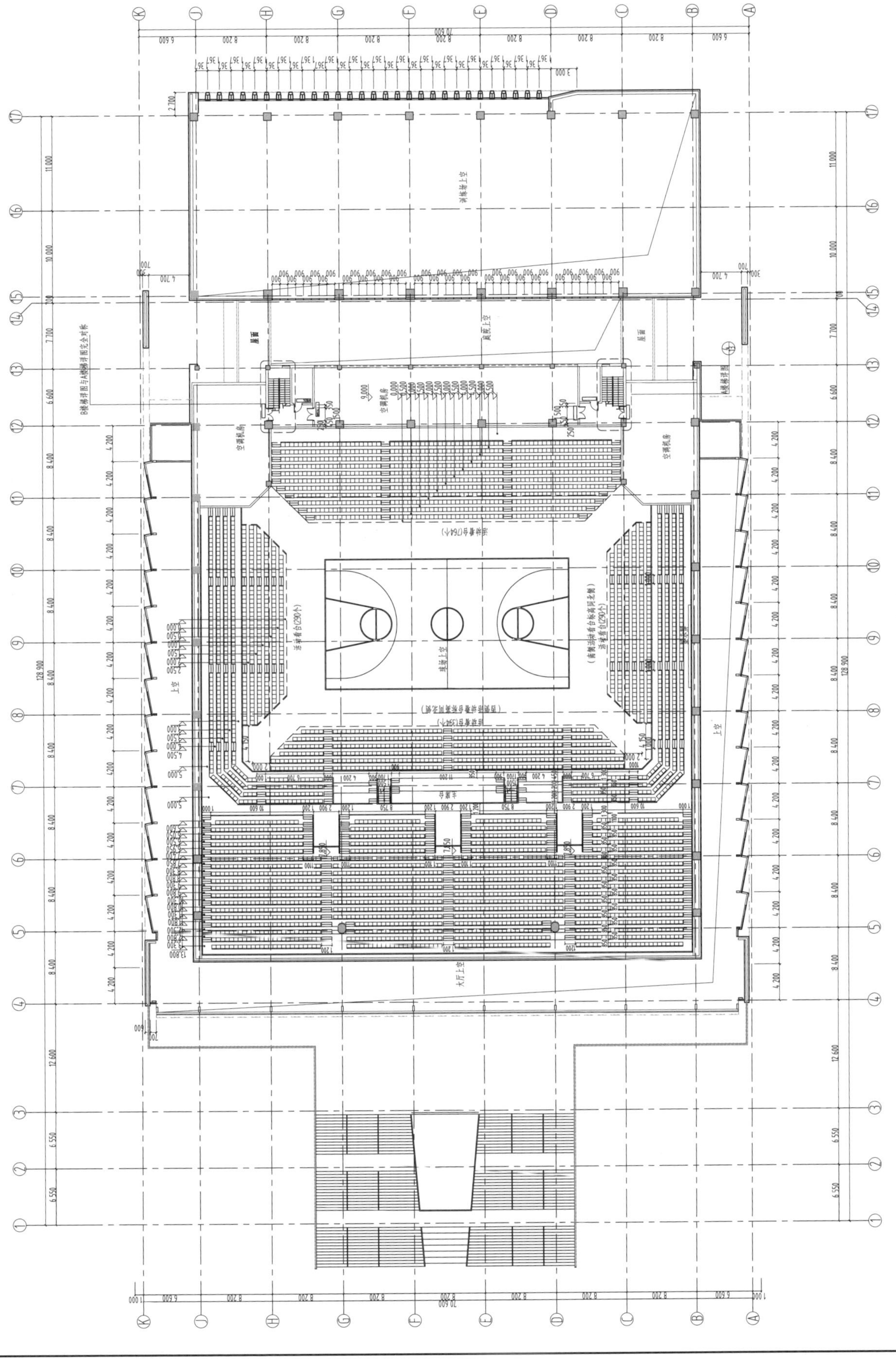

9.000标高平面图 1:150

第 5 页/共 15 页

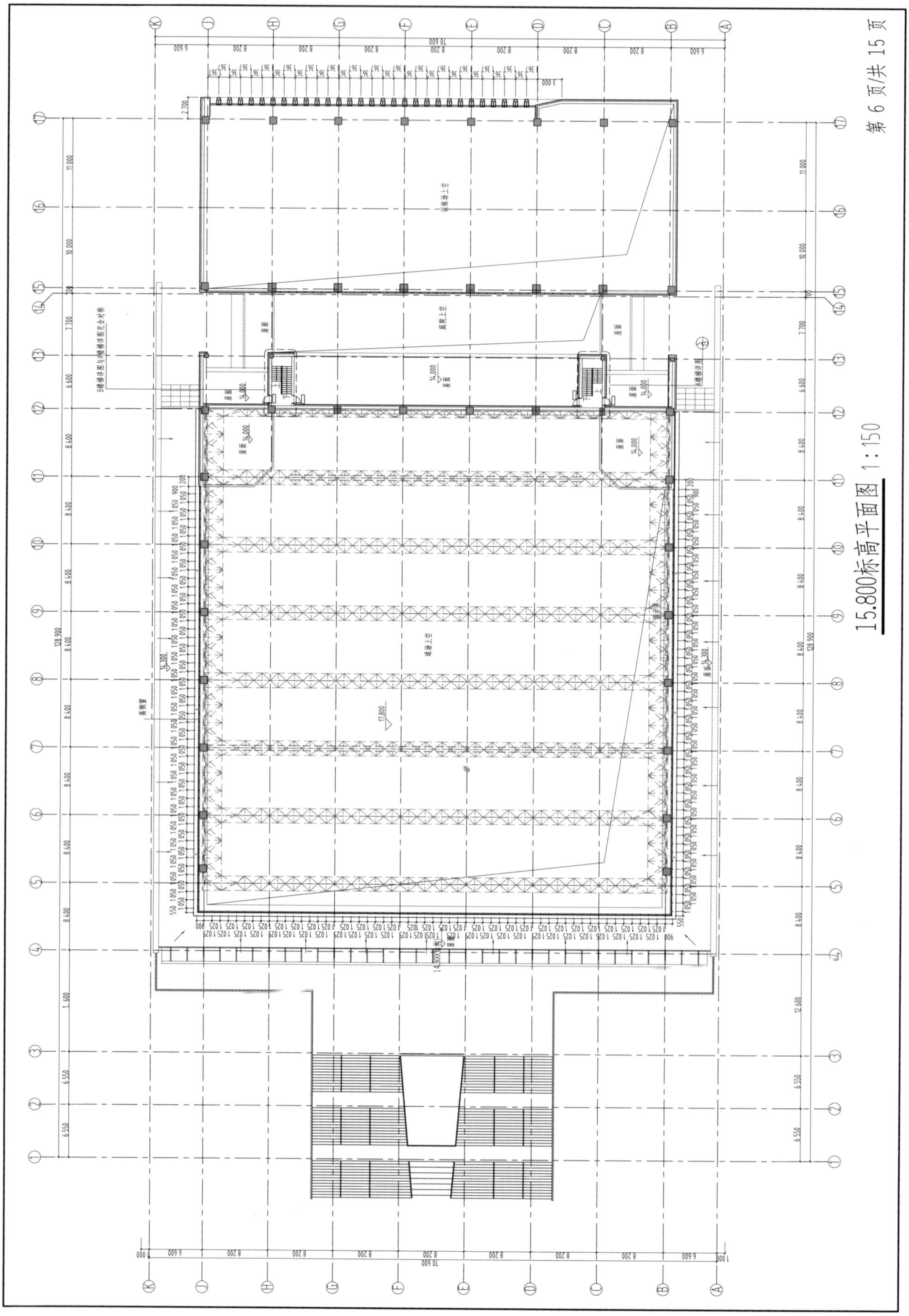
15.800标高平面图 1:150
第 6 页/共 15 页

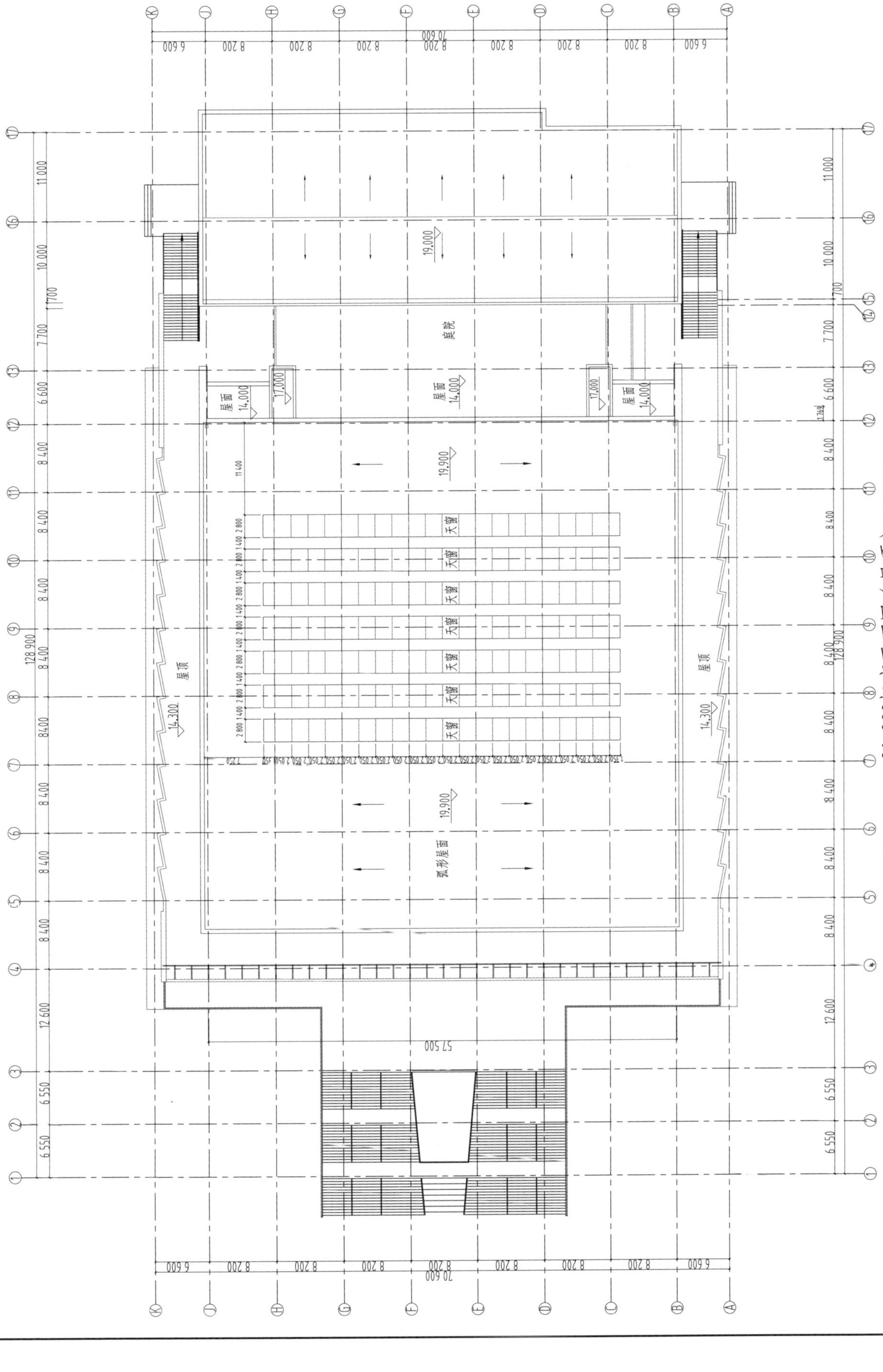

21.300标高平面图（屋顶） 1:150

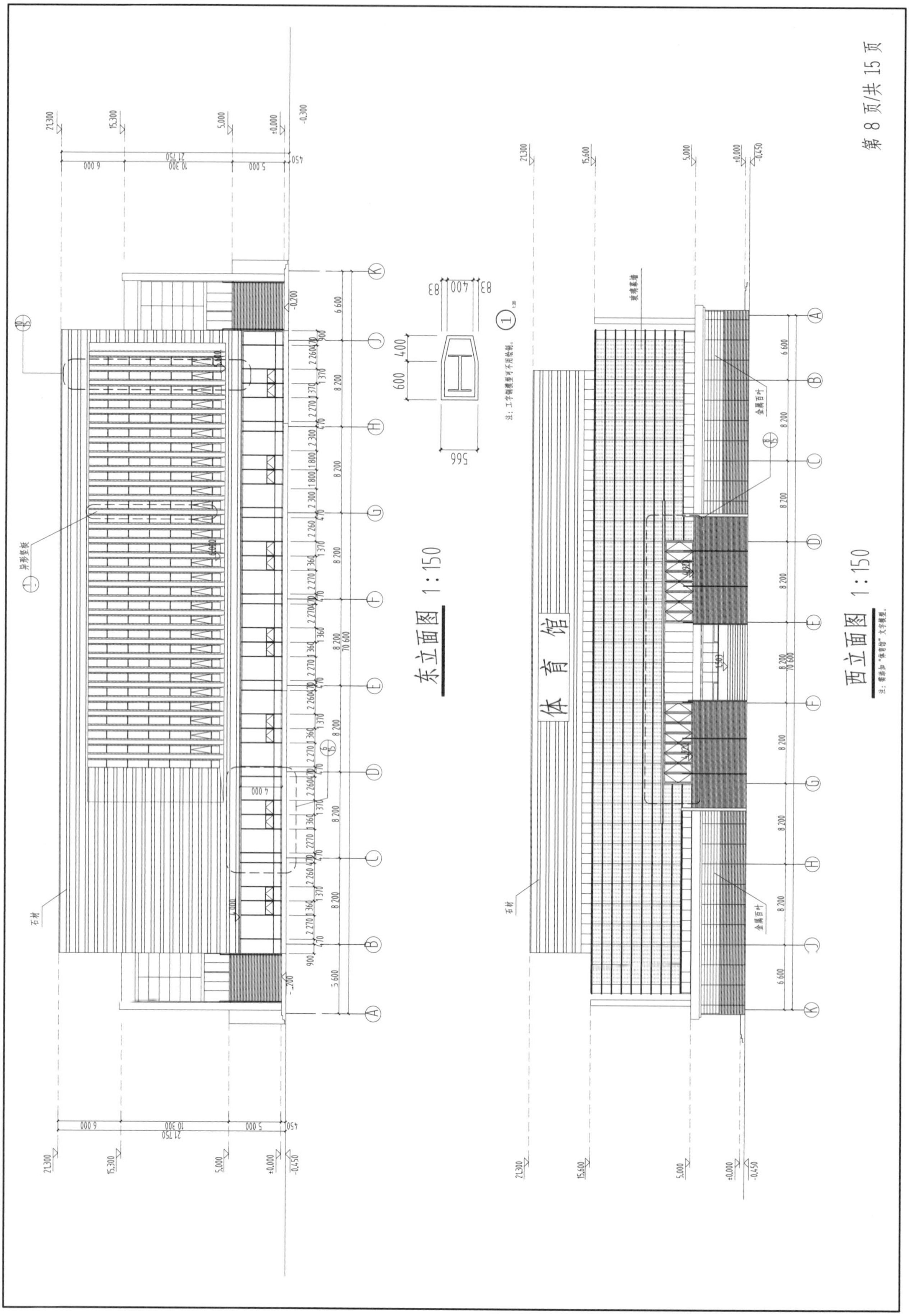
第 8 页/共 15 页
东立面图 1:150
西立面图 1:150
体 育 馆
注：工字钢通高可不用绘制。

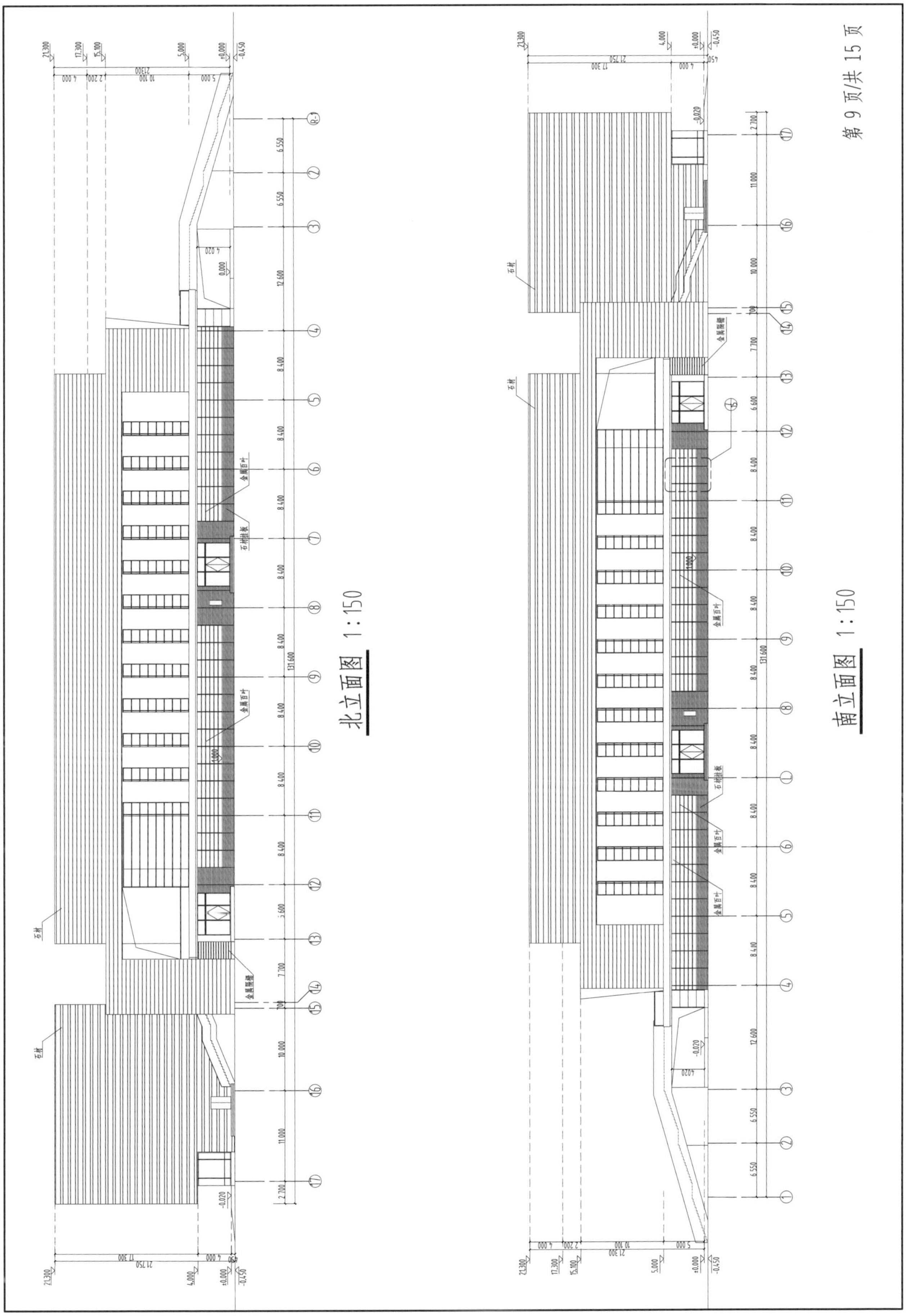
北立面图 1:150
南立面图 1:150
第 9 页/共 15 页
金属百叶
石材挂板
金属栏栅
石材

第 10 页/共 15 页

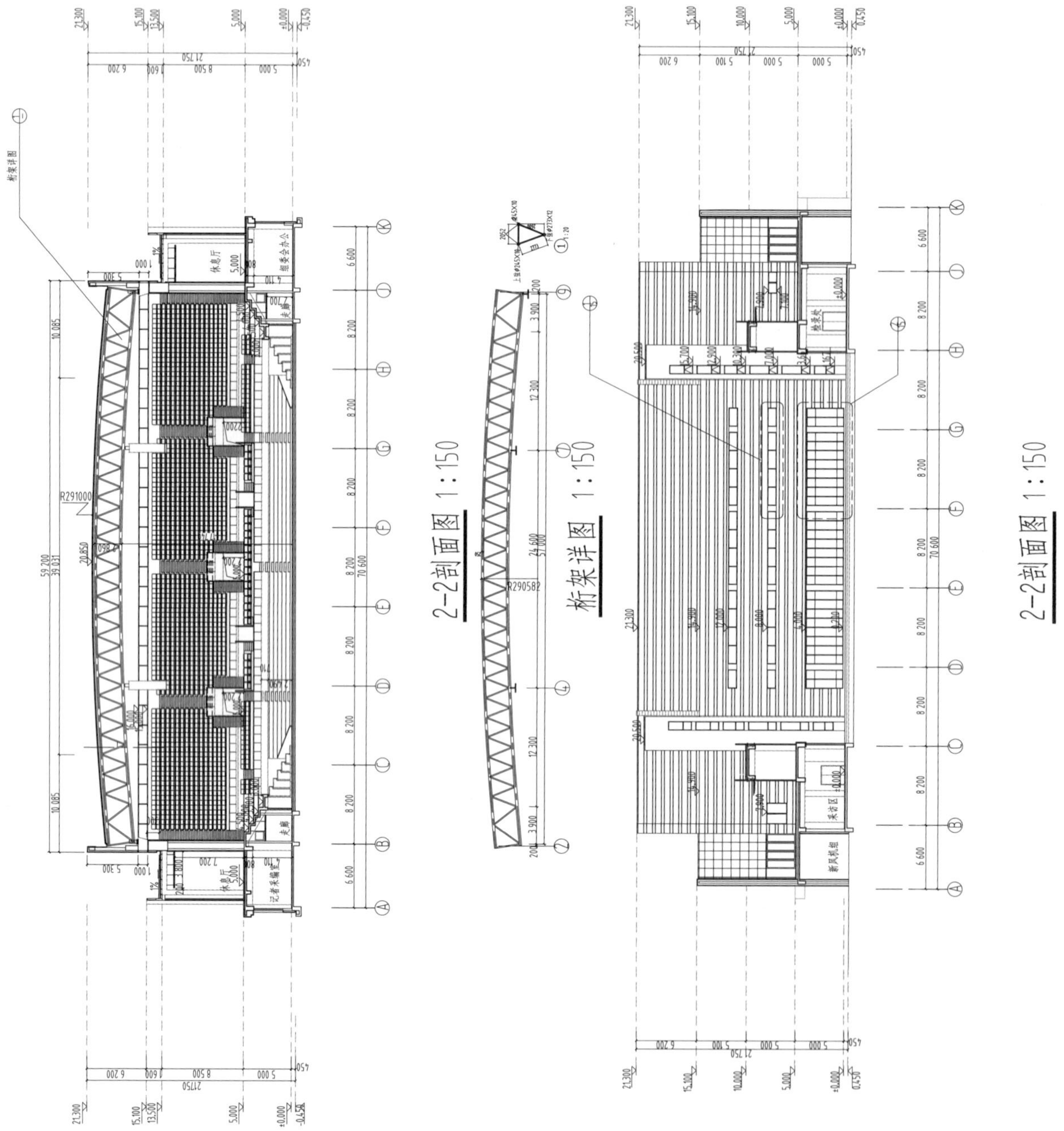

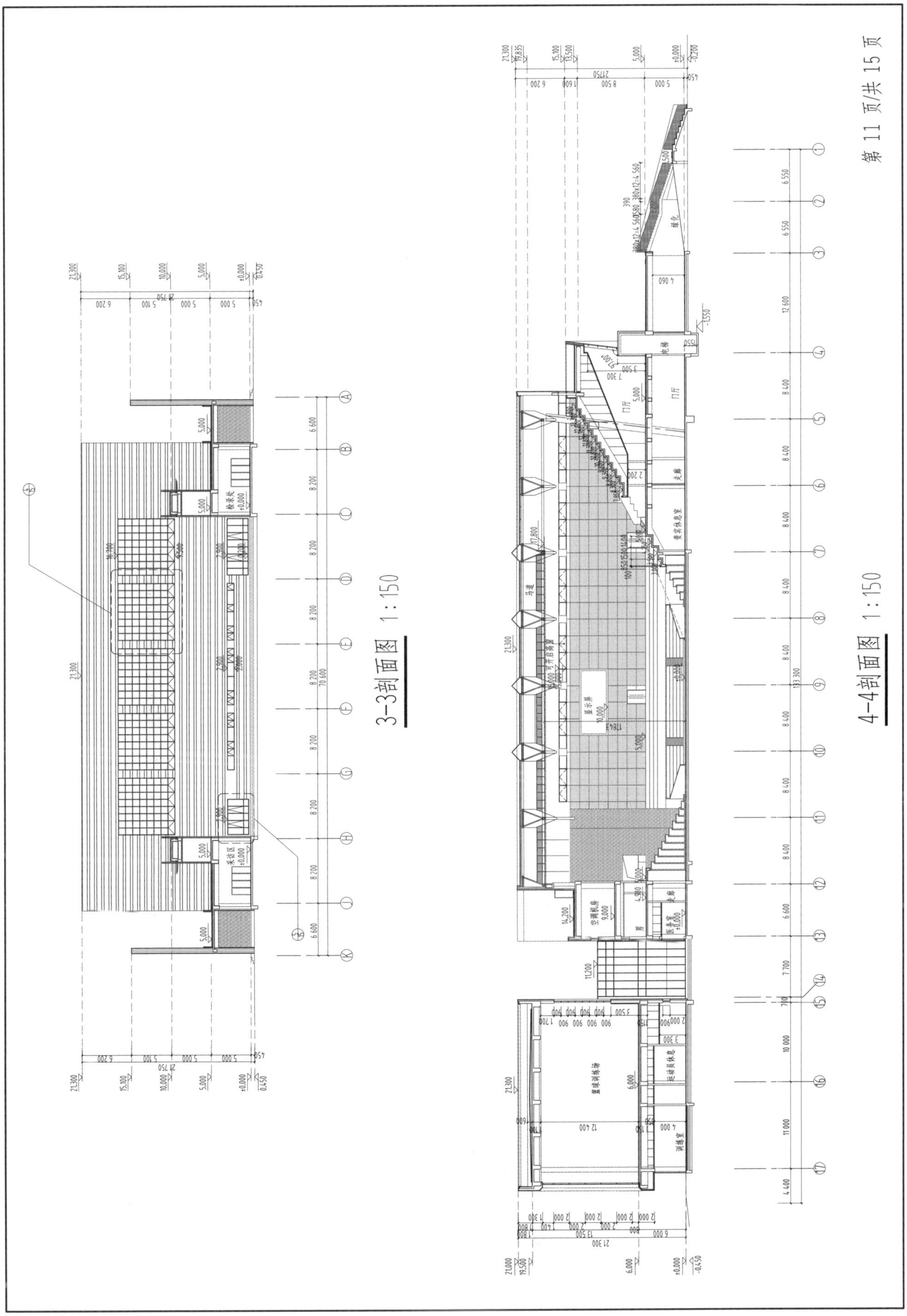
第 11 页/共 15 页
3-3剖面图 1:150
4-4剖面图 1:150

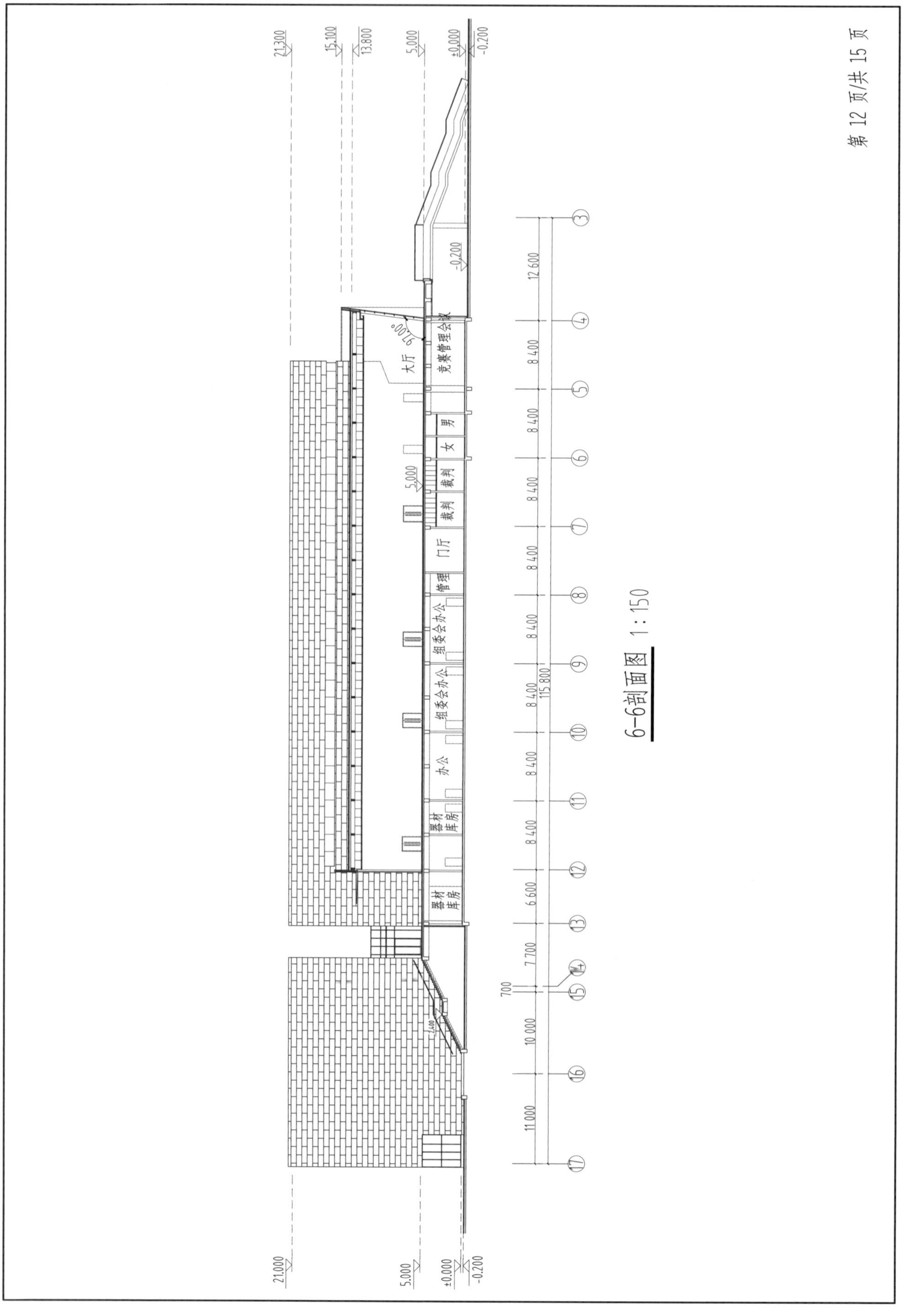
第 12 页/共 15 页
21.300
15.100
13.800
5.000
±0.000
-0.200
大厅
竞赛管理会议
男
女
裁判
裁判
门厅
管理
组委会办公
组委会办公
办公
器材库房
器材库房
12 600
8 400
6 600
7 700
700
10 000
11 000
115 800
21.000
6-6剖面图 1:150

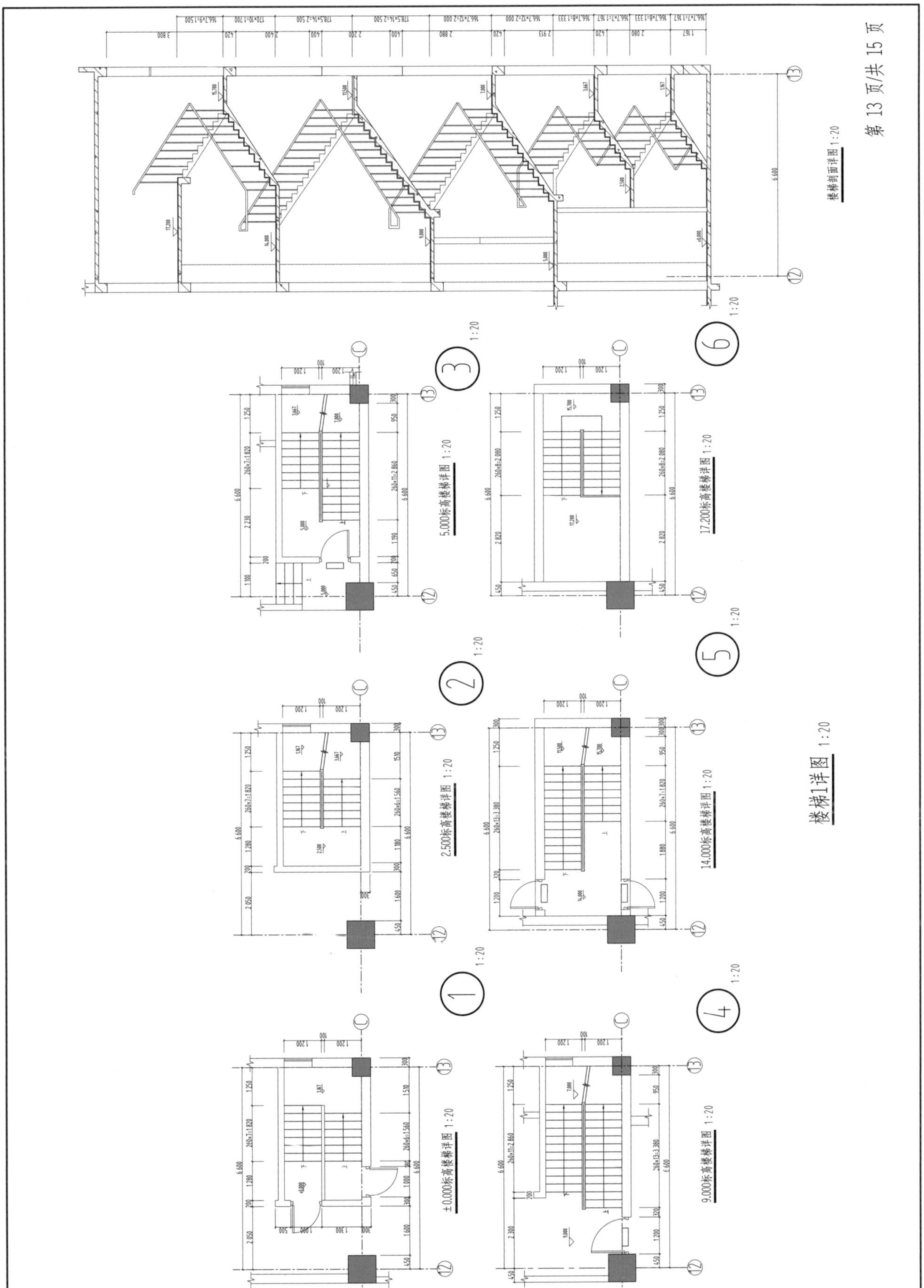
楼梯剖面详图 1:20
第 13 页/共 15 页
楼梯1详图 1:20
±0.000标高楼梯详图 1:20
2.500标高楼梯详图 1:20
5.000标高楼梯详图 1:20
9.000标高楼梯详图 1:20
14.000标高楼梯详图 1:20
17.200标高楼梯详图 1:20

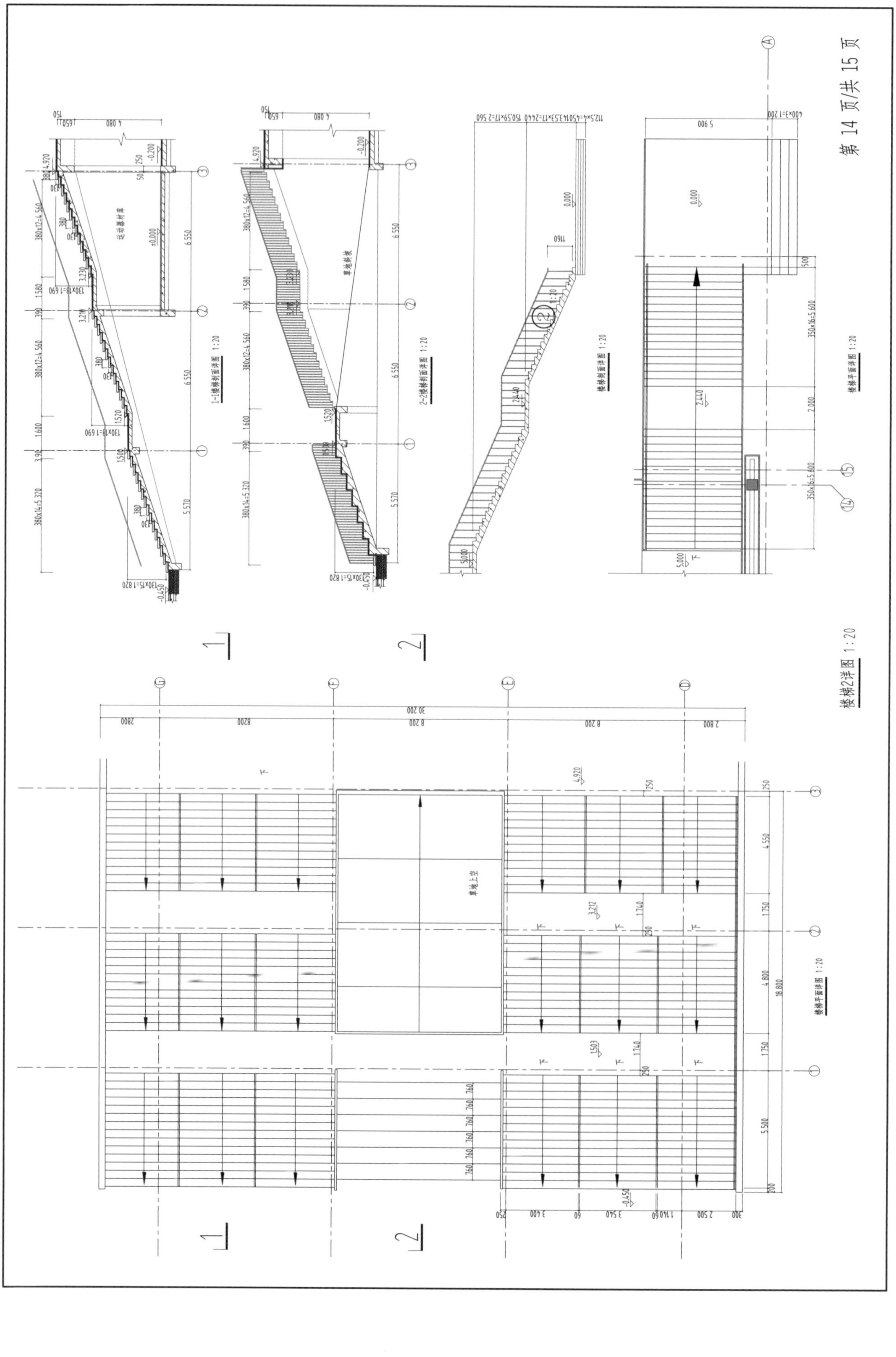
第 14 页/共 15 页
楼梯2详图 1:20
1-1楼梯剖面详图 1:20
2-2楼梯剖面详图 1:20
楼梯剖面详图 1:20
楼梯平面详图 1:20

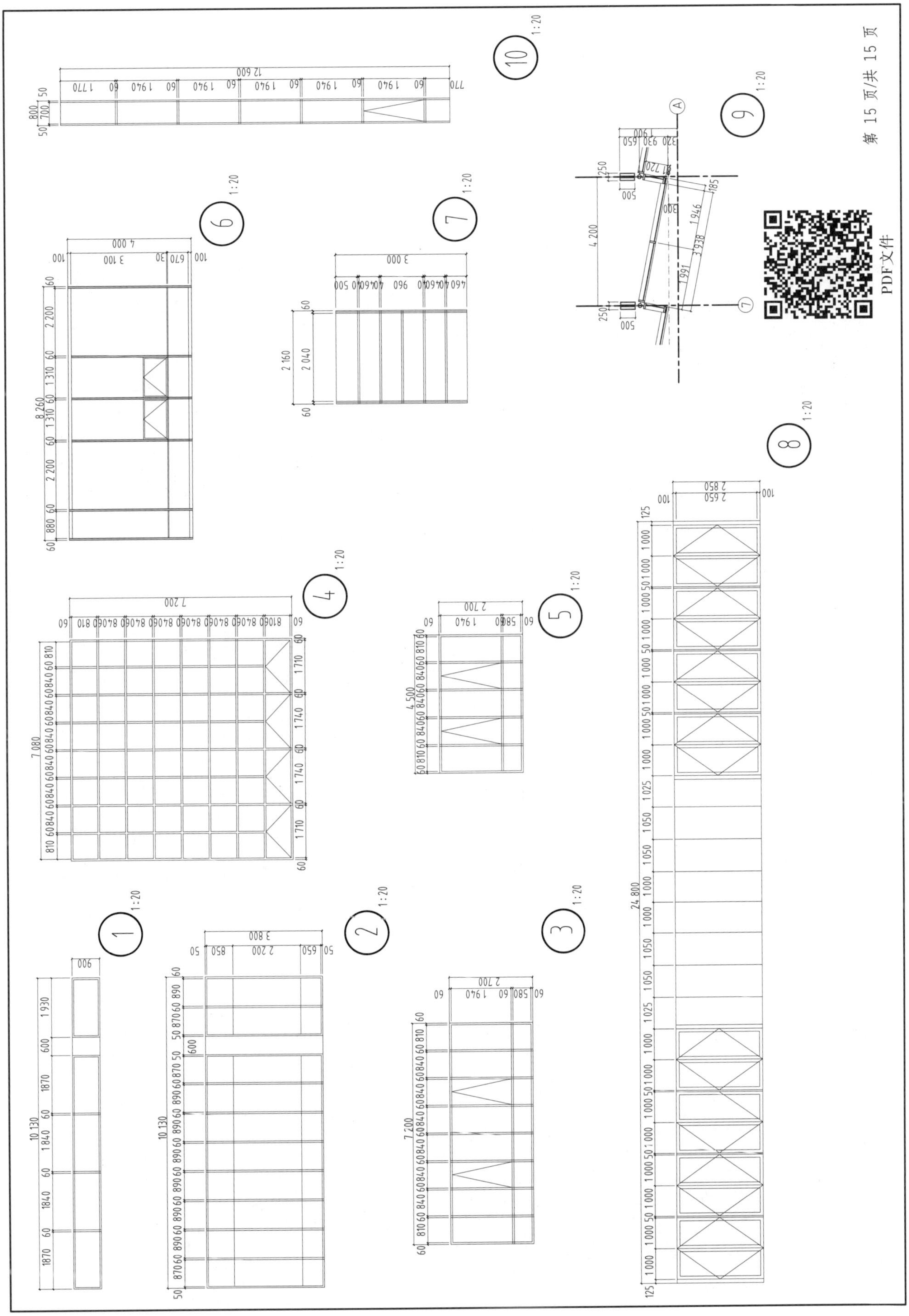
第 15 页/共 15 页
PDF文件
1 1:20
2 1:20
3 1:20
4 1:20
5 1:20
6 1:20
7 1:20
8 1:20
9 1:20
10 1:20

第 16 届“高教杯”全国大学生先进成图技术与产品信息建模创新大赛（建筑类）计算机建模试题评分标准

施工图评分表说明

一、楼梯台阶 1 处，包括三段楼梯、三个平台、一段连续的栏杆。栏杆不画扣 1 分，楼梯顶部不到标高 5.000 扣 1 分，三段楼梯、三个平台缺一个扣 0.5 分。全画得 2.5 分。

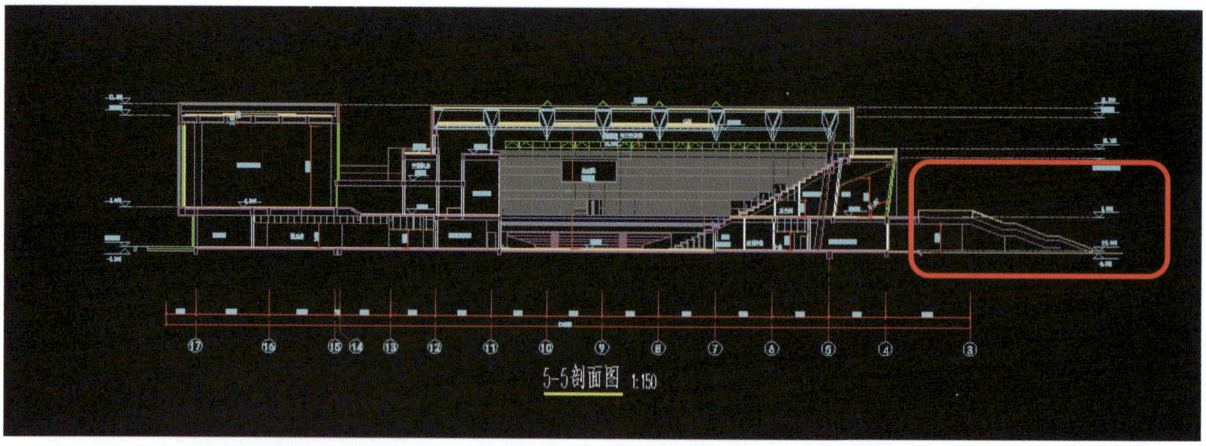

二、看台 4 处，最右边大框里面分值 1，其余三个分值分别为 0.5，全画得 2.5。

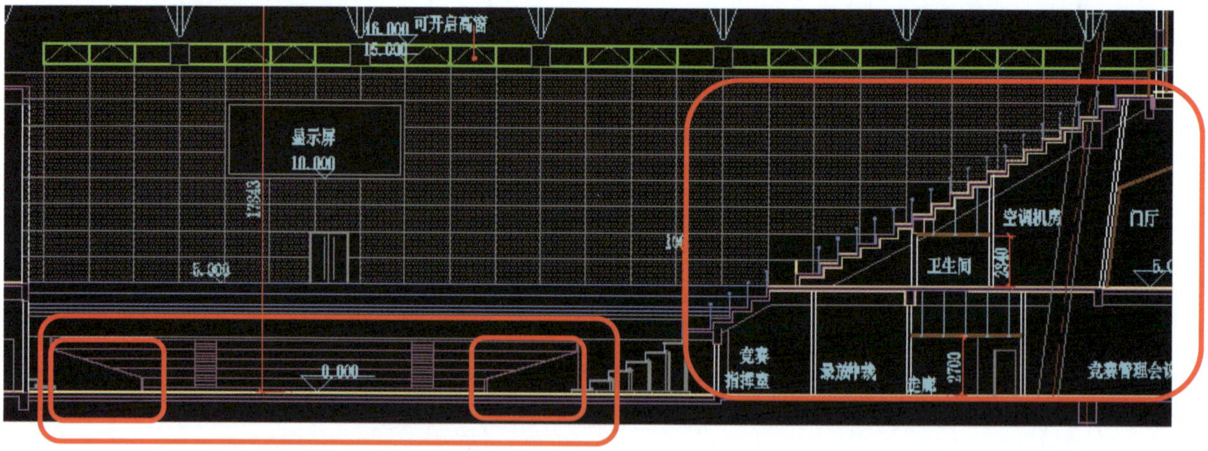

三、看台阶梯共计 3 处，最右边大框既是看台也是看台阶梯，分值分别为 0.5，全画得 1.5 分。

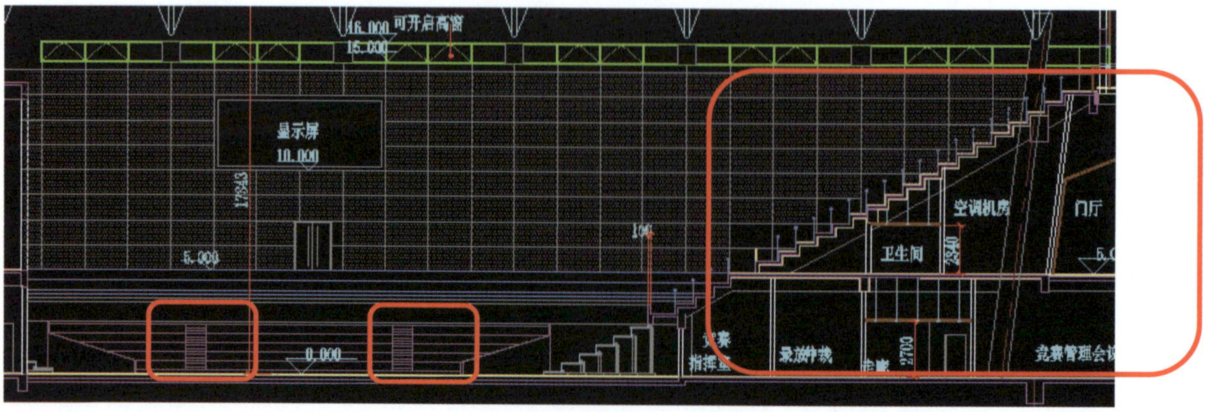

四、门共计 3 处，部分缺失或部分不符得 0.5 分，全画得 1 分。

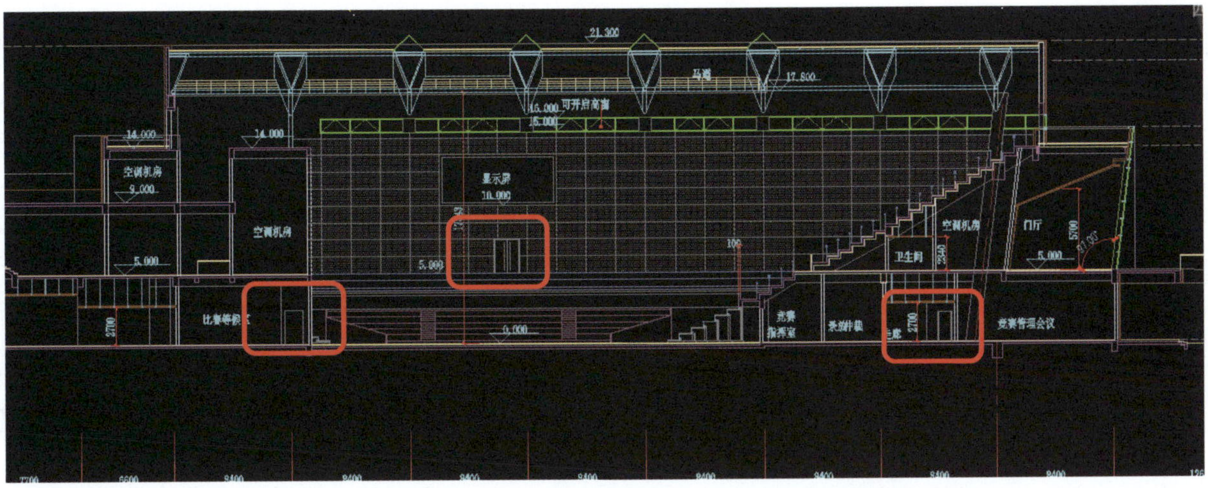

五、墙共计 2 分，没有 0 分，严重缺失 0.5 分，部分缺失 1.5 分，全画得 2.0 分，

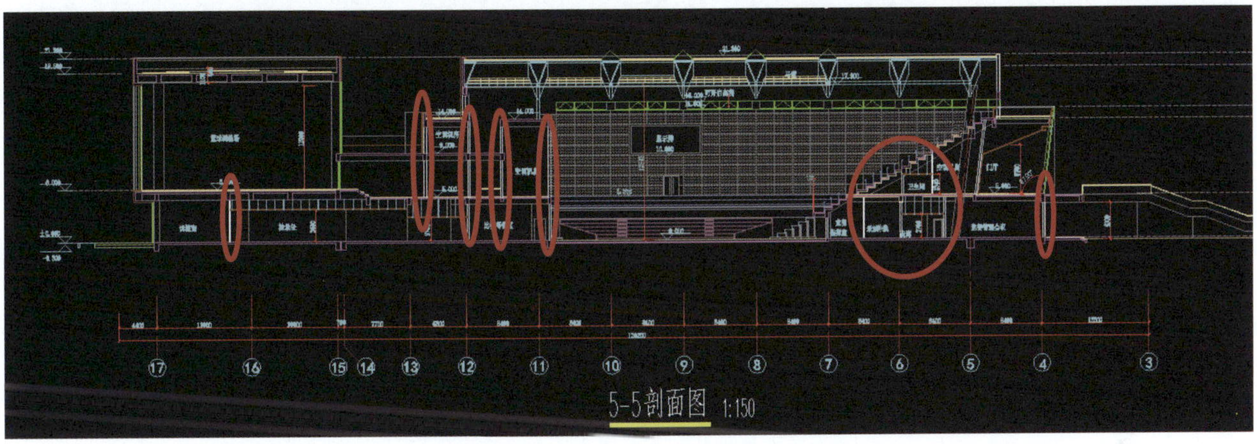

六、柱子共计 2 处，一个 0.5 分，全画得 1 分。

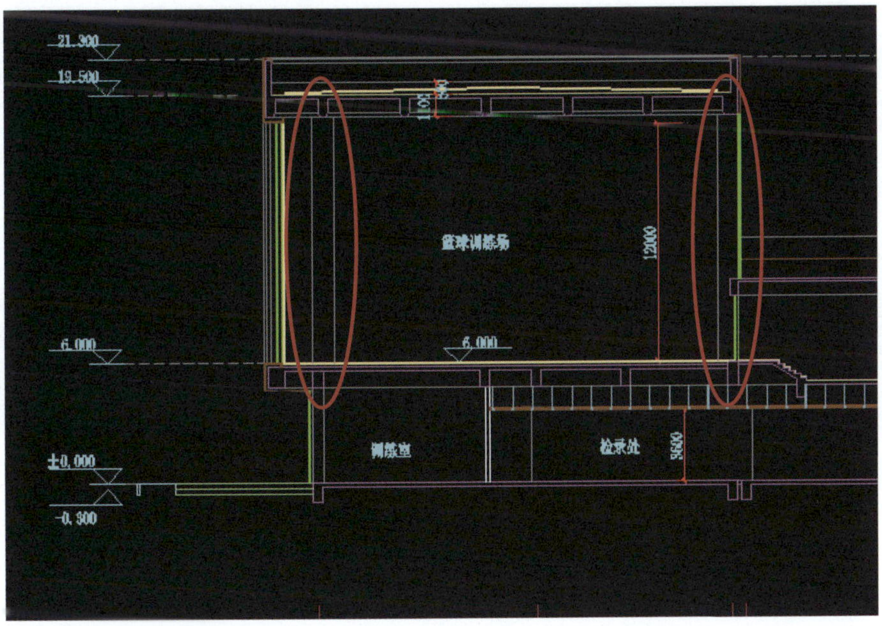

七、幕墙共 4 处，每个 0.5 分，全画得 2.0 分。

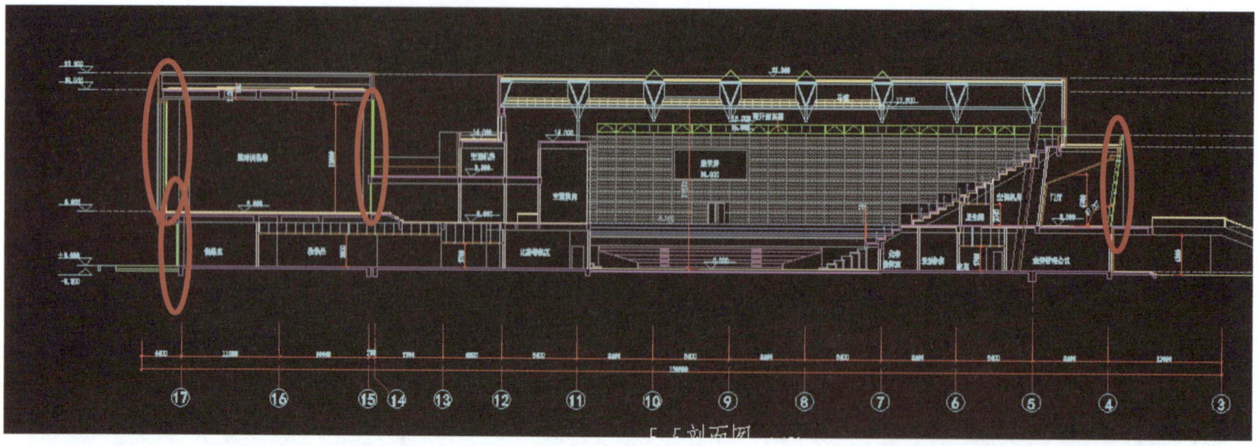

八、高窗共 1 处，有 6 段，残缺得 0.5 分，全画得 1 分。

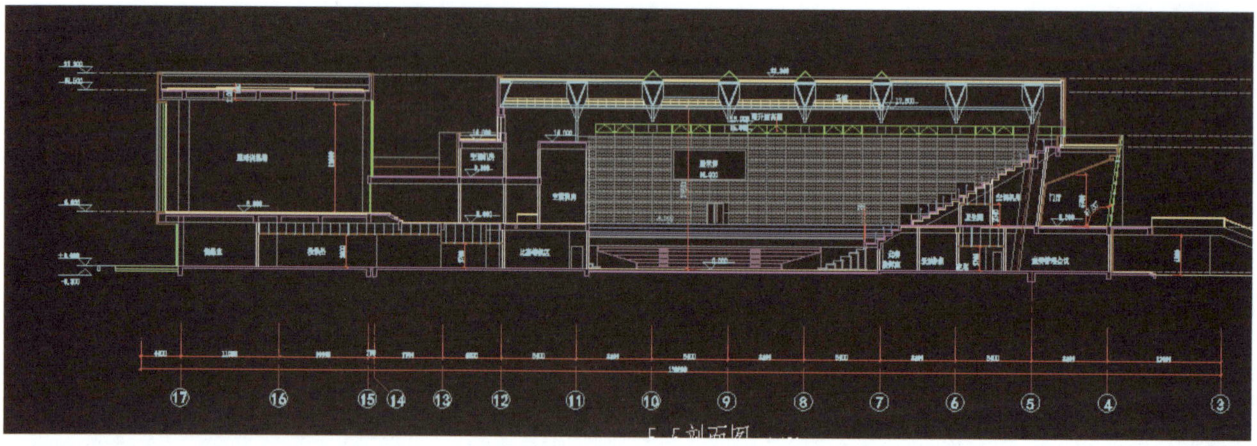

九、桁架共 7 个，画 7 个的 2 分，画 5～6 个得 1.5 分，画 3～4 个得 1 分，画 1～2 个得 0.5 分，不画不得分。

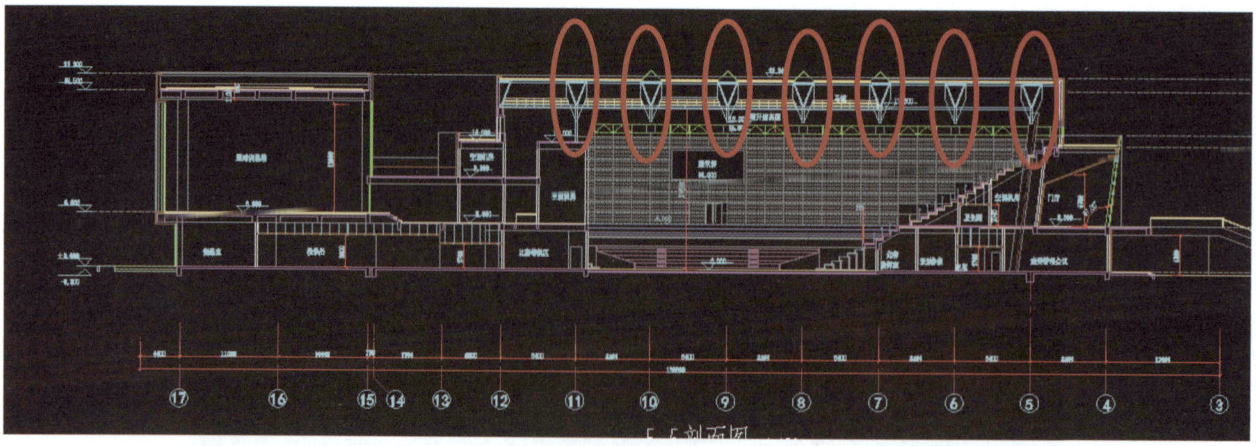

十、楼板 2 处，画一处得 0.5 分，全画得 2 分。

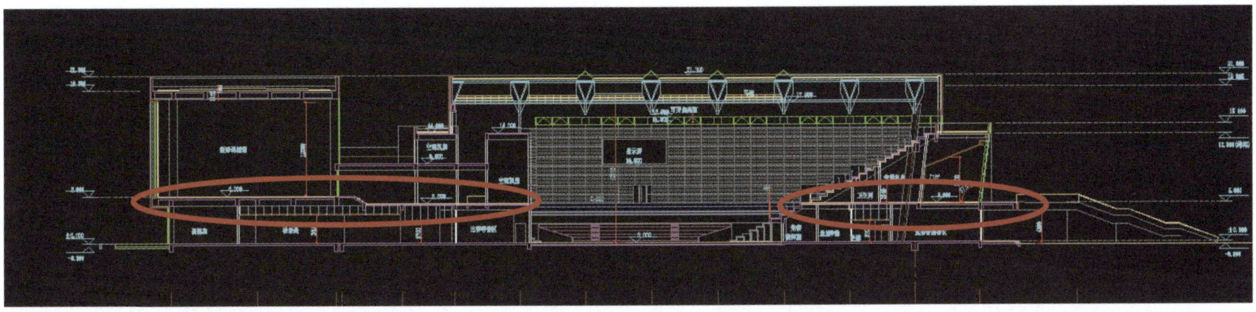

十一、轴网标高标注，包括内部标注与外部标注。内部 1 分，外部 1.5 分。内部主要分为左右两部分，标高与标注不得分，标高与标注 5 处以下得 0.5 分，5 处以上的 1 分。外部标注主要分为左右和下部标注，共 1.5 分，每处 0.5 分。

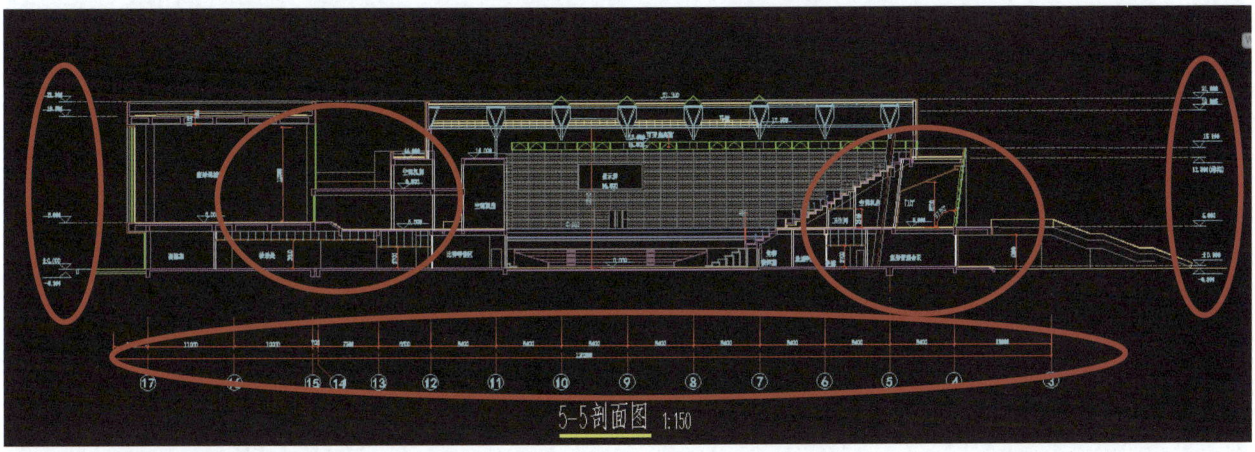

十二、图框图名共两处，图框 0.5 分，图名 0.5 分。

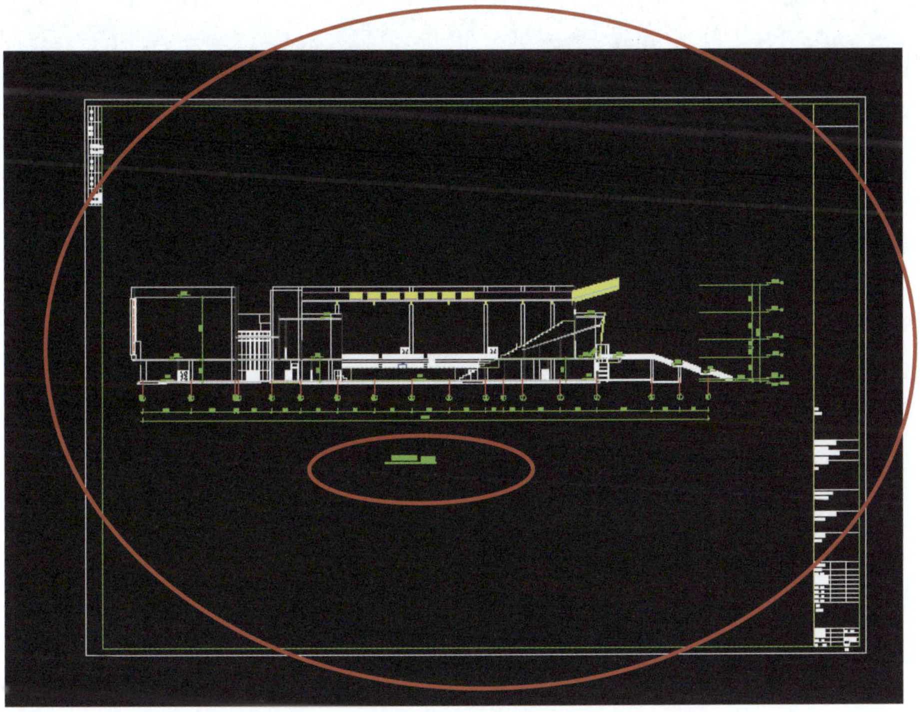

信息建模评分表说明

一、柱子共 118 个

1. 全画且位置尺寸标高正确得 5 分。

2. 缺失不多且位置尺寸标高大致正确得 4 分。

3. 缺失过多且位置尺寸标高偏离较多得 3 分。

4. 严重缺失且位置尺寸标高基本不正确得 1 分。

5. 未画得 0 分。

6. 每个分数段可以有 0.5～1 分的中间分，比如 2 项，柱子缺失不多但是位置尺寸偏移严重或柱子尺寸标高严重不对，那么得 3～3.5 分。

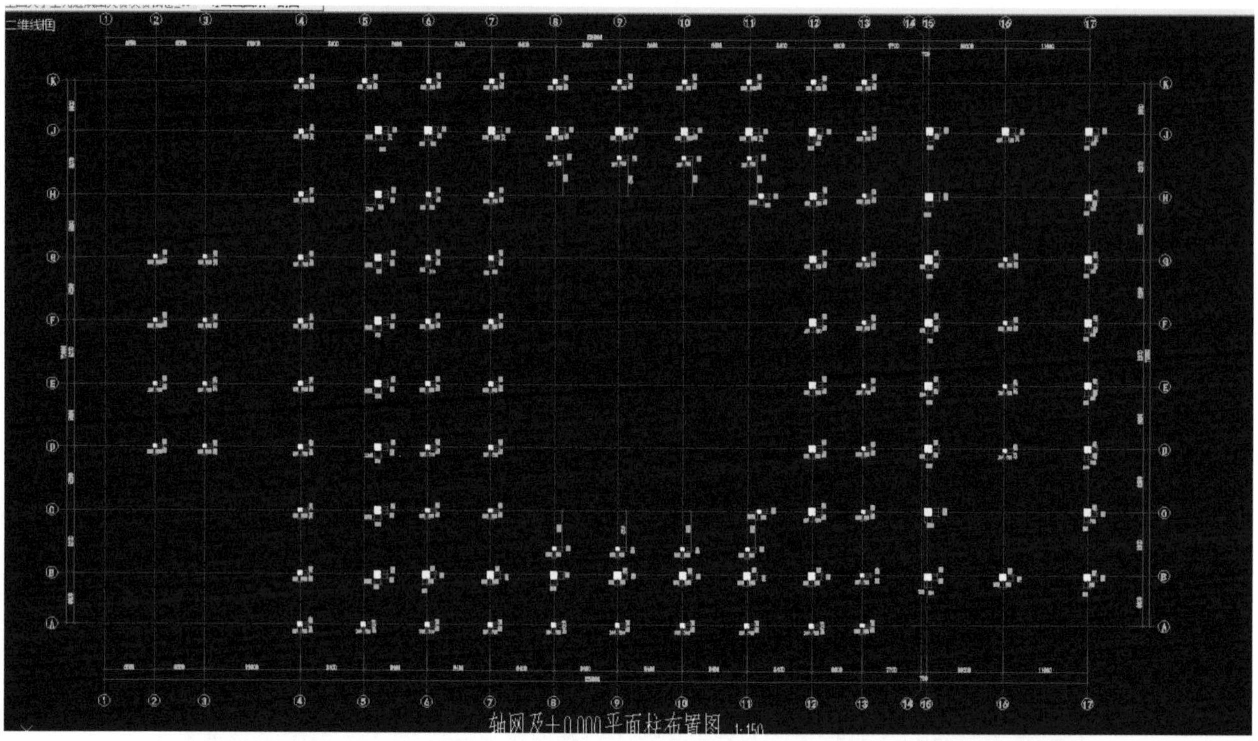

二、墙为 5 分，1～2 层每层 2 分，3～5 层每层 1 分(3～5 层墙体较少)

1. 全画且位置尺寸标高正确得 5 分。

2. 缺失不多且位置尺寸标高大致正确得 4 分。

3. 缺失过多且位置尺寸标高偏离较多得 3 分。

4. 严重缺失且位置尺寸标高基本不正确得 1 分。

5. 未画得 0 分。

6. 每个分数段可以有 0.5～1 分的中间分，比如 2 项，墙体缺失不多但是位置尺寸偏移严重或尺寸标高严重不对，那么得 3～3.5 分。

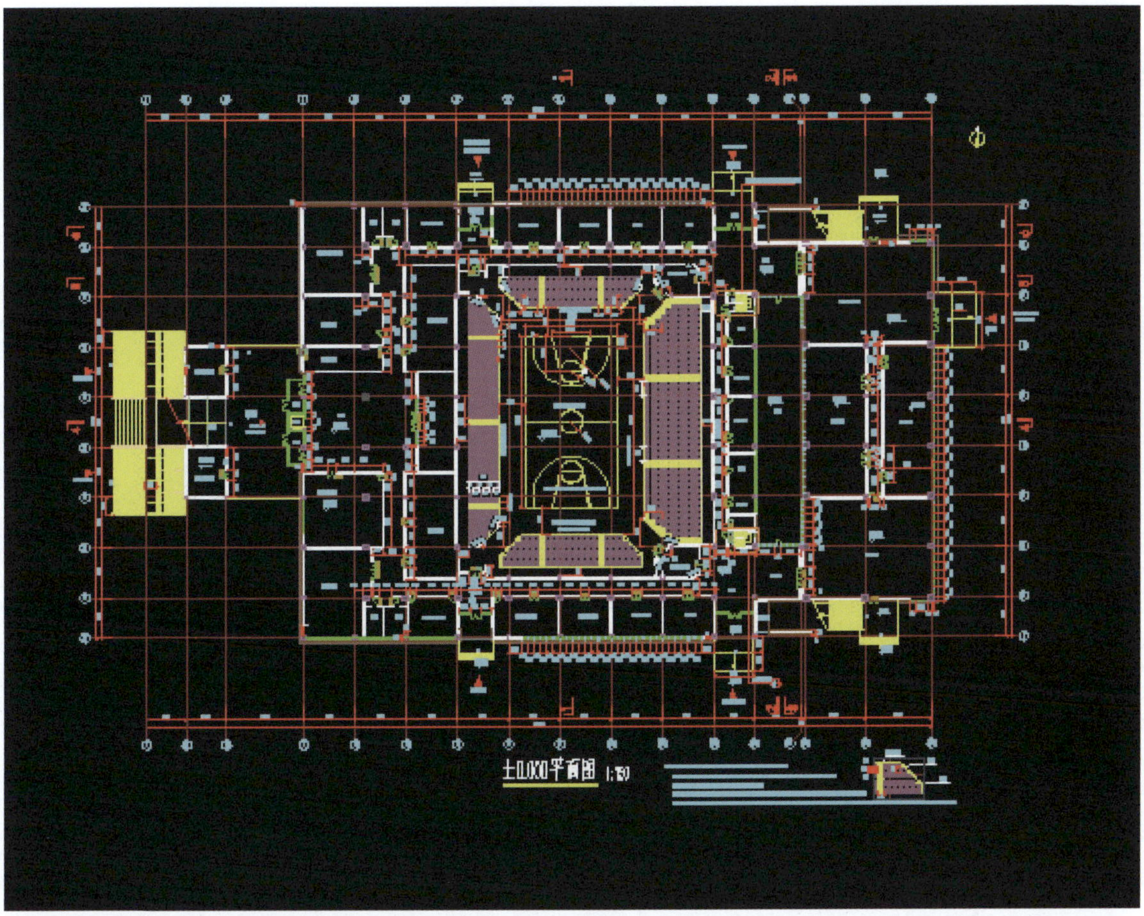
±0.000平面图 1:150

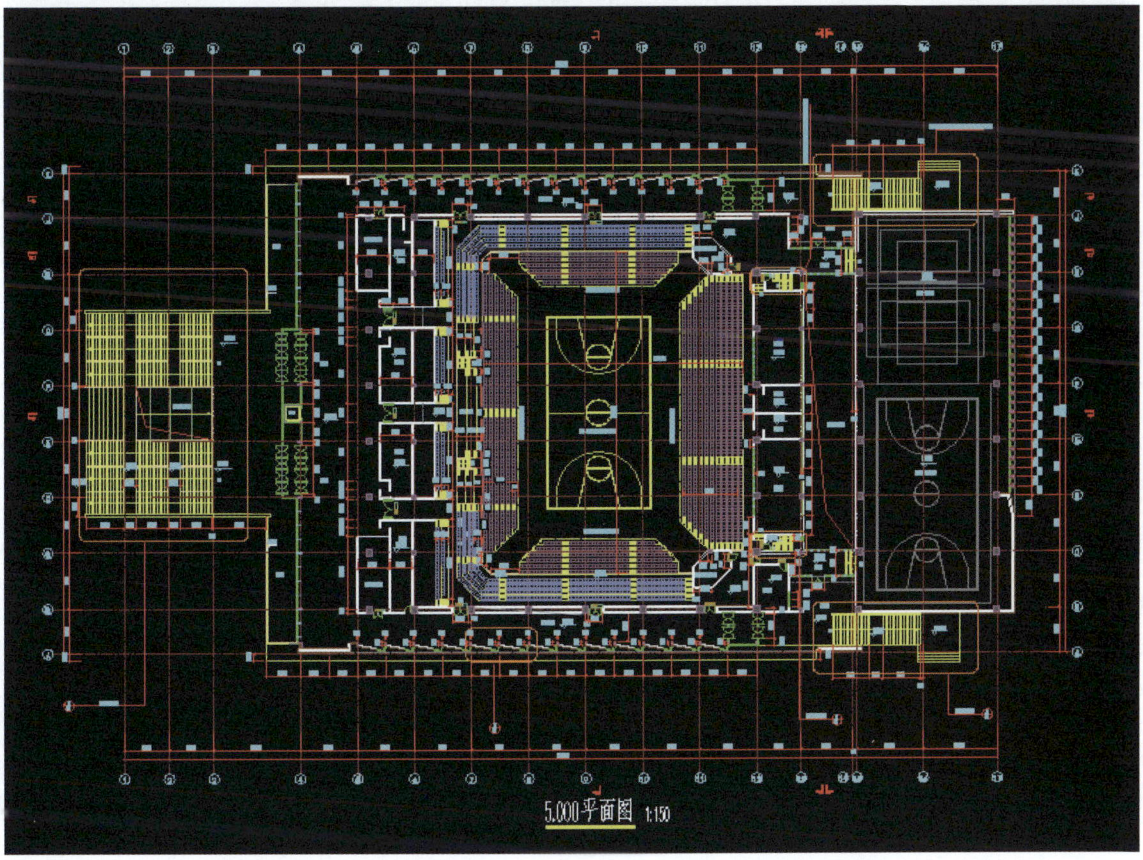
5.000平面图 1:150

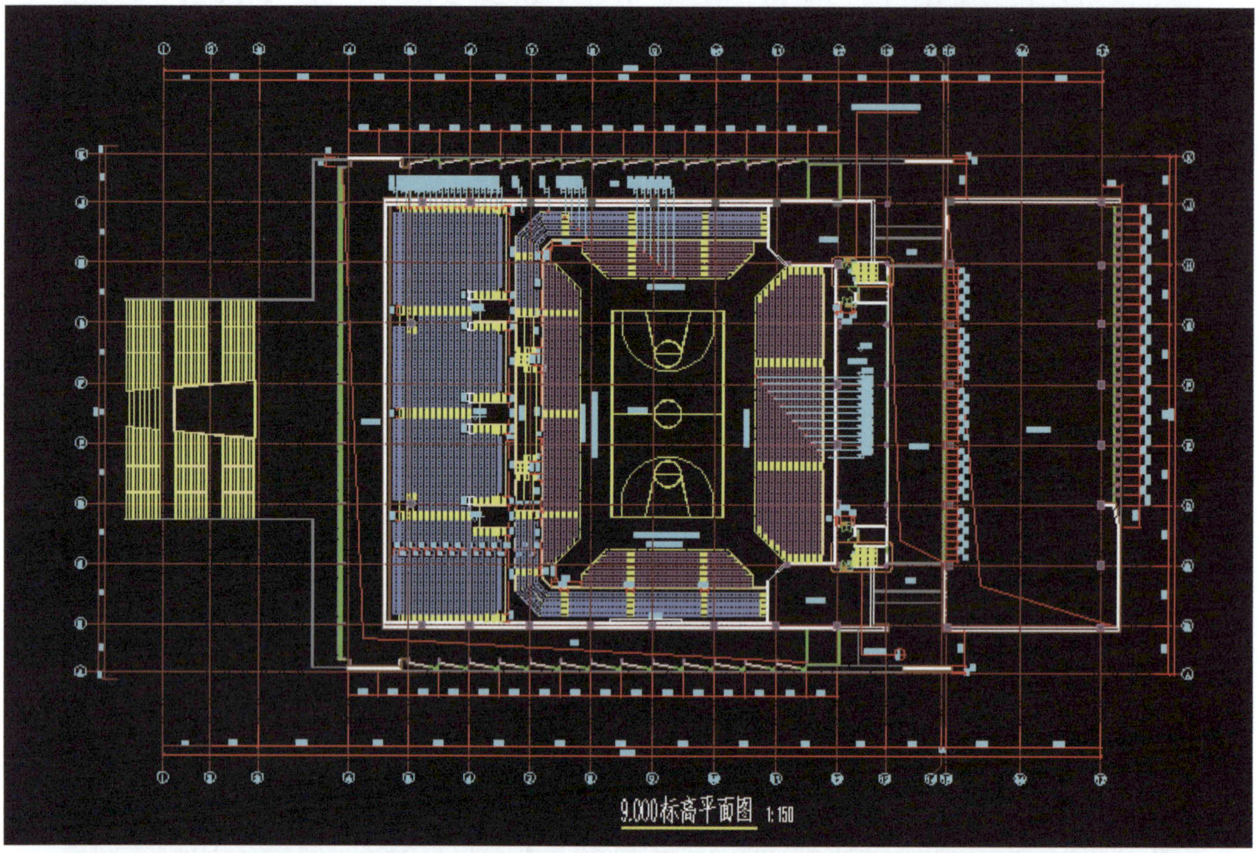
9.000标高平面图 1:150

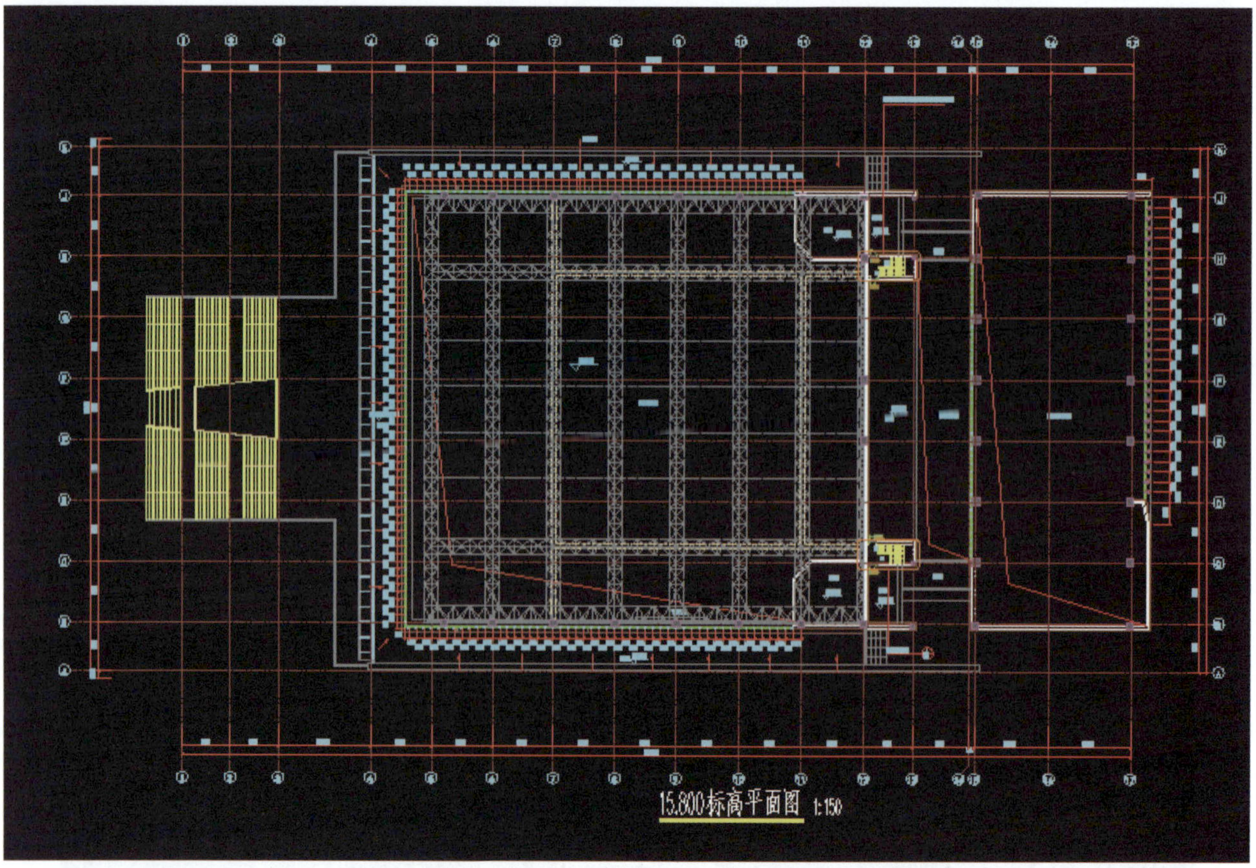
15.800标高平面图 1:150

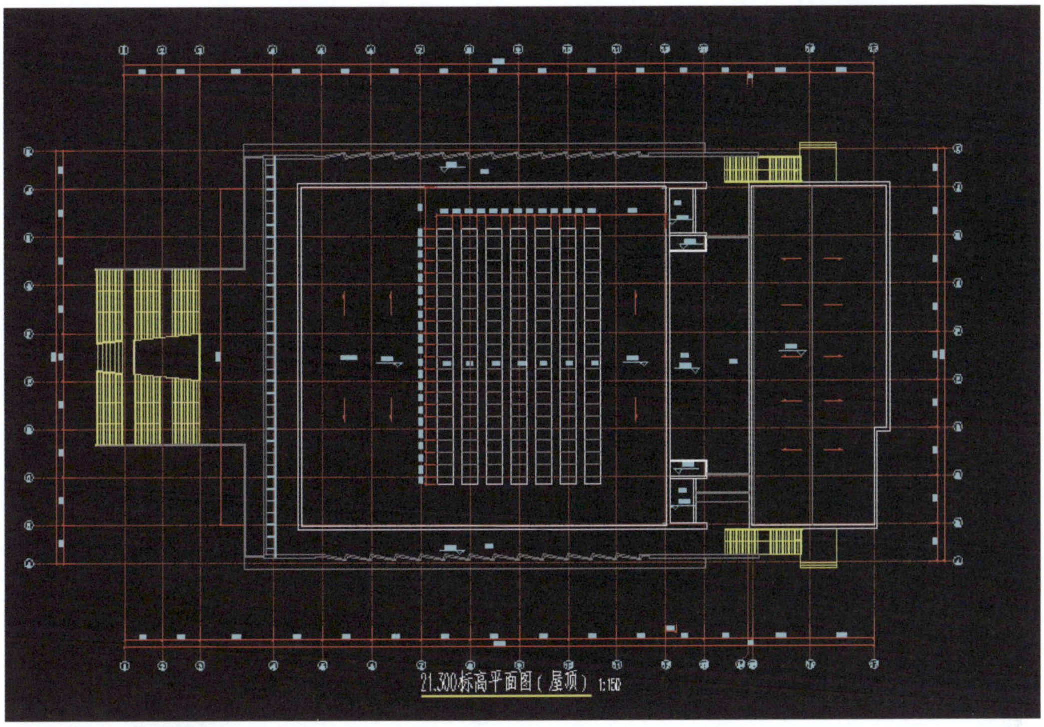

三、5 个楼梯＋2 个台阶＋2 个坡道(14 分)

1. 左边大的楼梯分值 4，位置尺寸正确得 4 分，位置尺寸基本正确得 3 分，位置尺寸严重错误得 1 分，没画得 0 分。每个分数段可以有 0.5～1 分的中间分。

2. 右边两侧楼梯分值分别为 2，位置尺寸正确得 2 分，位置尺寸基本正确得 1.5 分，位置尺寸严重错误得 0.5 分，没画得 0 分。每个分数段可以有 0.5～1 分的中间分。

3. 内部两个楼梯分值分别为 2，位置尺寸正确得 2 分，位置尺寸基本正确得 1.5 分，位置尺寸严重错误得 0.5 分，没画得 0 分。每个分数段可以有 0.5～1 分的中间分。

4. 两侧 4 个台阶与坡道分值分别为 0.5。

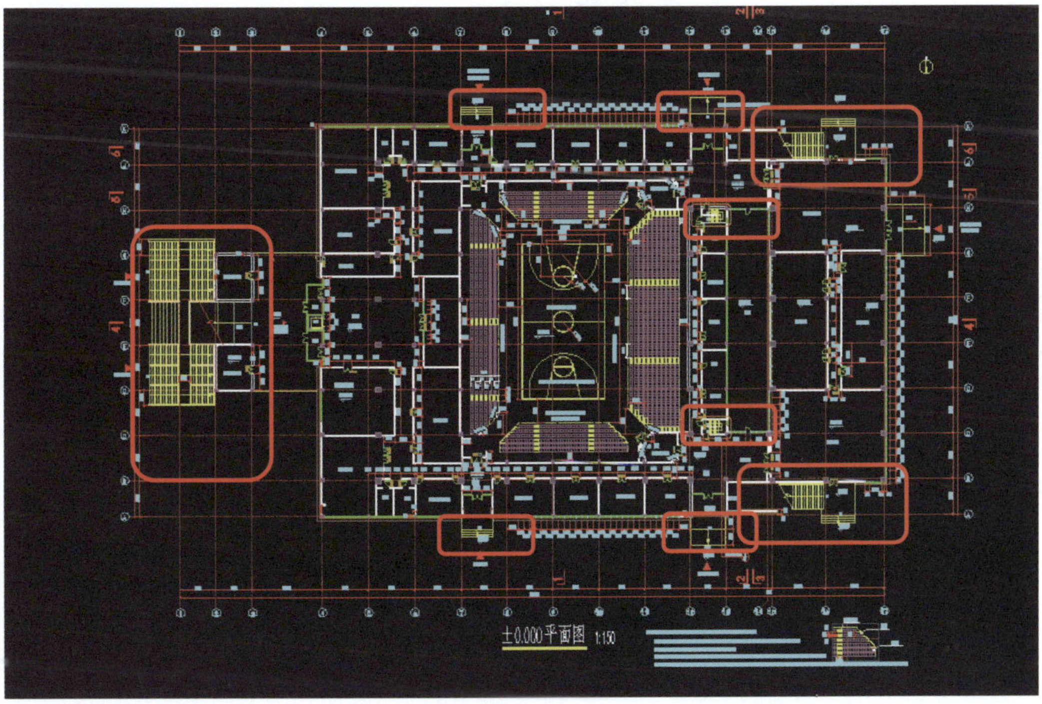

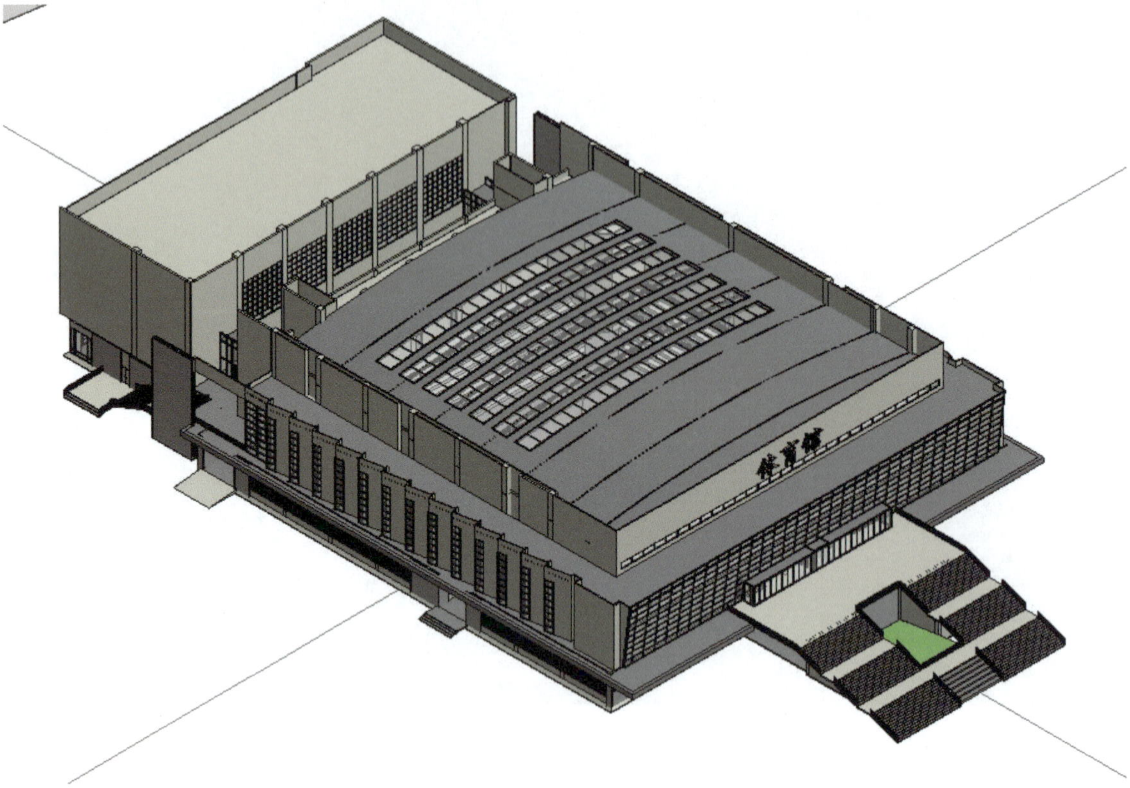

西南俯视轴测图

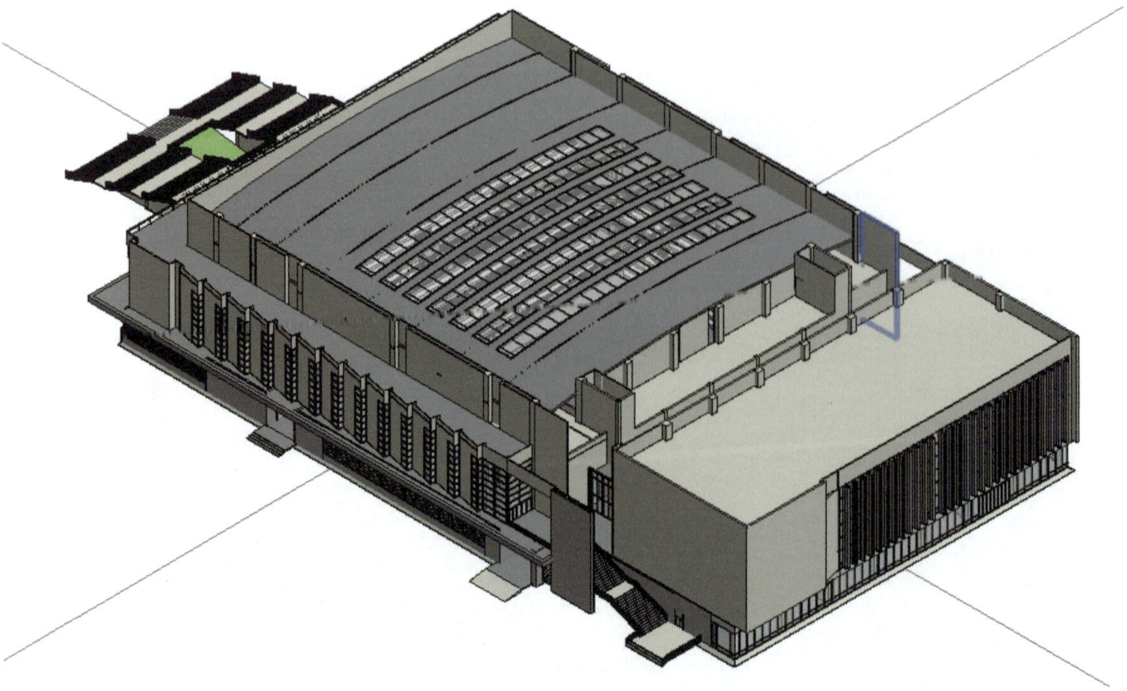

东北俯视轴测图

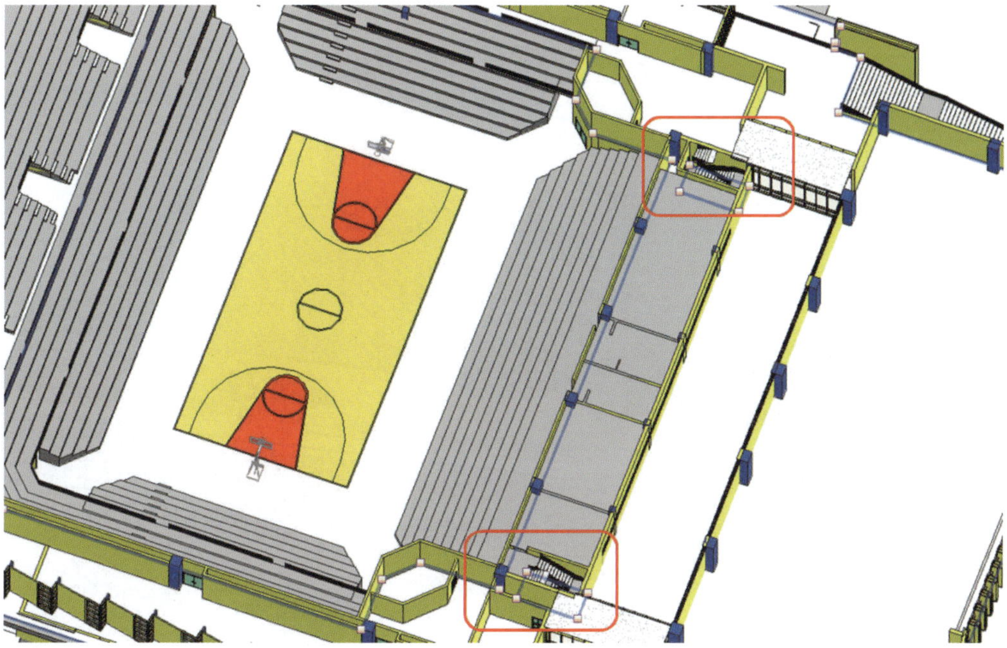

四、一共 6 个门类型,2 个门洞类型。每个 0.5 分,共 4 分。

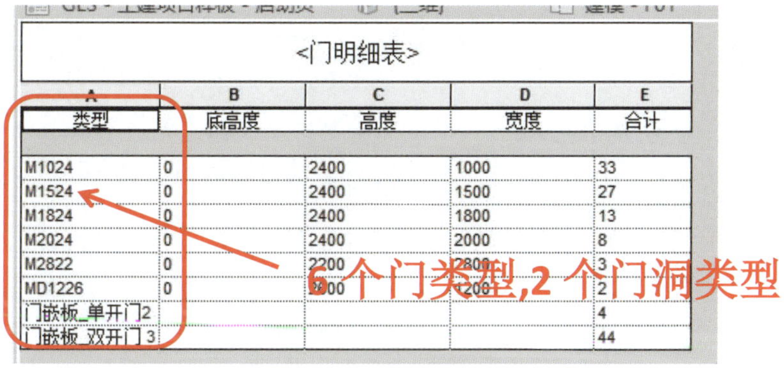

<门明细表>

A 类型	B 底高度	C 高度	D 宽度	E 合计
M1024	0	2400	1000	33
M1524	0	2400	1500	27
M1824	0	2400	1800	13
M2024	0	2400	2000	8
M2822	0	2200	2800	3
MD1226	0	[illegible]	1200	2
门嵌板_单开门2				4
门嵌板_双开门 3				44

五、7 块屋顶弧形窗,每个 0.5 分,每个部分缺失或部分不符得 0.5 分,共计 3.5 分。

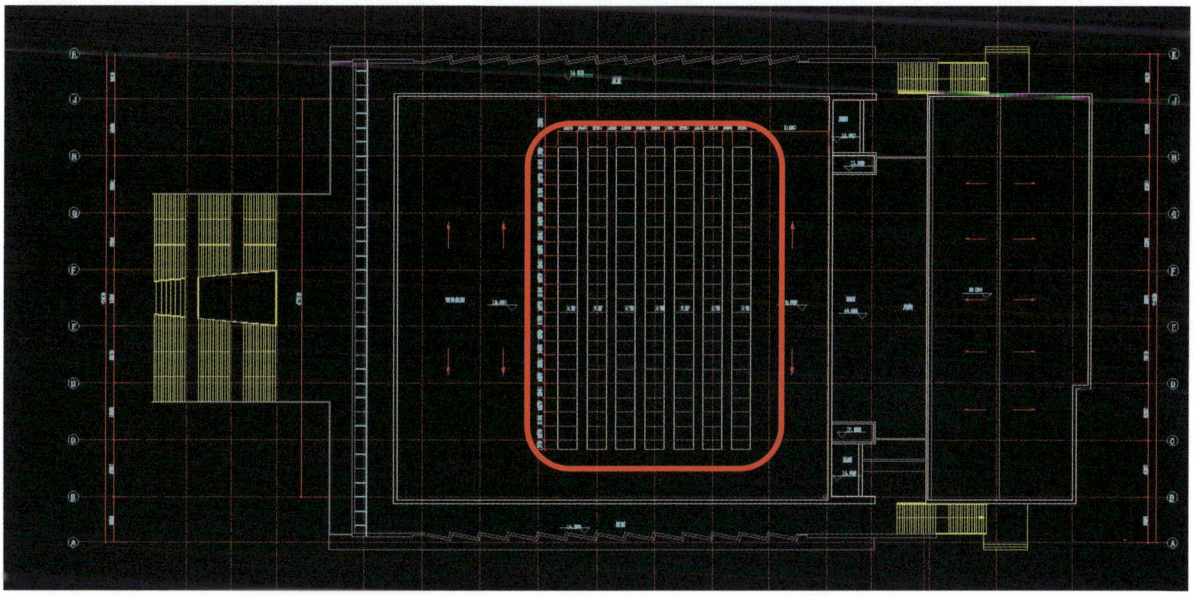

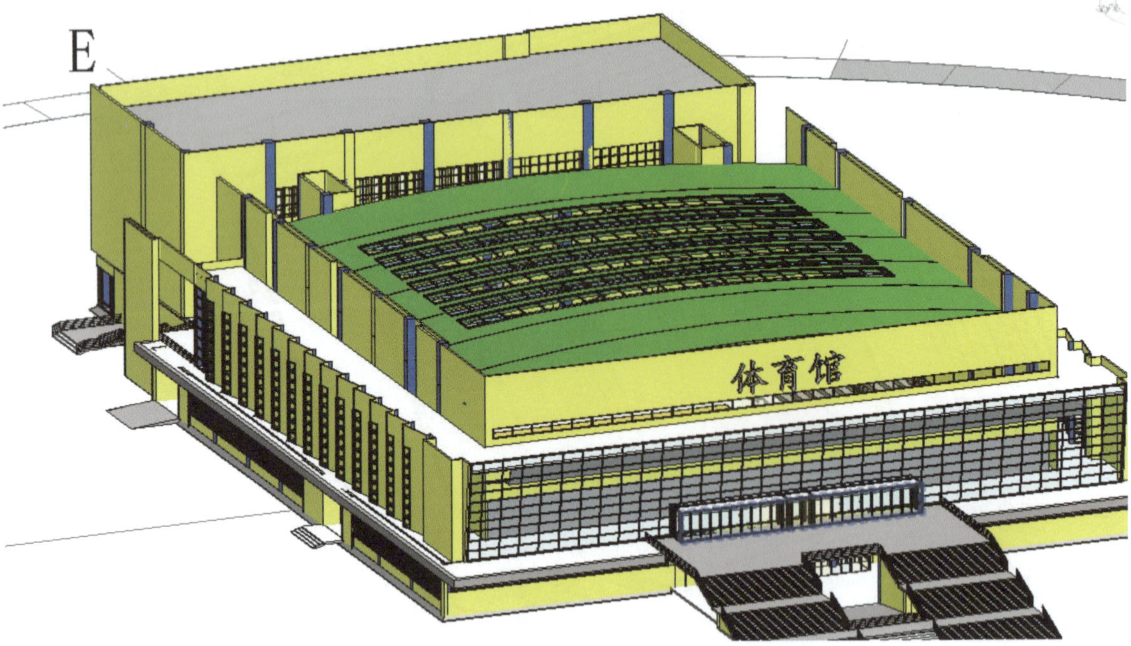

六、弧形屋顶(2 分),是要求半径为 291 000 mm,否则扣 1 分,要求在弧形天窗处开洞,否则扣 1 分。

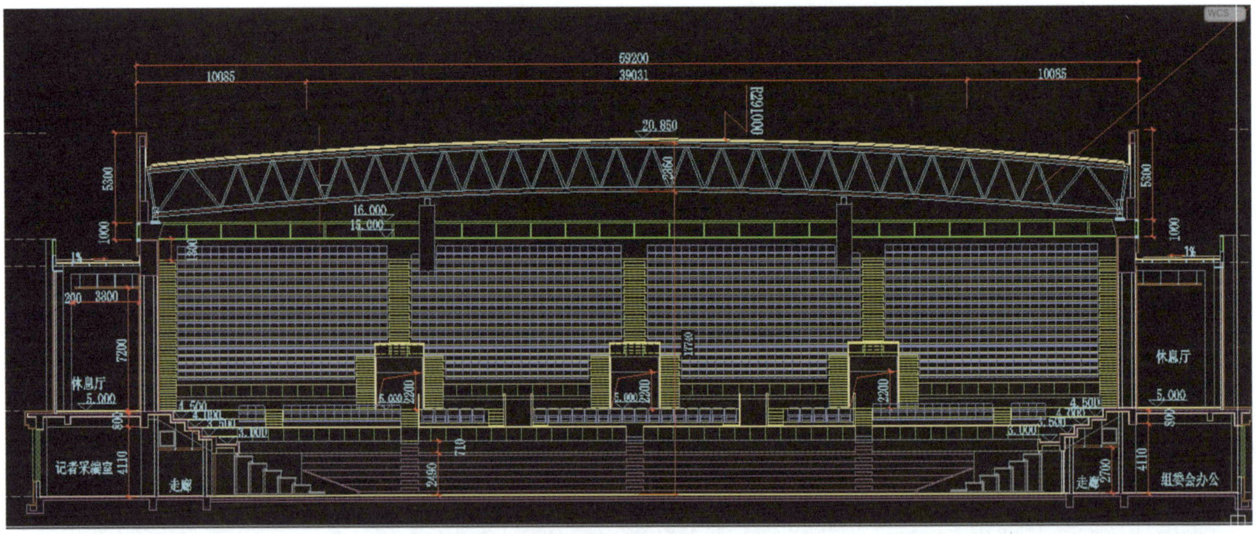

七、幕墙(15 分)。主要幕墙分为 A、B、C、D、E、F、G,如图所示。其余建筑中为标出幕墙共计 1 分。其中 A 目前竖梃要单独绘制,故 A 幕墙分值为 2.5,竖梃不对扣 1.5 分。G 幕墙分值为 2 分,其倾斜角度为 97°,度数不对扣 1 分。B、C、D、E、F 每项为 1.5 分(共 7.5 分)。A、B、C、D、E、F、G 幕墙详图都已经给出,若尺寸对不上,每项可以扣 1 分。除 A、B、C、D、E、F、G 幕墙外还有其他幕墙在建筑内部,可酌情给分,此部分分值为 3 分。

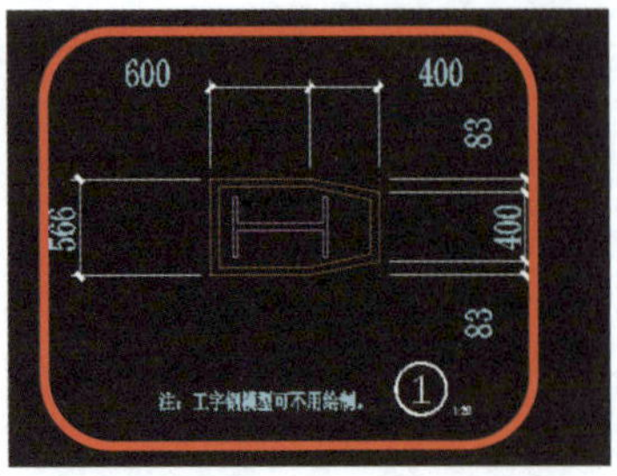

A 幕墙竖梃

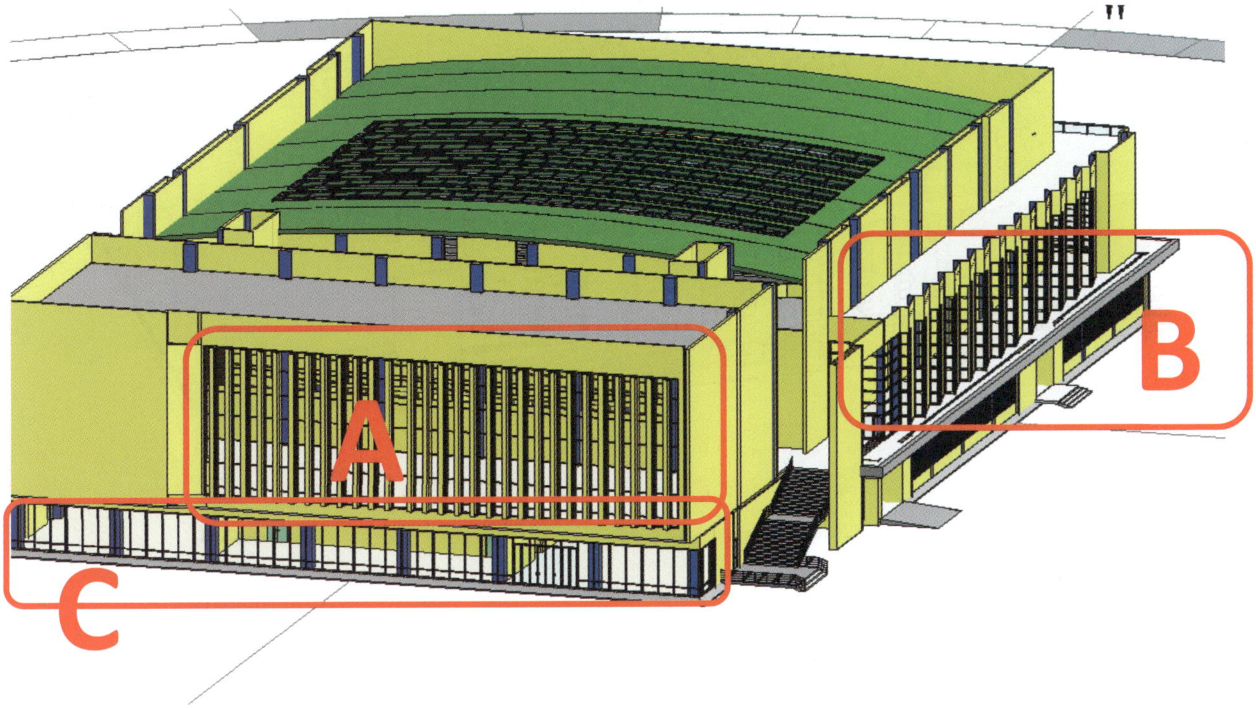

西北立面评分点

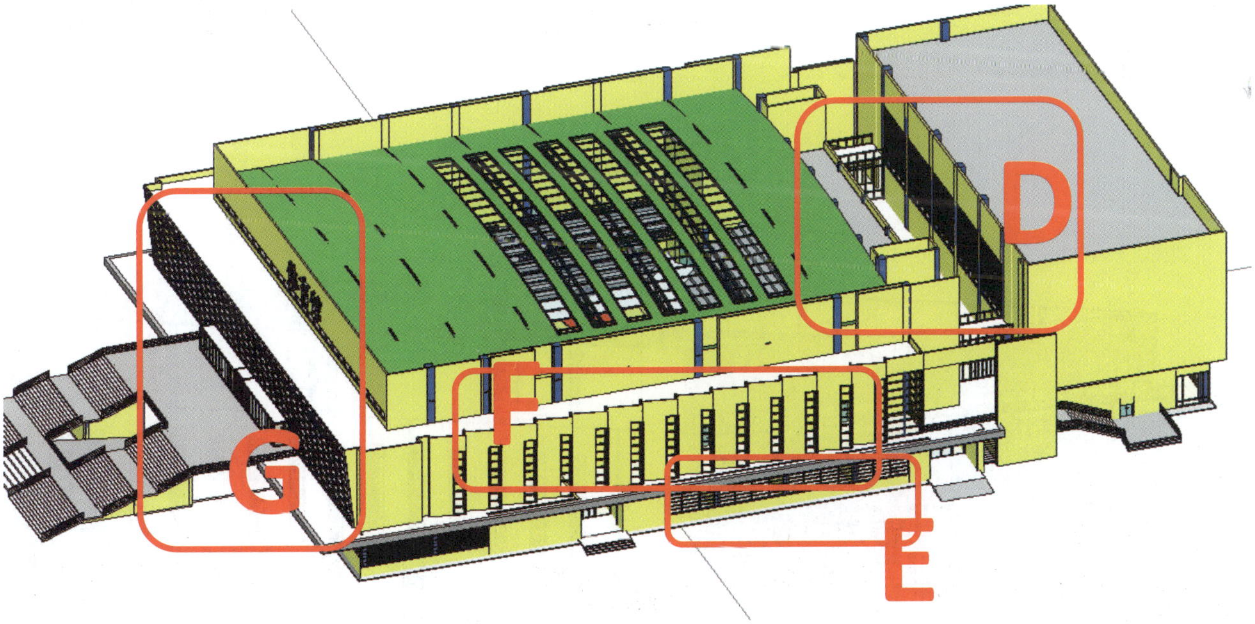

东南立面评分点

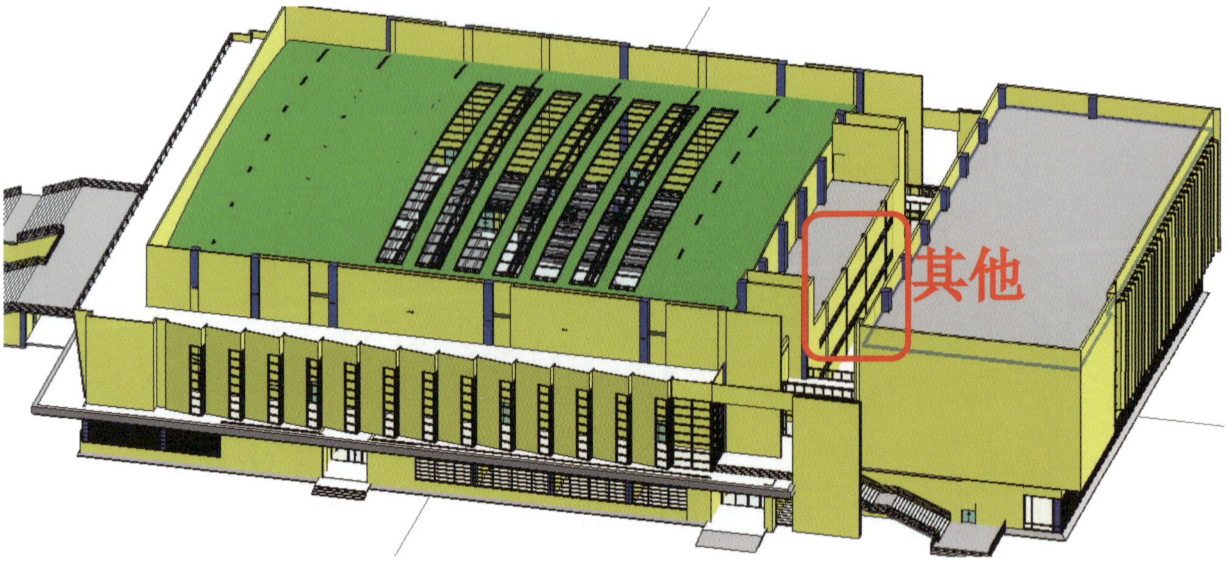

八、金属百叶(2 分),共 4 段,每段 0.5 分,若尺寸不对可以酌情扣分。

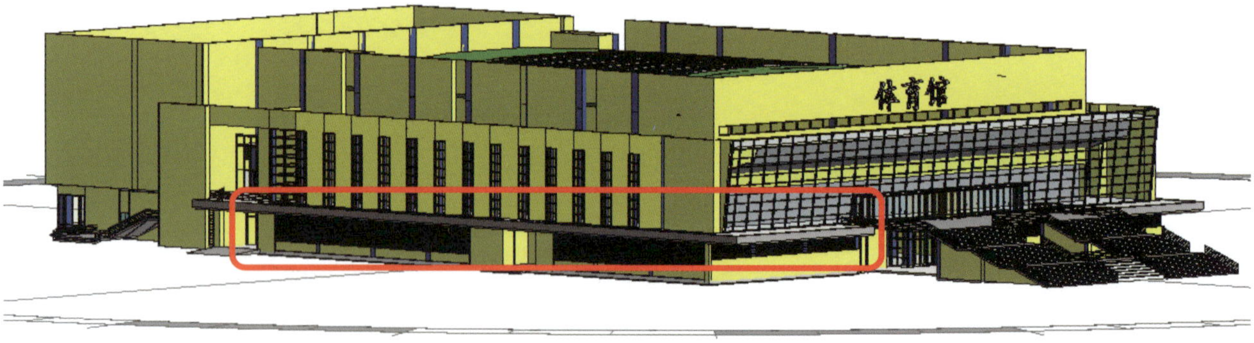

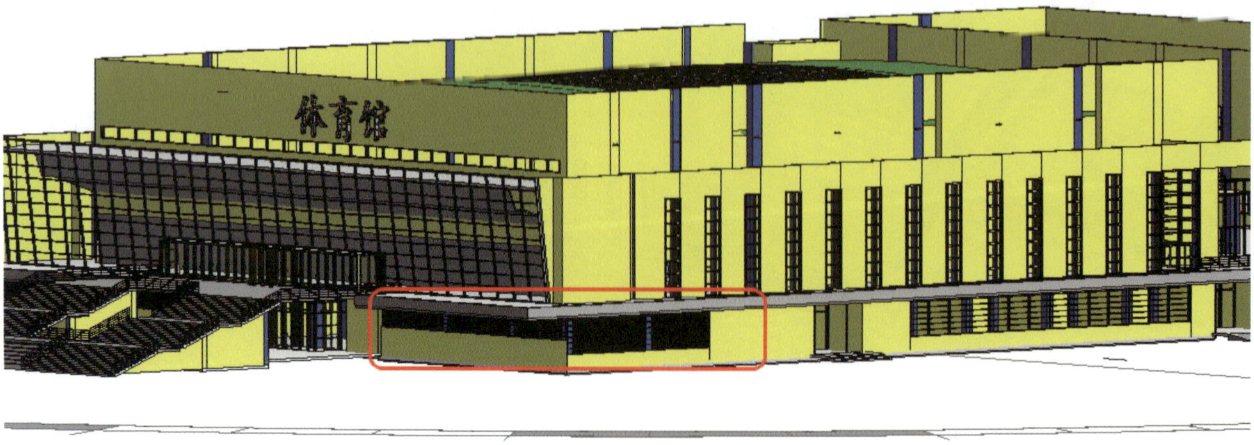

九、看台与看台阶梯(10 分),共 6 块看台 A、B、C、D、E、F,其中 A、B、C、D 各 1 分,E 为 1.5 分,F 为 3 分,看台阶梯为 1.5 分。

1. A、B、C、D 看台位置与尺寸大致正确各得 1 分,否则按 0.5～1 酌情减分。

2. E 看台位置与尺寸大致正确各得 1.5 分,否则按 0.5～1.5 酌情减分。

3. F 看台位置与尺寸大致正确各得 1.5 分。三个洞口通道是否完整,尺寸是否正确,每个洞口 0.5 分。否则按 0.5～3 酌情减分。

4. 每个看台都有看台阶梯,看台阶梯是否完整,否则按 0.5～1.5 酌情扣分。

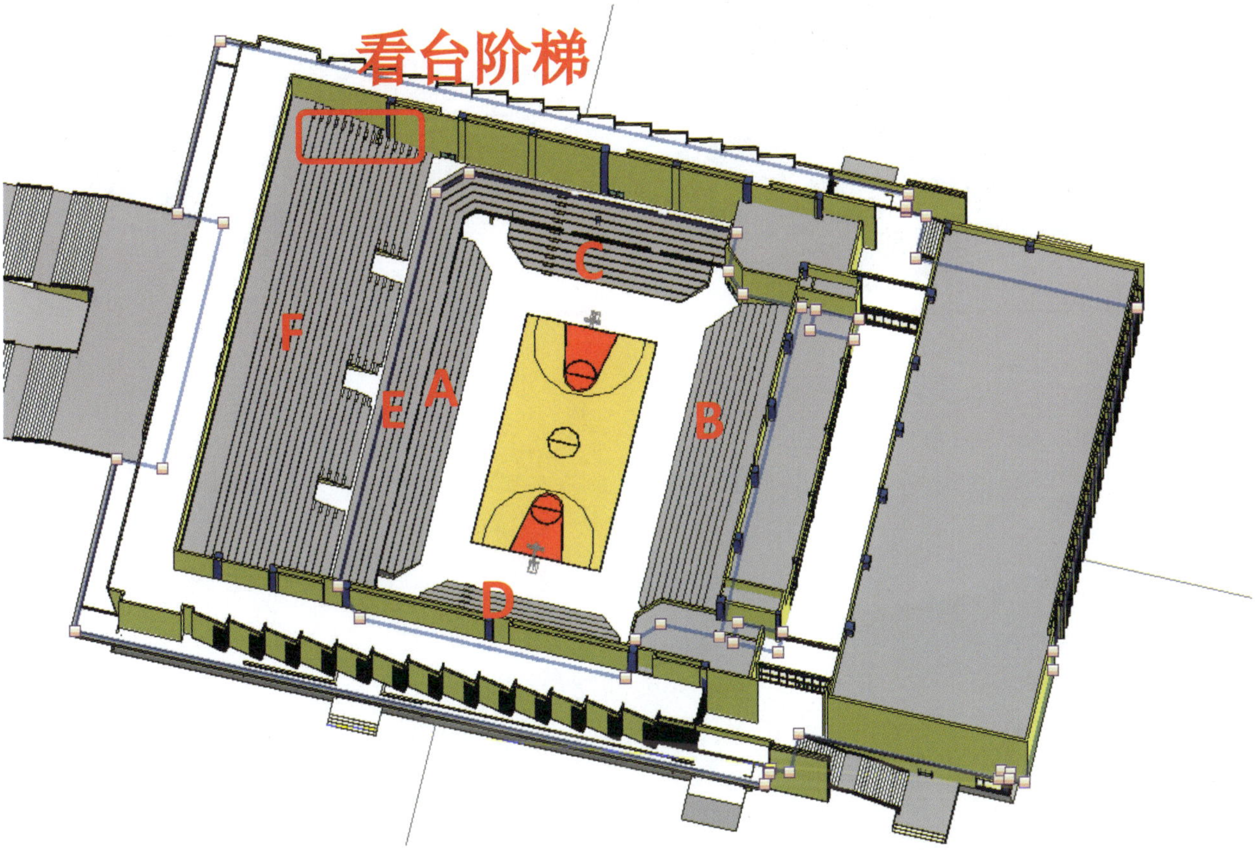

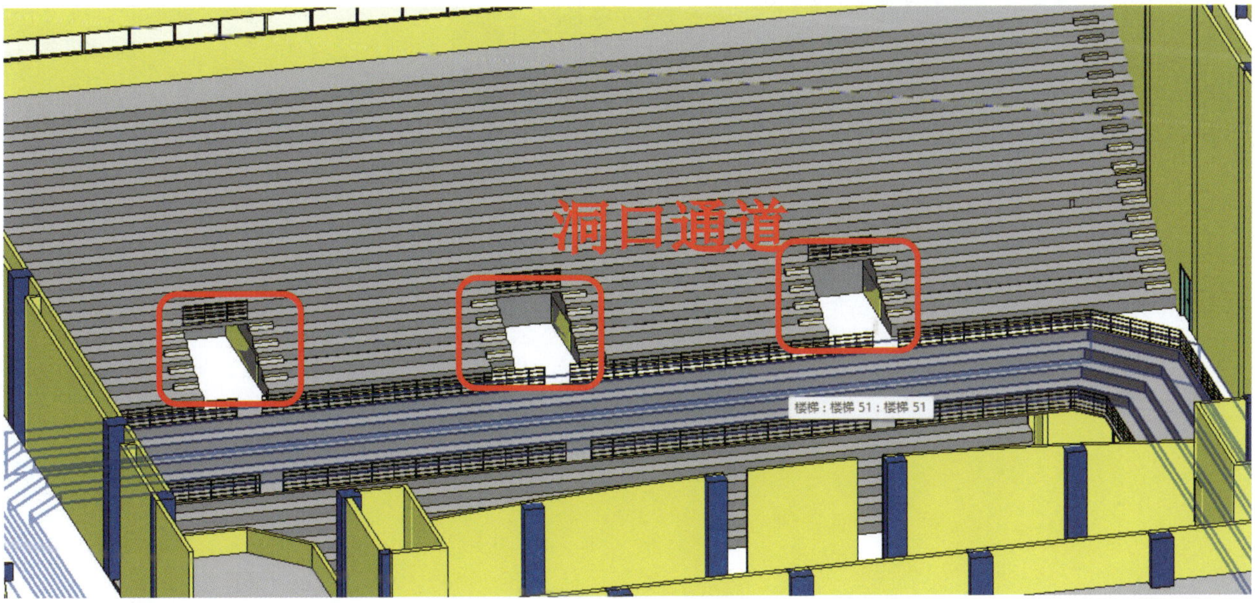

十、栏杆(1分),全画得1分,不全得0.5分,没画得0分。

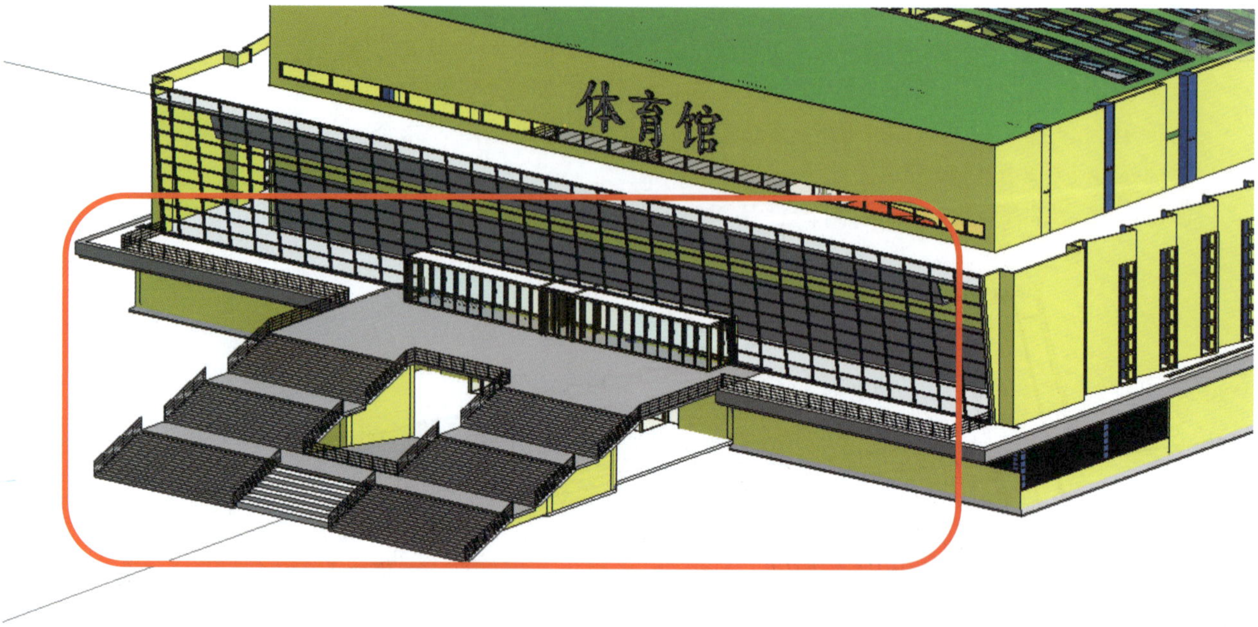

十一、楼板画全2分,绘制不全或楼梯洞口未开洞等扣0.5～2分。

十二、桁架(2分),7个桁架,每个0.5分。位置大致正确且尺寸大致正确得3.5分,否则按0.5～3.5分酌情扣分。

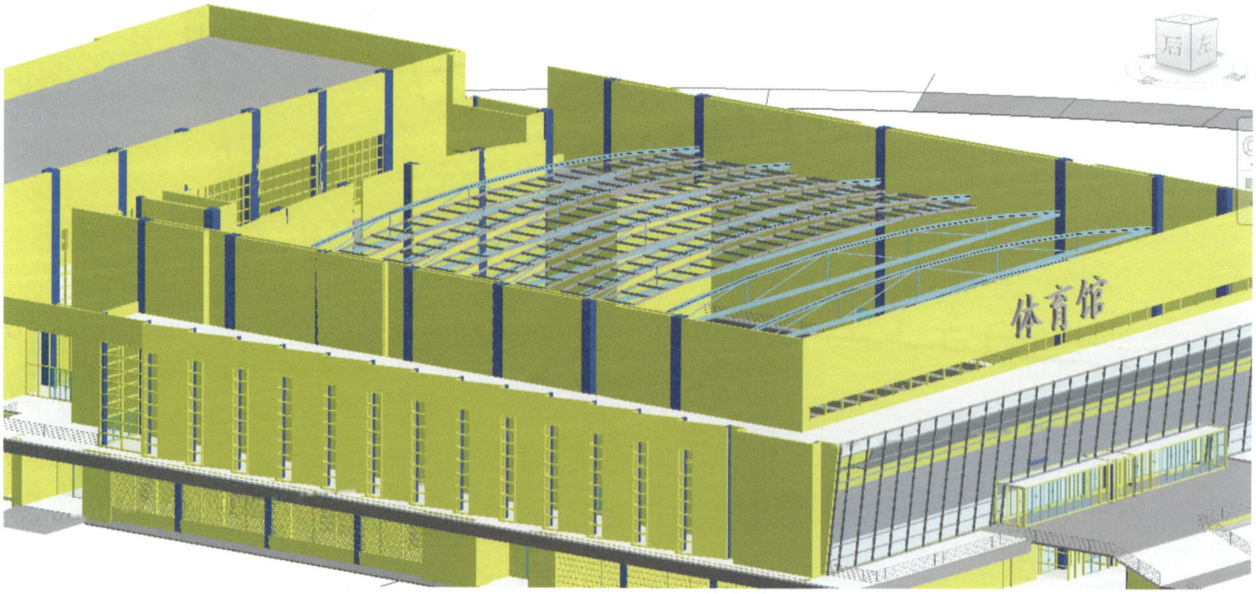

十三、篮球场地(2 分),位置正确得 1 分,材质正确得 1 分,没画得 0 分。

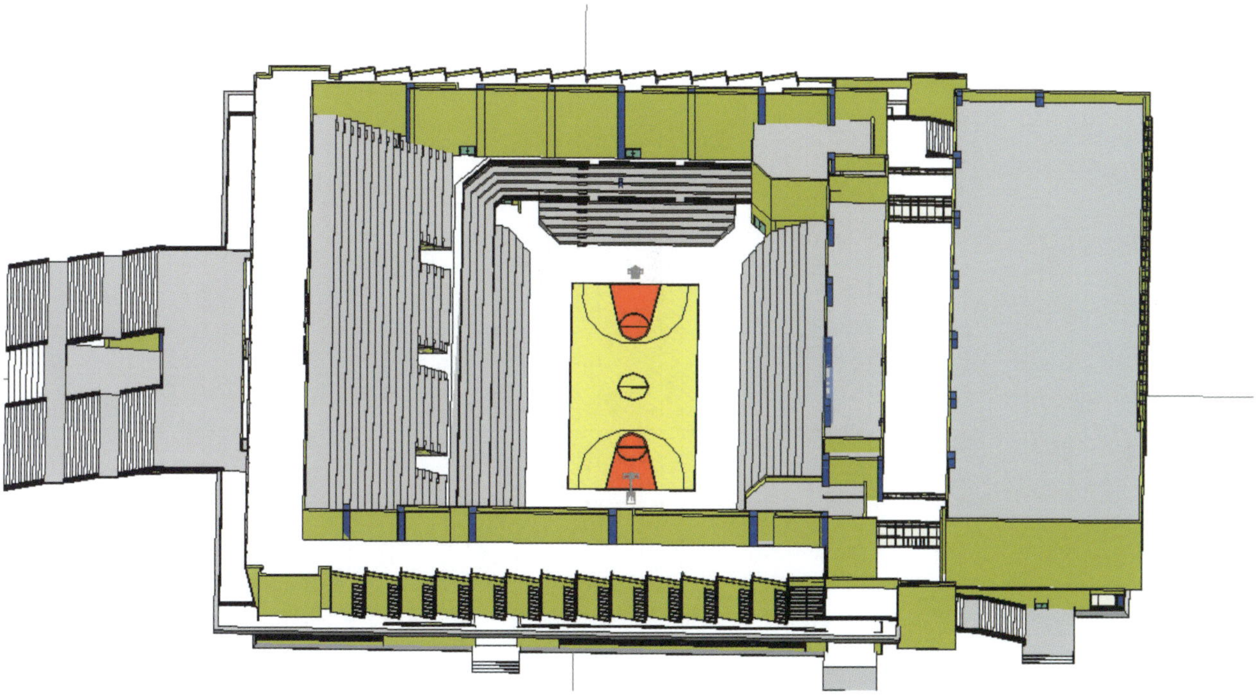

十四、"体育馆"文字(1 分),全画且位置居中得 1 分,没画得 0 分。

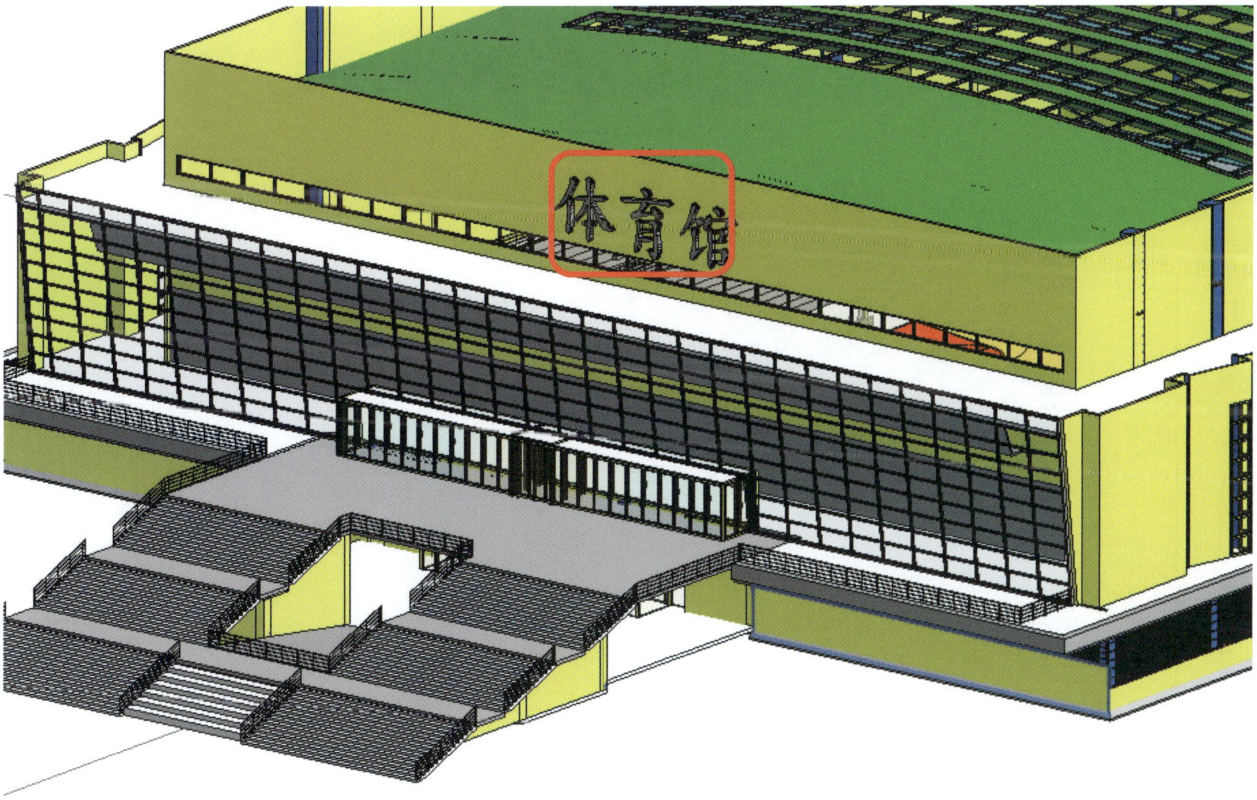

第17届“高教杯”全国大学生先进成图技术与产品信息建模创新大赛（建筑类）计算机建模试题

（总分100分；时间180分钟）

一、任务要求：

根据所给建筑施工图，完成该建筑的三维信息模型。具体要求及说明如下：

1.墙体厚度未标明的均为200 mm。
2.门垛未标明的均为100 mm。
3.楼板、楼梯平台板厚度未标明的均为100 mm。
4.柱子的尺寸为900 mm×1 000 mm、400 mm×400 mm、600 mm×600 mm、800 mm×800 mm等。
5.只需绘制框架梁，门窗过梁、楼梯梁不需绘制。
6.楼梯栏杆扶手高度1 100 mm，具体样式可自行设计，窗台高度均为900 mm，玻璃幕墙及穹顶竖挺间距可自行设计。
7.家具可不进行绘制。
8.墙体材质可自行选择，须美观大方。
9.未给定的尺寸请自行设计。某办公楼建筑施工图详见第2～17页。
10.本次大赛禁止使用赛题原文件一键翻模！禁止使用图纸图片作底图参照！（图纸已经处理，描图必错。）

二、建模要求：

1.根据图纸给定的标高和轴网建立三维定位体系　根据所给施工图尺寸进行三维空间精确定位与定形。
2.按照房屋建筑学的建筑构造要求进行构件分类，例如墙、柱、门窗、楼板、屋顶、楼梯、坡道等。
3.根据输出施工图的要求建立楼层视图便于后续输出楼层平面图。
4.根据输出模型的要求建立三维视图便于后续输出该房屋的信息模型。

三、成果提交：

任务一、使用BIM建模软件创建三维模型后。文件命名规则如下：

模型.XXX

要求：

（1）DWG文件WCS坐标系的Z轴保持垂直向上（房屋不能倒置、侧翻）。
（2）导出时需按建筑构配件的类别导出图层（例如Wall、Window、Floor等），图层命名格式参照附录：“构件分类图层表”。
（3）导出的模型应为ACIS标准。

任务二、利用上述模型发布一层平面图CAD格式文件二维DWG。文件命名规则如下：

一层平面图.dwg

任务三、利用上述模型发布1-20轴立面CAD格式文件二维DWG。文件命名规则如下：

1-20轴立面.dwg

任务四、利用上述模型发布20-1轴立面CAD格式文件二维DWG。文件命名规则如下：

20-1轴立面.dwg

任务五、利用上述模型发布1AB-A轴立面CAD格式文件二维DWG。文件命名规则如下：

1AB-A轴立面.dwg

任务六、利用上述模型发布西三层平面图CAD格式文件二维DWG。文件命名规则如下：

三层平面图.dwg

要求：参照第2~21页图纸样式。只标出两道标注和标高即可，其他尺寸可不标。

任务七、创建2-2剖面图，文件命名规则如下：

2-2剖面图.dwg

要求：

（1）按国家建筑制图相磁标准对2-2剖面图进行标注。
（2）新建图纸空间，图纸幅面：A0，按1：200的比例发布施工图。
（3）图框标题栏格式如下：

图名	2-2剖面图	报名手机号	xxx xxxx xxxx

10　20　55　35　40　10　150

（4）导出该图纸为二维DWG文件（或天正建筑软件输出的T3格式文件，其他格式无效），且不能为外部参照（阅卷系统不支持带外部参加的图形。导出时应设置为“不采用外部参照”）。
（5）施工图标注应符合国家建筑制图标准（但线型线宽由图层和CAD打印样式控制，图层转换表可采用附录的样式或AIA样式）。

任务八、利用上述模型发布门窗表（取消逐项列举每个实例）。文件命名规则如下：

门窗明细表.dwg

要求：头样式如下：

门明细表			
宽度	高度	类型标记	合计
5100	2500	M5125	1
5800	2500	M5825	7

任务九、建筑表现（建筑外观效果图）

（1）设置光照及阴影，光照来自正南方向。
（2）从西偏南方向以人视视角（视高1.75 m）创建真实感彩色相机视图。并添加“树、车、人”等配景。图片精度不得低于2 000像素×1 500像素。文件命名格式规则如下：

效果图.jpg

附录：建筑构件图层表

图层	图层名	颜色	线型	内容
轴线	DOTE	1	CONTINUOUS	此图层的直线和弧认为是平面轩线
阳台	BALCONY	6	CONTINUOUS	存放阳台对象，利用阳台做的雨篷
柱子	COLUMN	9	CONTINUOUS	存放各种材质构成的柱子对象
门窗	WINDOW	4	CONTINUOUS	存放插入的门窗图块或墙洞
轴标	AXIS	3	CONTINUOUS	存放轴号对象，轴线尺寸标注
地面	GROUND	2	CONTINUOUS	地面与散水
墙线	WALL	9	CONTINUOUS	存放各种材质的墙对象
梁	BEAM	9	CONTINUOUS	各冲结构梁
面层	SURFACE	6	CONTINUOUS	粉刷层、保温层、详图饰面层
屋顶	ROOF	4	CONTINUOUS	冬种屋顶、老虎窗所在的图层
楼梯	STAIR	2	CONTINUOUS	楼梯段、坡道、台阶、休息平台
洁具	LVTRY	6	CONTINUOUS	洁具
卫生隔断	LATRINE	6	CONTINUOUS	卫生隔断
栏杆	RAIL	3	CONTINUOUS	栏杆
扶手	HANDRAIL	3	CONTINUOUS	扶手
房间	SPACE	7	CONTINUOUS	房间名称、编号与边界线
标高	DIM_ELEV	3	CONTINUOUS	标高标注
索引符号	DIM_IDEN	3	CONTINUOUS	索引标注
引出标注	DIM_LEAD	3	CONTINUOUS	引出标注
符号	DIM _YMB	3	CONTINUOUS	其他各种符号标注
剖线	S _WALL	9	CONTINUOUS	剖切到的墙线
剖窗	S _WINDOW	4	CONTINUOUS	剖切到的门窗
剖梯	S _STAIR	9	CONTINUOUS	剖切到的楼梯
层线	E _FLOOR	4	CONTINUOUS	立面楼层分隔线
立线	E _LINE	7	CONTINUOUS	立面可见线
立窗	E _WINDOW	4	CONTINUOUS	立面门窗
立梯	E_STAIR	2	CONTINUOUS	立面楼梯
梁板	FLOOR	2	CONTINUOUS	梁与楼板(组合用)
檐口	EAVES	7	CONTINUOUS	屋面檐口(组合用)
玻璃	GLASS	6	CONTINUOUS	门窗玻璃(组合用)玻璃幕墙
图框	TITLE	4	CONTINUOUS	图框标题栏(组合用)
标注	DIM	3	CONTINUOUS	尺寸标注(组合用)
公填	PUB_HATCH	8	CONTINUOUS	填充图案
公框	PUB_TITLE	4	CONTINUOUS	图框线与标题栏、会签栏
公窗	PUB_WINDW	7	CONTINUOUS	图纸空间的布局视口
窗名	WINDOW_TEXT	7	CONTINUOUS	门窗编号
汽车坡道	CAR RAMP	3	CONTINUOUS	汽车坡道
下沉广场及其台阶	SQUARE	3	CONTINUOUS	放置下沉广场及其台阶

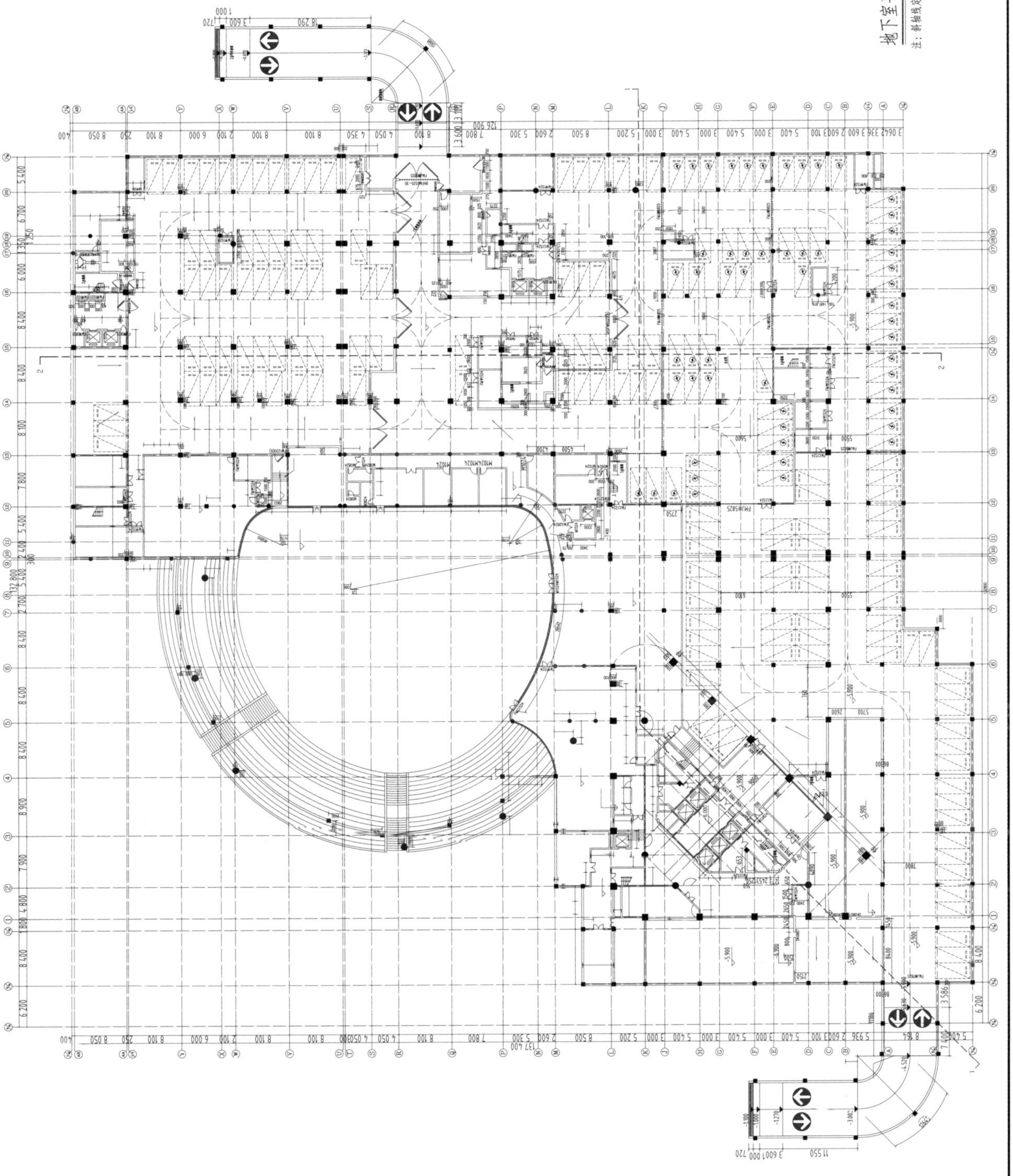

地下室平面图1:200

注：斜轴线定位可见六层平面图。

第2页/共17页

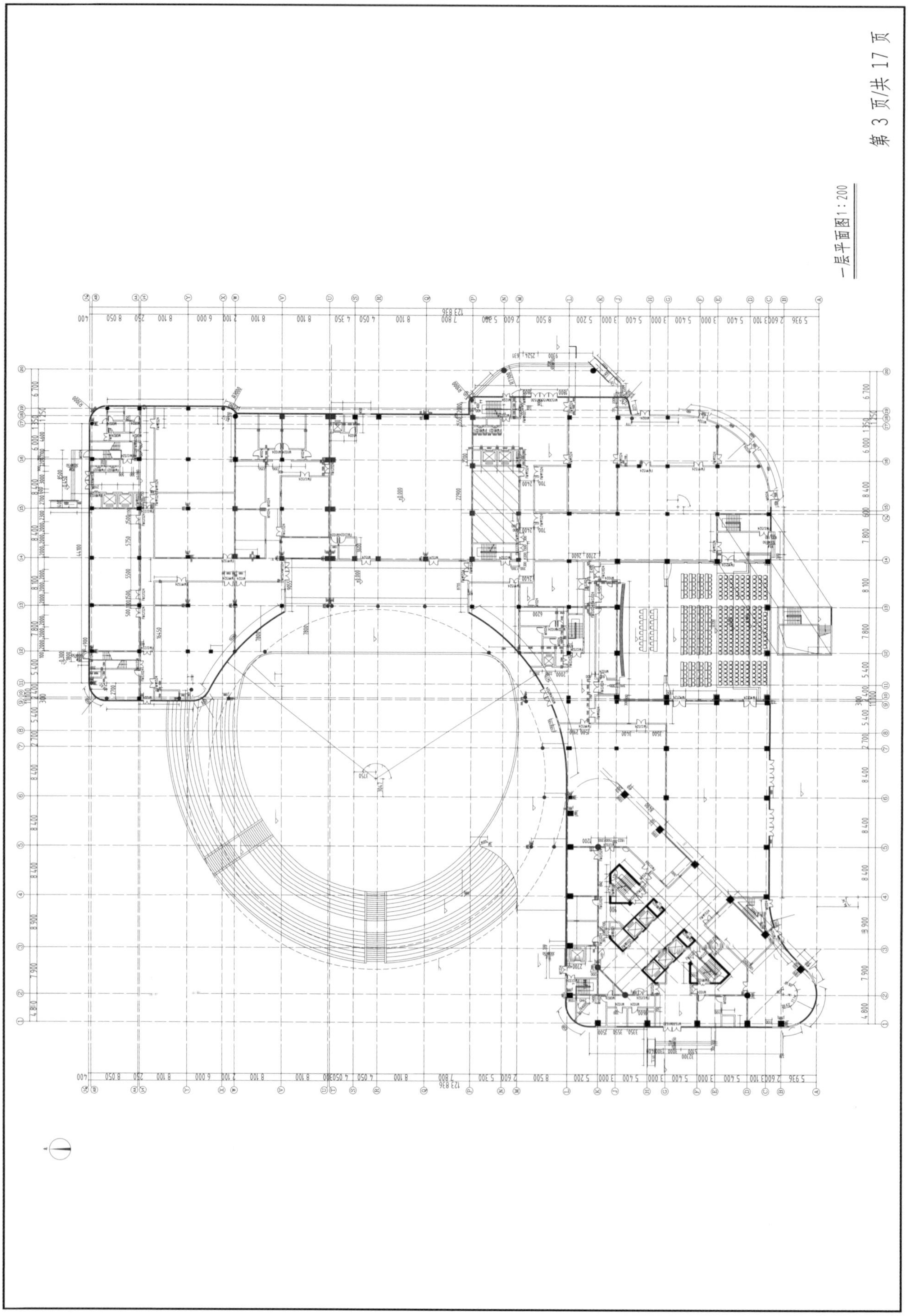

一层平面图1:200
第 3 页/共 17 页

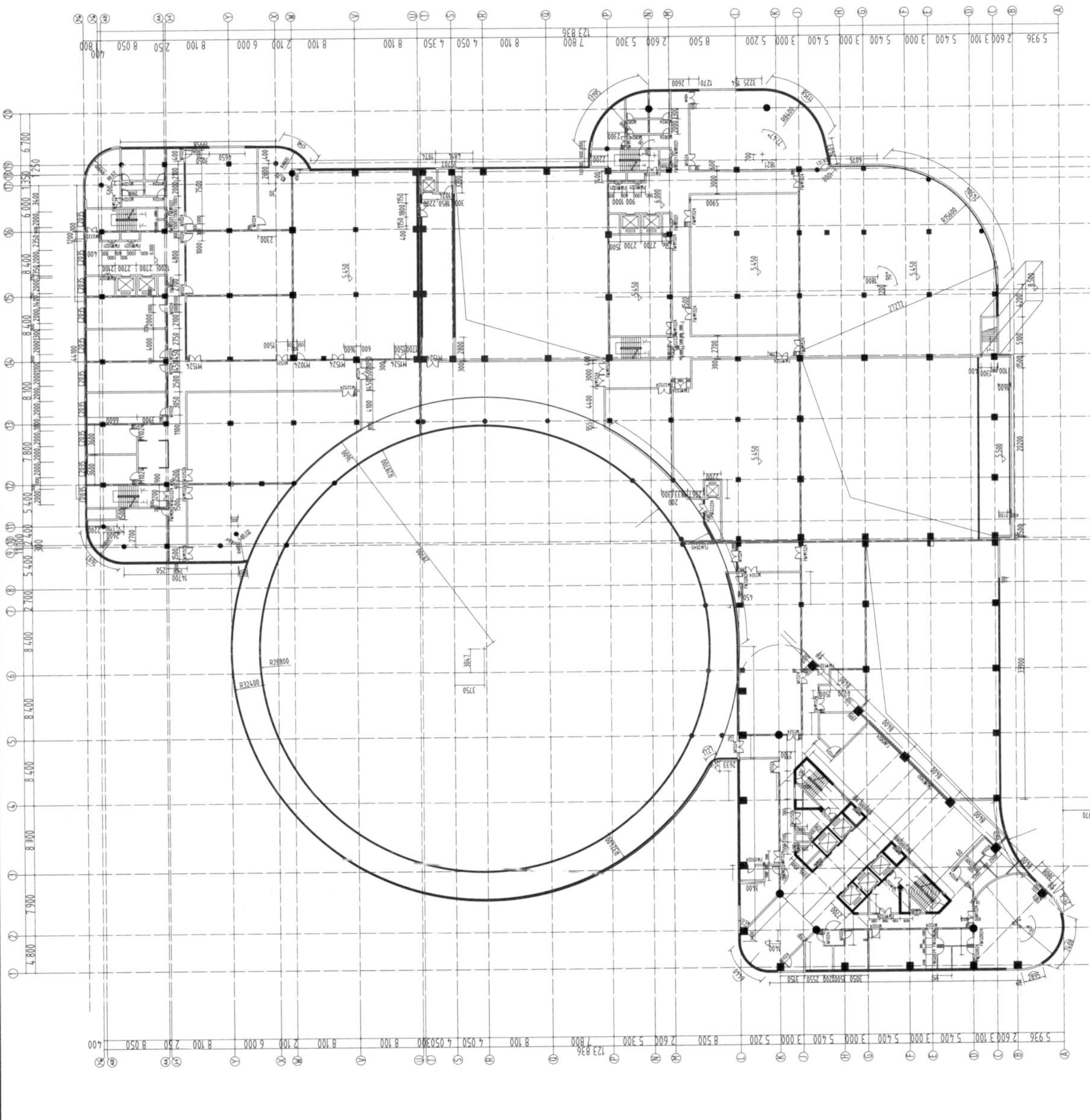

二层平面图1:200

第 4 页/共 17 页

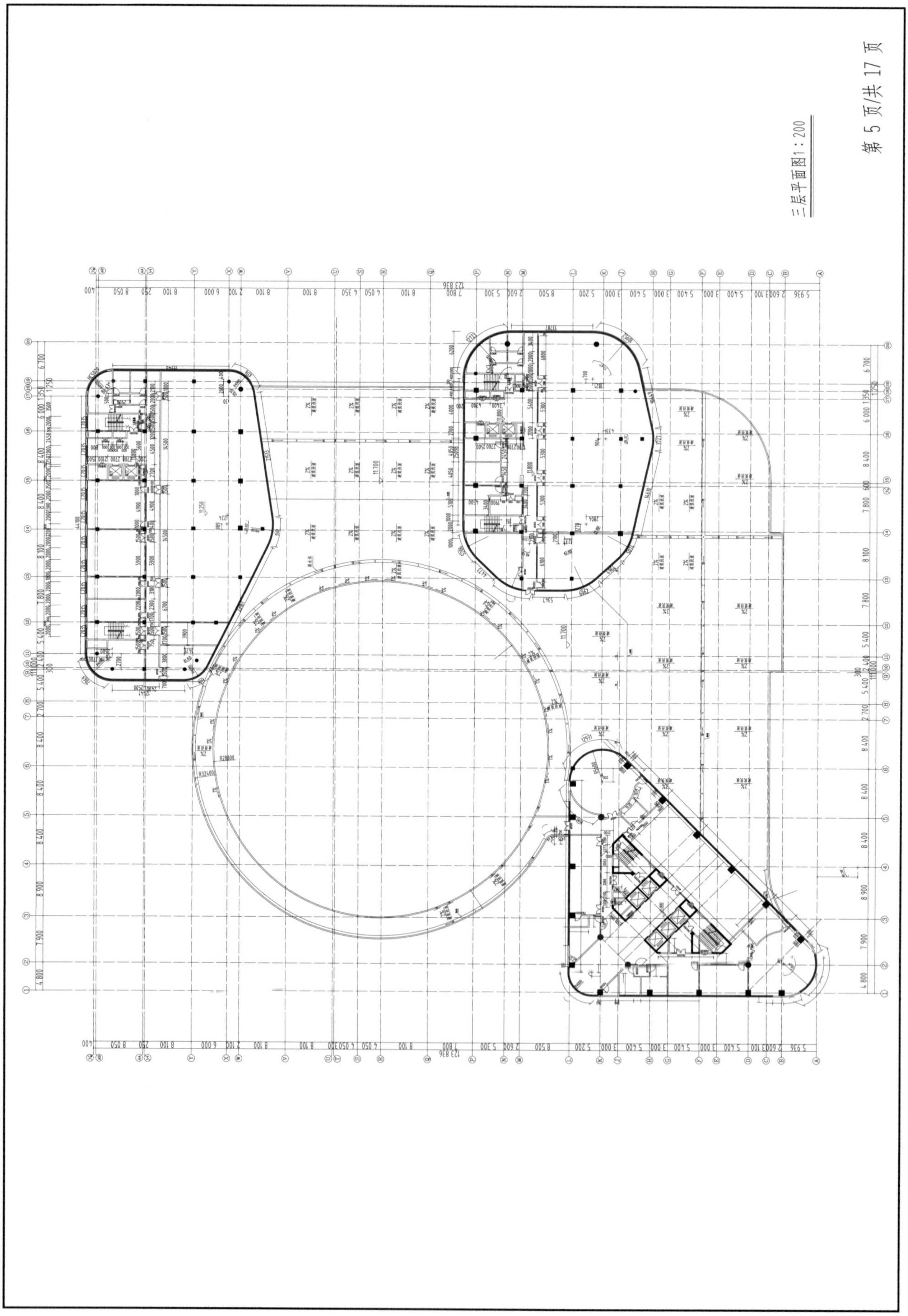
三层平面图1:200
第 5 页/共 17 页

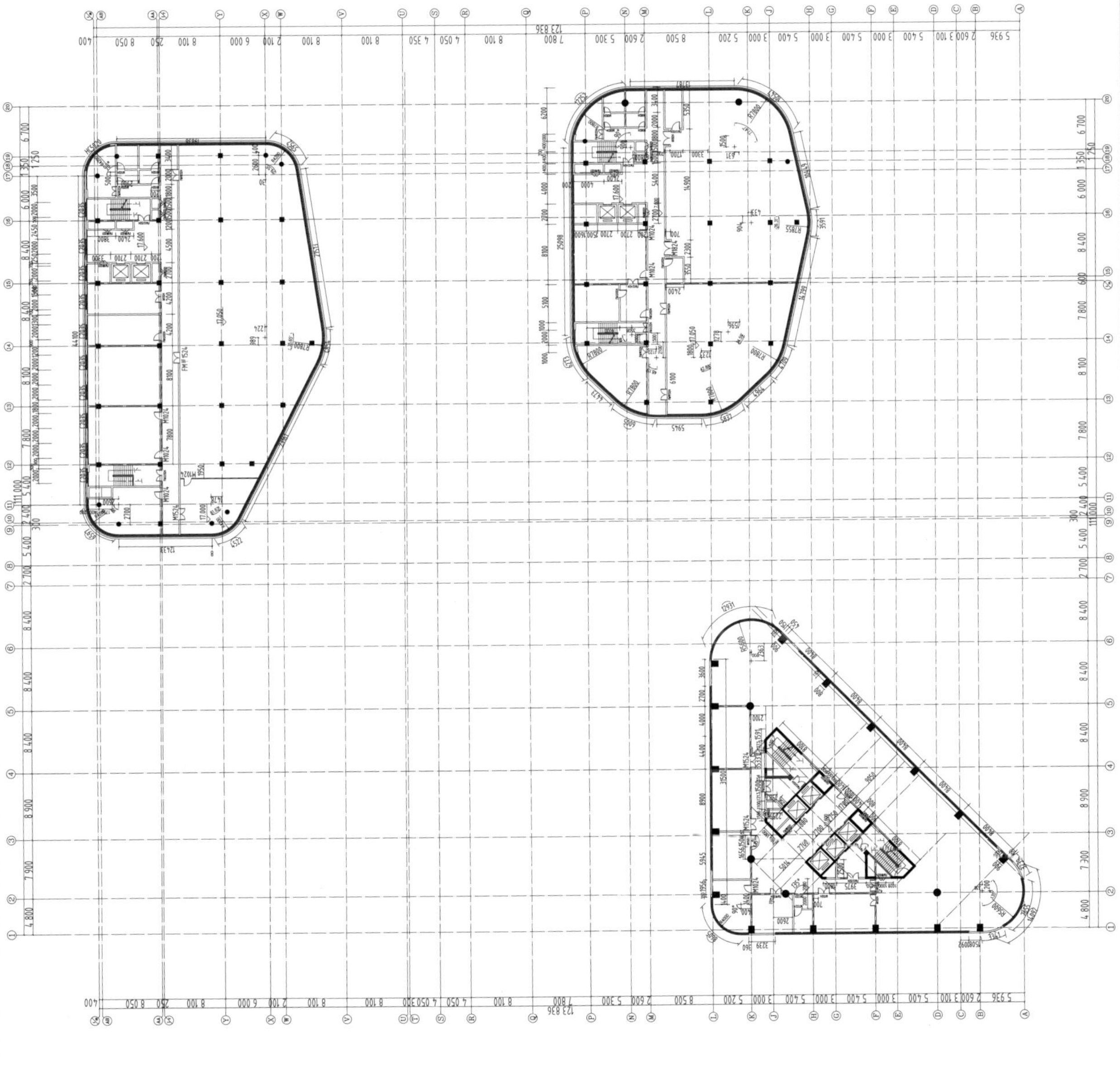

四层平面图1:200

第 6 页/共 17 页

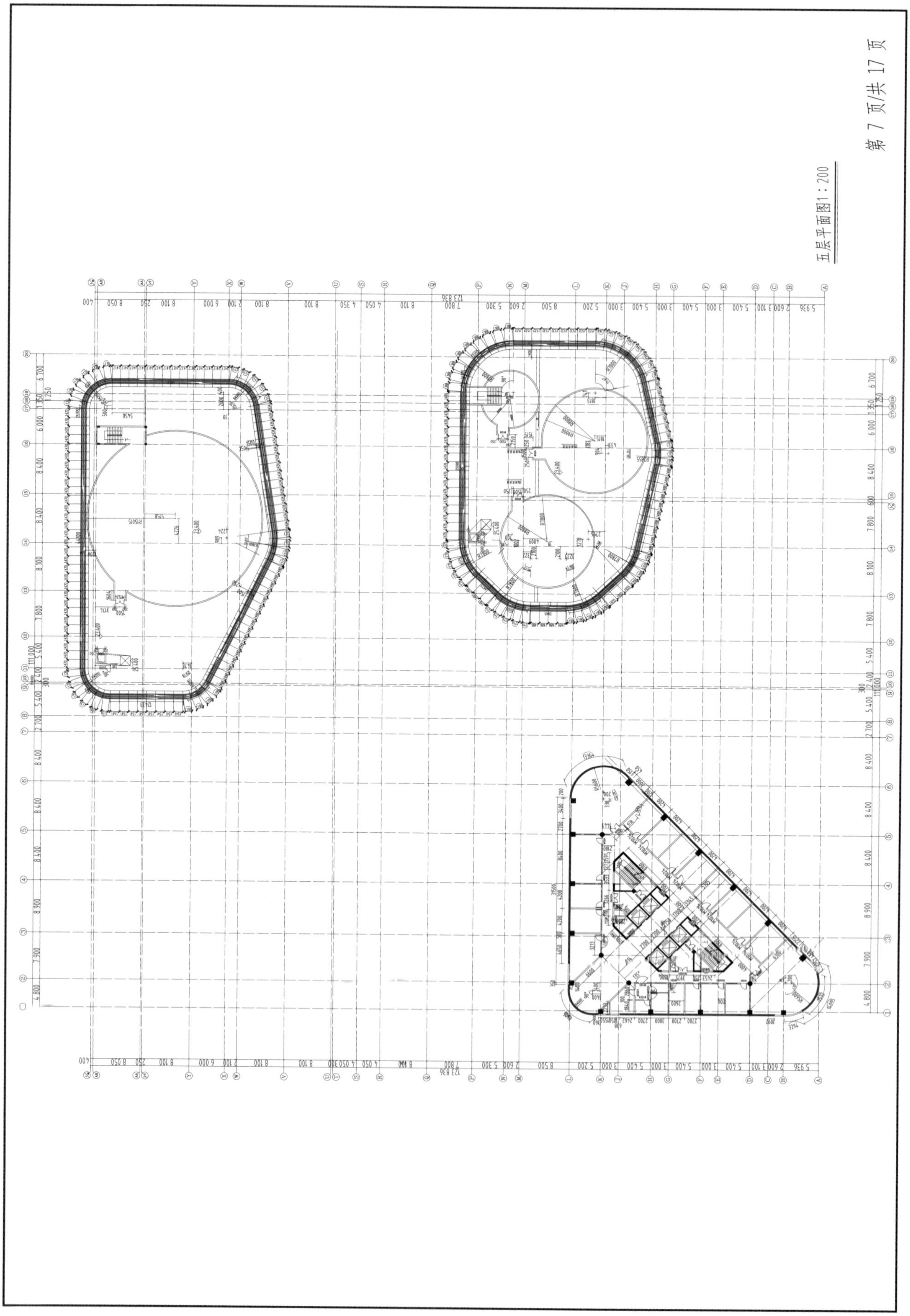
五层平面图1:200
第 7 页/共 17 页

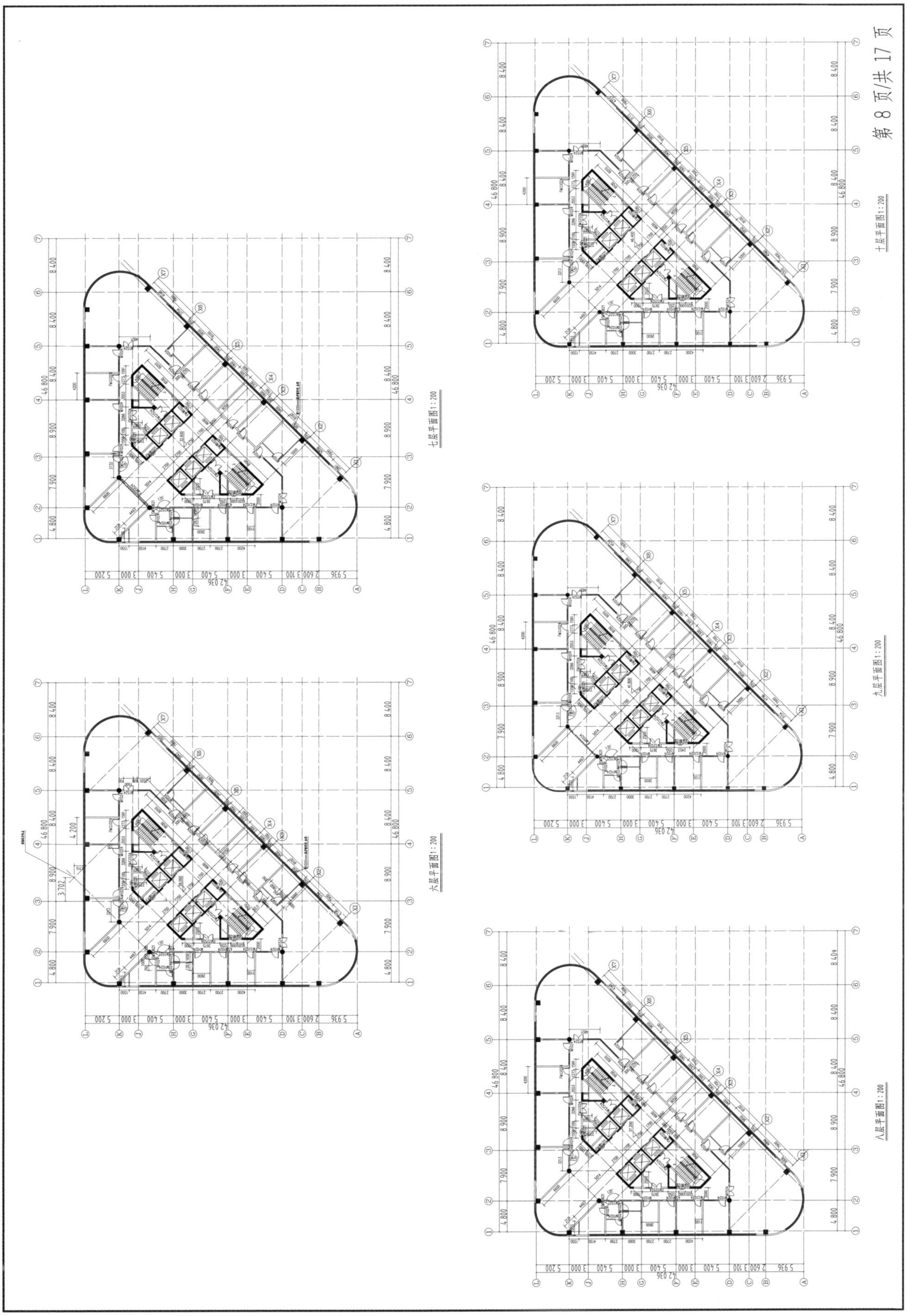
第 8 页/共 17 页
十层平面图1:200
九层平面图1:200
八层平面图1:200
七层平面图1:200
六层平面图1:200

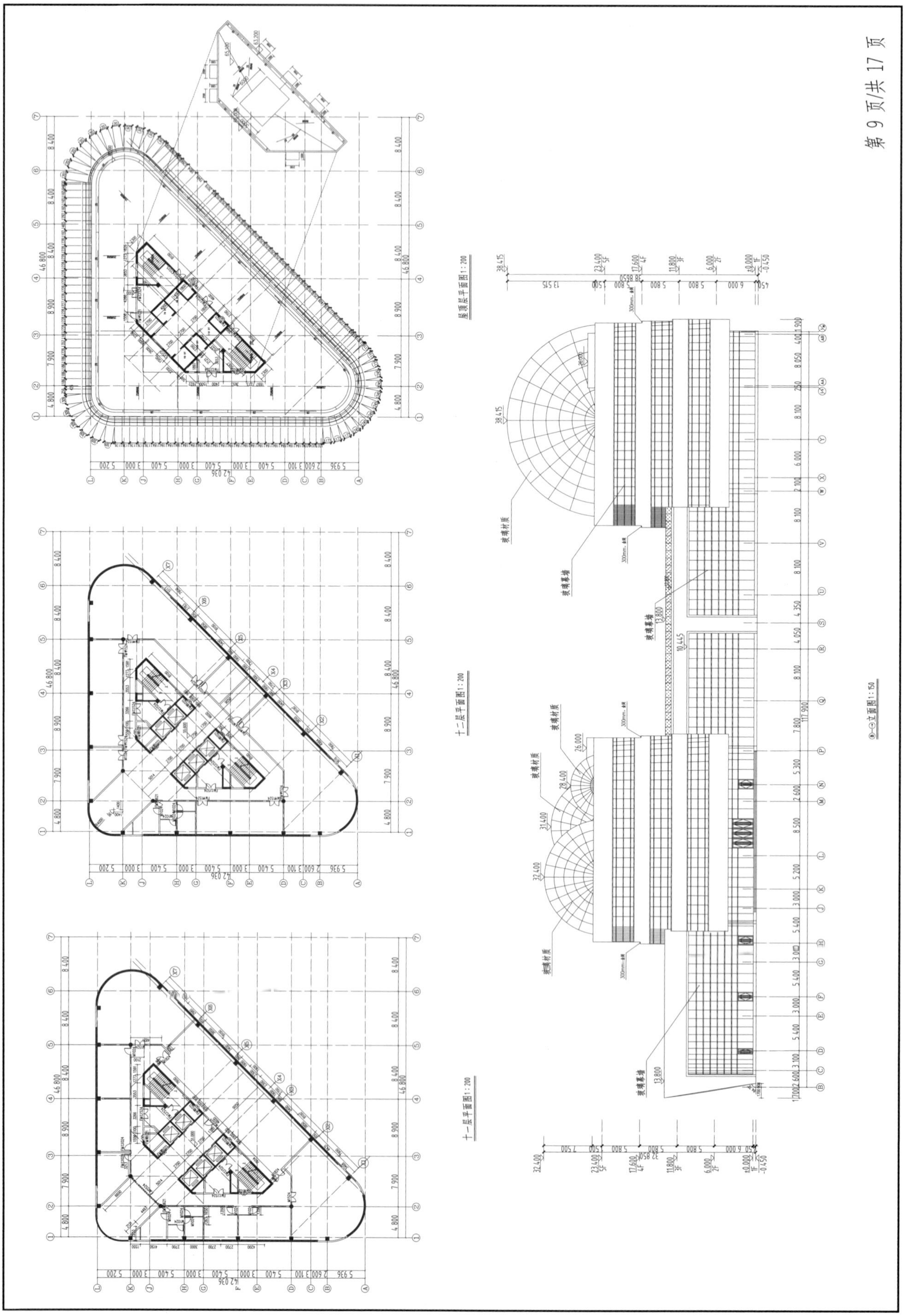
第 9 页/共 17 页
屋顶层平面图 1:200
十二层平面图 1:200
十一层平面图 1:200
玻璃幕墙
玻璃材质
46 800
42 036
117 900

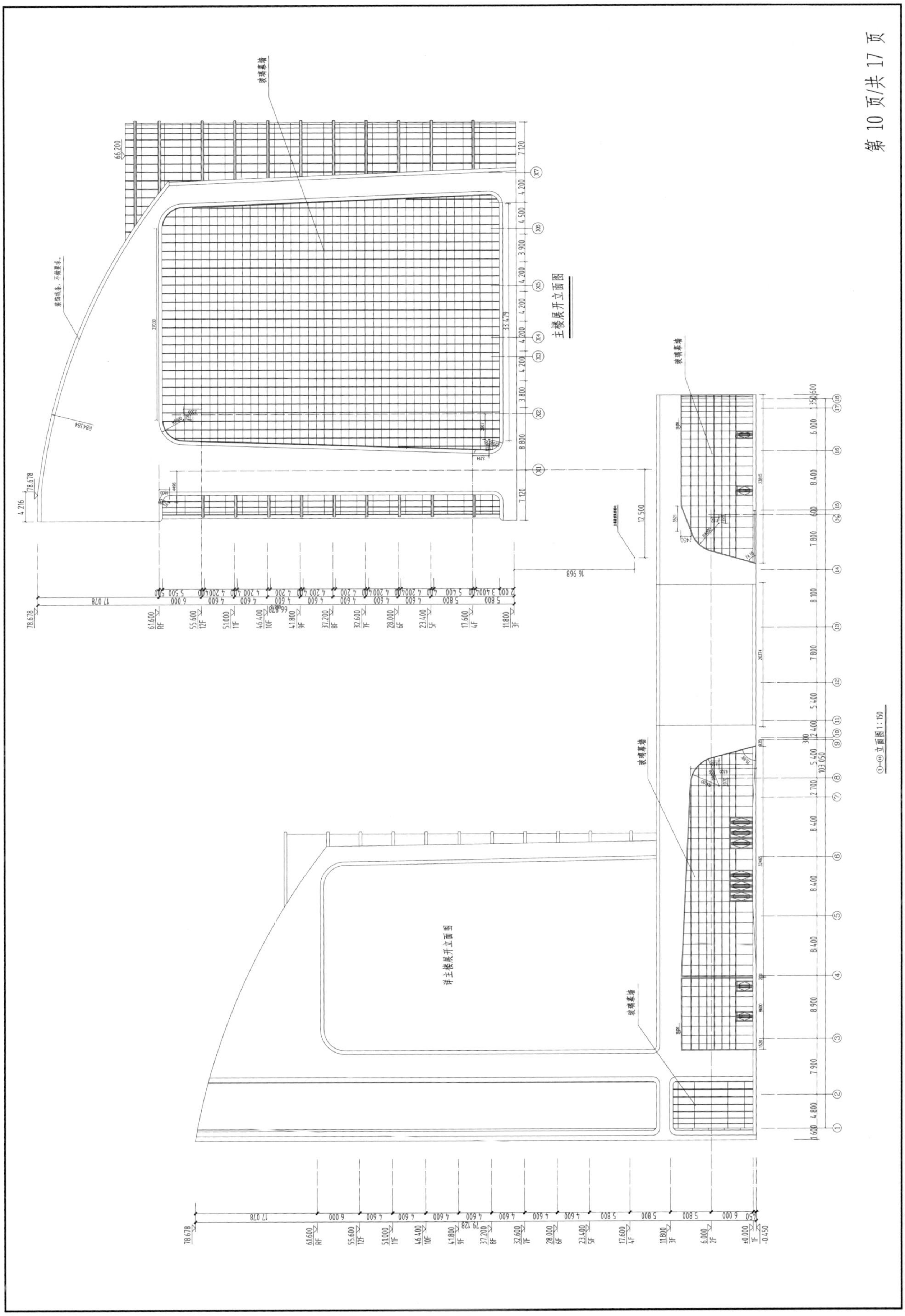
第 10 页/共 17 页
主楼展开立面图
玻璃幕墙
详主楼展开立面图
①—⑱立面图 1:150

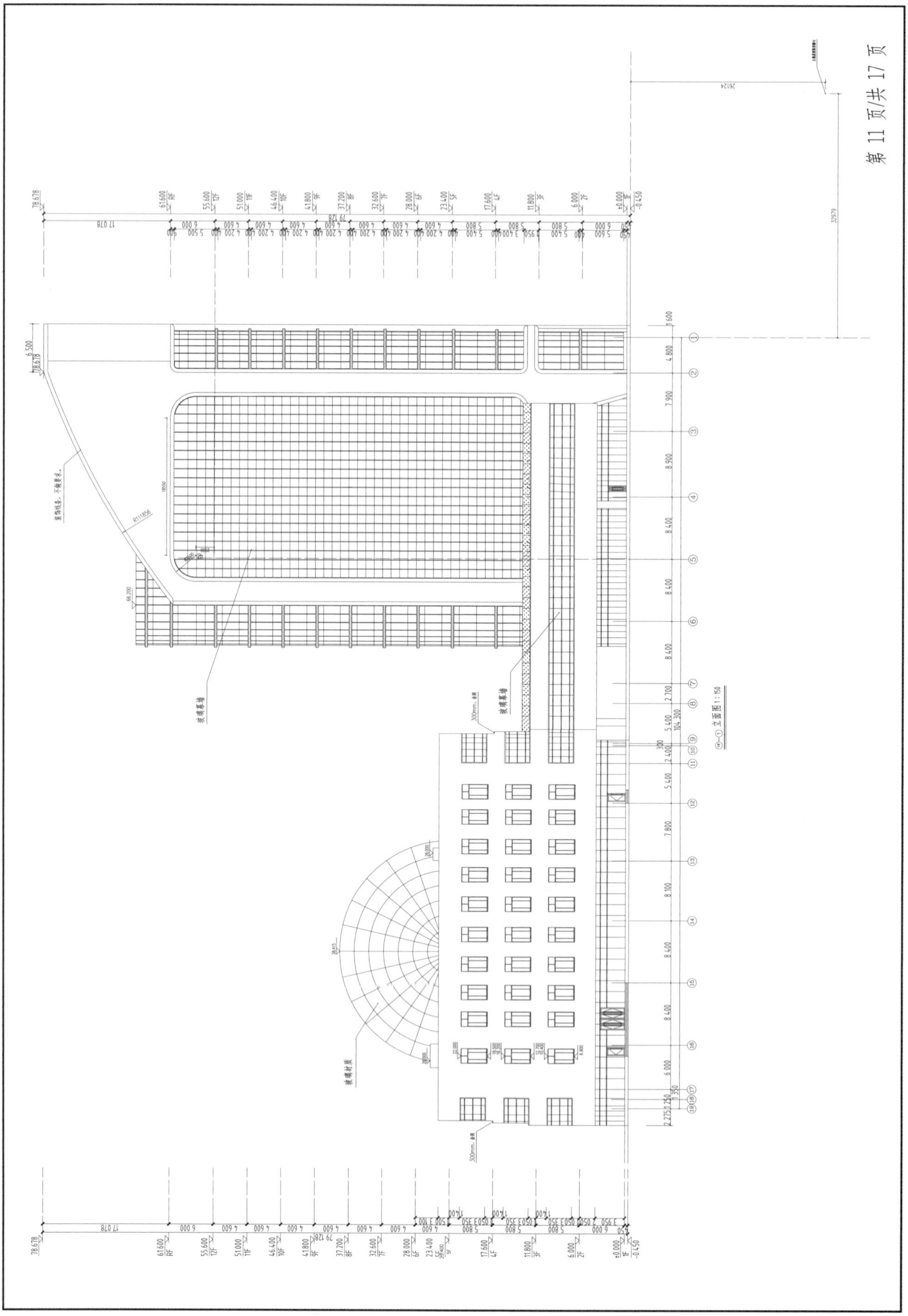
第 11 页/共 17 页
立面图 1:150
玻璃幕墙
玻璃幕墙
玻璃材质

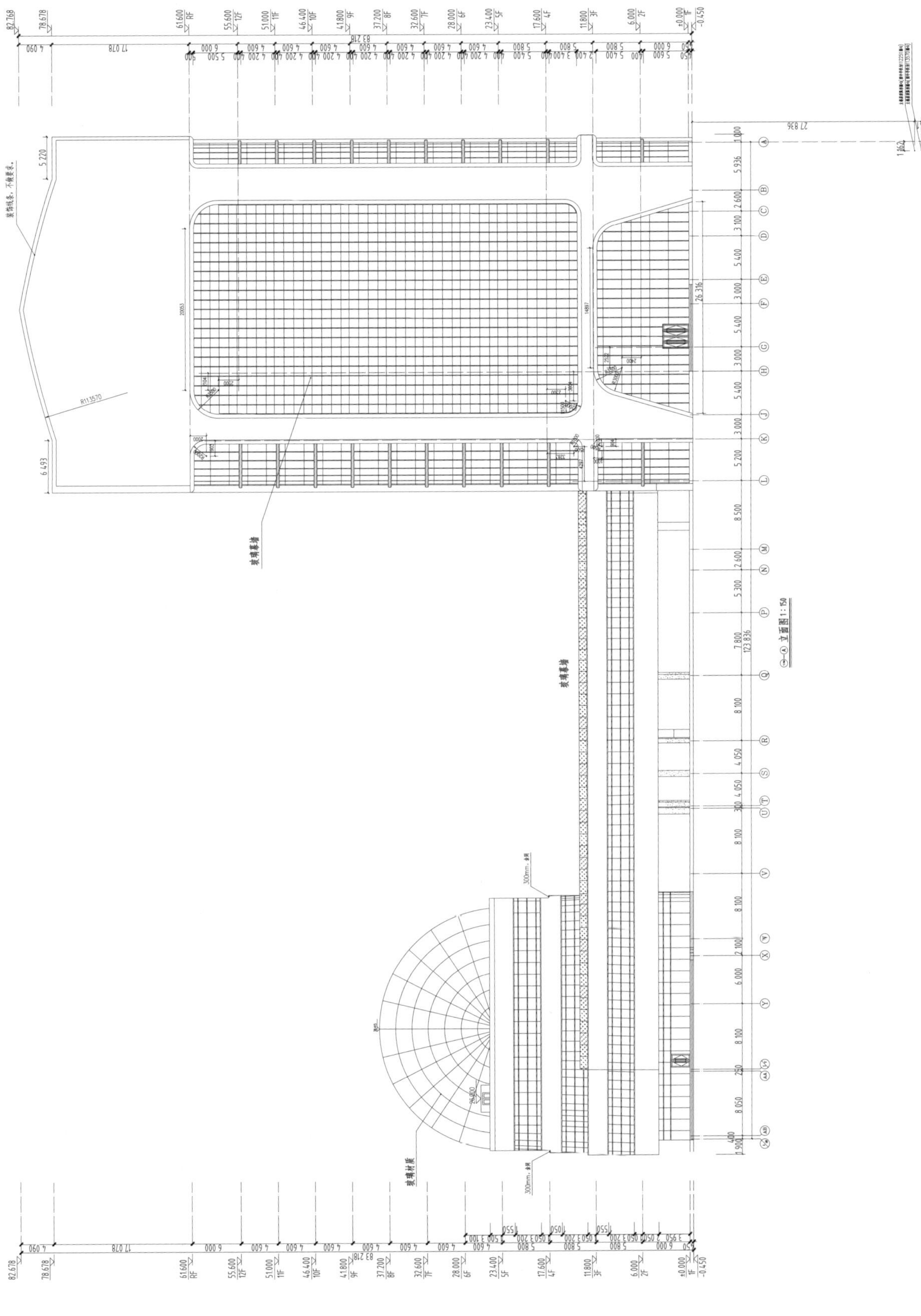
装饰线条，不做要求。
R113570
玻璃幕墙
①-Ⓐ立面图 1:50
123 836
26 316
27 836
83 218
玻璃材质
300mm, 金属

第 12 页/共 17 页

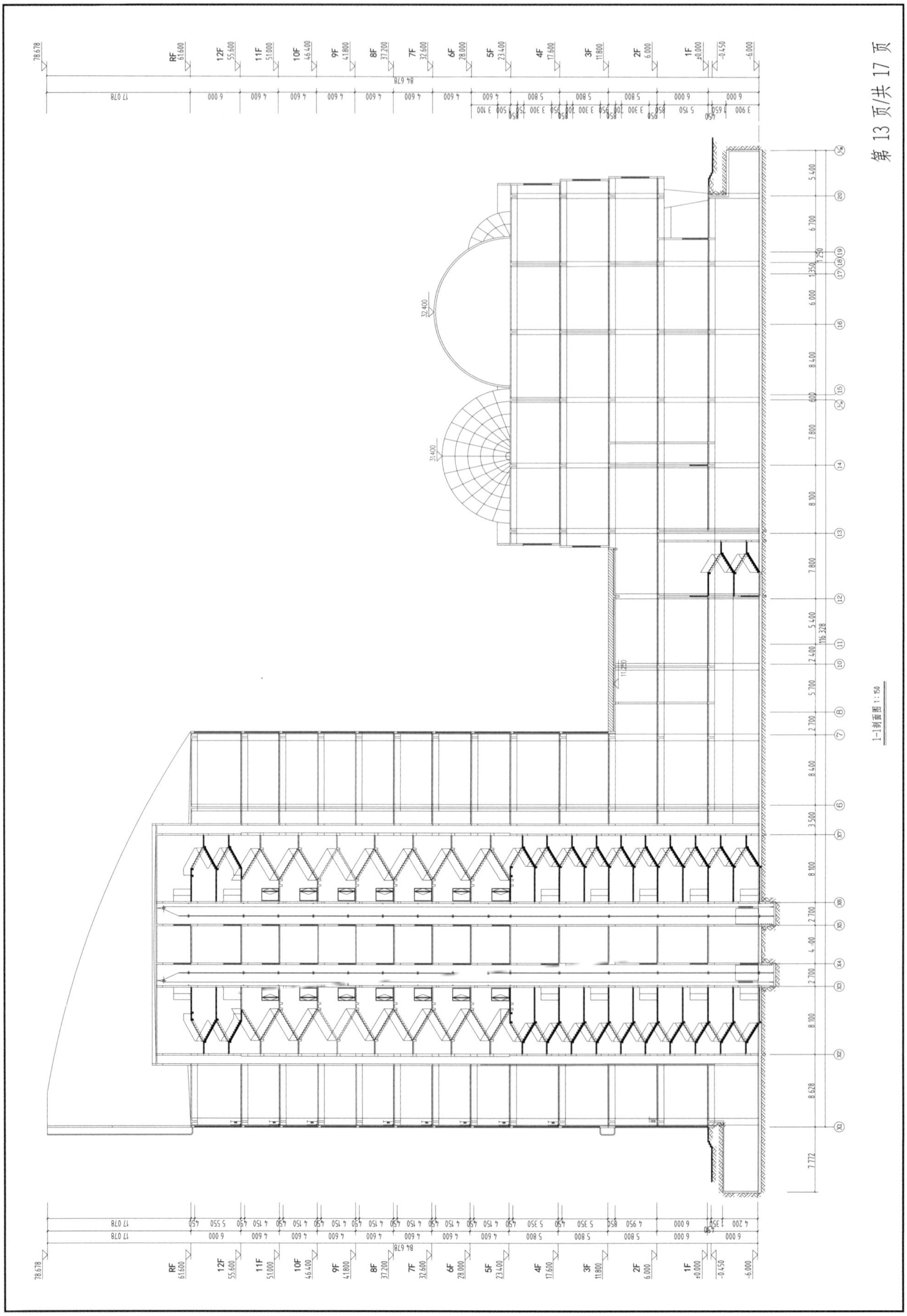
第 13 页/共 17 页
1-1剖面图 1:150

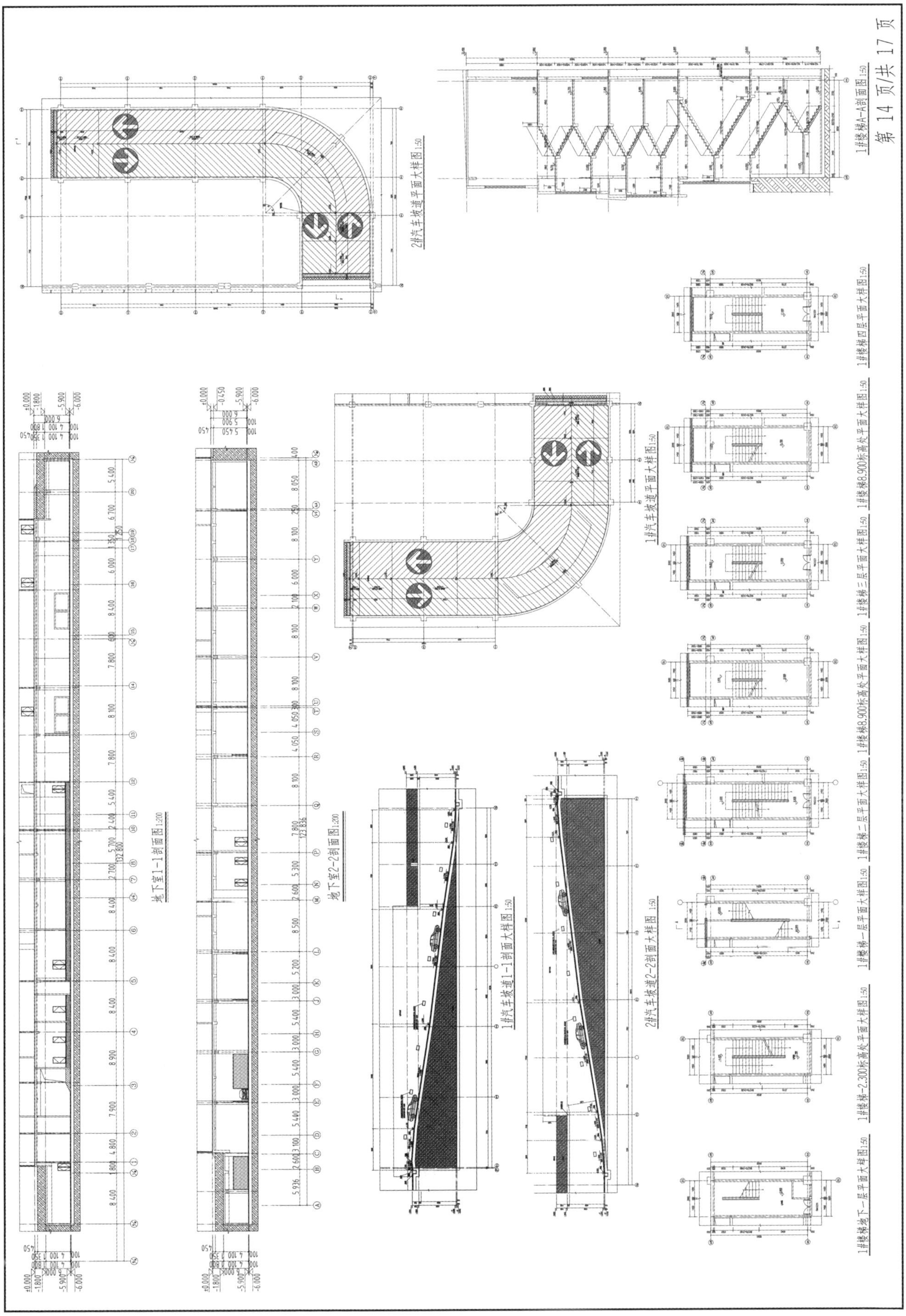
第 14 页/共 17 页
1#楼梯A-A剖面图 1:50
2#汽车坡道平面大样图 1:50
1#汽车坡道平面大样图 1:50
地下室1-1剖面图 1:200
地下室2-2剖面图 1:200
1#汽车坡道1-1剖面大样图 1:50
2#汽车坡道2-2剖面大样图 1:50
1#楼梯四层平面大样图 1:50
1#楼梯8.900标高处平面大样图 1:50
1#楼梯三层平面大样图 1:50
1#楼梯8.900标高处平面大样图 1:50
1#楼梯二层平面大样图 1:50
1#楼梯一层平面大样图 1:50
1#楼梯-2.300标高处平面大样图 1:50
1#楼梯地下一层平面大样图 1:50

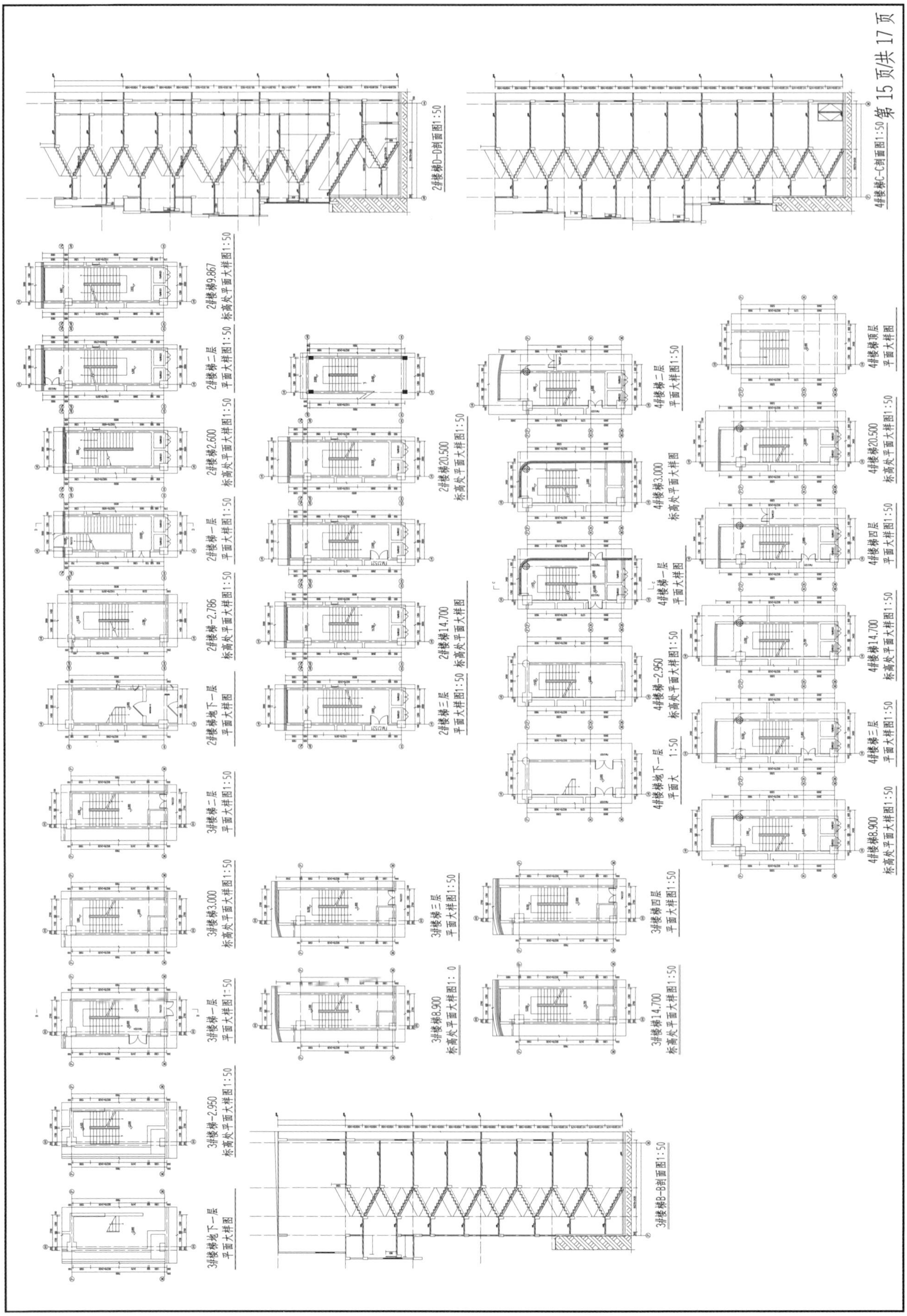
第15页/共17页
2#楼梯D-D剖面图1:50
4#楼梯C-C剖面图1:50
2#楼梯9.867标高处平面大样图1:50
2#楼梯二层平面大样图1:50
2#楼梯2.600标高处平面大样图1:50
2#楼梯一层平面大样图1:50
2#楼梯-2.786标高处平面大样图1:50
2#楼梯地下一层平面大样图
2#楼梯20.500标高处平面大样图1:50
2#楼梯14.700标高处平面大样图
2#楼梯三层平面大样图1:50
4#楼梯二层平面大样图1:50
4#楼梯3.000标高处平面大样图
4#楼梯一层平面大样图
4#楼梯-2.950标高处平面大样图1:50
4#楼梯地下一层平面大 1:50
4#楼梯顶层平面大样图
4#楼梯20.500标高处平面大样图1:50
4#楼梯四层平面大样图1:50
4#楼梯14.700标高处平面大样图1:50
4#楼梯三层平面大样图1:50
4#楼梯8.900标高处平面大样图1:50
3#楼梯二层平面大样图1:50
3#楼梯3.000标高处平面大样图1:50
3#楼梯一层平面大样图1:50
3#楼梯-2.950标高处平面大样图1:50
3#楼梯地下一层平面大样图
3#楼梯三层平面大样图1:50
3#楼梯8.900标高处平面大样图
3#楼梯四层平面大样图1:50
3#楼梯14.700标高处平面大样图1:50
3#楼梯B-B剖面图1:50

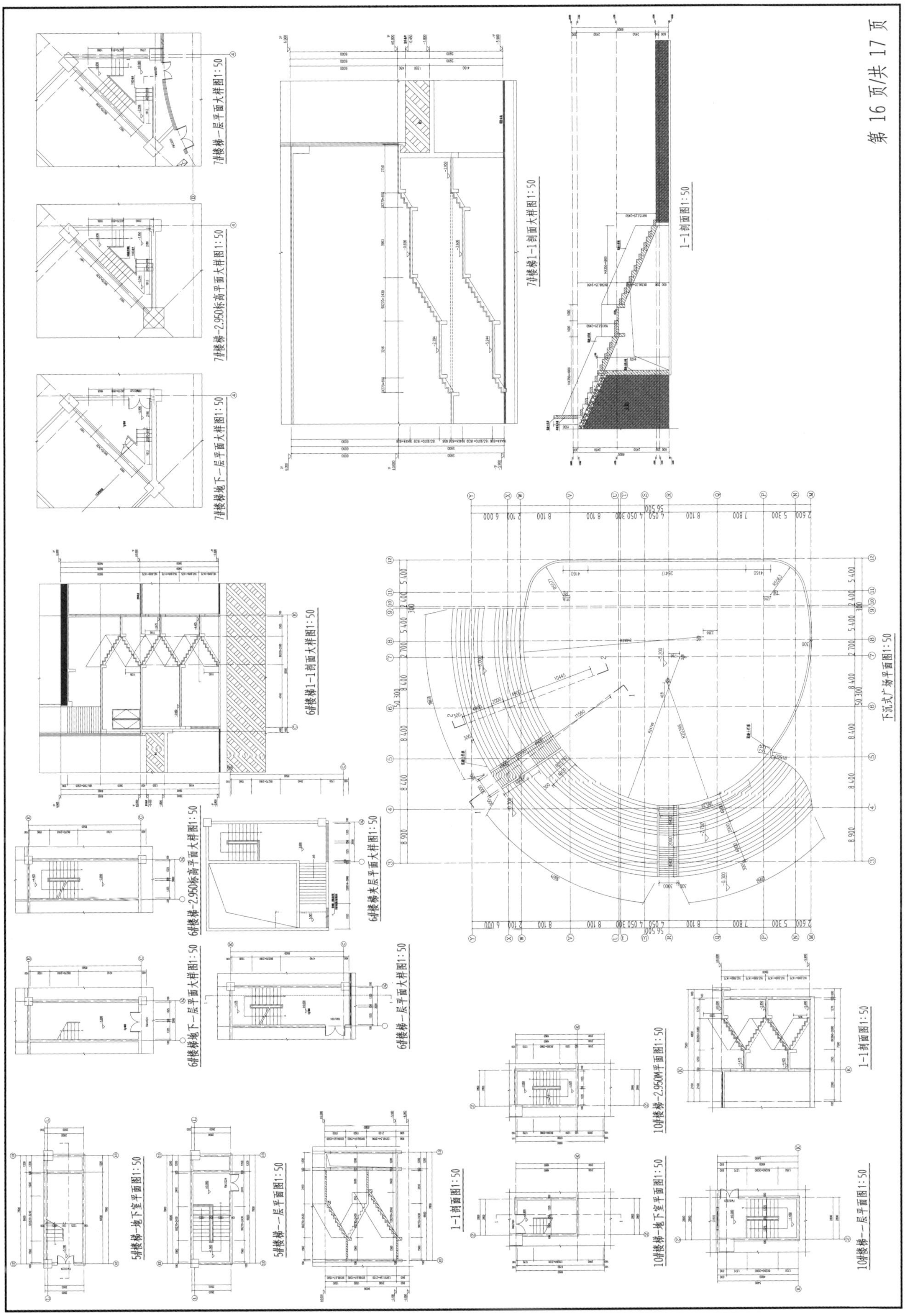
第16页/共17页
7#楼梯一层平面大样图1:50
7#楼梯-2.950标高平面大样图1:50
7#楼梯地下一层平面大样图1:50
7#楼梯1-1剖面大样图1:50
1-1剖面图1:50
6#楼梯1-1剖面大样图1:50
下沉式广场平面图1:50
6#楼梯-2.950标高平面大样图1:50
6#楼梯末层平面大样图1:50
6#楼梯地下一层平面大样图1:50
6#楼梯一层平面大样图1:50
10#楼梯-2.950M平面图1:50
1-1剖面图1:50
5#楼梯-地下室平面图1:50
5#楼梯-一层平面图1:50
1-1剖面图1:50
10#楼梯-地下室平面图1:50
10#楼梯-一层平面图1:50

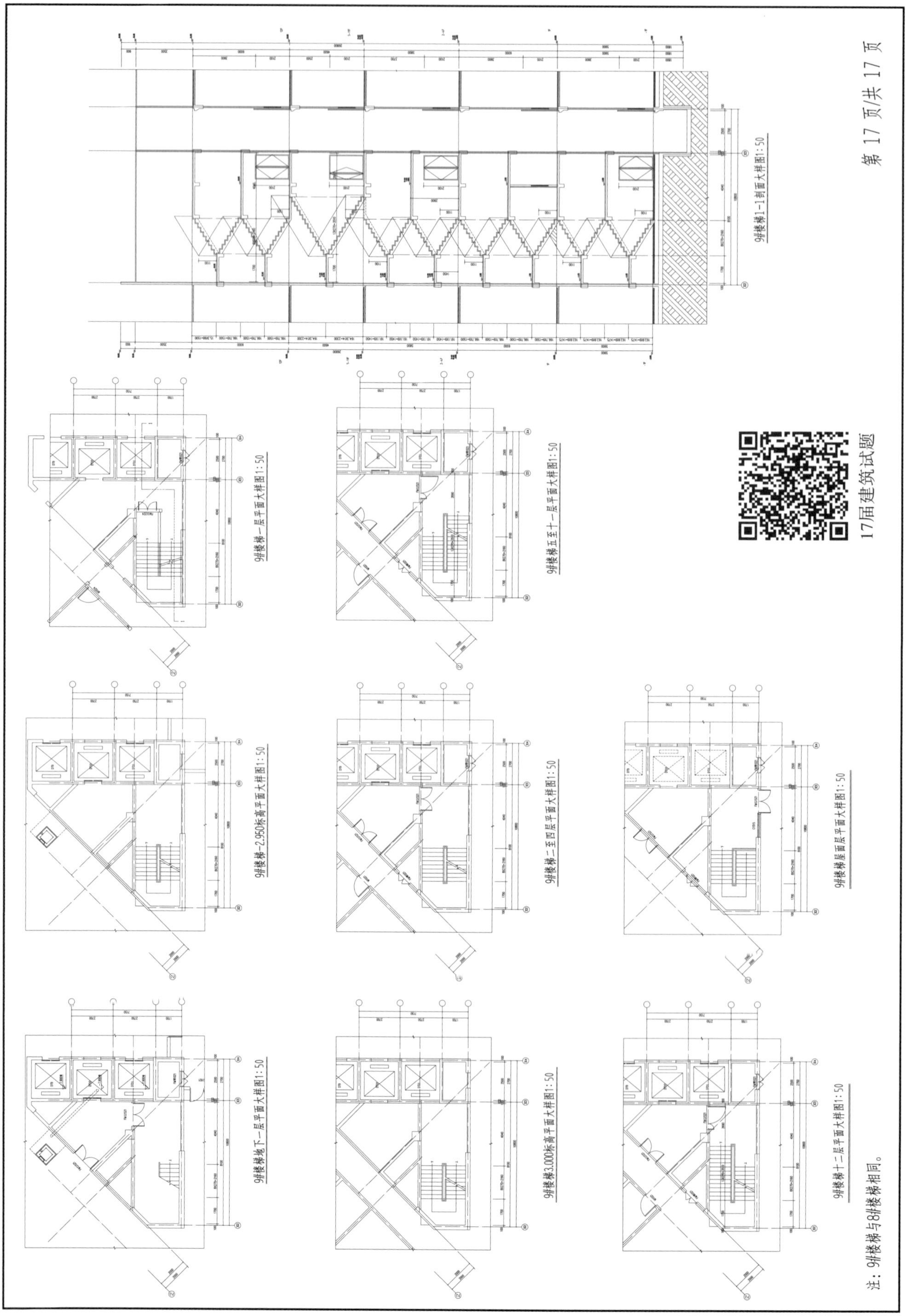
第17页/共17页
17届建筑试题
9#楼梯1-1剖面大样图1:50
9#楼梯一层平面大样图1:50
9#楼梯五至十一层平面大样图1:50
9#楼梯-2.950标高平面大样图1:50
9#楼梯二至四层平面大样图1:50
9#楼梯屋面层平面大样图1:50
9#楼梯地下一层平面大样图1:50
9#楼梯3.000标高平面大样图1:50
9#楼梯十二层平面大样图1:50
注：9#楼梯与8#楼梯相同。

第17届“高教杯”全国大学生先进成图技术与产品信息建模创新大赛（建筑类）计算机建模试题答案

任务一 模型（略）

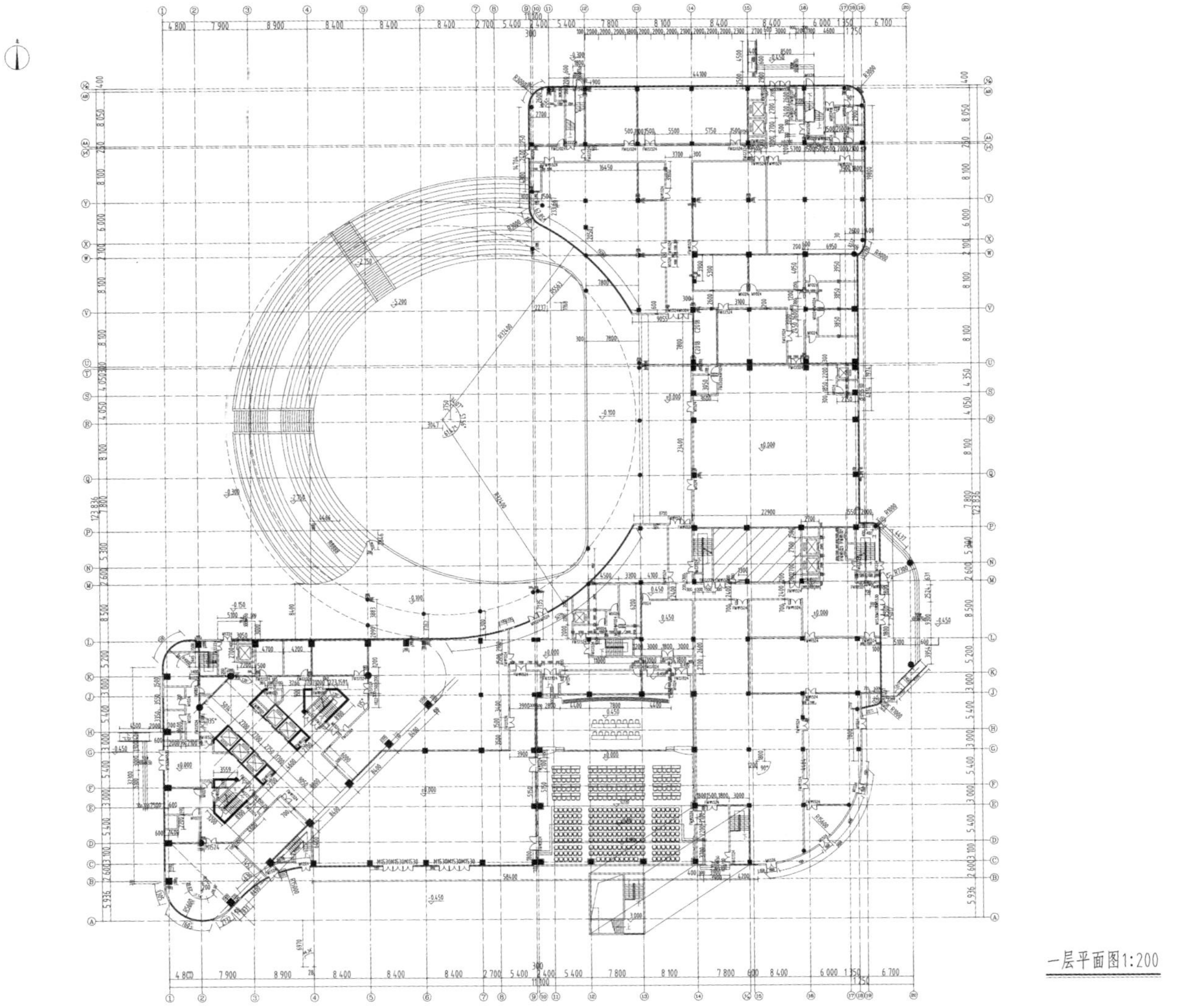

任务二 一层平面图

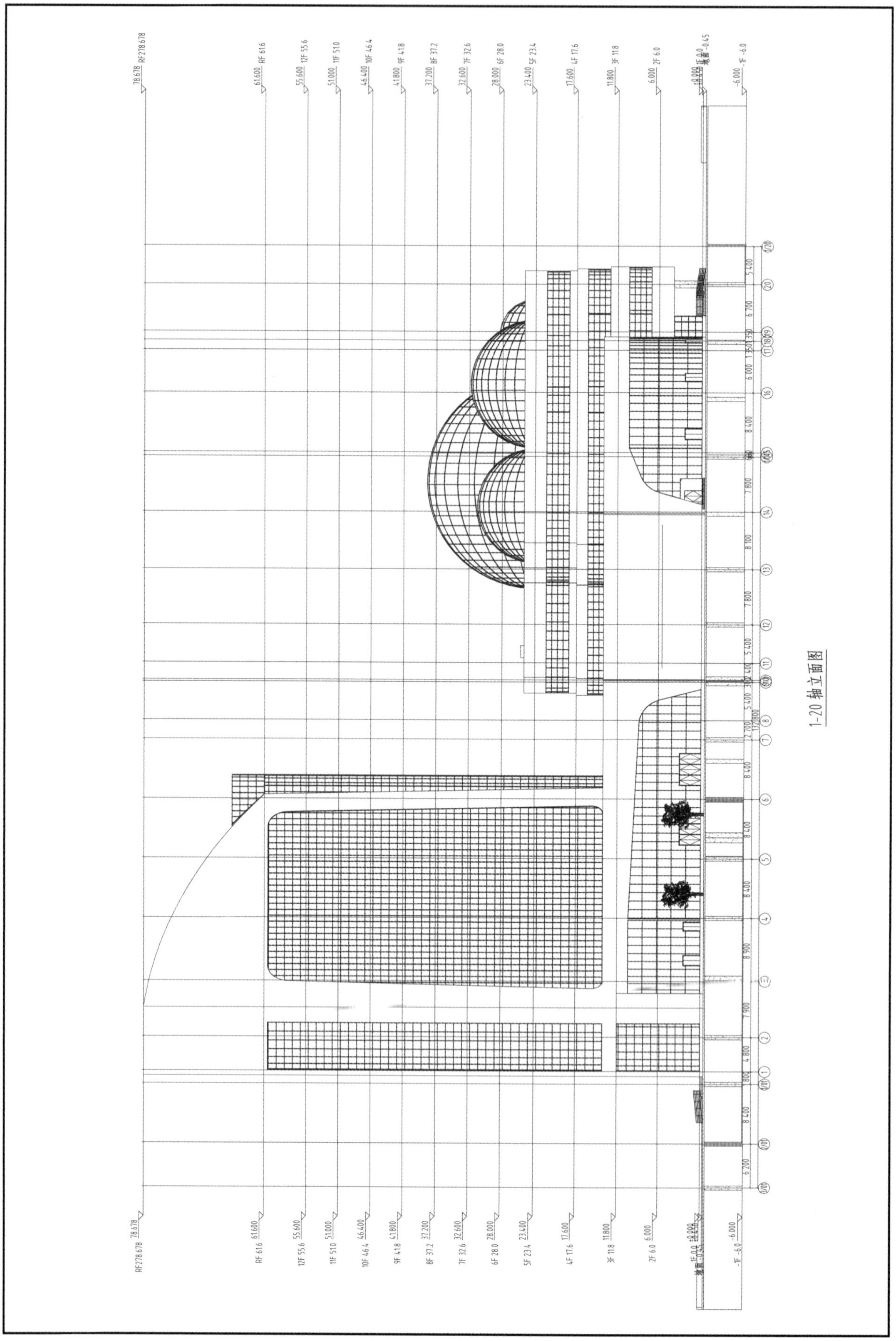

任务三 1-20轴立面

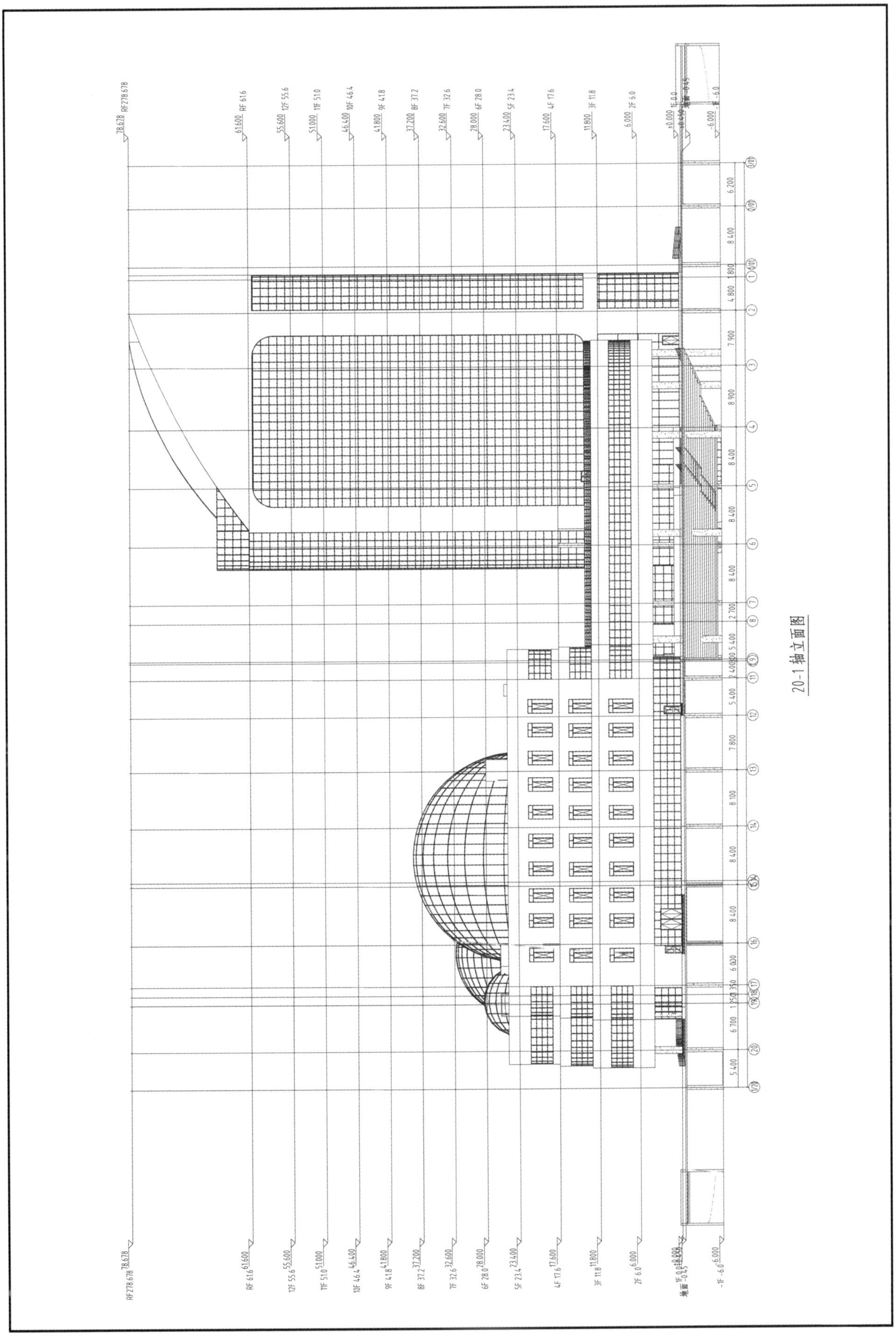

任务四 20-1轴立面

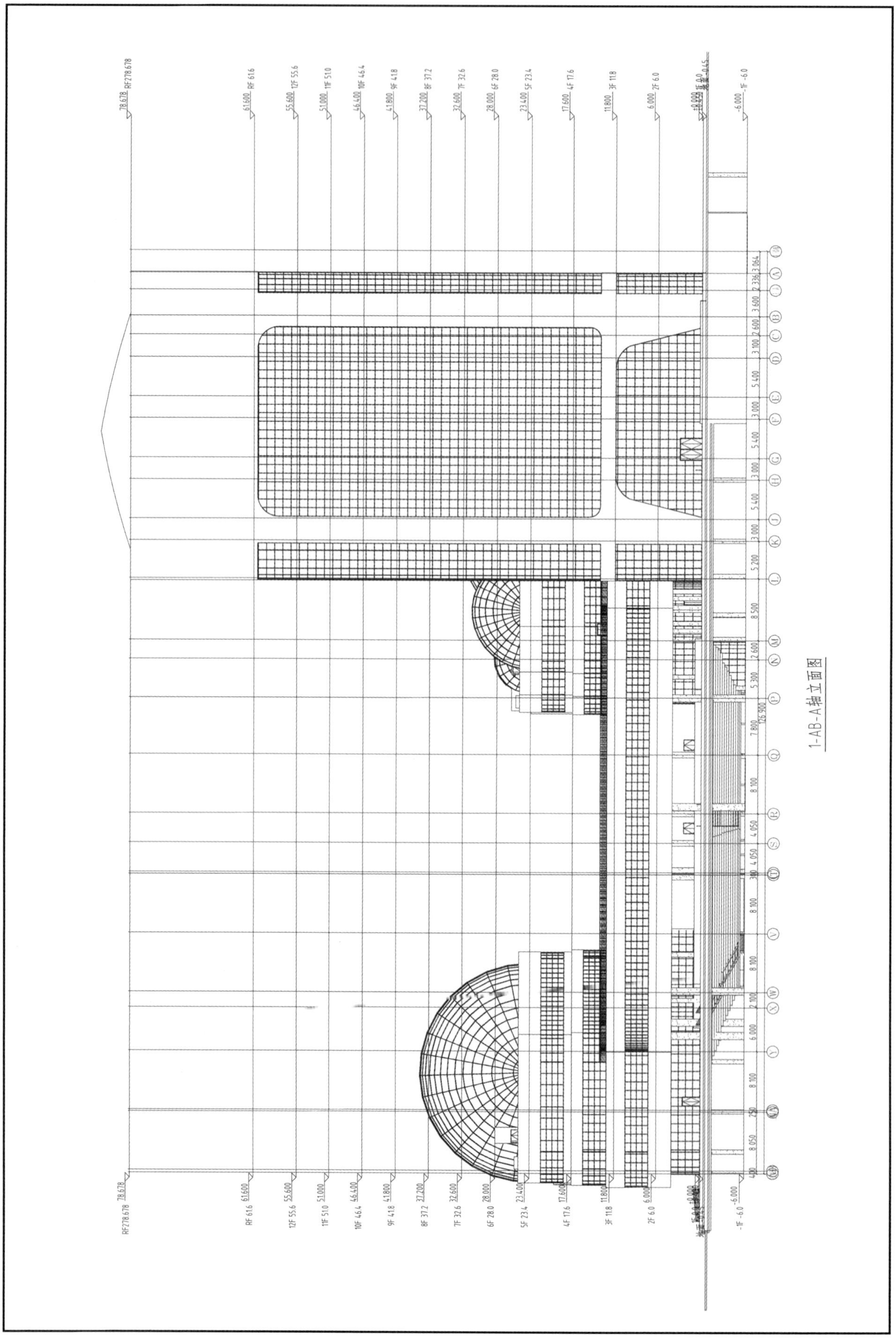

任务五 1AB-A轴立面

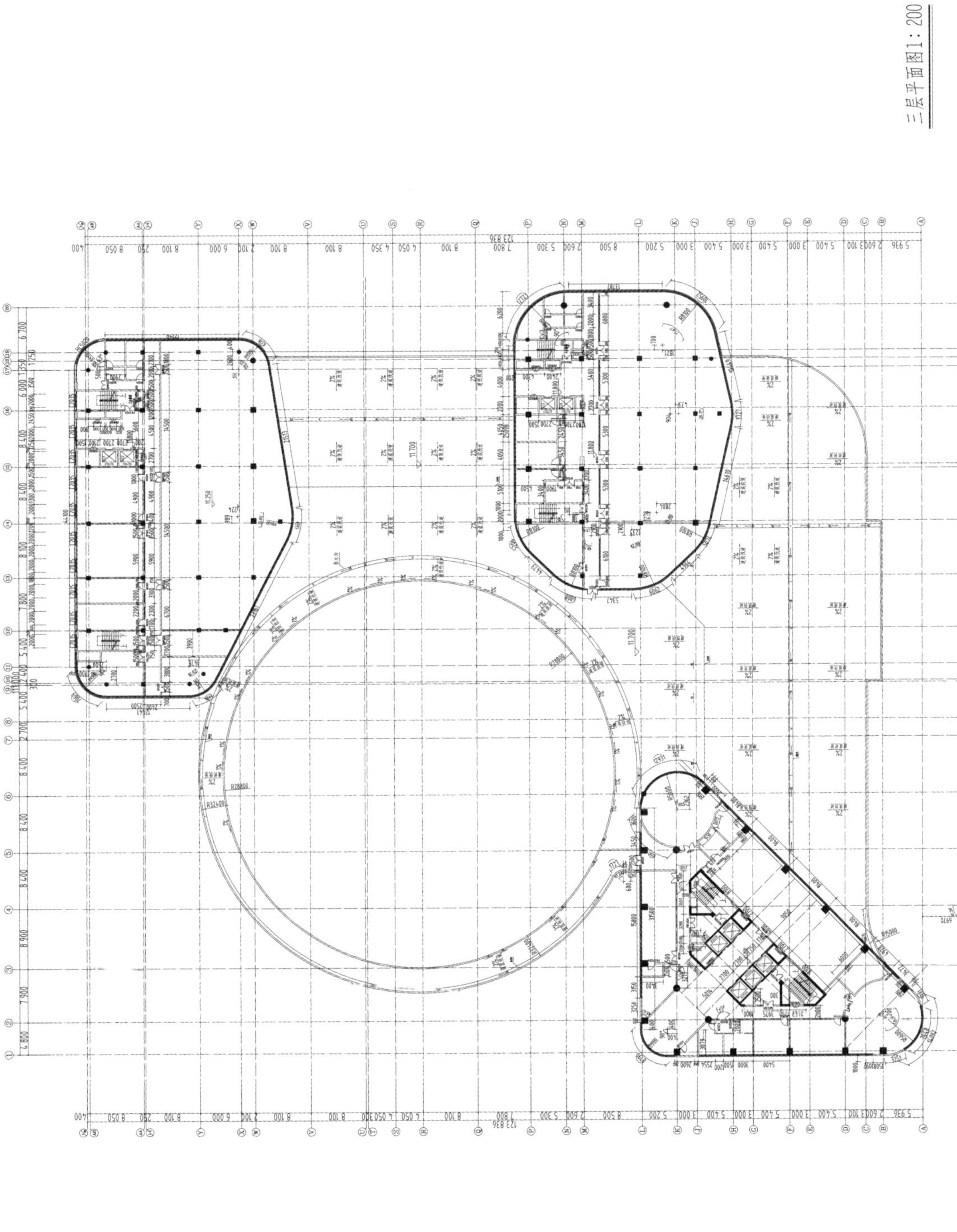

任务六　三层平面图

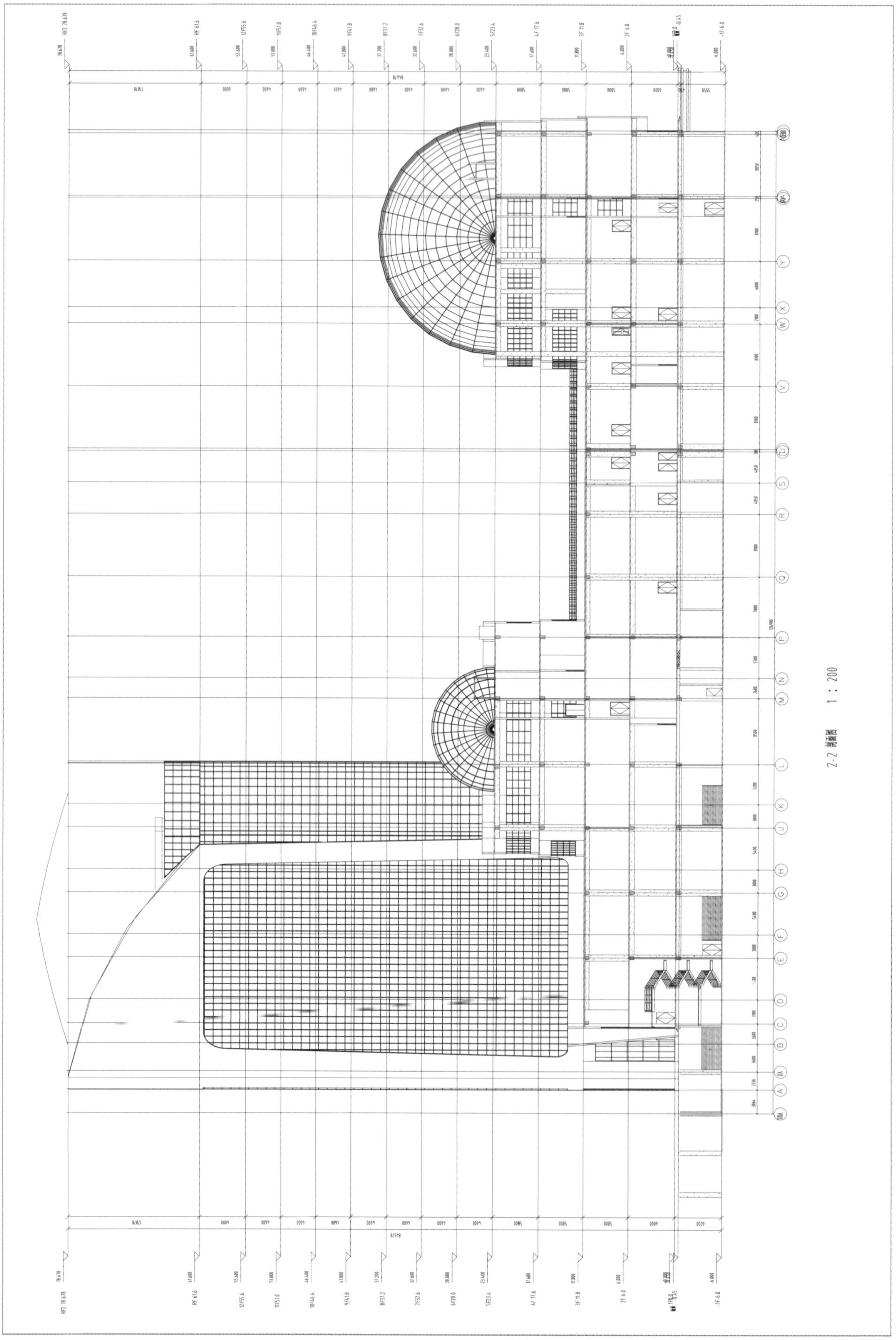

任务七　2-2剖面图

窗明细表			
合计	宽度	类型标记	高度
30	2 000	PC2035	3 500

门明细表 2			
宽度	高度	类型标记	合计
5 100	2 500	FJM5125	1
5 800	2 500	FJM5825	7
900	2 400	FM0924	1
1 000	2 100	FM1021	2
1 500	2 400	FM1524	4
800	2 100	FM 丙 0821	3
1 000	2 100	FM 丙 1021	117
900	2 400	FM 乙 0924	4
1 000	2 100	FM 乙 1021	1
1 000	2 400	FM 乙 1024	22
1 200	2 100	FM 乙 1221	4
1 200	2 400	FM 乙 1224	18
1 400	2 400	FM 乙 1424	1
1 500	2 400	FM 乙 1524	89
1 800	2 400	FM 乙 1824	5
800	2 100	FM 甲 0821	1
900	2 400	FM 甲 0924	1
1 000	2 100	FM 甲 1021	1
1 000	2 400	FM 甲 1024	2
1 200	2 100	FM 甲 1221	5
1 200	2 400	FM 甲 1224	7
1 500	2 400	FM 甲 1524	77
1 800	2 400	FM 甲 1824	1
2 100	2 400	FM 甲 2124	3
800	2 400	M0824	21
900	2 400	M0924	2
1 000	2 400	M1024	210
1 500	2 400	M1524	71
1 800	2 400	M1824	2
2 000	2 400	M2024	1
1 100	2 400	P1124	2
1 200	2 400	PM1224	7
1 500	3 000	PM1530	13
1 800	2 400	PM1824	5
800	2 000	RFMO820	1
1 000	2 000	RFM1020	6
1 000	2 100	RFM1021	1
1 200	2 000	RFM1220	2
1 500	2 000	RFM1520	2
2 000	2 000	RFM2020	1
2 000	2 100	RFM2021	1
5 800	2 500	RFM5825	1
6 000	2 500	RFM6025	4

任务九　效果图

第 17 届“高教杯”全国大学生先进成图技术与产品信息建模创新大赛(建筑类)计算机建模试题评分标准

门窗明细表说明

1. 表头内容占 1 分。参考题目要求：

要求：表头样式如下：

门明细表			
宽度	高度	类型标记	合计
5100	2500	M5125	1
5800	2500	M5825	7

2. 门的数量占 1.5 分。
3. 门的规格占 1.5 分。
4. 窗的数量占 0.5 分。
5. 窗的规格占 0.5 分。

施工图评分表说明

一、幕墙 5 分。幕墙分成 5 处。
A(1 分)：表示主楼的外立面幕墙；
B(1 分)：表示主楼的外立面幕墙；
C(2 分)：表示弧顶幕墙；
D(0.5 分)：表示矮楼的幕墙；
E(0.5 分)：表示切面幕墙。

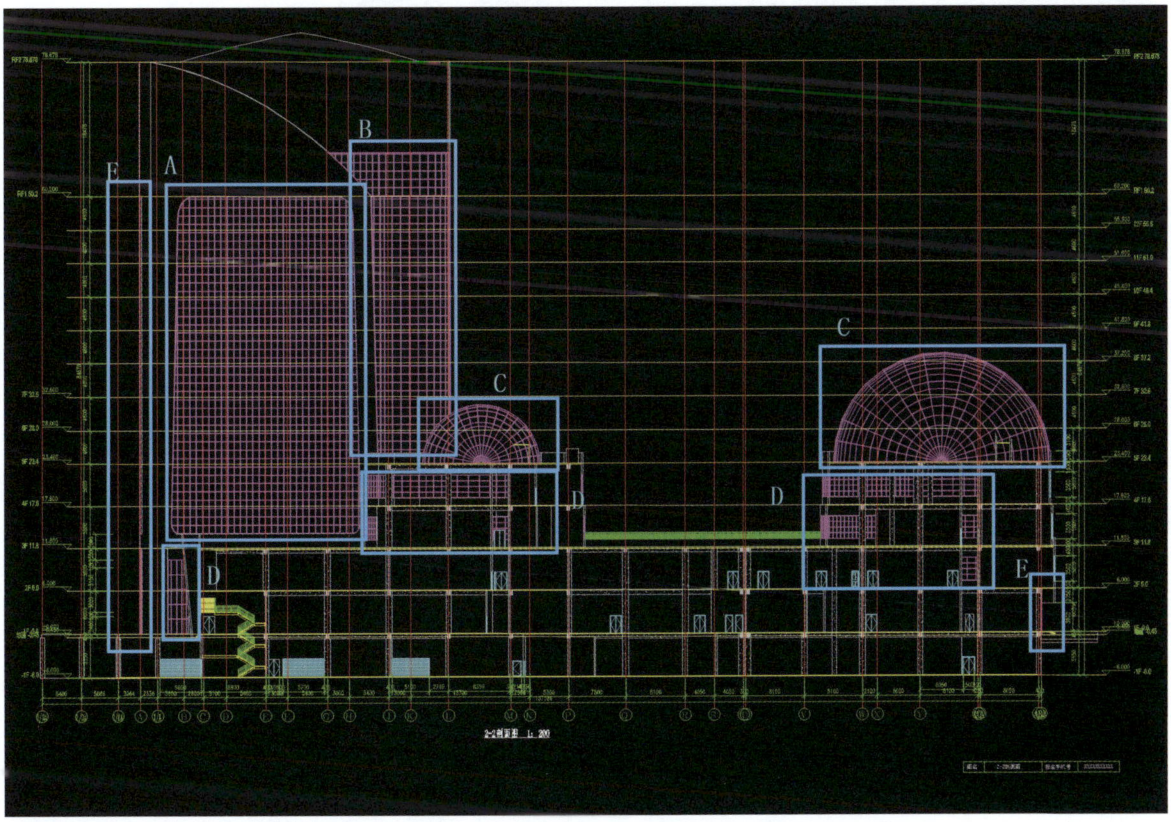

二、梁1分。分成5个楼层计算，每个楼层0.2分，单个楼层的梁个数达到80%以上得满分(0.2分)。

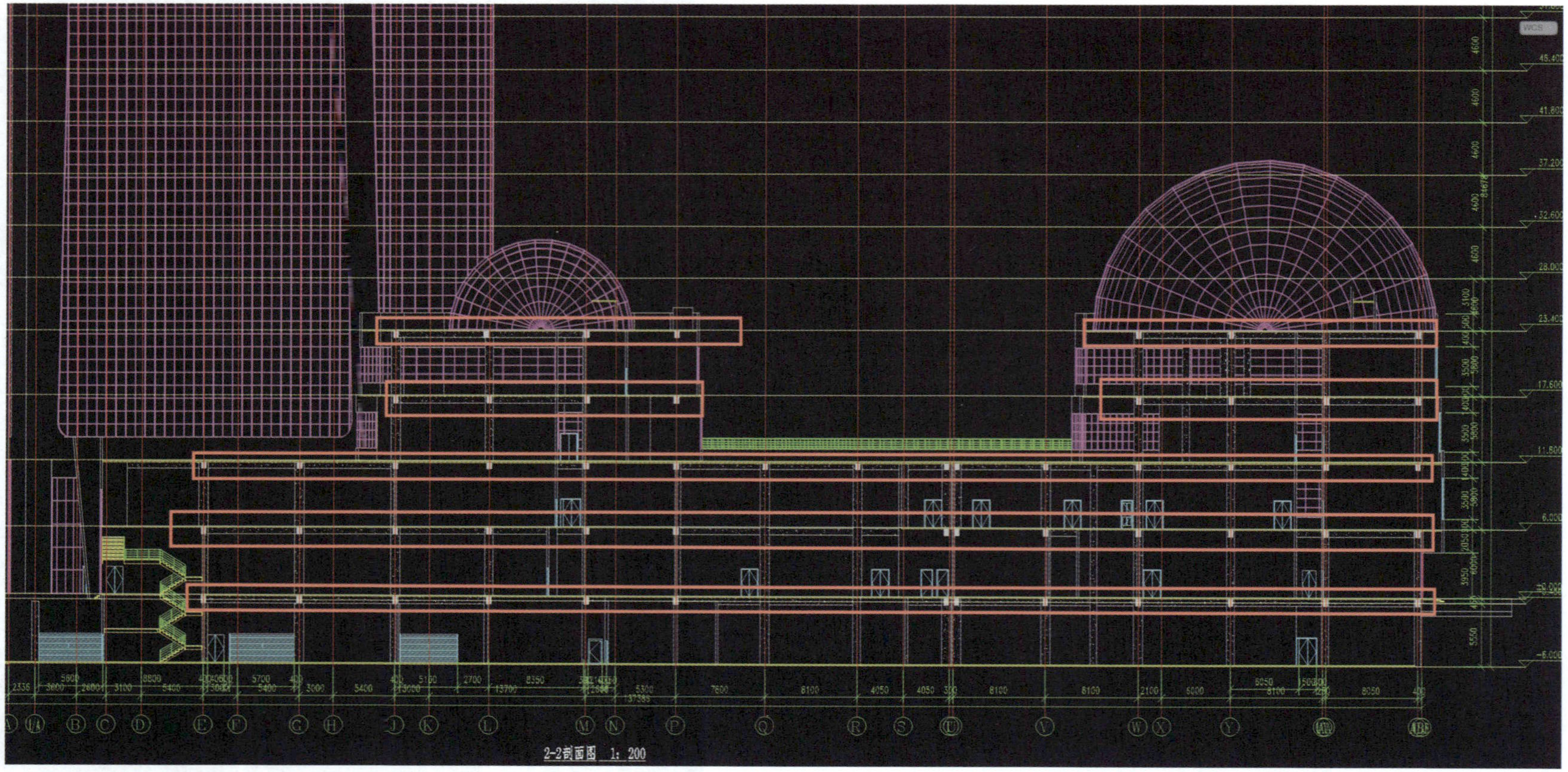

三、墙 2 分。

A(1 分):表示弧墙。

B(1 分):表示内墙。

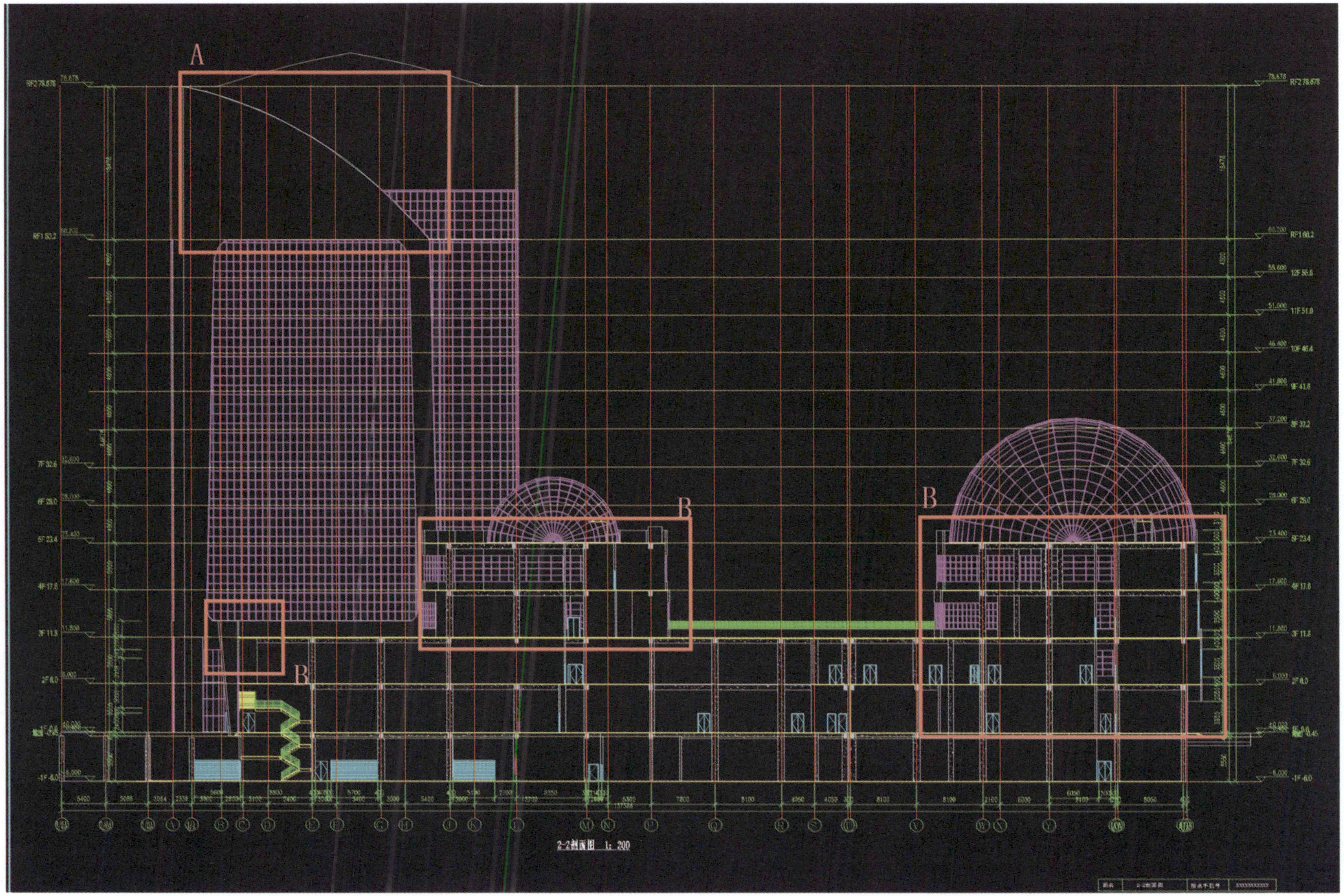

四、门2分。门总共有26个，位置正确形状正确达到85%以上可以得满分。

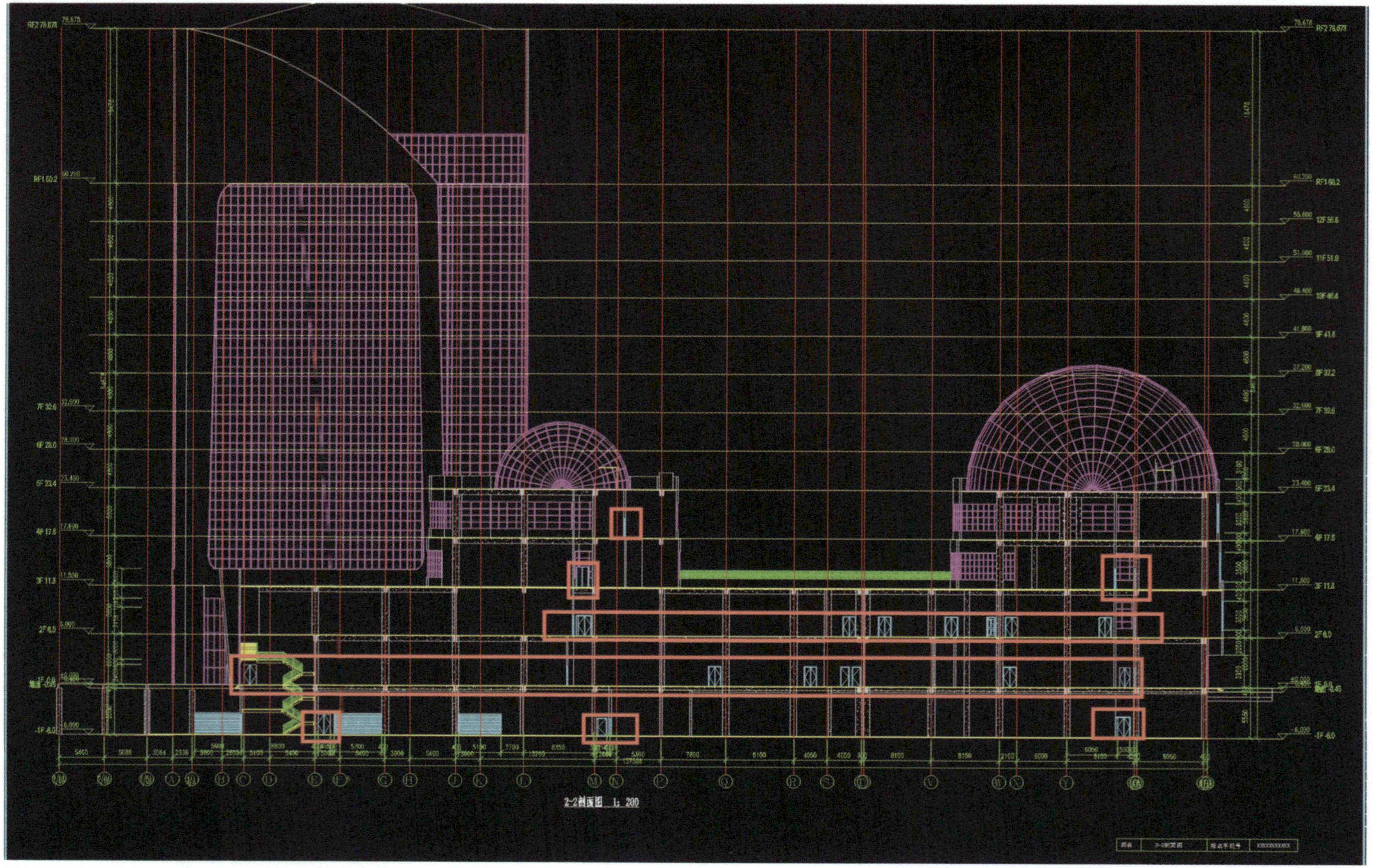

五、窗 1 分。窗有 6 个，可以画 4 个或 4 个以上，得满分。

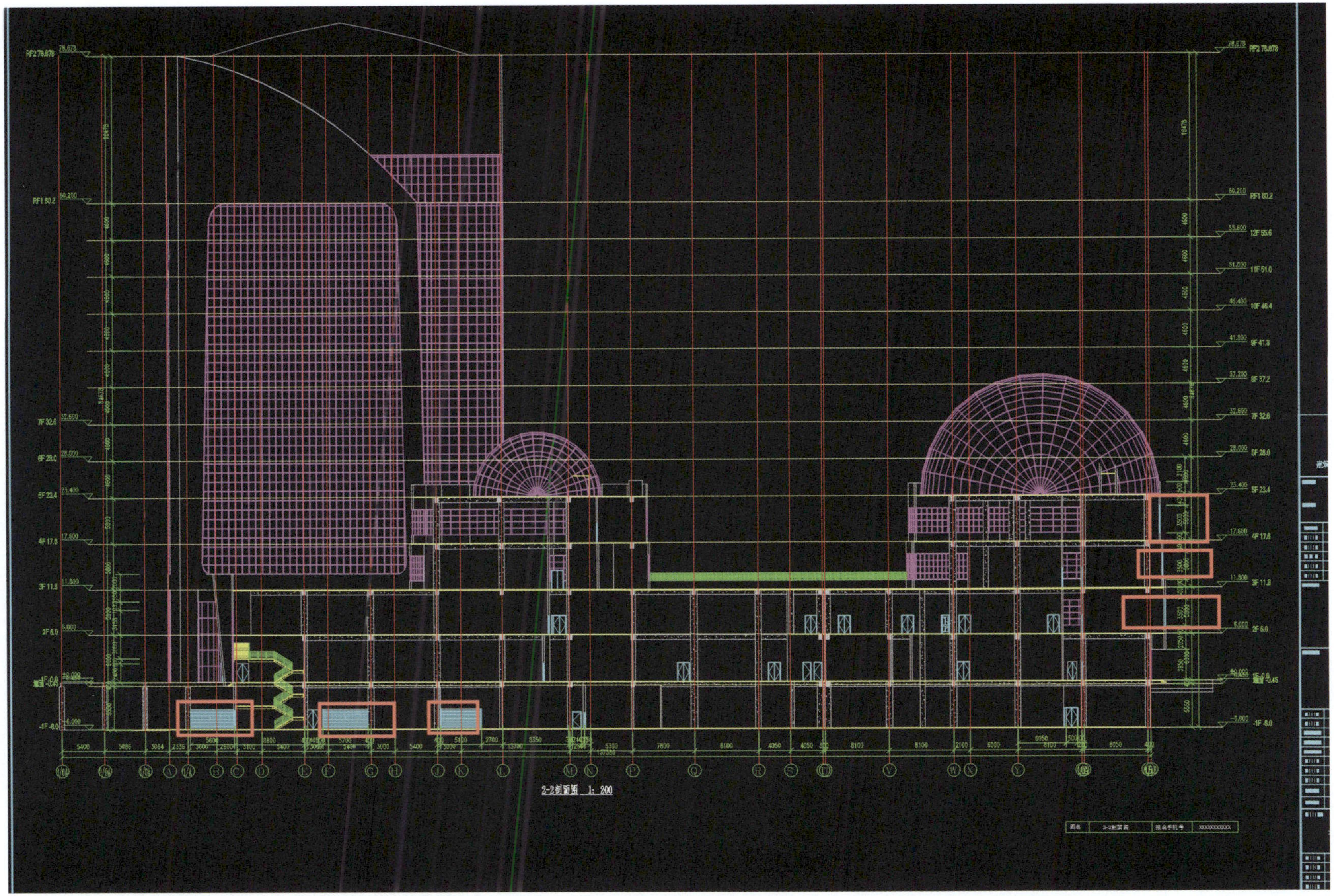

六、柱子 1 分。形状位置正确达到 85% 以上可以得满分。

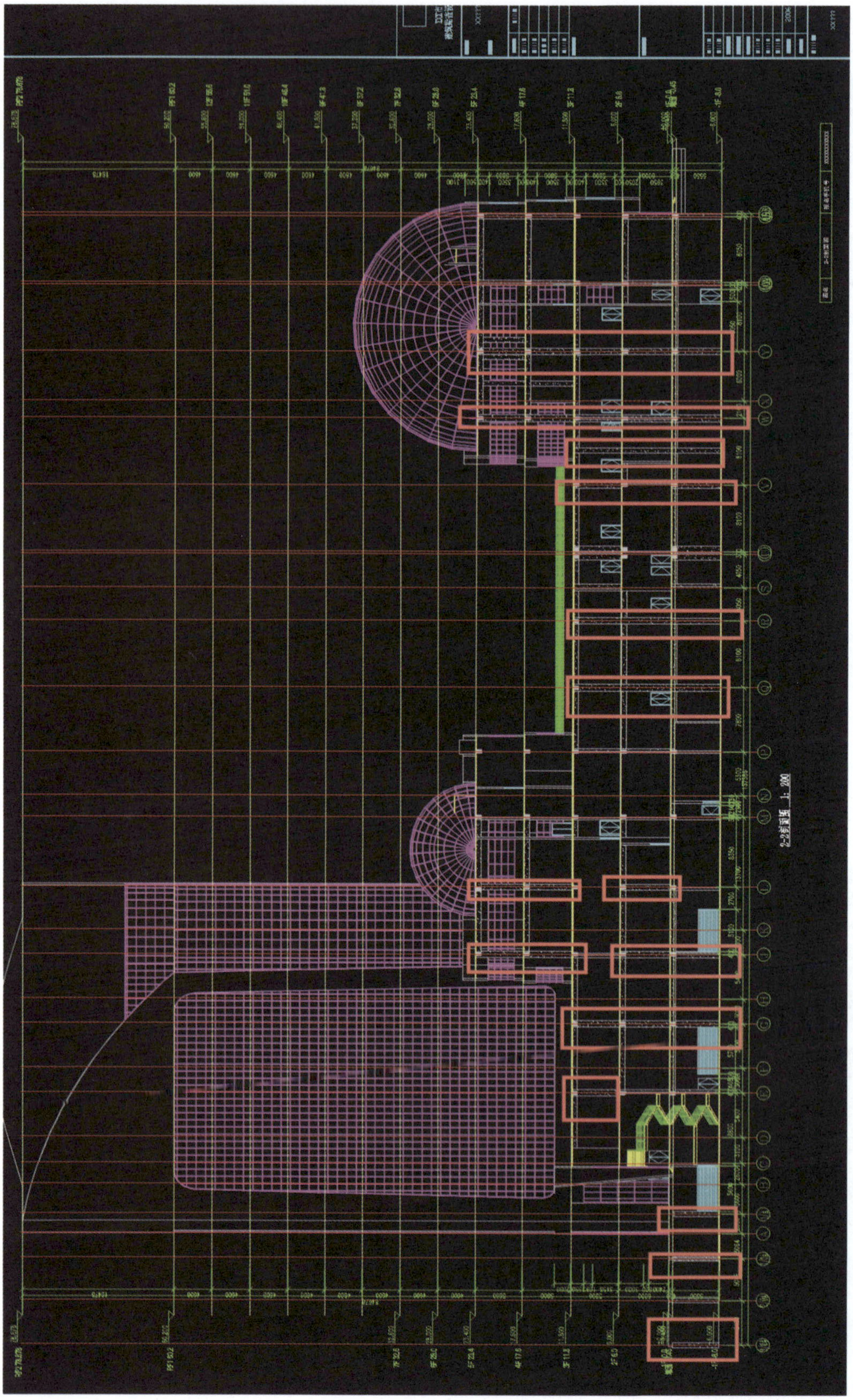

七、楼板 2 分。按照楼层区分，需要在正确的标高上画出 5 个楼层的楼板，可得满分。如果在主楼标高 23.4 m 以上出现多余的楼板，需要扣分。

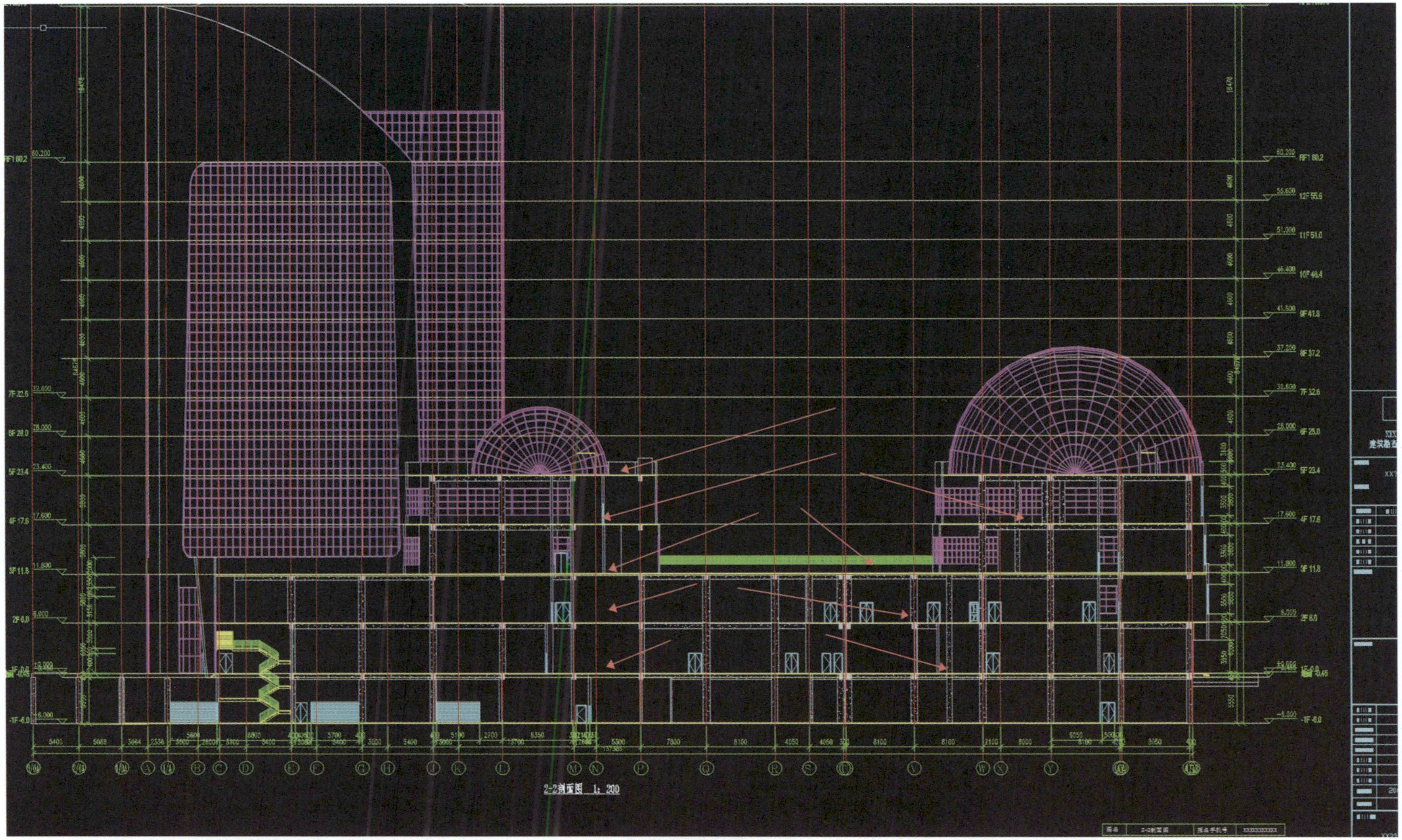

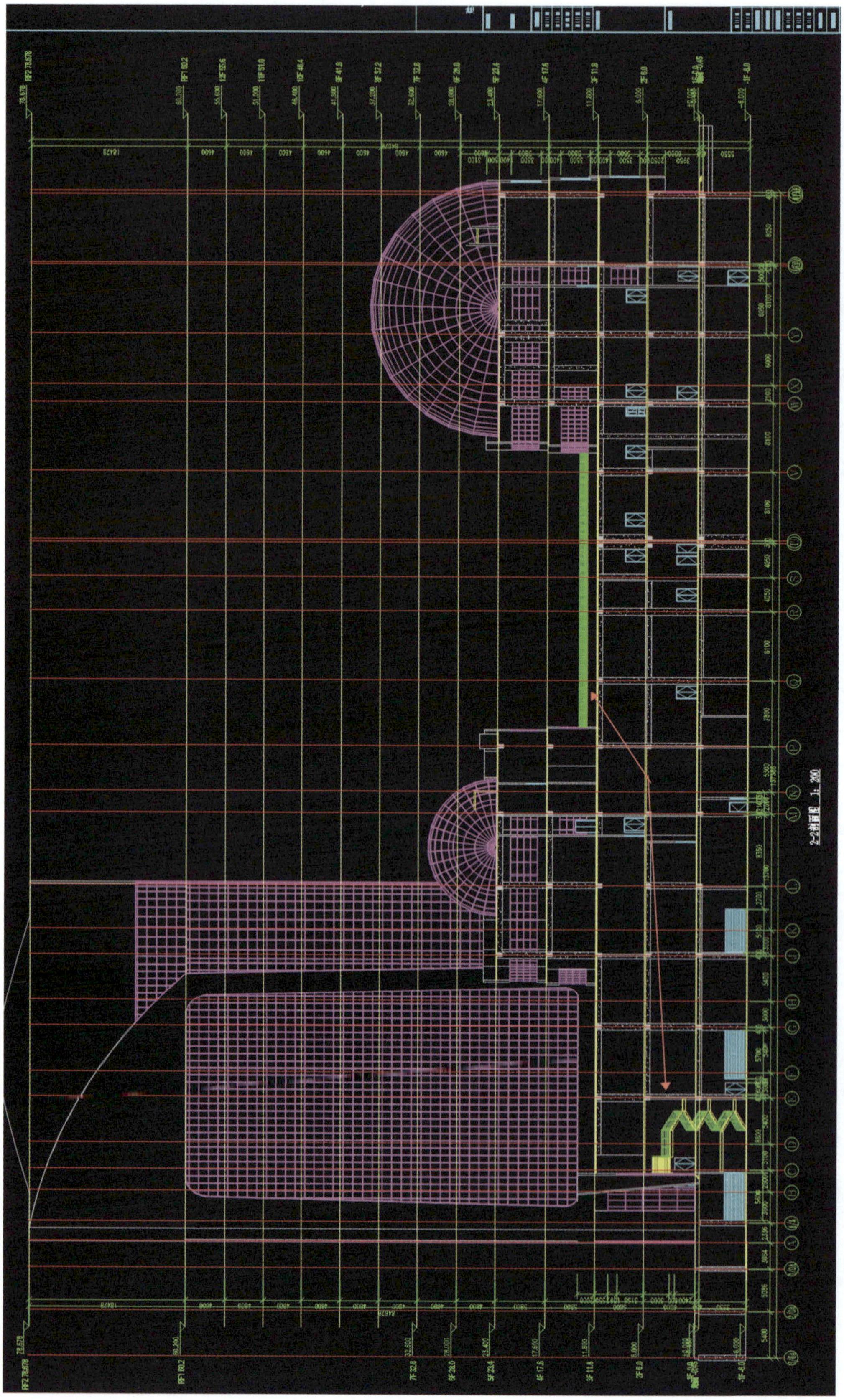

八、栏杆扶手 1 分。栏杆扶手有两处，每个地方 0.5 分。

九、楼梯 2 分。楼梯共 1 处，出现在标高 −6 m 到 +3 m 之间，多画会扣分。

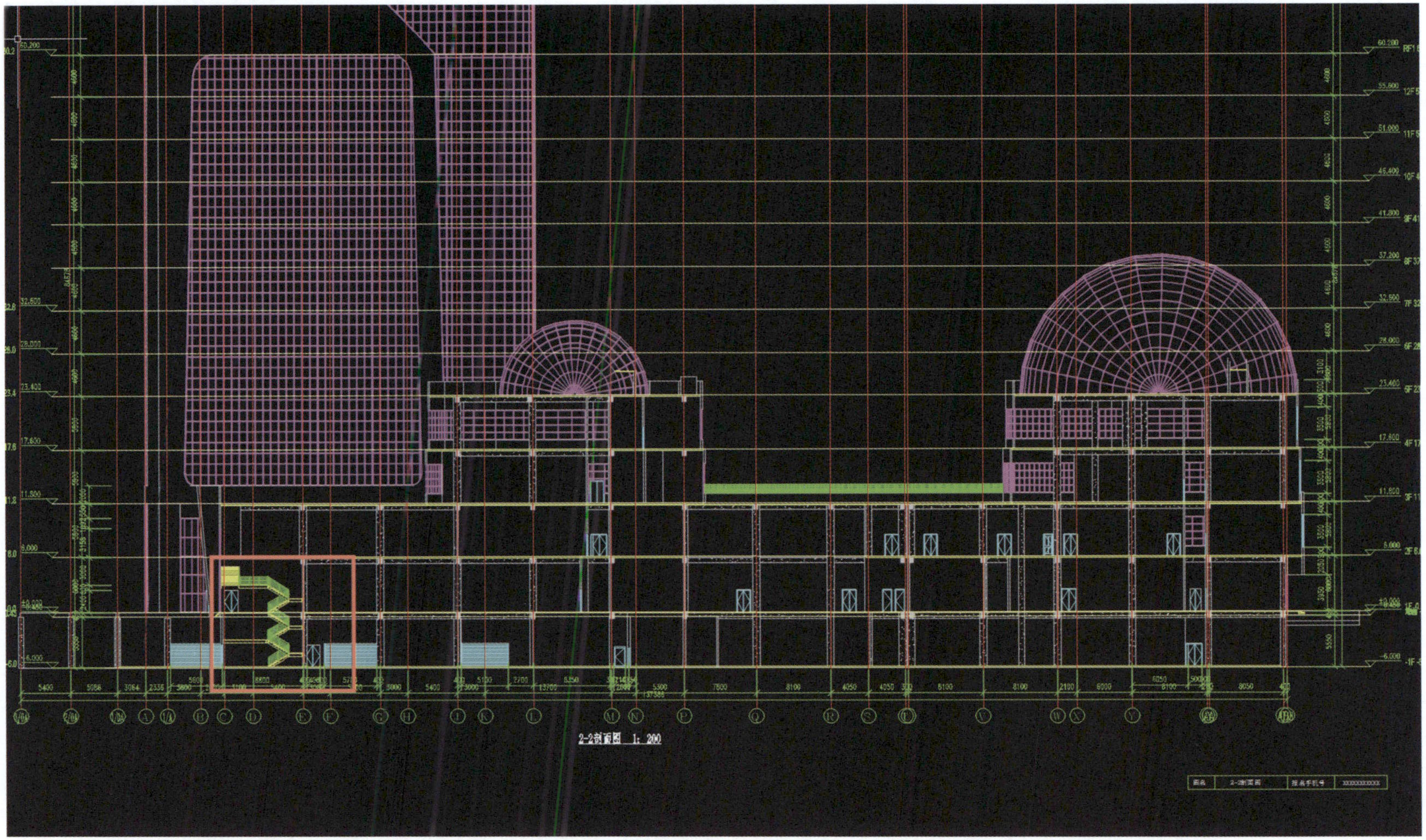

十、轴网标注 1 分。轴网的序号如果第一个和最后一个正确，则认为正确。进深标注只需总长一致则认为正确。

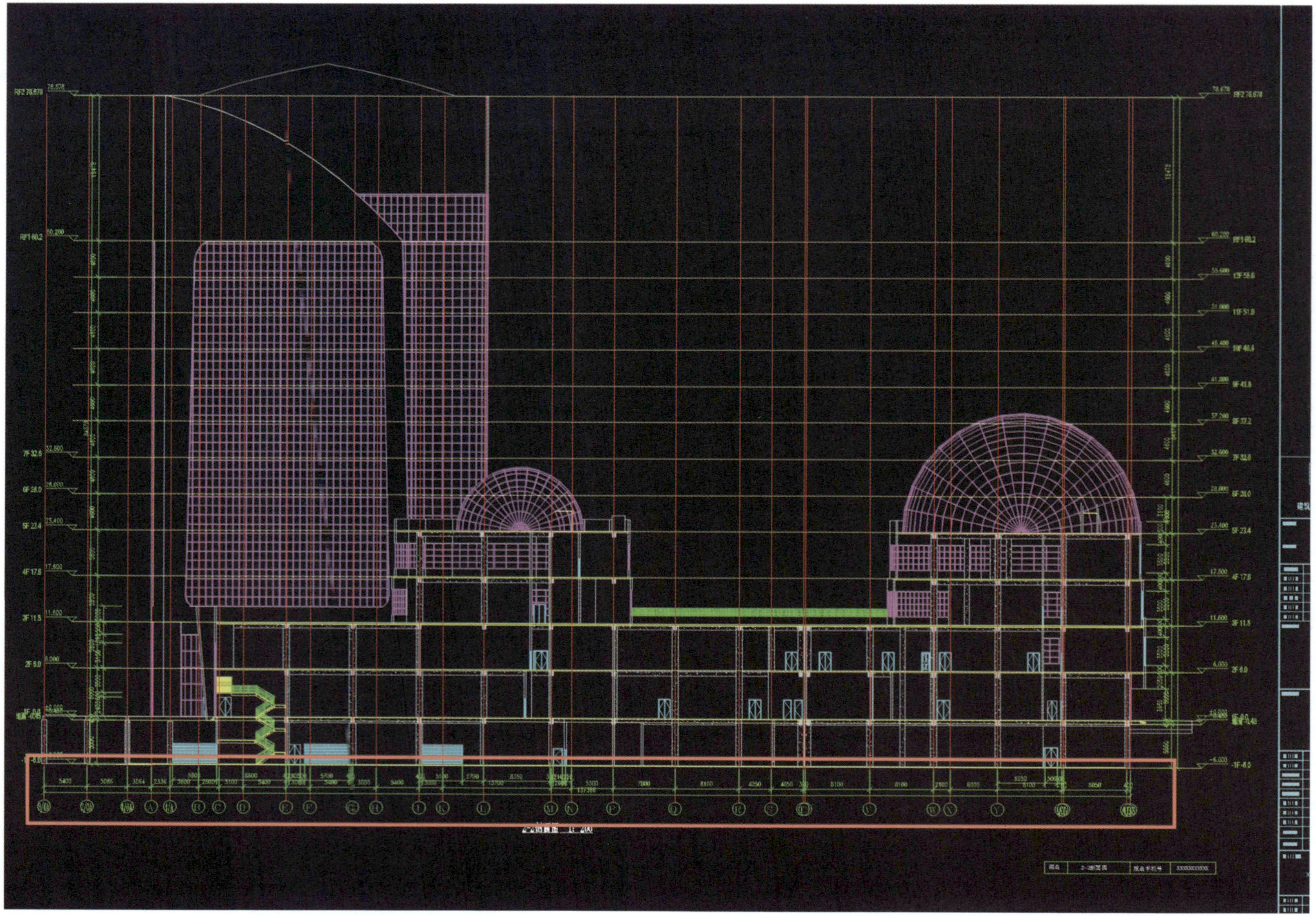

十一、标高 1 分。只需要出现一侧的标高，并且每个标高都有标明，则认为正确。

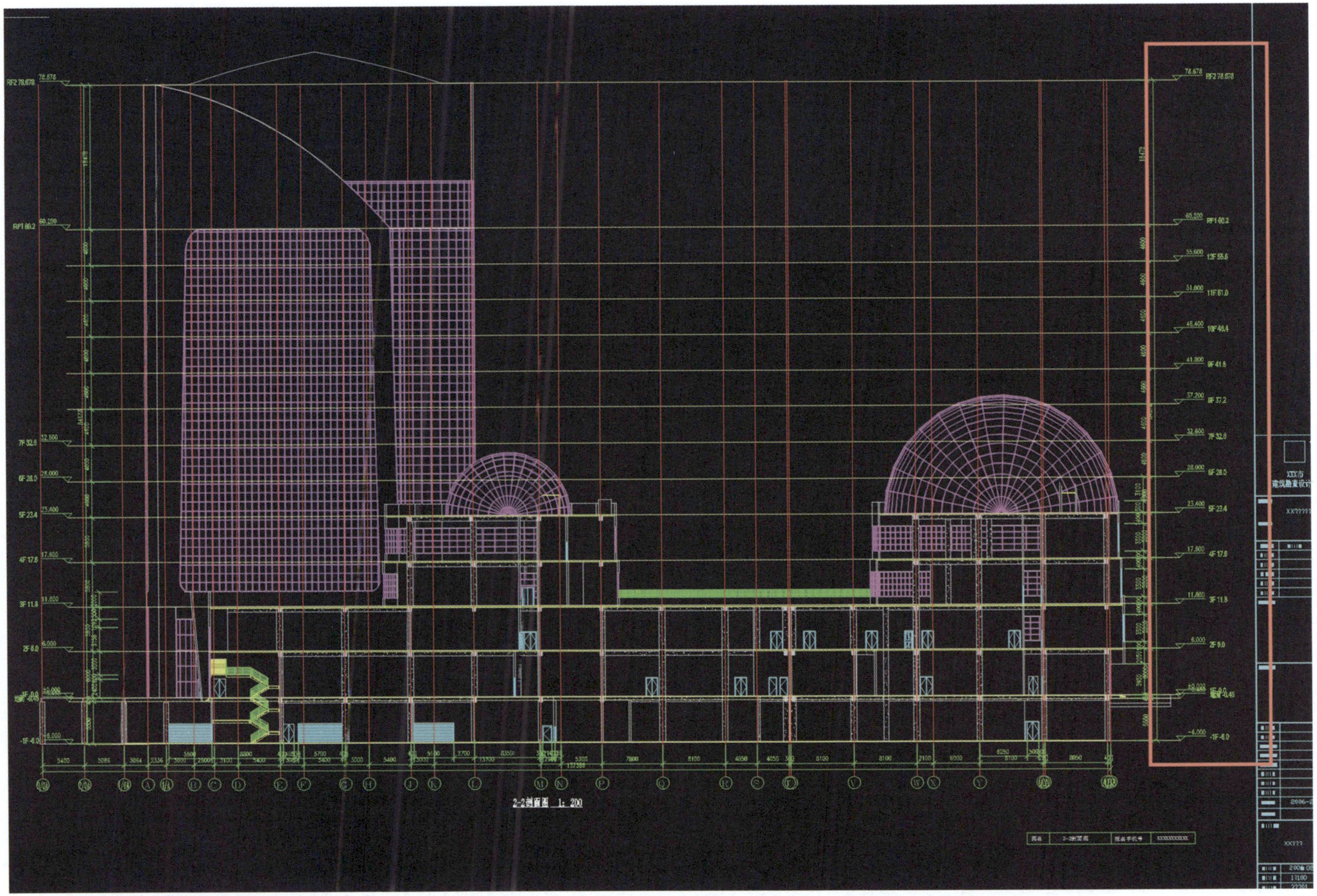

十二、图框图名 1 分。按照题目要求，给出标题栏。

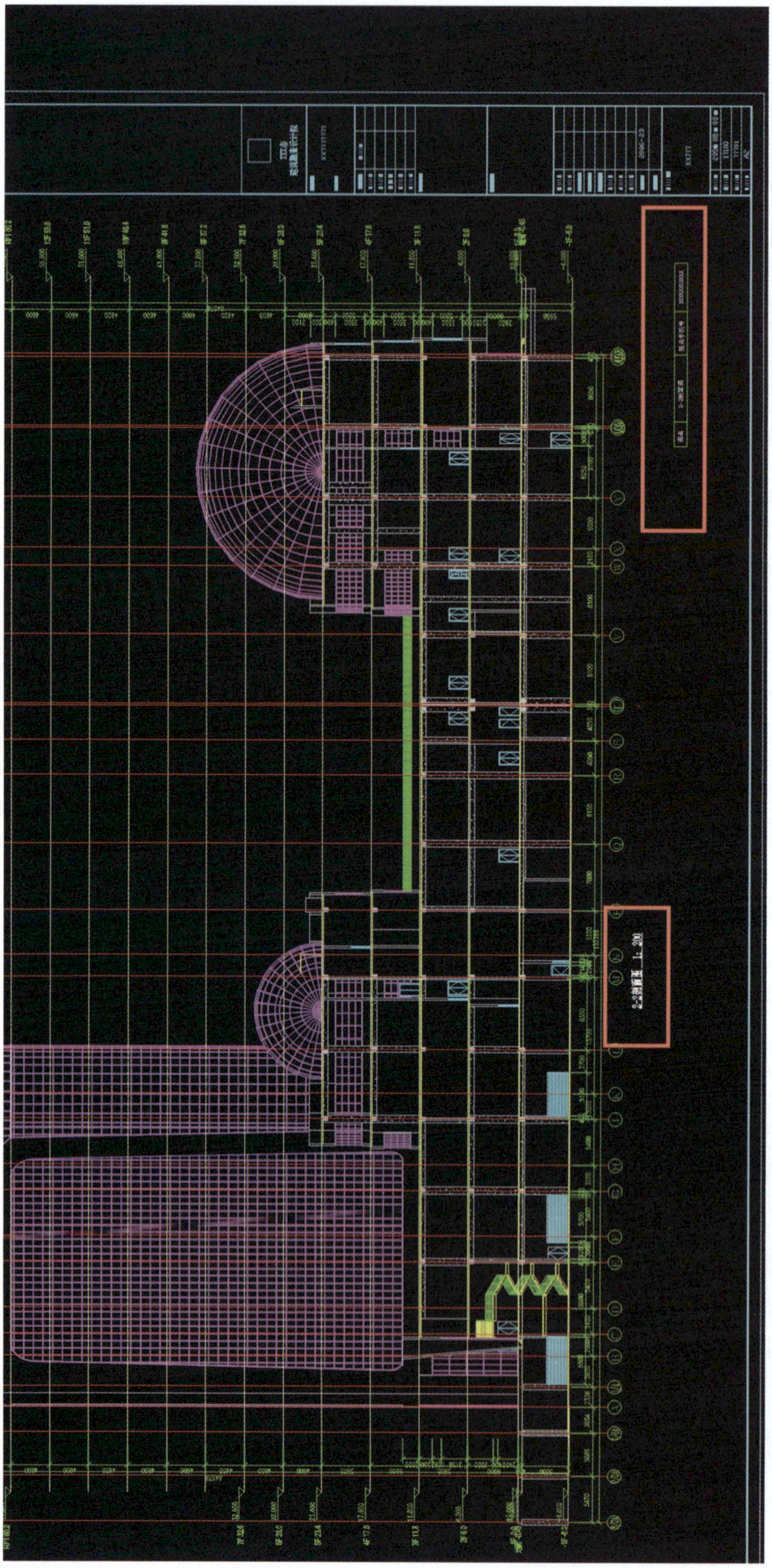

信息建模评分表说明

一、柱子 5 分。柱子共 311 个

1. 全画且位置尺寸标高正确得 5 分。
2. 缺失不多且位置尺寸标高大致正确得 4 分。
2. 缺失过多且位置尺寸标高偏离较多得 3 分。
4. 严重缺失且位置尺寸标高基本不正确得 1 分。
5. 未画得 0 分。
6. 每个分数段可以有 0.5～1 分的中间分，比如 2 项，柱子缺失不多但是位置尺寸偏移严重或柱子尺寸标高严重不对，那么得 3～3.5 分。

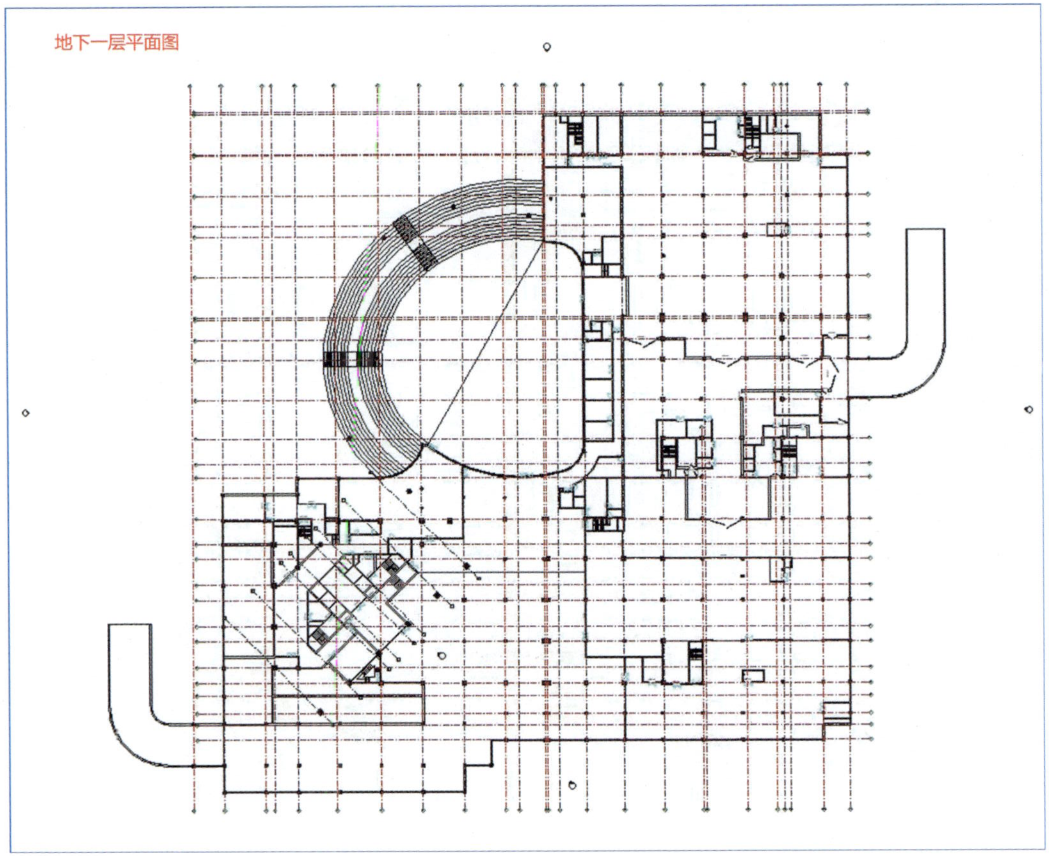

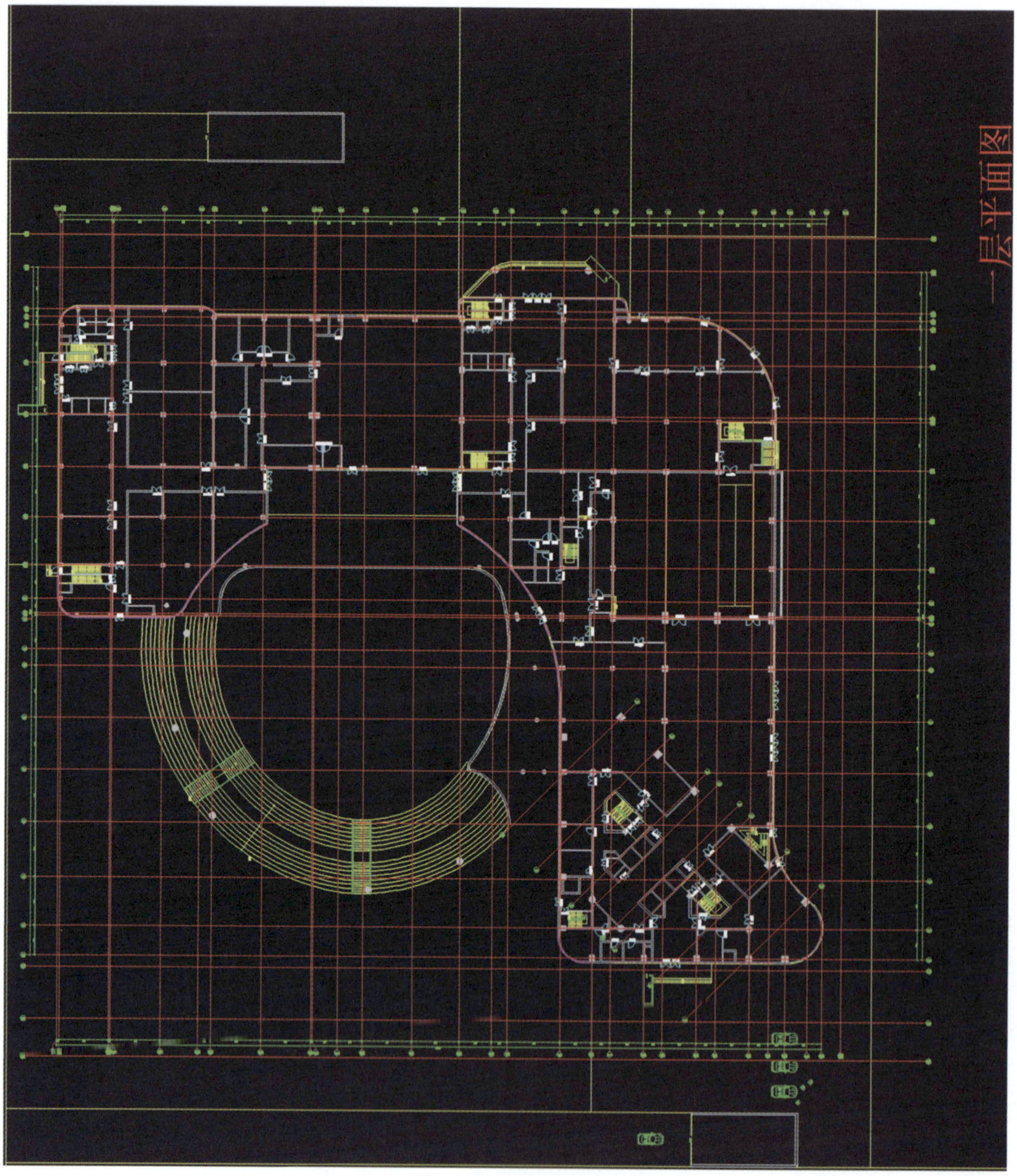

一层平面图

二、墙 15 分。弧墙为 5 分，其他直墙 10 分。

1. 全画且位置尺寸标高正确得 15 分。
2. 缺失不多且位置尺寸标高大致正确得 10 分。
3. 缺失过多且位置尺寸标高偏离较多得 7 分。
4. 严重缺失且位置尺寸标高基本不正确得 3 分。
5. 未画得 0 分。
6. 每个分数段可以有 0.5～1 分的中间分，比如 2 项，墙体缺失不多但是位置尺寸偏移严重或尺寸标高严重不对，那么得 3～3.5 分。

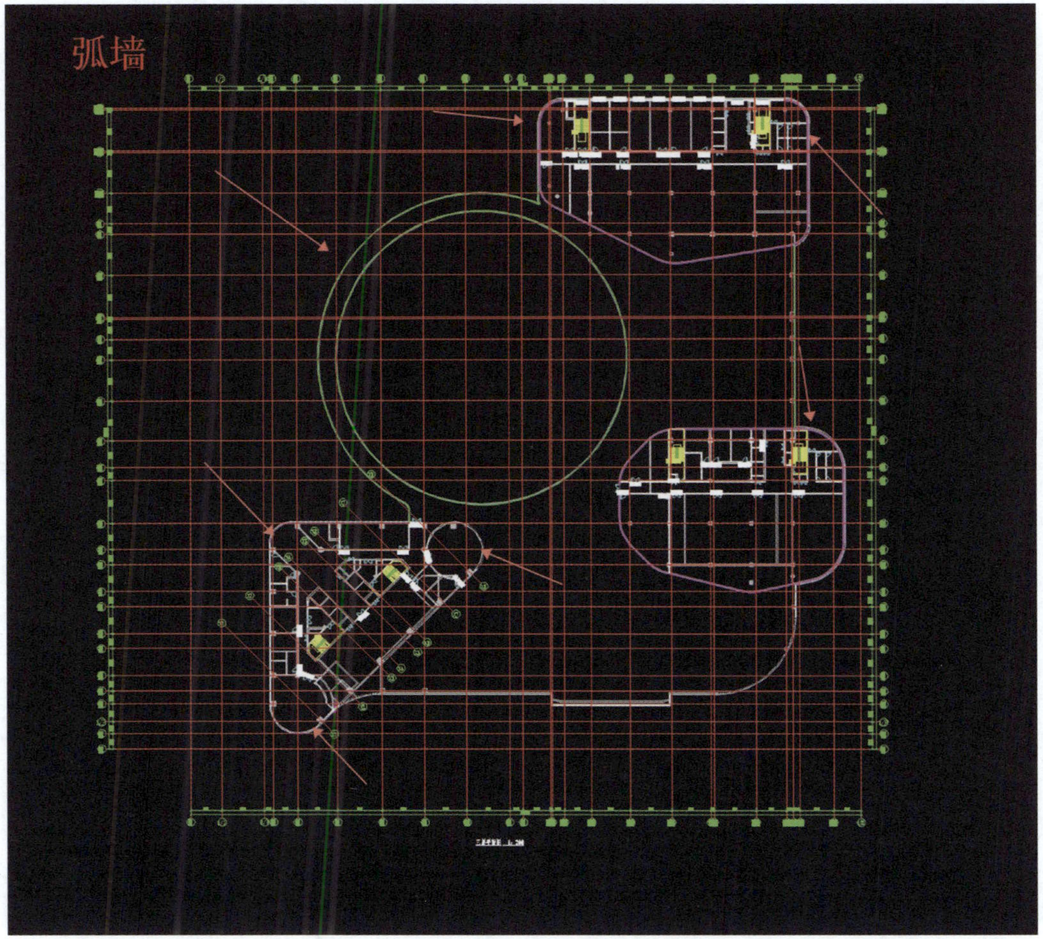

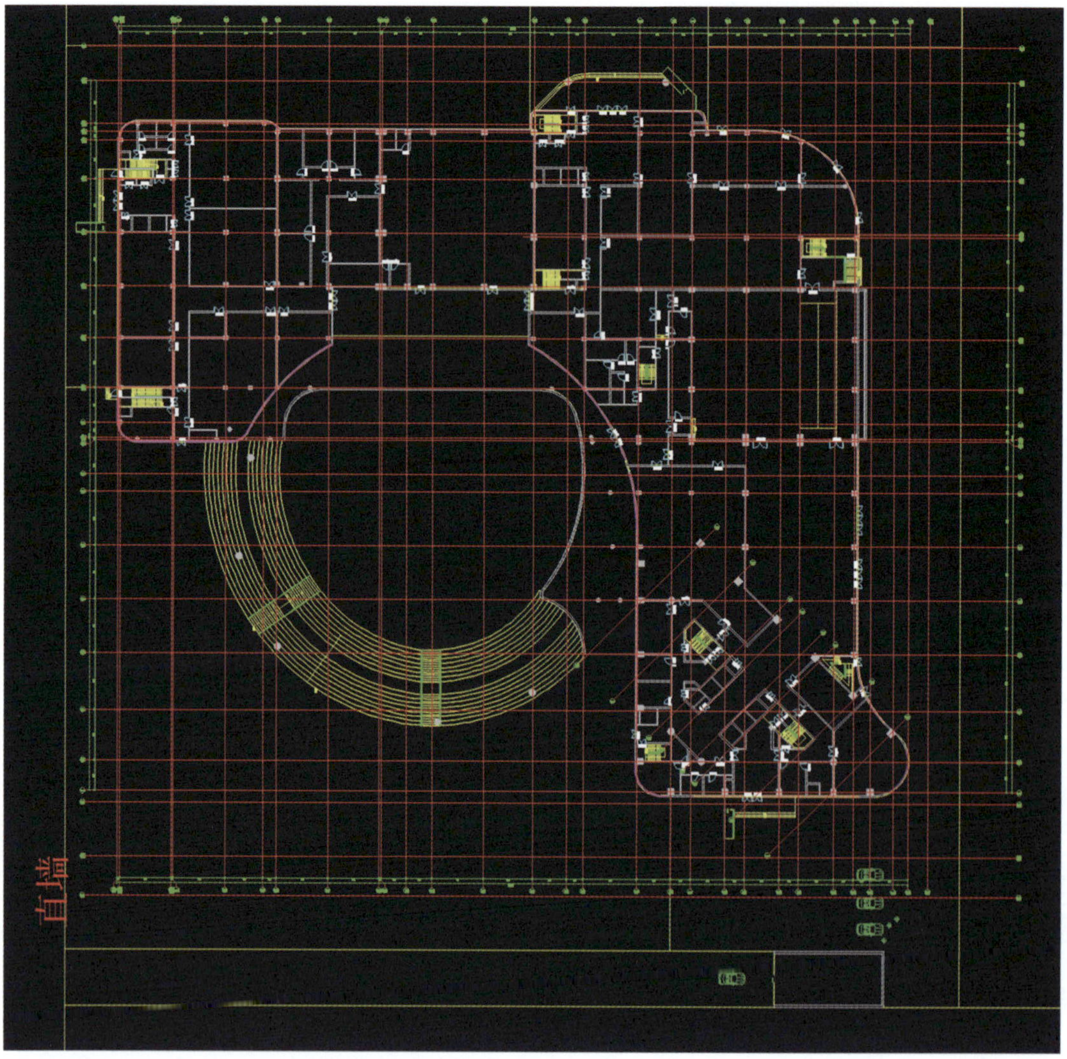

直墙评分点

三、楼梯 5 分。楼梯有 10 个。

楼梯每个 0.5 分。位置高度正确的满分。出现高度不对(只绘制一层),得低分。

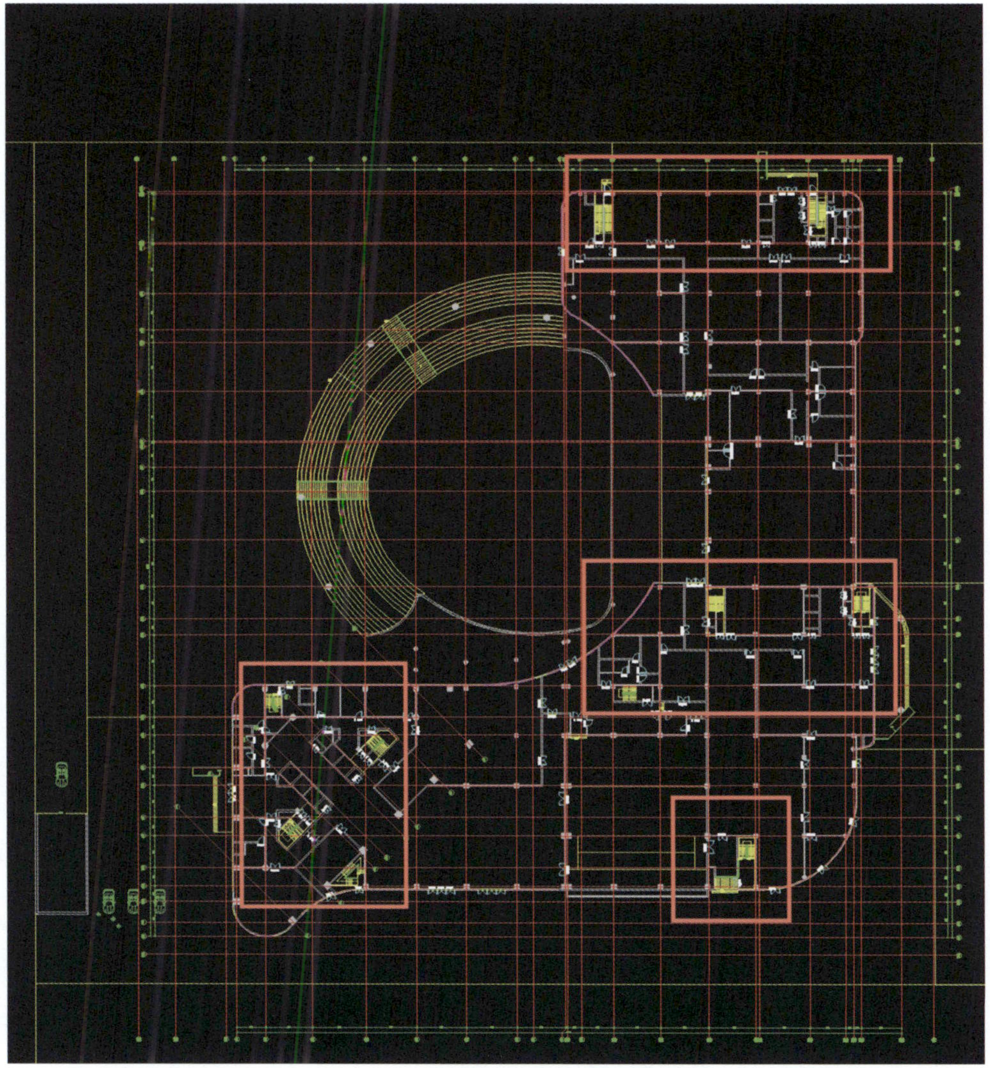

四、门 7 分。门有 730 个。位置形状绘制正确达到 75%以上，得满分，65%以上得 5 分，45%以上得 3 分，25%以上得 2 分，15%以上得 1 分。

{三维}　门数量　门明细表

<门明细表>

A	B	C	D
宽度	高度	类型标记	合计
5100	2500	FJM5125	1
5800	2500	FJM5825	7
900	2400	FM0924	1
1000	2100	FM1021	2
1500	2400	FM1524	4
800	2100	FM丙0821	3
1000	2100	FM丙1021	117
900	2400	FM乙0924	4
1000	2100	FM乙1021	1
1000	2400	FM乙1024	22
1200	2100	FM乙1221	4
1200	2400	FM乙1224	18
1400	2400	FM乙1424	1
1500	2400	FM乙1524	89
1800	2400	FM乙1824	5
800	2100	FM甲0821	1
900	2400	FM甲0924	1
1000	2100	FM甲1021	1
1000	2400	FM甲1024	2
1200	2100	FM甲1221	5
1200	2400	FM甲1224	7
1500	2400	FM甲1524	77
1800	2400	FM甲1824	1
2100	2400	FM甲2124	3
800	2400	M0824	21
900	2400	M0924	2
1000	2400	M1024	210
1500	2400	M1524	71
1800	2400	M1824	2
2000	2400	M2024	1
1100	2400	P1124	2
1200	2400	PM1224	7
1500	3000	PM1530	13
1800	2400	PM1824	5
800	2000	RFM0820	1
1000	2000	RFM1020	6
1000	2100	RFM1021	1
1200	2000	RFM1220	2
1500	2000	RFM1520	2
2000	2000	RFM2020	1
2000	2100	RFM2021	1
5800	2500	RFM5825	1
6000	2500	RFM6025	4

五、窗户 5 分。窗的数量有 30 个。位置形状绘制正确达到 80%以上,得满分,60%以上得 4 分,40%以上得 3 分,20%以上得 2 分,10%以上得 1 分。

<窗数量>													
A	B	C	D	E	F	G	H	I	J	K	L	M	N
部件代码	部件说明	合计	窗说明	类型	宽度	高度	说明	构造类型	制造商	模型	URL	窗类型	注释
		30	TG-平开窗16	PC2035	2000	3500						PC2035	普通窗_木复合
总计													

六、幕墙 20 分。

1. 有 4 个弧顶幕墙,占 5 分。
2. 主楼幕墙占 10 分。
3. 其他幕墙占 5 分。

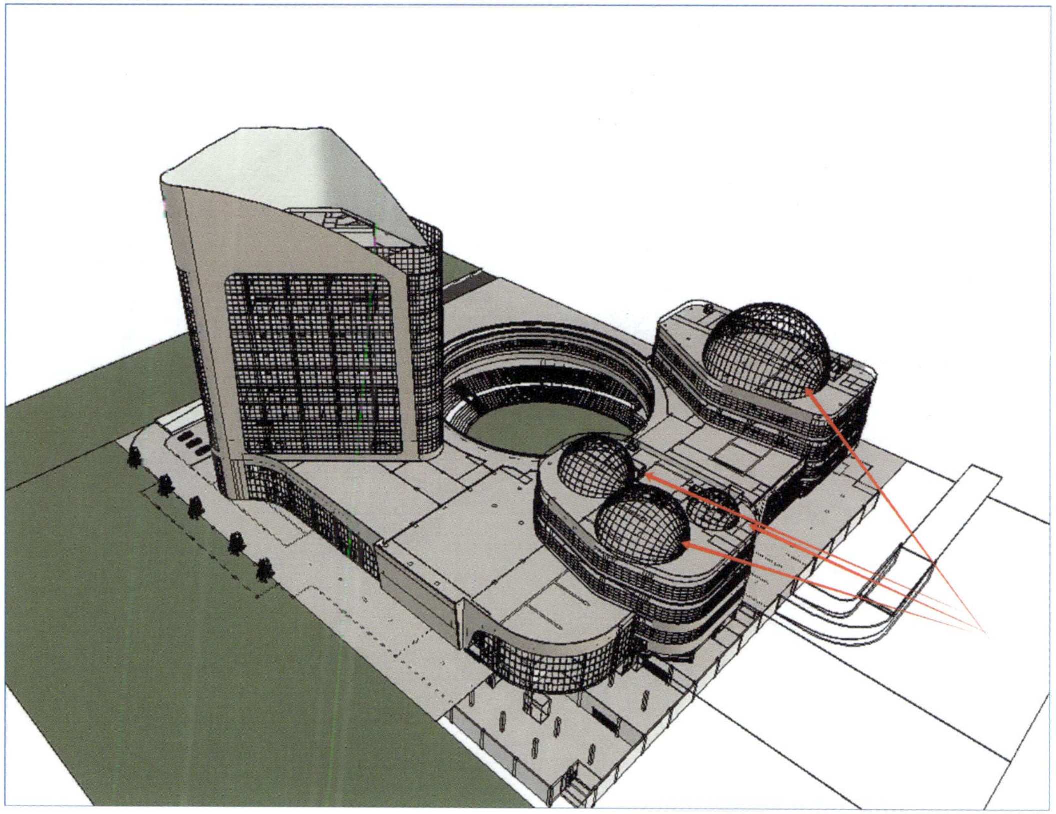

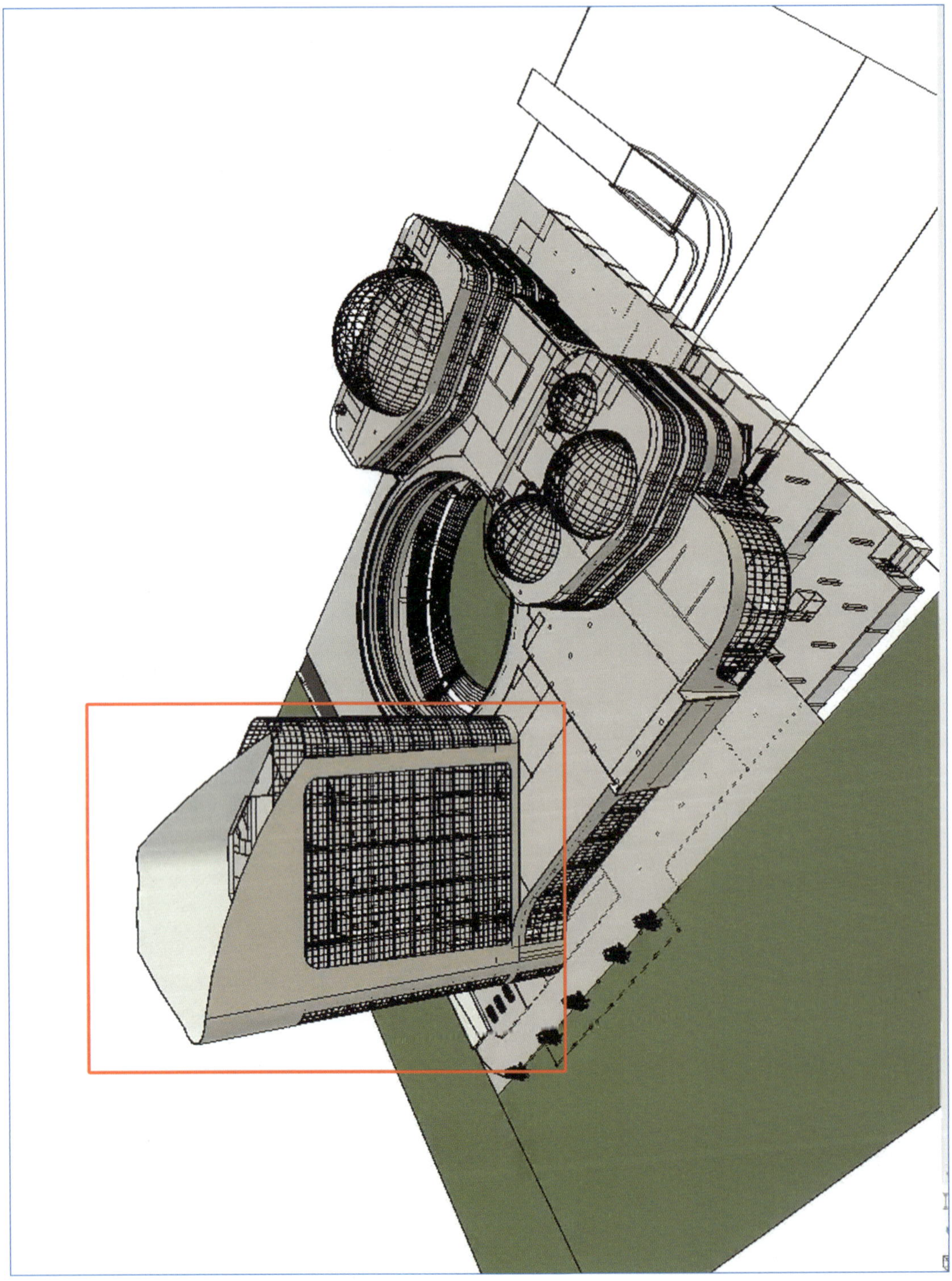

主体幕墙评分点

七、阶梯5分。阶梯分两层，全画得满分。

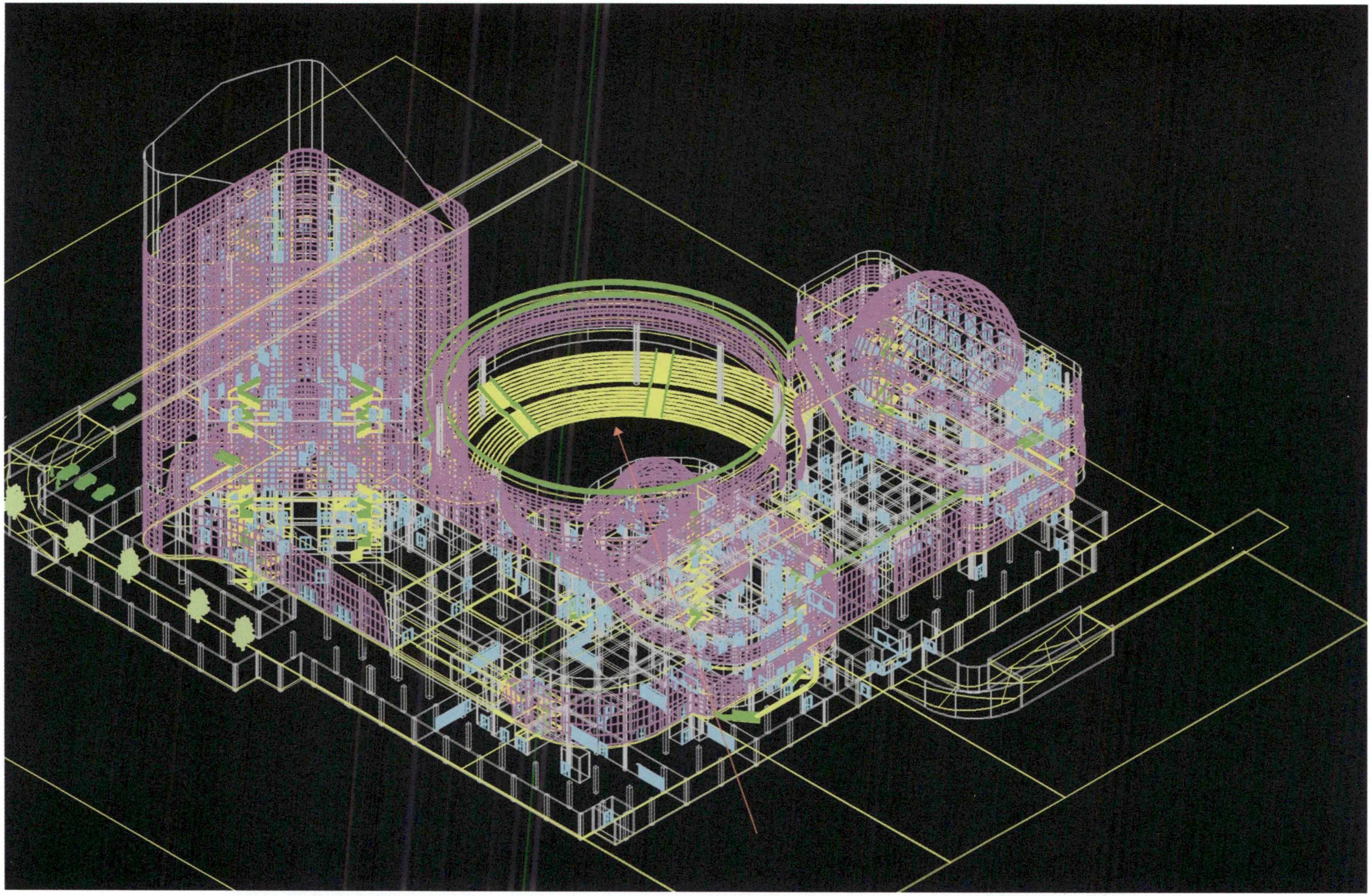

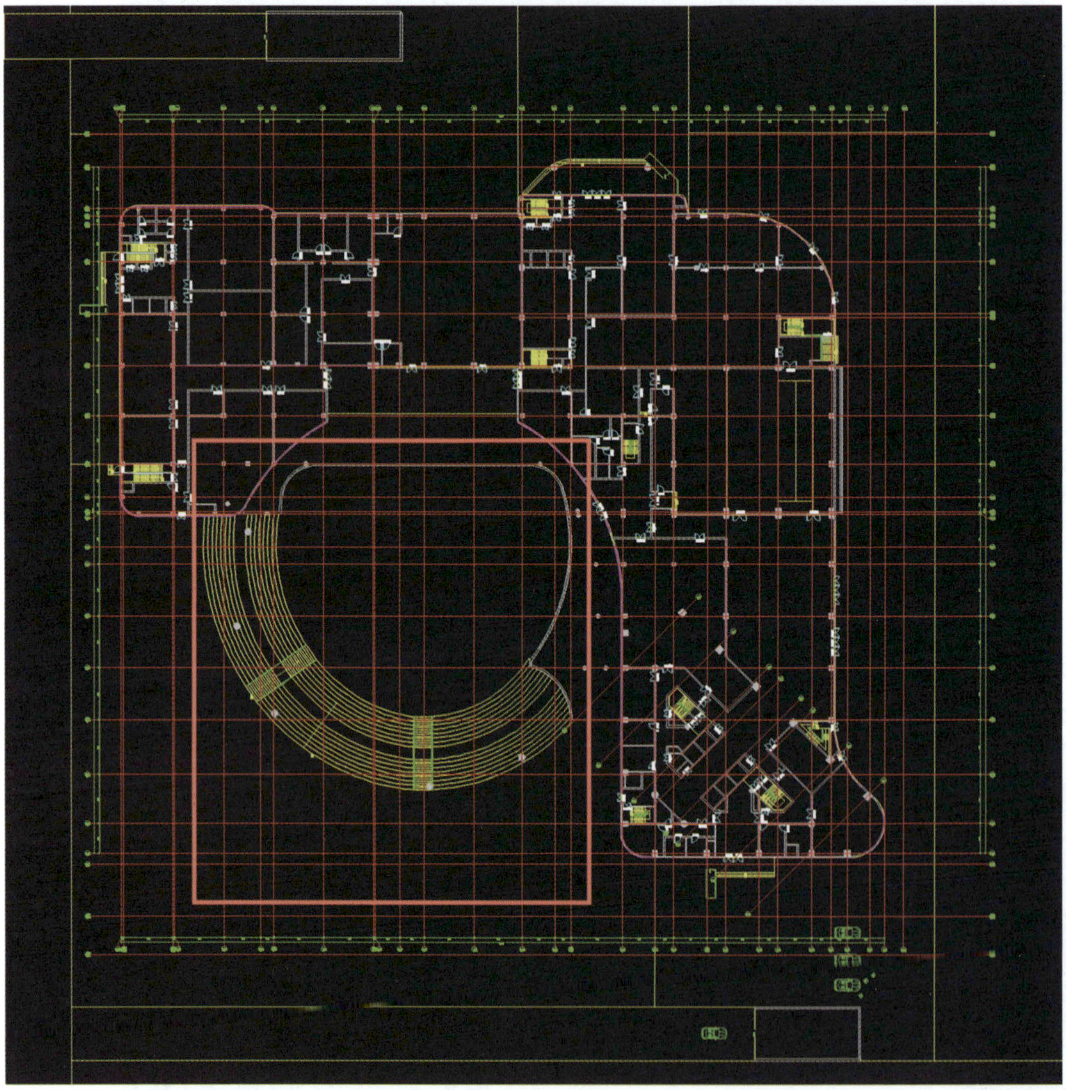

台阶评分点

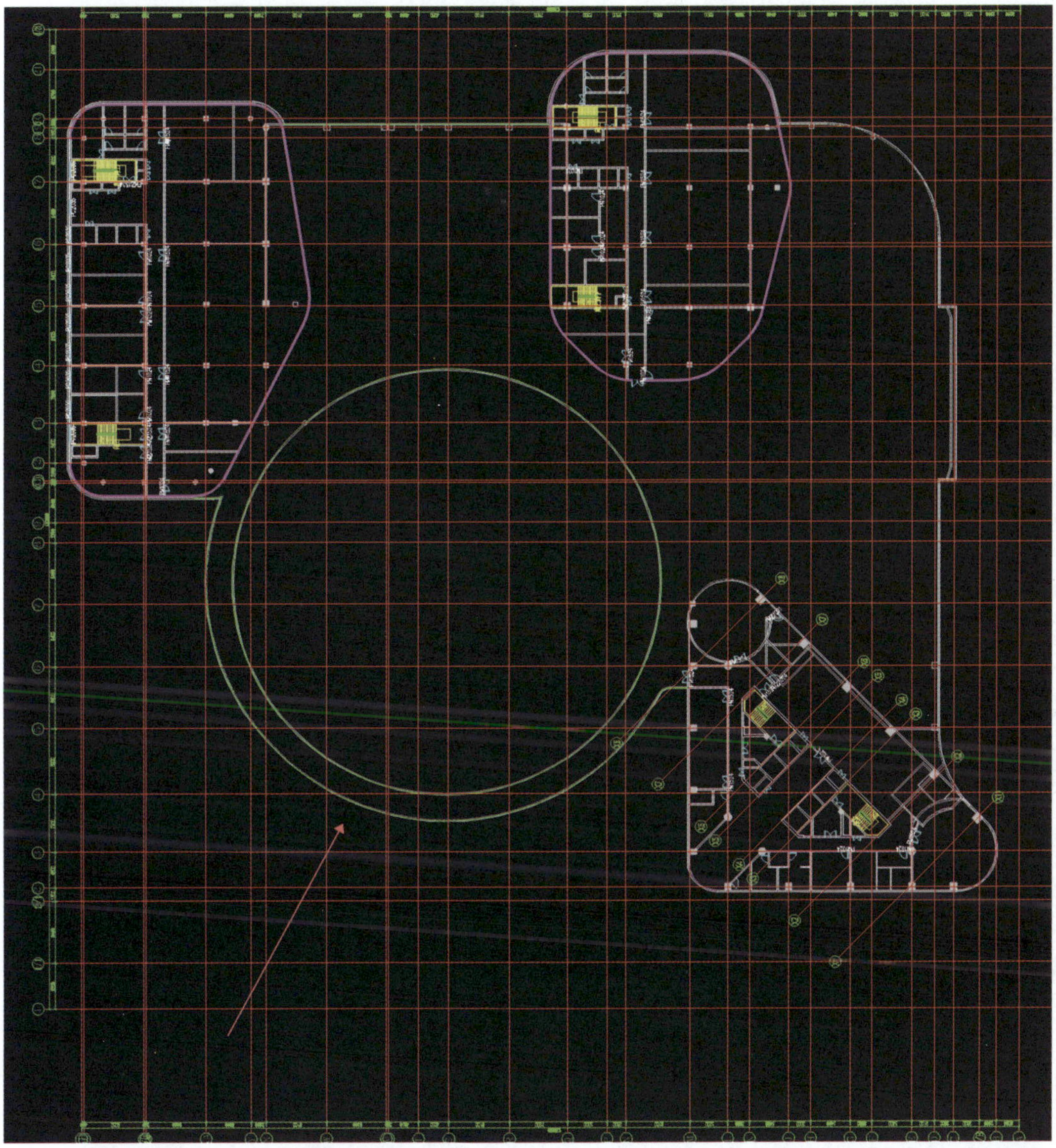

八、栏杆4分。圆弧栏杆3分。楼梯栏杆1分。

九、楼板 4 分。绘制不全或楼梯洞口未开洞等扣 0.5～2 分。

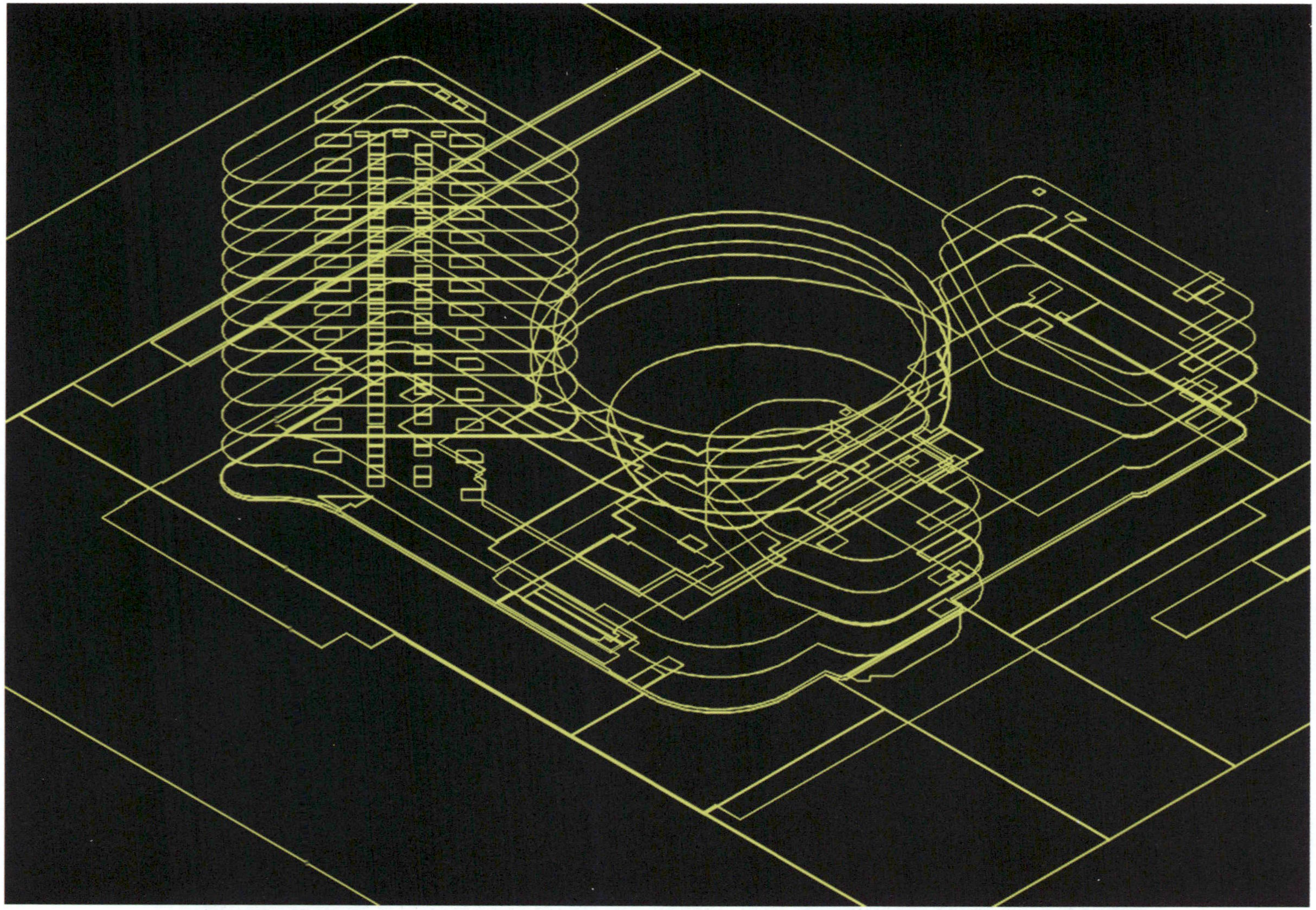

渲染图评分表说明

1. 渲染图方向(建筑轮廓)正确,要以西偏南方向,2 分。
2. 渲染图需要有光照,1 分。
3. 渲染图需要有参照物,像人、车、树,2 分。

水利类

第16届“高教杯”全国大学生先进成图技术与产品信息建模创新大赛水利类尺规绘图试题

溢流坝剖视图

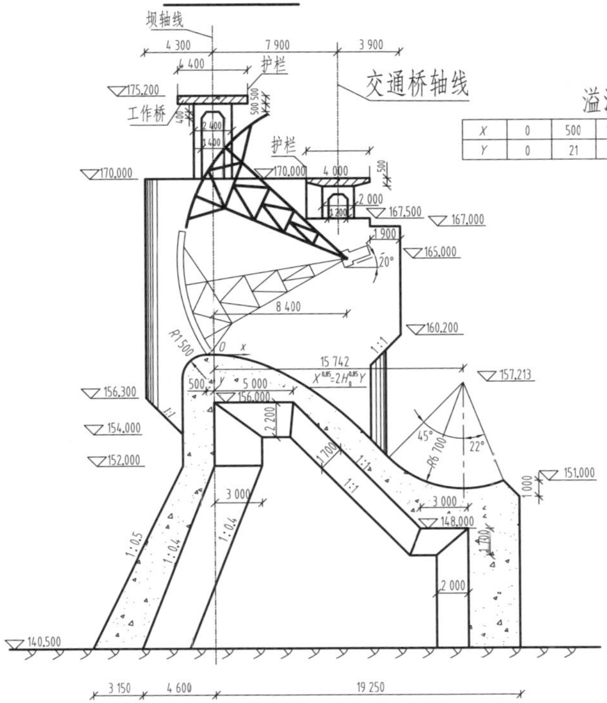

溢流坝面曲线坐标

(mm)

X	0	500	1 000	2 000	3 000	5 000	7 000	9 000	10 970
Y	0	21	77	278	589	1 517	2 827	4 500	6 490

上游立面图

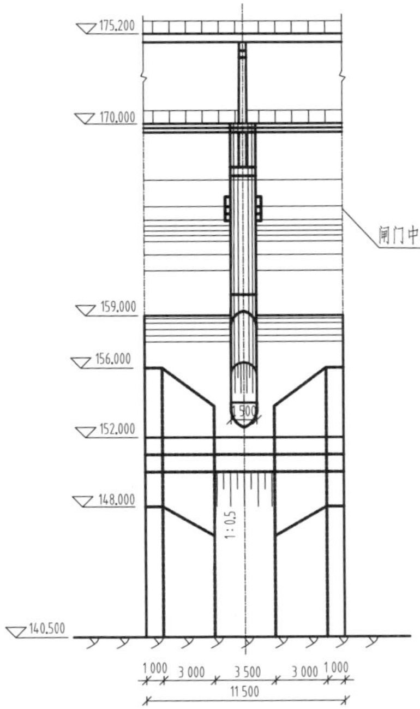

溢流坝平面图

（拆去桥面板）

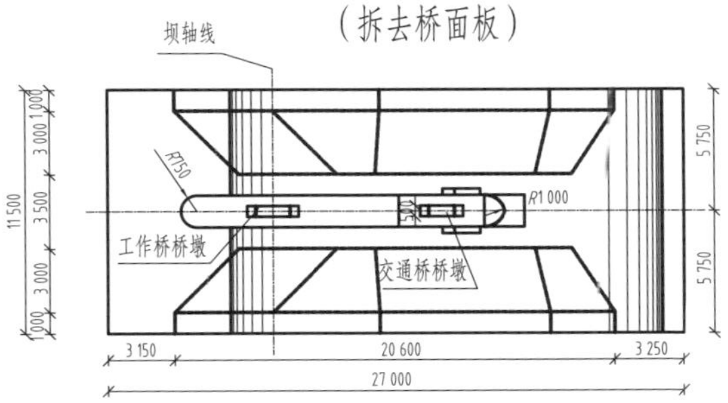

水利类计算机二维绘图试题：

以A2图幅抄绘溢流坝结构图，绘图比例1：200，装订格式，保存原文件并输出PDF文件。

1. 二维、三维作题时间共180 min，请合理分配作图时间，图形成果展示应满屏显示。
2. 抄绘内容：溢流坝剖视图、平面图、补绘其上游立面图（包括空腹结构轮廓和闸门图例），说明文字（内容自拟，不少于2条）以及图框和标题栏。
3. 标题栏格式和内容按本图所给，尺寸自定。图中未给尺寸按比例自行拟定。
4. 成果提交：提交溢流坝结构图.dwg文件并输出PDF文件。

说明：

1. 图中示高单位为m，其余均为mm。
2. 图中断示为溢流坝段的空腹断面，整体结构见枢纽布置图。

溢流坝结构图			比例	1:200
			图号	01-02
参赛人			第16届“高教杯”大学生先进成图技术与产品信息建模创新大赛	
审阅人				

第16届“高教杯”全国大学生先进成图技术与产品信息建模创新大赛水利类尺规绘图试题答案

溢流坝剖视图

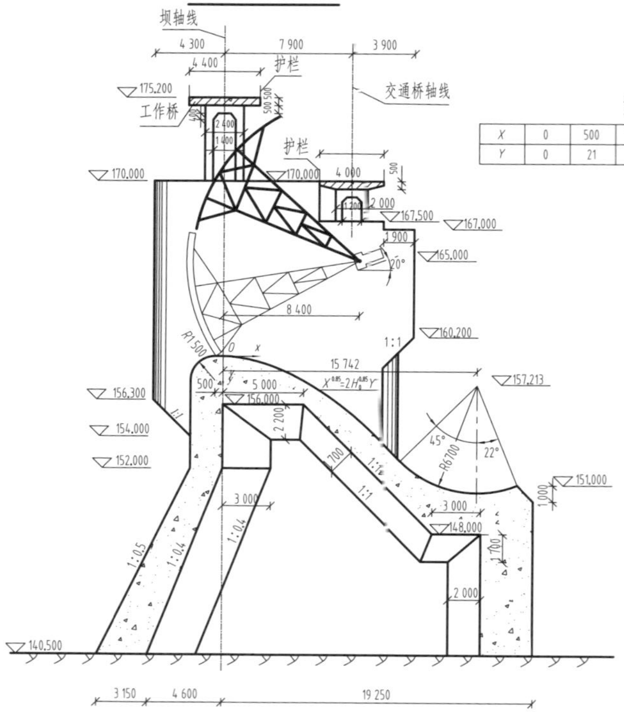

溢流坝面曲线坐标

(mm)

X	0	500	1 000	2 000	3 000	5 000	7 000	9 000	10 970
Y	0	21	77	278	589	1 517	2 827	4 500	6 490

上游立面图

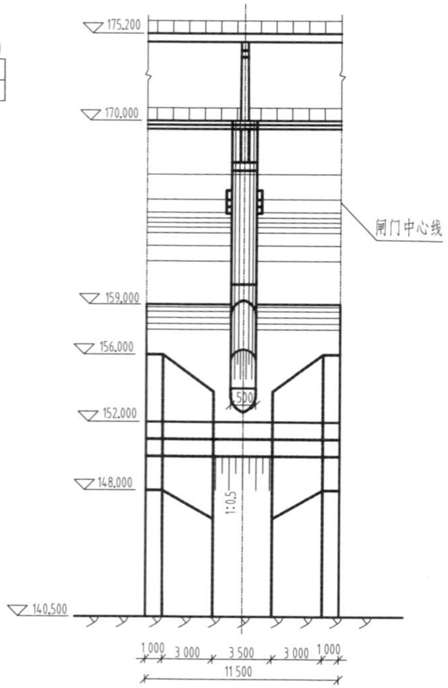

溢流坝平面图

（拆去桥面板）

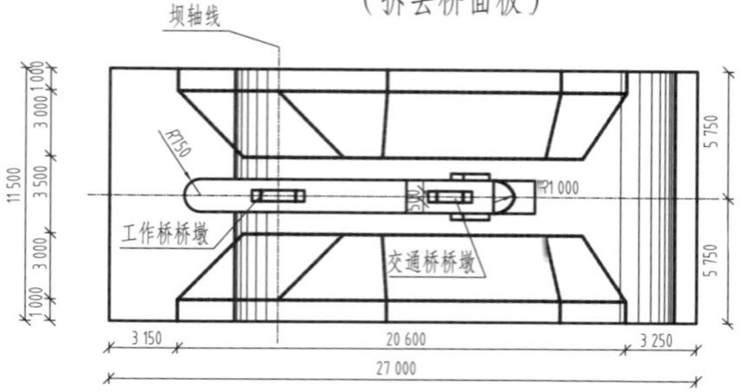

说明：

1. 图中标高单位为m，其余均为mm。
2. 图中所示为溢流坝段的空腹断面，整体结构见枢纽布置图。

溢流坝结构图		比例	1:200
		图号	01-02
参赛人		第16届“高教杯”大学生先进成图技术与产品信息建模创新大赛	
审阅人			

第16届“高教杯”全国大学生先进成图技术与产品信息建模创新大赛水利类计算机三维模型绘图试题

溢流坝剖视图

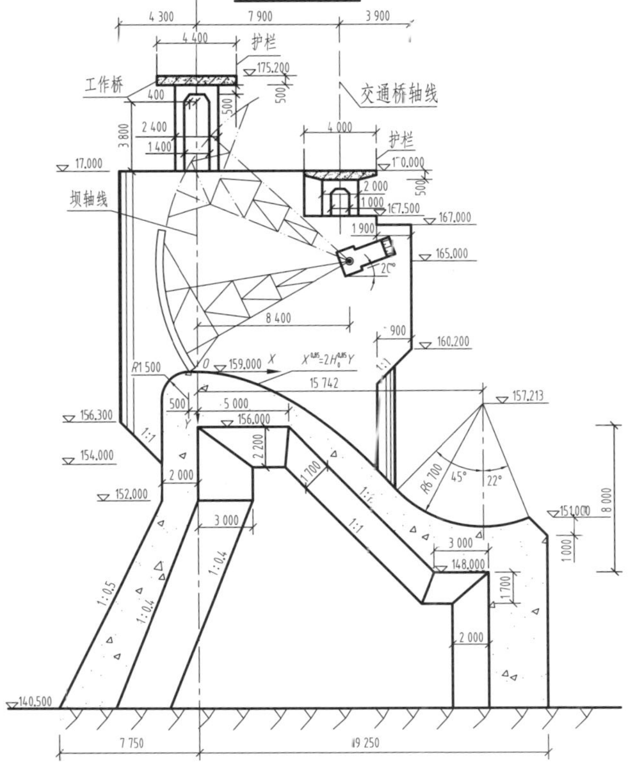

溢流坝平面图

（拆去桥面板）

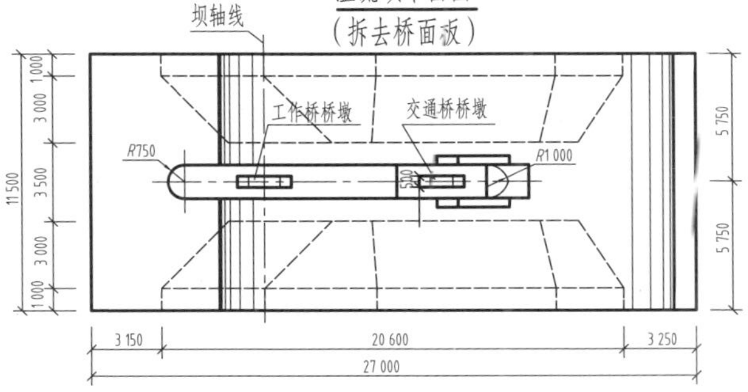

水利类计算机三维模型绘图试题：

建立图01-01~图01-03水利枢纽的三维模型。

1.二维、三维作图时间共18 min，请合理分配作图时间，图形成果展示应满屏显示。

2.按1：1尺寸对试题枢纽进行三维建模，垫层、排水孔细部结构可忽略。图中未给尺寸及部分结构可自行拟定修正。

3.三维模型成果：请注意截图应为全屏截图，而不只是模型部分。

（1）枢纽整体结构（不包括开挖边坡、闸门、厂房、机房、护栏），输出整体结构图一张。

（2）挡水坝段结构，输出挡水坝段整体结构图一张。

（3）溢流坝段结构（不含闸门），输出溢流坝段整体结构图一张，1-1剖视图位置的剖切图一张。

（4）电站坝段结构（包括主、副厂房、机房），输出电站坝段整体结构图一张，2-2剖视图位置的剖切图一张。

（5）完成枢纽整体场景制作(地形参照图01-01图示等高线绘制，开挖边坡、闸门、机房、护栏、植被自行设置)。合理考虑材质和光照需求，以展示全景的视角完成渲染图一张并保存场景结构文件。

（6）选做题，输出渐变段、蜗壳、尾水管分离构件图一张。

4.成果提交：提交三维模型原文件，并输出保存为*.jpg的图形文件；同时将三维模型文件转存为CAD三维文件。

第16届水利视频

溢流坝面曲线坐标 (mm)

X	0	500	1 000	2 000	3 000	5 000	7 000	9 000	10 970
Y	0	21	77	278	589	1 517	2 827	4 500	6 490

溢流坝结构图		比例	1∶200
		图号	01-02
参赛人		第16届“高教杯”大学生先进成图技术与产品信息建模创新大赛	
审阅人			

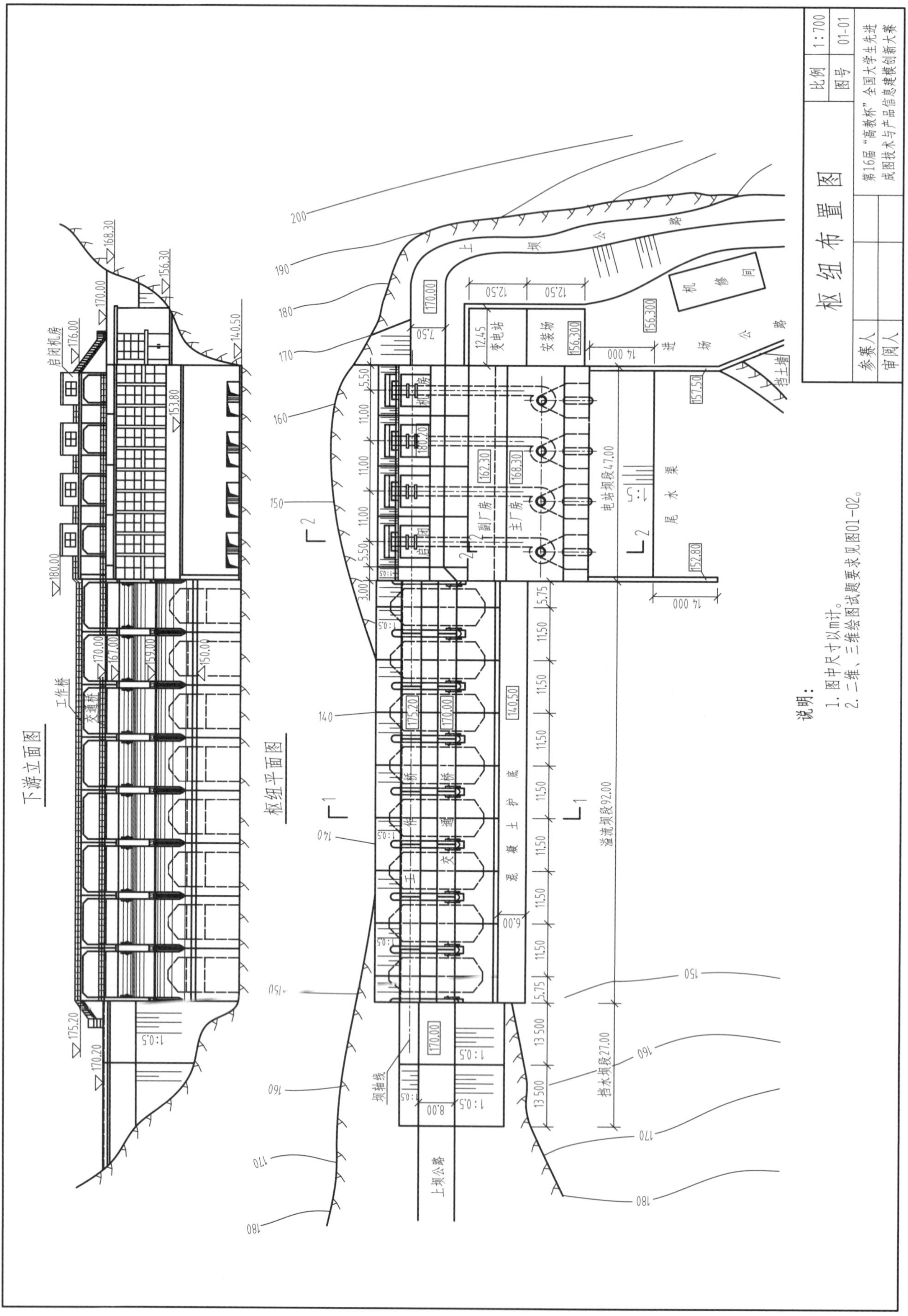

枢纽布置图
比例 1:700
图号 01-01
第16届"高教杯"全国大学生先进成图技术与产品信息建模创新大赛
参赛人
审阅人
下游立面图
枢纽平面图
说明：
1. 图中尺寸以m计。
2. 二维、三维绘图试题要求见图01-02。
启闭机房
工作桥
交通桥
机修间
变电站
安装场
副厂房
主厂房
尾水渠
进场公路
上坝公路
挡土墙
坝轴线
电站坝段47.00
溢流坝段92.00
挡水坝段27.00
混凝土护底

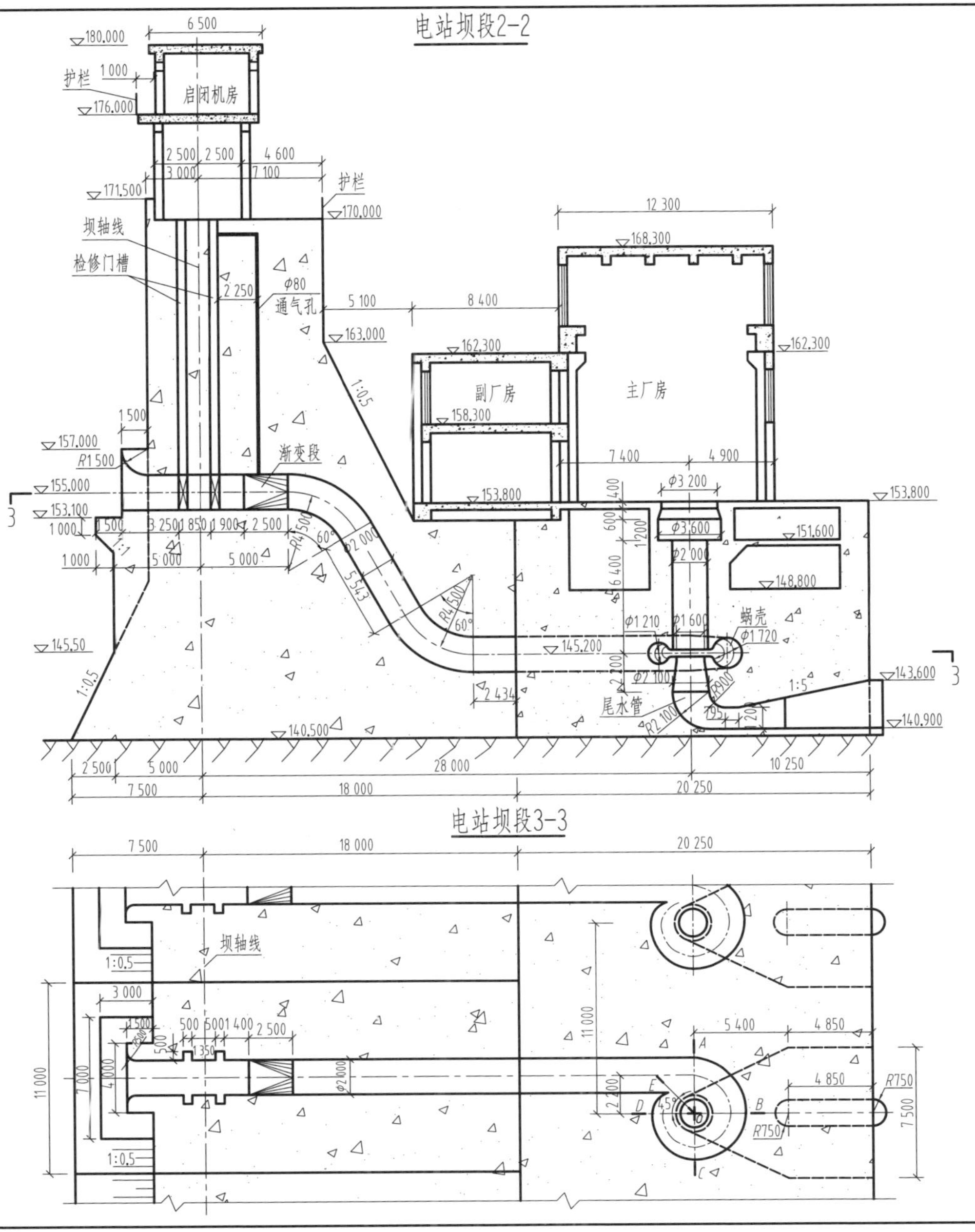

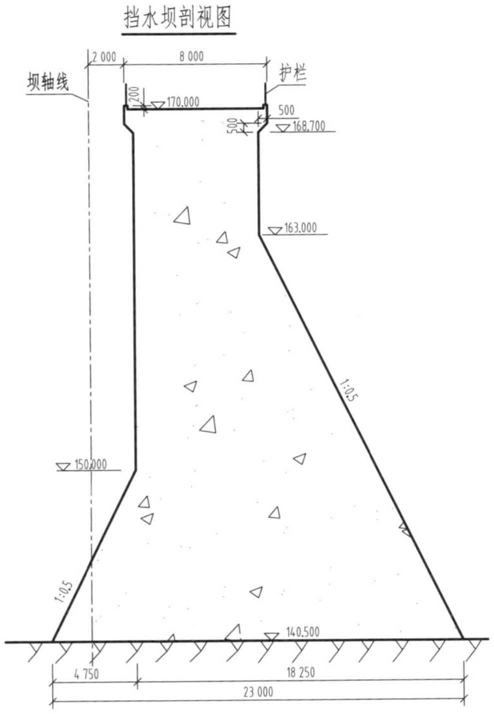

蜗壳断面尺寸（模拟数据） (mm)

断面位置	A-0	B-0	C-0	D-0	E-0
断面中心至蜗壳轴线距	2 200	2 100	1 950	1 810	1 450
断面直径	2 000	1 720	1 450	1 210	1 020

电站坝段和挡水坝结构图		比例	1:200
		图号	01-03
参赛人		第16届“高教杯”全国大学生先进成图技术与产品信息建模创新大赛	
审阅人			

第 16 届“高教杯”全国大学生先进成图技术与产品信息建模创新大赛
水利类计算机三维模型绘图试题答案

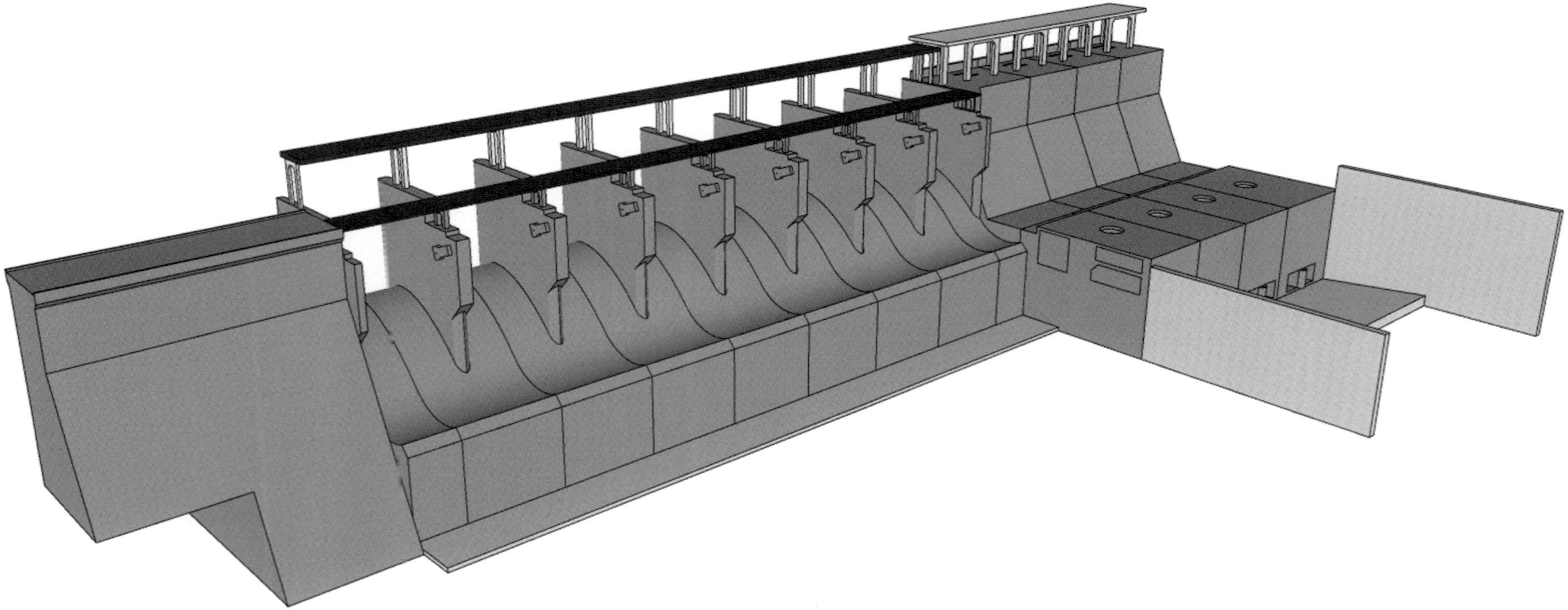

枢纽整体结构

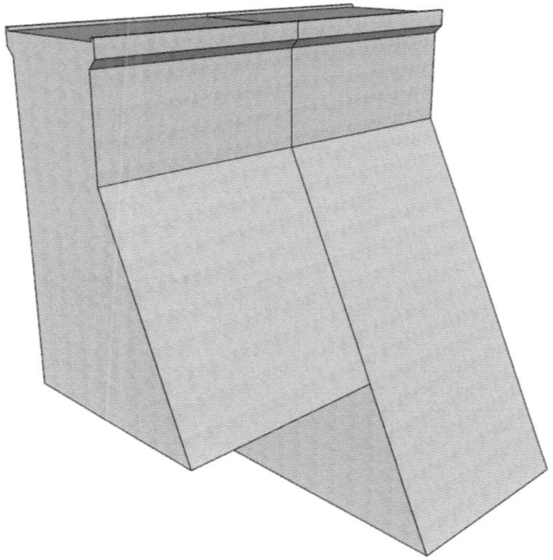

挡水坝段结构

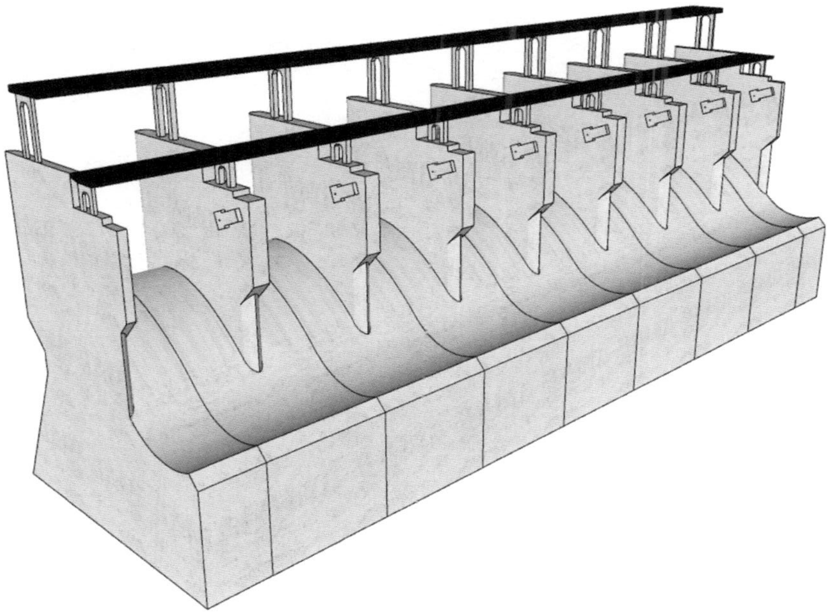

溢流坝段结构

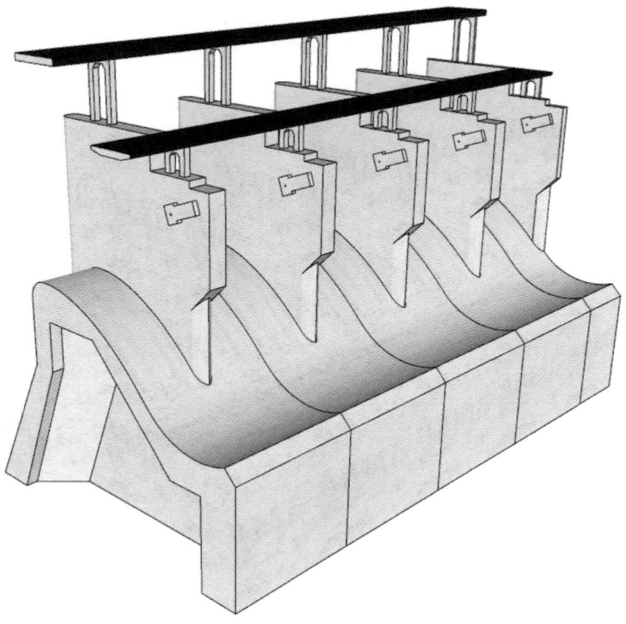

溢流坝段结构剖切图

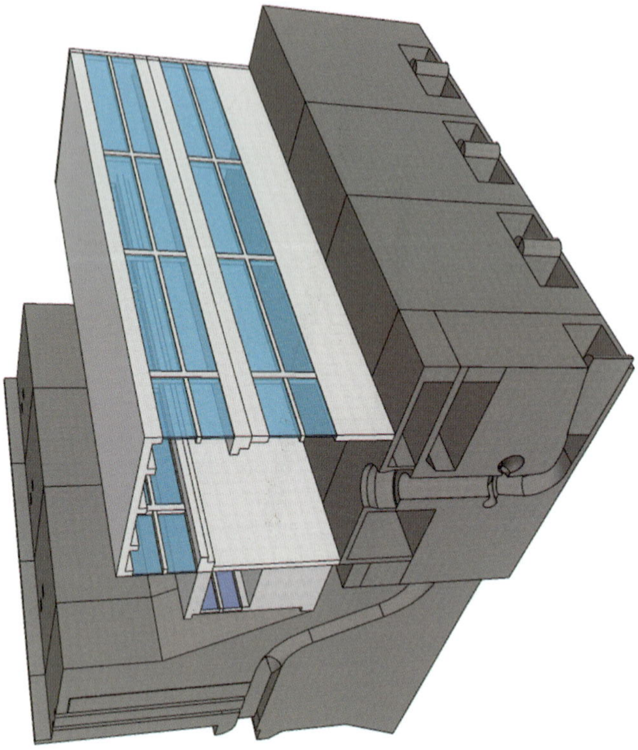

电站坝段结构剖切图

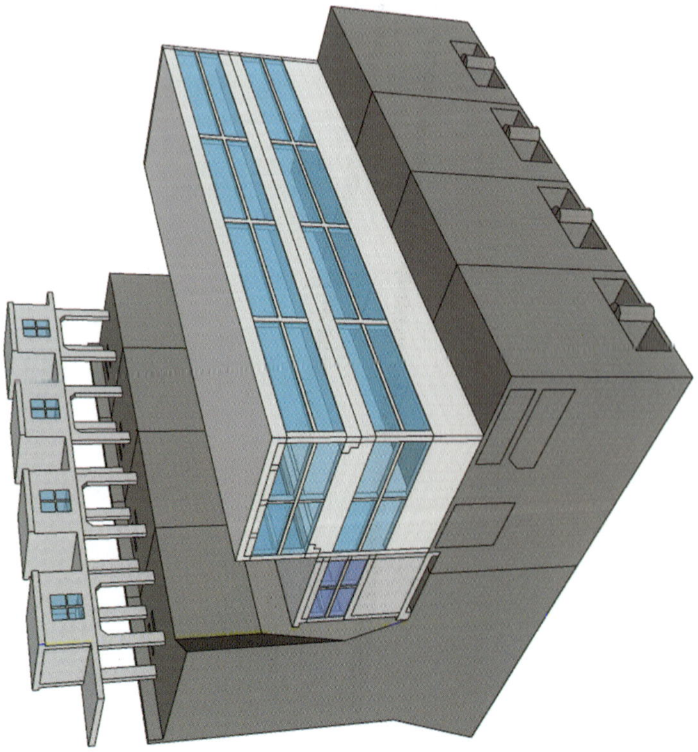

电站坝段结构

枢纽整体场景

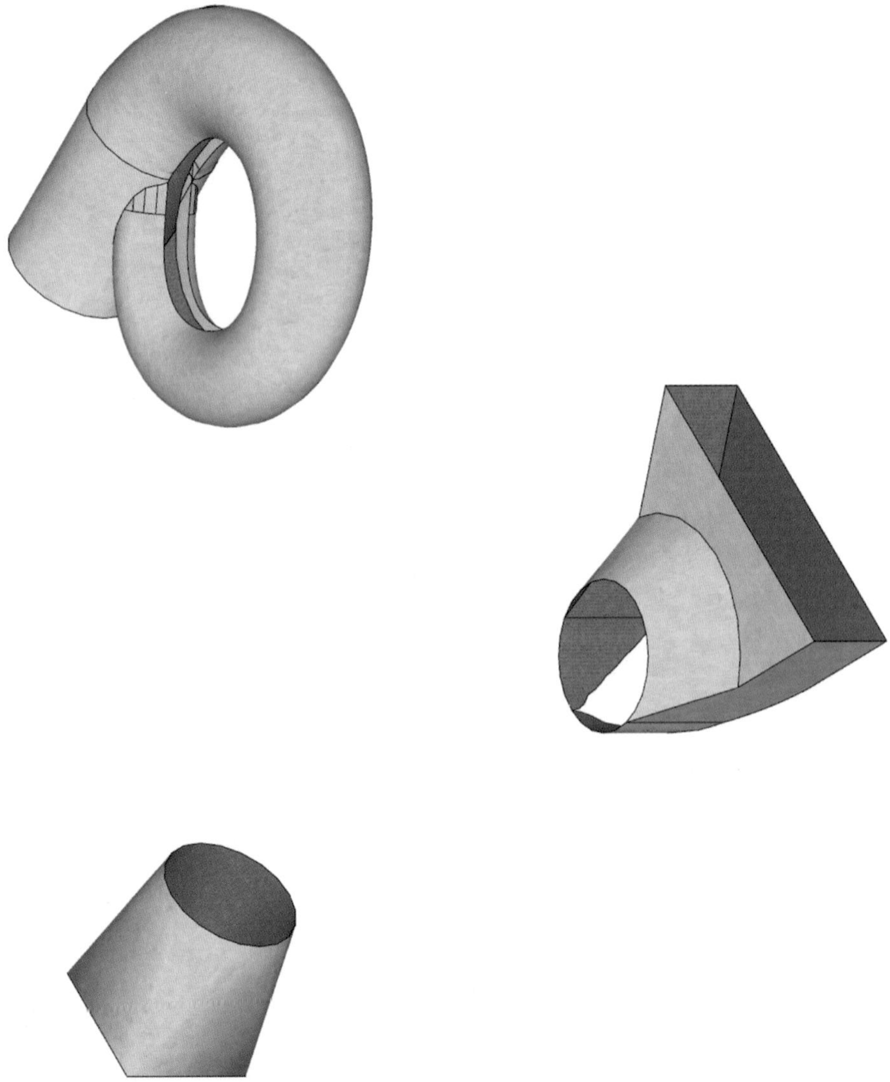

输出渐变段蜗壳和尾水管

第16届“高教杯”全国大学生先进成图技术与产品信息建模创新大赛
水利类计算机三维绘图评分标准

试题编号	内容	评分细则				选手得分	备注
	三维结构	总分	精度	图片文件	位置	得分	
题目要求是： 1. 枢纽整体结构(不包括开挖边坡、闸门、厂房、机房、护栏等次要建筑物)，输出整体结构图一张。 2. 挡水坝段结构，输出挡水坝段整体结构图一张。 3. 溢流坝段结构，输出溢流坝段整体结构图一张，1-1 剖切图一张。 4. 电站坝段结构，输出电站坝段整体结构图一张，2-2 剖切图一张。 5. 完成枢纽整体场景制作(除图示内容外，枢纽布置、开挖边坡、闸门、主副厂房、启闭机房栏杆、周边环境、地形和植被自行设置)。合理考虑材质和光照需求，以展示全景的视角完成渲染图一张并保存场景结构文件。 6. 选做题，输出渐变段、蜗壳、尾水管奋力构建图一张。 7. 成果提交：提交三维模型原文件，并输出保存为 *.jpg 的图形文件；同时将三维模型文件转存为 CAD 三维文件(成果 3、4 整体结构与剖切后结构图分别保存)。	1 枢纽整体结构	36	27	4	5		图片文件根据模型得分以系数赋分
	2 挡水坝段结构	7	5	2	0		图片文件根据模型得分以系数赋分
	3.1 溢流坝段整体结构	15	12	3	0		图片文件根据模型得分以系数赋分
	3.2 溢流坝段剖切	7	5	2	0		图片文件根据模型得分以系数赋分
	4.1 电站坝段整体结构	23	20	3	0		图片文件根据模型得分以系数赋分
	4.2 电站坝段剖切	7	5	2	0		图片文件根据模型得分以系数赋分
	5 枢纽场景	5		5	0		图片文件根据模型得分以系数赋分
	小计	100	74	21	5		图片文件根据模型得分以系数赋分
	6 选做题	10	7	3	0		图片文件根据模型得分以系数赋分
合计	110						

说明：结构精度偏差可按百分比赋分；位置偏差 20%以内按偏差比例扣分(结构尺寸采用 1∶1 或者 1∶100 建模均正确)

第17届“高教杯”全国大学生先进成图技术与产品信息建模创新大赛水利类尺规绘图试题

要求：

1.请采用A3图幅非装订格式，1：50的比例完成水工建筑物的平面图和纵剖视图，进口段的上游立面图、扭曲面出口段的下游立面图，以及后出口段剖视图（剖切位置和投影方向见剖切轴测图）。

2.表达方法说明：工程图表达建筑物，平面图、立面图可以采用简化画法表达；不影响形体表达的虚线可省略；缺少的尺寸按专业自定。

3.请按照尺寸要求绘制标题栏以及内容填写；建筑物剖面材料均为钢筋混凝土，建筑物地基为自然土壤。

4.工程图表达竞赛时长为60分钟，按照要求平台提交命名为“水工建筑物表达”的源文件。

建筑物轴测图

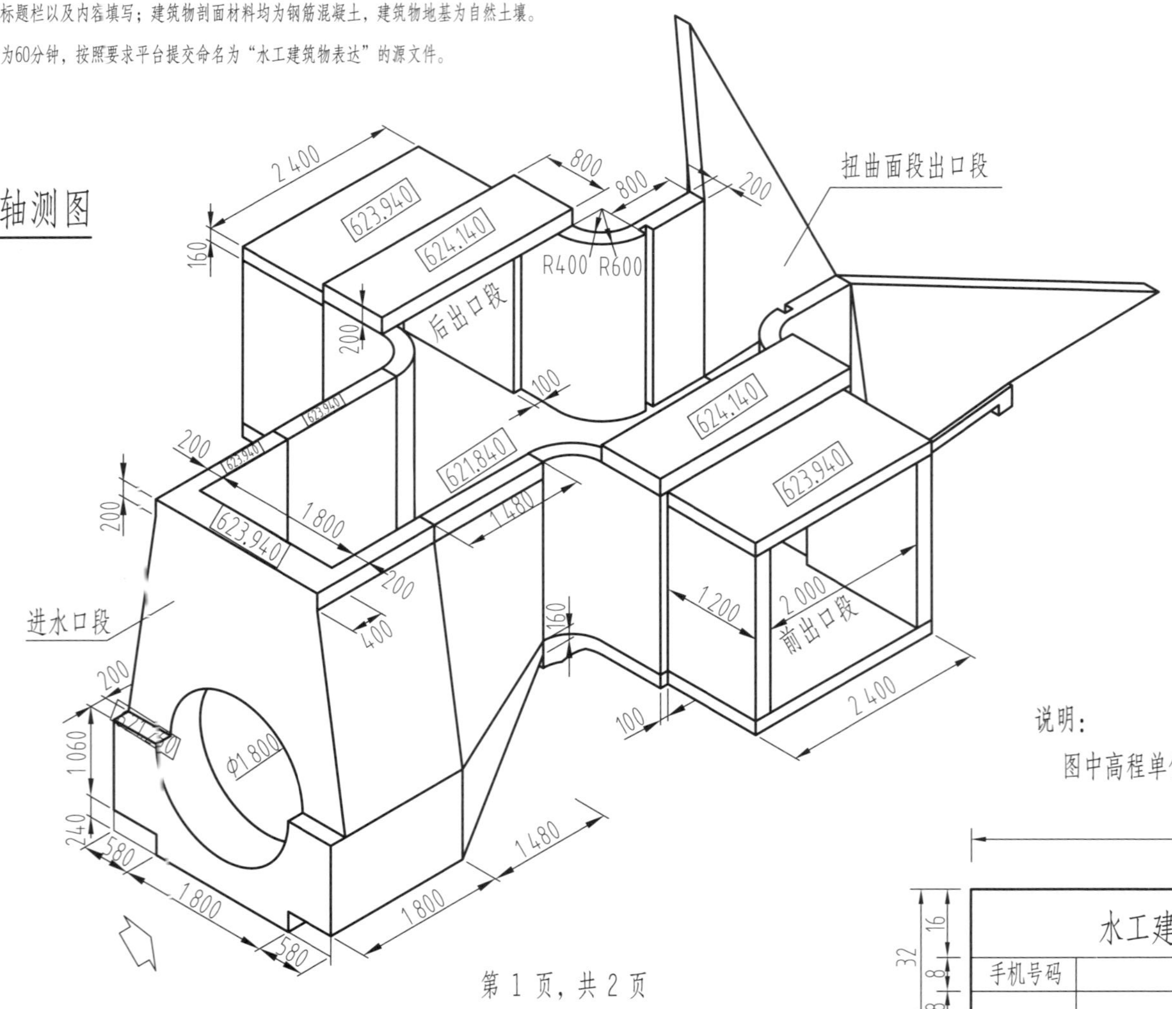

说明：

图中高程单位为m，其他单位均为mm。

水工建筑物		比例	1:50
		图号	01
手机号码		水利类计算机二维成图	

120　15　15　32　16　8　8

第 1 页，共 2 页

纵剖轴测图

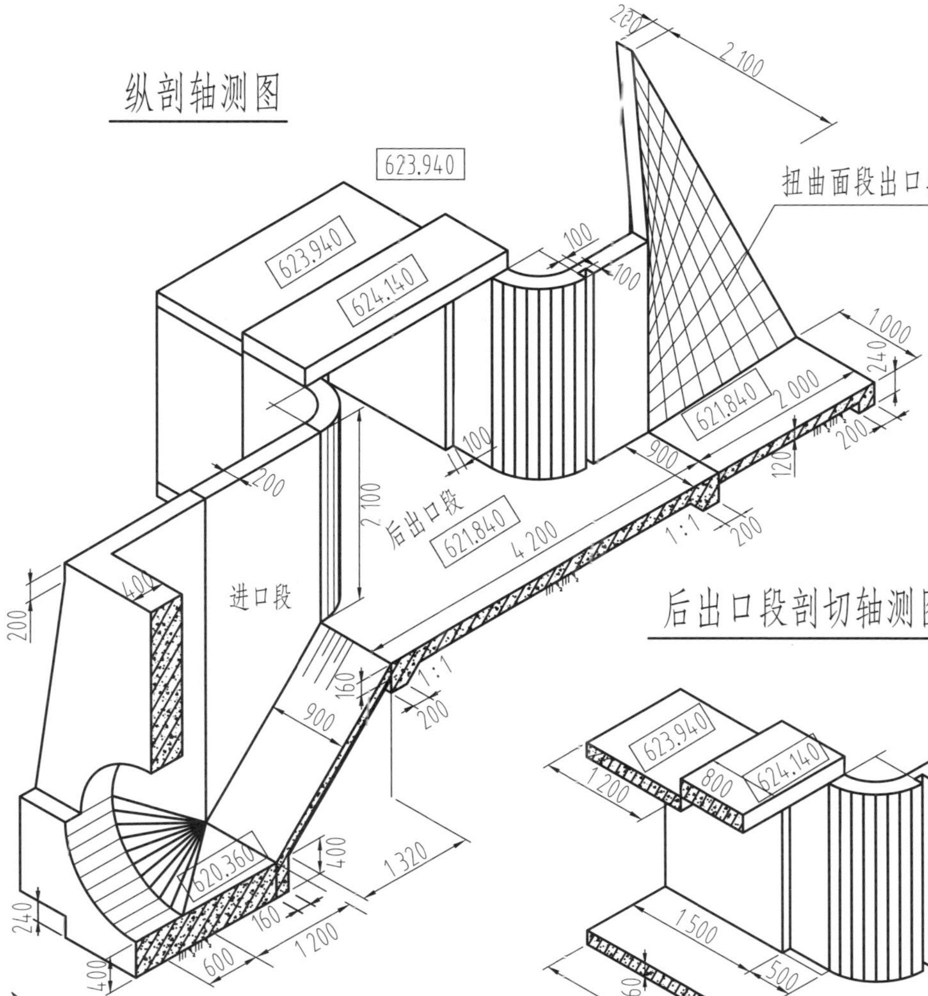

后出口段剖切轴测图

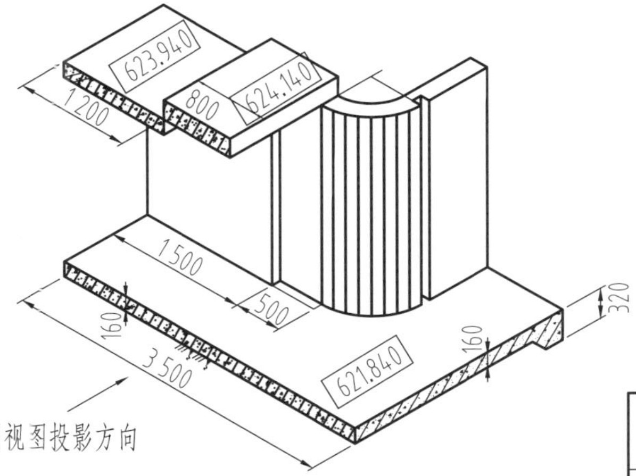

剖视图投影方向

扭曲面段纵剖轴测图

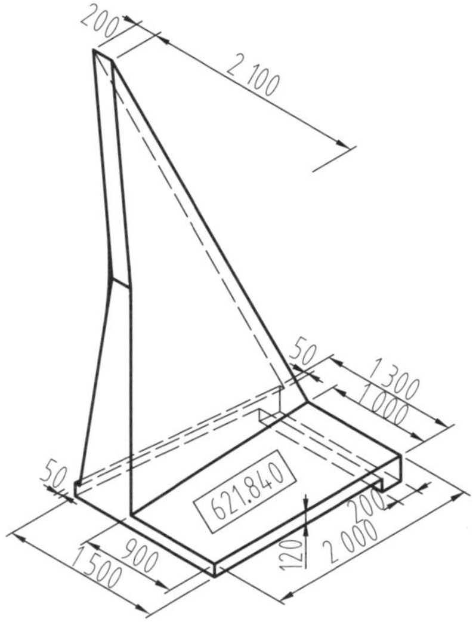

说明：

图中高程单位为m，其他单位均为mm。

第 2 页，共 2 页

水工建筑物		比例	1:50
		图号	02
手机号码		水利类计算机二维成图	

第17届“高教杯”全国大学生先进成图技术与产品信息建模创新大赛水利类尺规绘图试题答案

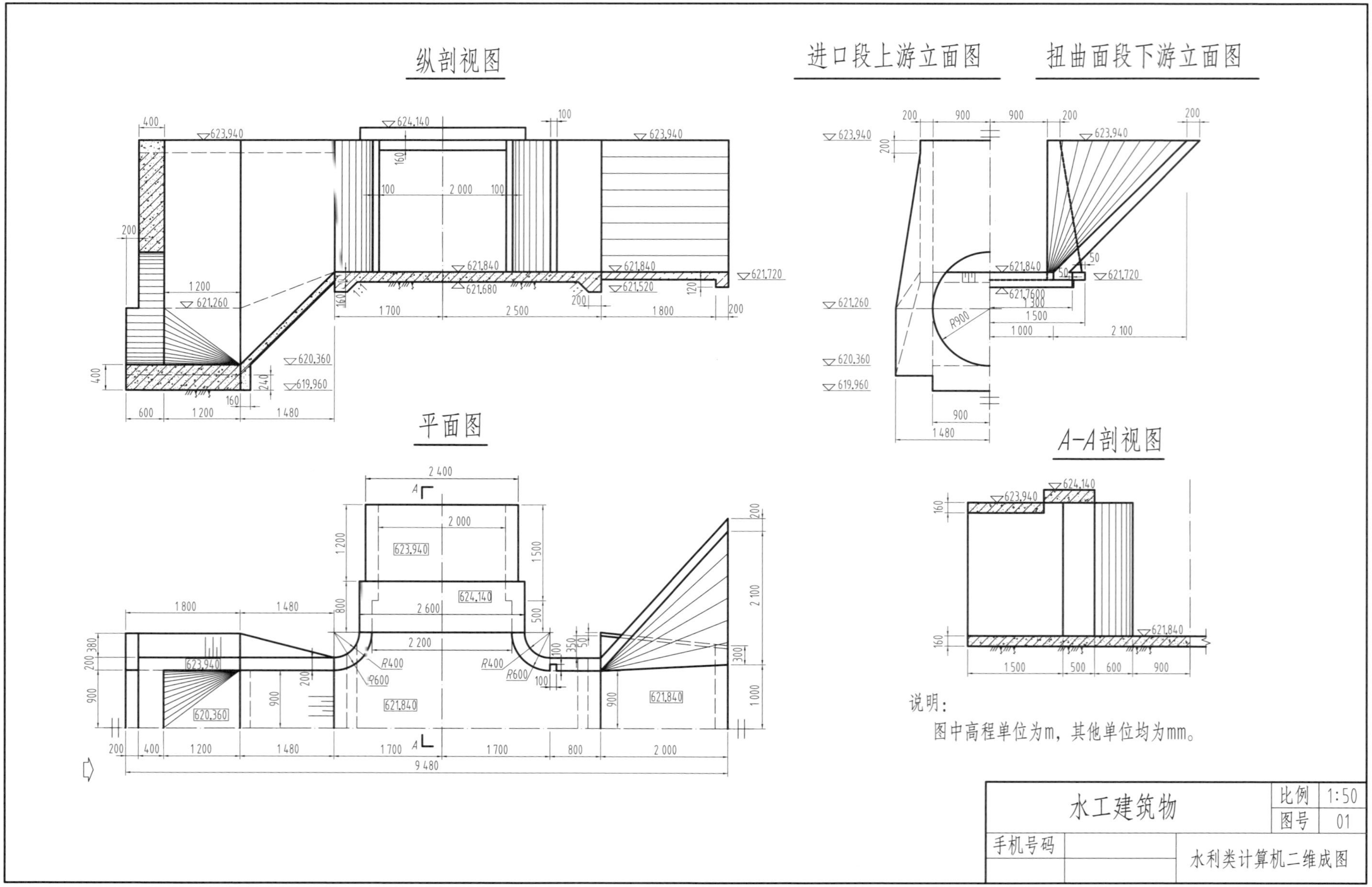

第 17 届“高教杯”全国大学生先进成图技术与产品信息建模创新大赛 水利类尺规绘图试题评分标准

		部位	内容	评分细则	选手得分	备注
			内容分解	分值	得分	
工程图表达 100 分	平面图（35 分）	进口段图形 8 分	平底板	1		
			平底板对应边墙	1		
			方圆渐变段	2		其中素线 1 分，
			斜坡底板	2		底板虚线 0.5 分，示坡线 0.5 分
			斜坡底板对应边墙	1		
			最左边进口段	1		
		后出口段图形 6 分	交叉处底板	2		底板上虚线 1 分
			后出口段底板	1		
			圆弧翼墙	1		
			两段盖板	1		
			闸门槽	1		
		扭曲面段出口段 7 分	底板	2		其中虚线 1 分
			扭曲面	5		其中素线 1 分
		尺寸标注 12 分	高程标注	1		
			线性尺寸标注	11		其中圆弧标注 1 分
		图名 0.5 分	平面图	0.5		
		符号绘制 1.5 分	对称符号	0.5		
			水流符号	0.5		
			剖切符号	0.5		后出口段剖切符号
	纵剖视图（35 分）	进口段图形 13 分	平底板	3		其中虚线 0.5 分
			挡土墙	2		
			方圆渐变段	3		素线 0.5 分，虚线 0.5 分
			斜坡底板	3		其中剖面 材料 0.5 分，虚线 0.5 分，
			最左边进口段	2		素线 0.5 分
		后出口段图形 7 分	交叉处底板	2		其中剖面材料 0.5 分
			圆弧翼墙	2		素线 1 分
			两段盖板	2		
			闸门槽	1		
		扭曲面段出口段 4 分	底板	1		其中剖面材料 0.5 分
			扭曲面	3		素线 1 分
		尺寸标注 10 分	高程标注	4		
			线性尺寸标注	6		
		图名	纵剖视图	0.5		
		符号绘制	对称线	0.5		

续表

		部位	内容 内容分解	评分细则 分值	选手得分 得分	备注
工程图表达100分	进口段上游立面图9分	过水断面	半圆	1		采用简化对称省略表达
		底板	底板	1		
		挡土墙	挡土墙	3		需要有虚线,示坡线
		尺寸标注	高程标注	1		
			线性尺寸标注	2		
		图名	进口段上游立面图	0.5		
		符号绘制	示坡线	0.5		
	扭曲面段下游立面图9.5分	底板	简化表达	1		底板上虚线
		扭曲面	扭曲面	4		素线1分
		尺寸标注	高程标注	1		
			线性尺寸标注	2		
		图名	扭曲面段下游立面图	0.5		
		符号绘制	对称符号	0.5		
			素线	0.5		
	后出口段剖视图8.5分	底板	平底板	1.5		其中钢筋混凝土0.5分,自然土壤0.5
		盖板	2个盖板	1		其中剖面 材料0.5分
		翼墙	圆弧翼墙	2		素线1分
		图名	*A-A* 剖视图	0.5		名称有剖视均可
		尺寸标注	高程标注	1		
			线性尺寸标注	2		
		符号绘制	点画线	0.5		
	图形质量(3分)	图幅图框标题栏(1分)	图幅,图框	0.5		非装订A3,长420,宽297,偏移10
			标题栏	0.5		
		说明注释(0.5分)	说明注释	0.5		
		字体(0.5分)	汉字数字样式	0.25		
			注写整体效果	0.25		
		线型粗细分明(0.5分)	整体线型效果	0.5		
		上下左右位置(0.5分)	整体布图效果	0.5		
合计				100		

第17届“高教杯”全国大学生先进成图技术与产品信息建模创新大赛水利类三维建模试题

要求：

1. 请根据工程图纸，创建水工建筑物三维模型，请采用材质或者颜色区分一期混凝土与二期混凝土。
2. 请注意：闸门不建模、地形场地不建模；缺少尺寸按专业自定。
3. 三维建模竞赛时长为120 min，平台提交命名为“进水口三维模型”源文件。

塔顶平面布置图

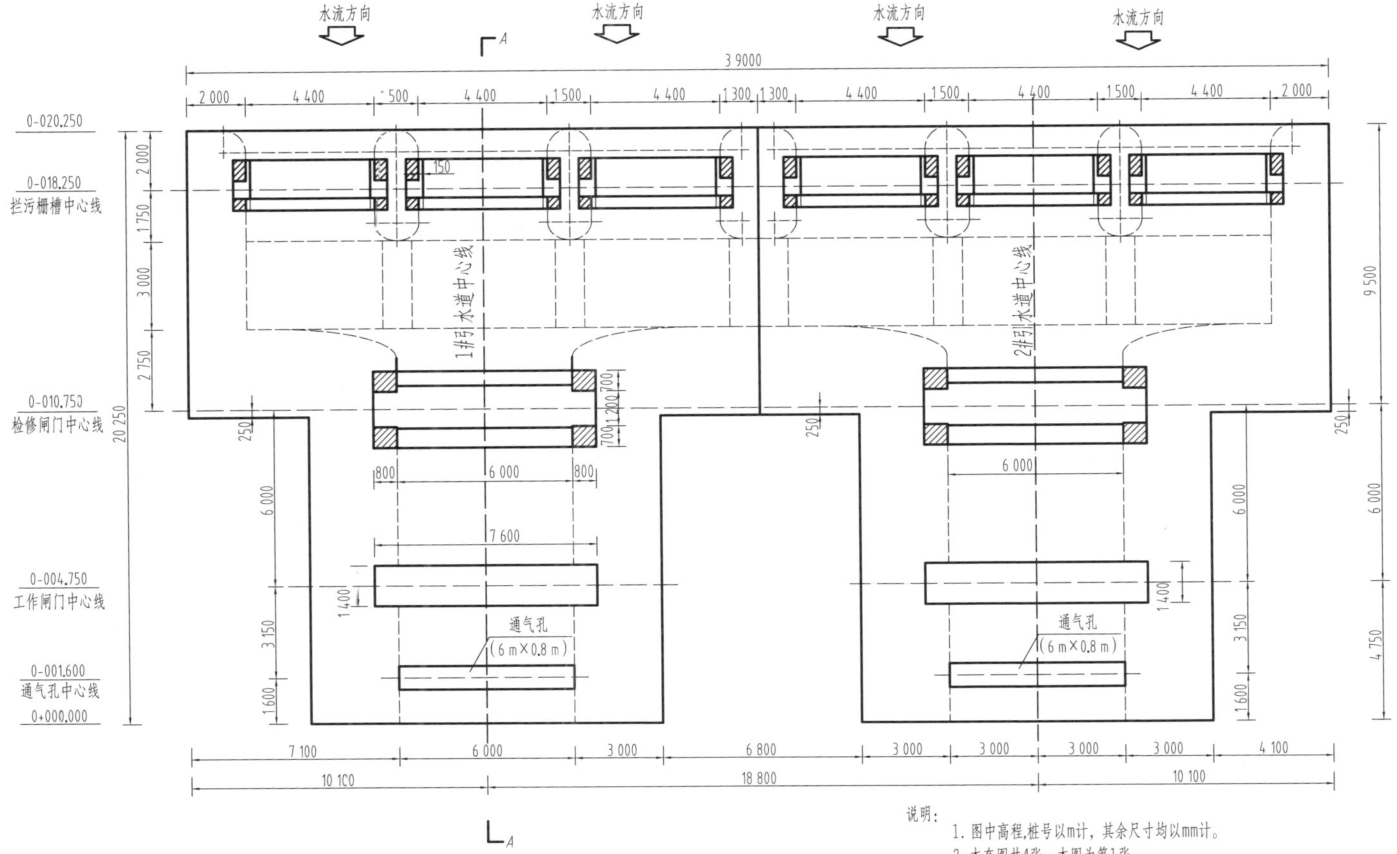

说明：

1. 图中高程,桩号以m计，其余尺寸均以mm计。
2. 本套图共4张，本图为第1张。
3. 图例：一期混凝土剖面 二期混凝土视面 二期混凝土剖面

进水口结构布置图	比例	1:100
	图号	01
	水利类三维建模试题	

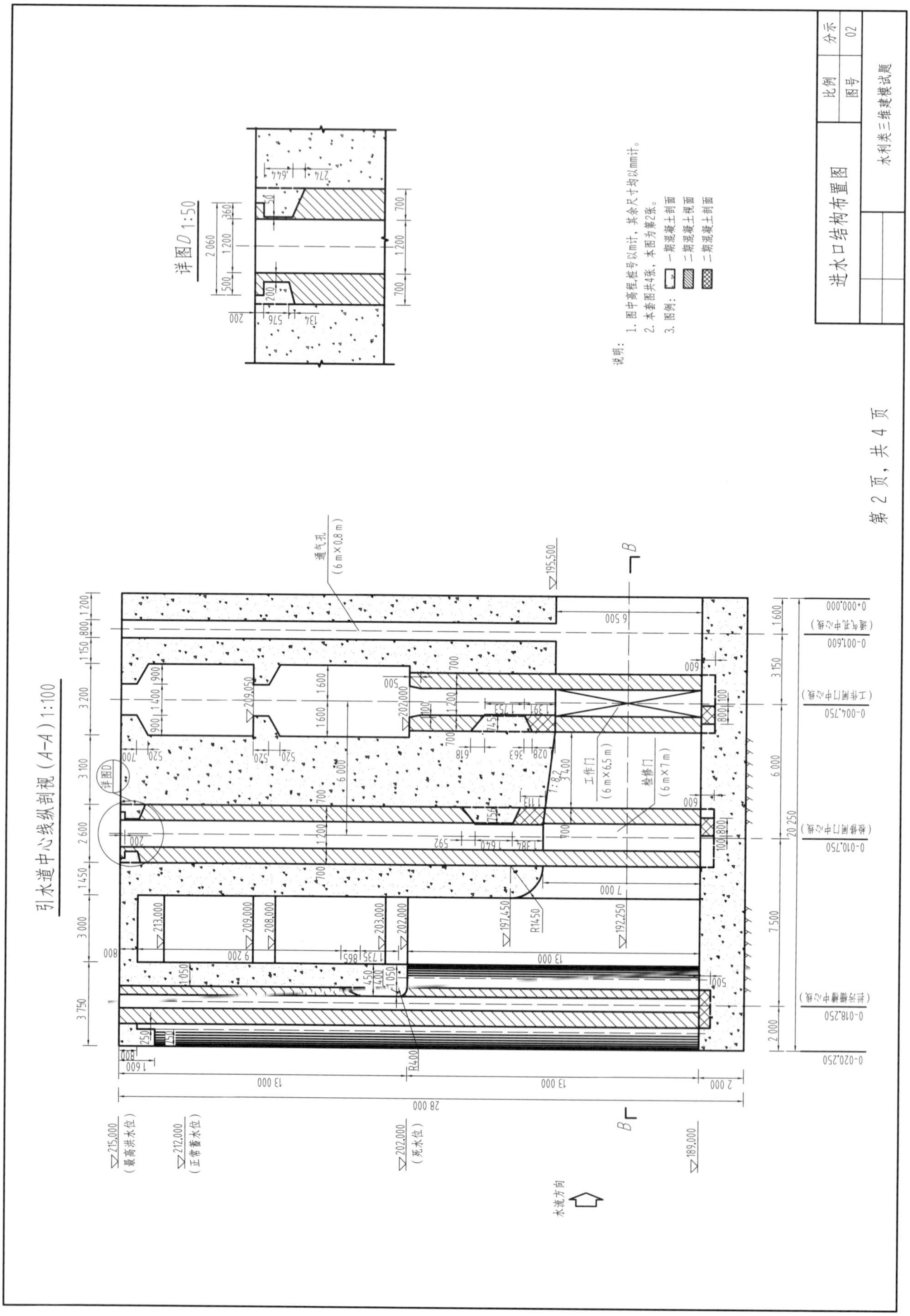
详图D 1:50
说明：
1. 图中高程、桩号以m计，其余尺寸均以mm计。
2. 本套图共4张，本图为第2张。
3. 图例：一期混凝土剖面 二期混凝土视面 二期混凝土剖面
比例 分示
图号 02
进水口结构布置图
水利类三维建模试题
第 2 页，共 4 页
引水道中心线纵剖视（A-A）1:100
通气孔（6 m×0.8 m）
工作门（6 m×6.5 m）
检修门（6 m×7 m）
▽215.000（最高洪水位）
▽212.000（正常蓄水位）
▽202.000（死水位）
▽189.000
水流方向

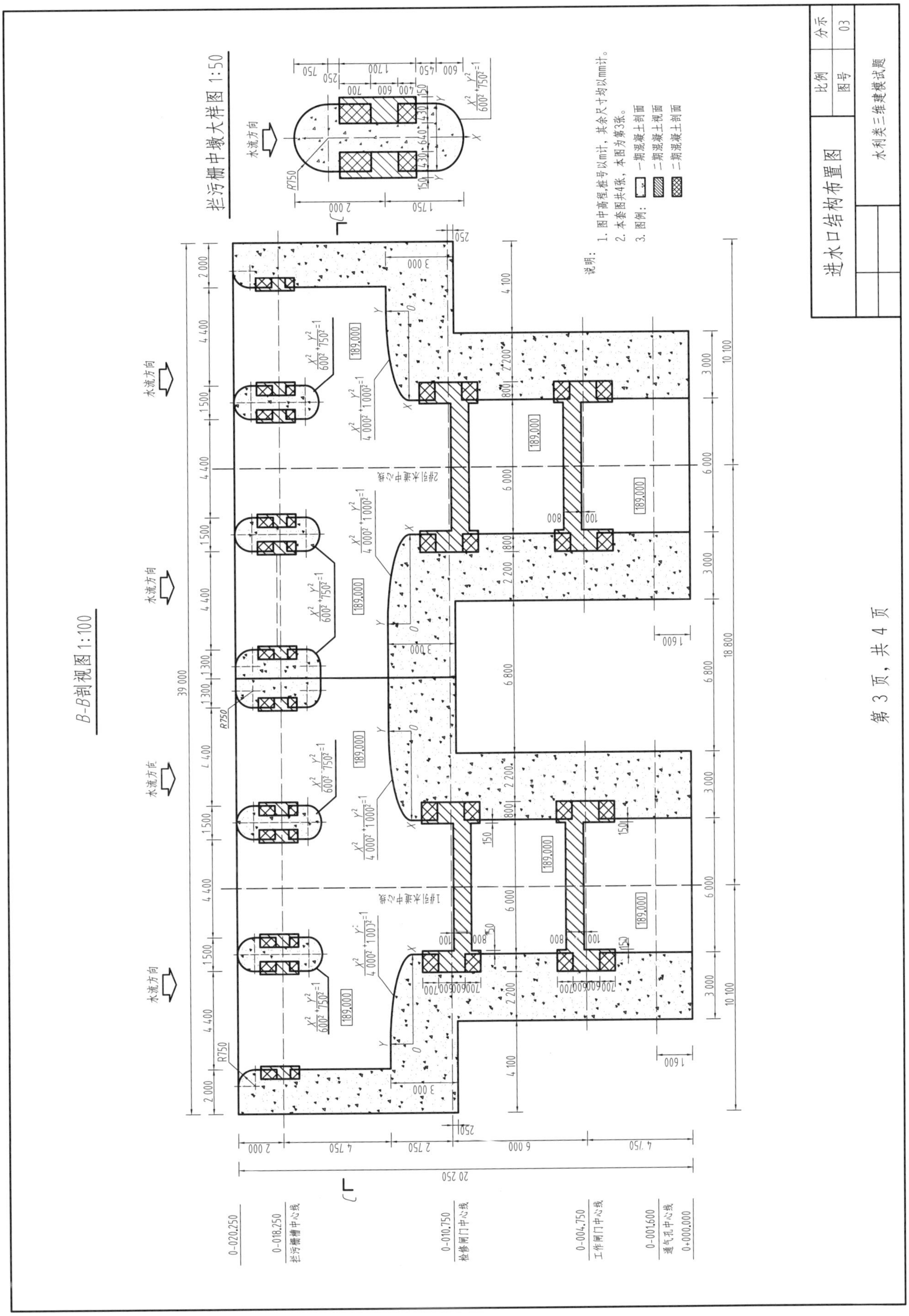
B-B剖视图 1:100
拦污栅中墩大样图 1:50
进水口结构布置图
比例
分示
图号
03
水利类三维建模试题
说明：
1. 图中高程,桩号以m计，其余尺寸均以mm计。
2. 本套图共4张，本图为第3张。
3. 图例：一期混凝土剖面
二期混凝土视面
二期混凝土剖面
水流方向
1#引水隧洞中心线
2#引水隧洞中心线
189.000
39 000
20 250
18 800
10 100
R750
0-020.250
0-018.250
拦污栅槽中心线
0-010.750
检修闸门中心线
0-004.750
工作闸门中心线
0-001.600
通气孔中心线
0+000.000
第 3 页，共 4 页

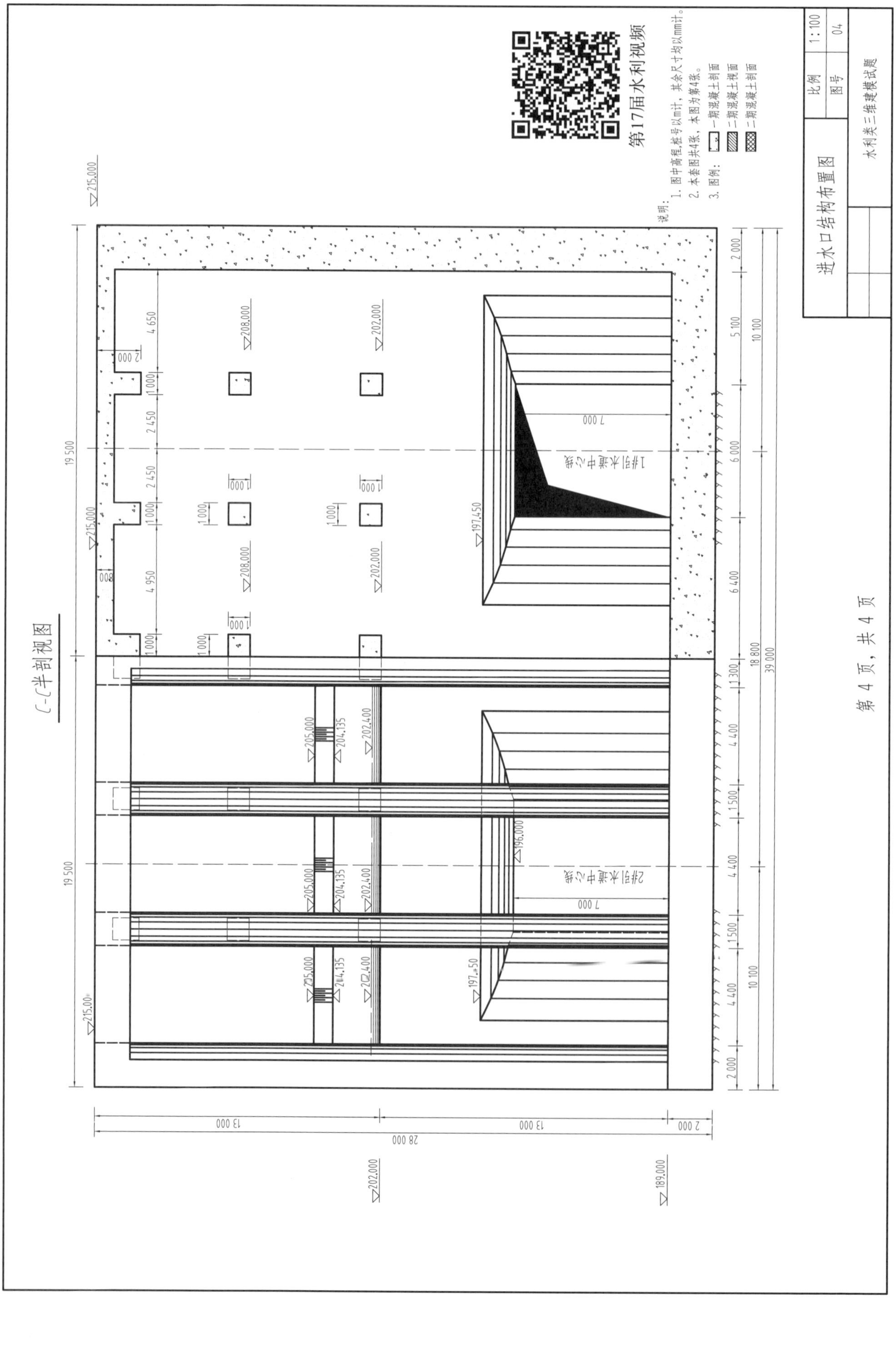
第17届水利视频
说明：
1. 图中高程桩号以m计，其余尺寸均以mm计。
2. 本套图共4张，本图为第4张。
3. 图例：
一期混凝土剖面
二期混凝土视面
二期混凝土剖面
C-C半剖视图
1#引水渠中心线
2#引水渠中心线
进水口结构布置图
比例 1:100
图号 04
水利类三维建模试题
第 4 页，共 4 页

第17届"高教杯"全国大学生先进成图技术与产品信息建模创新大赛 水利类三维建模试题答案

1. 整体模型效果

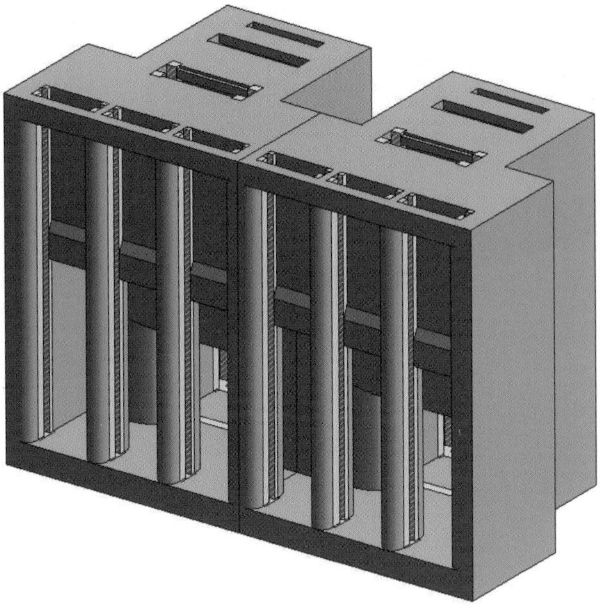

图1　进水侧

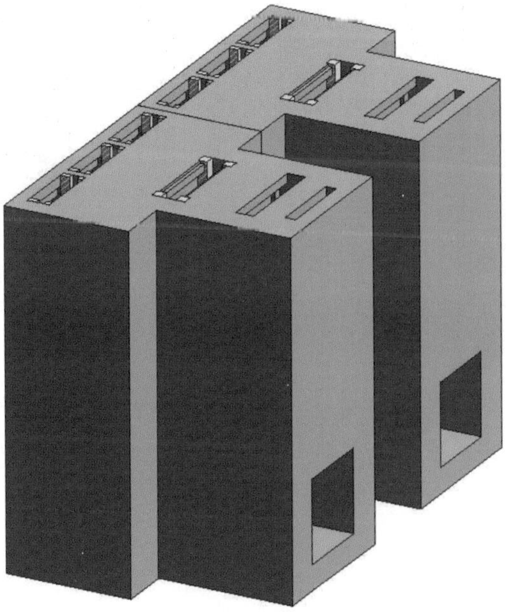

图2　出水侧

2.剖切模型效果

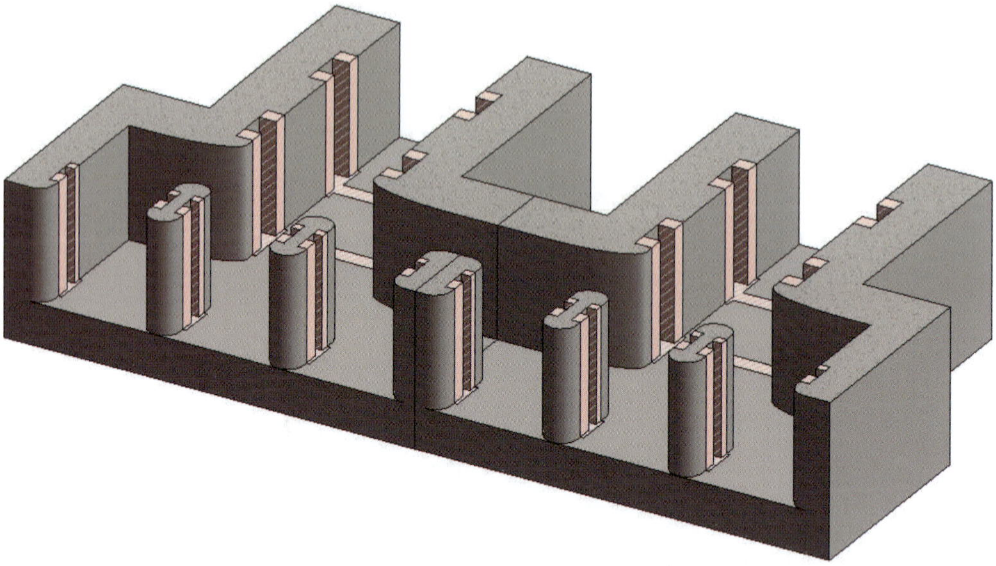

图3 引水道横剖切

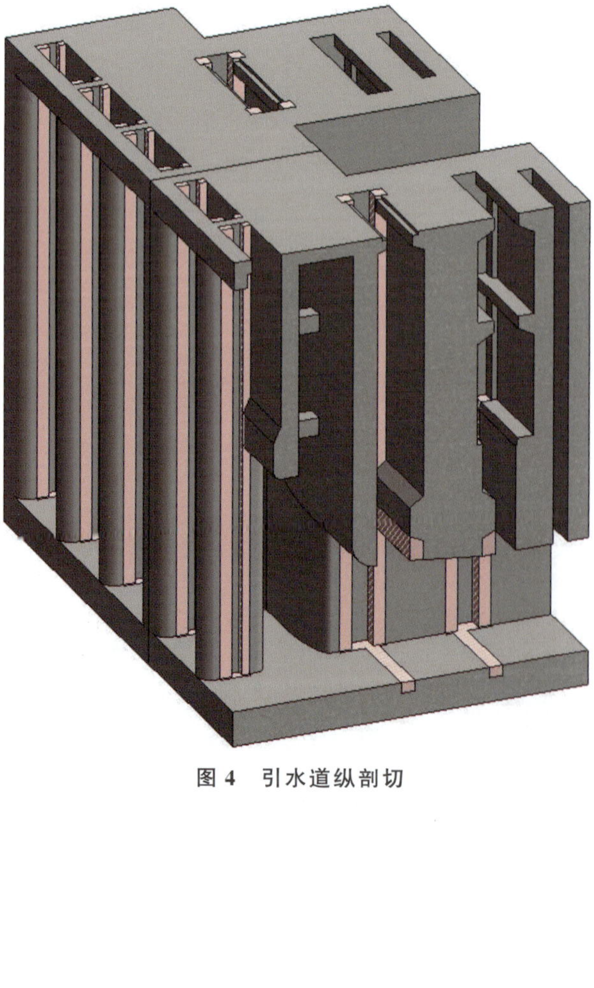

图4 引水道纵剖切

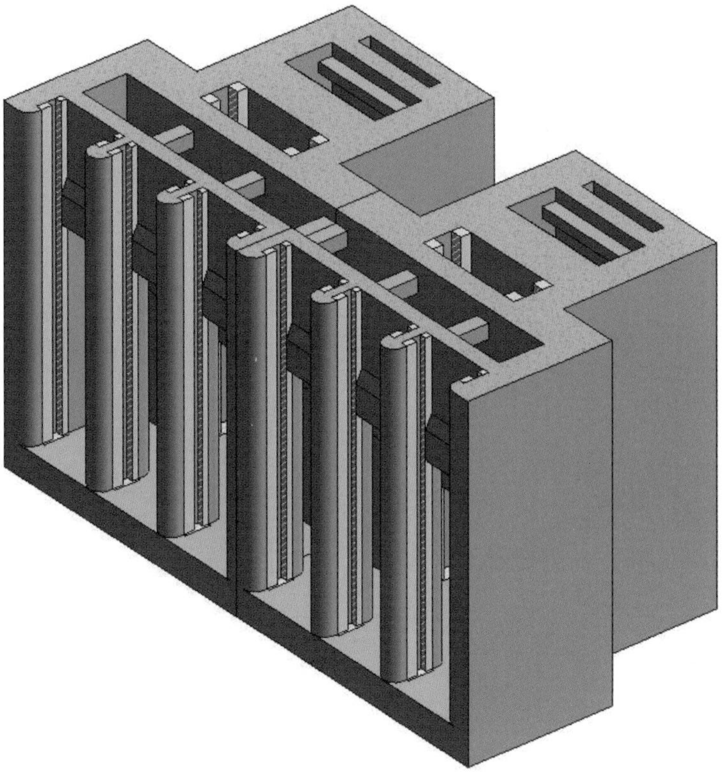

图 5　横剖切(1)

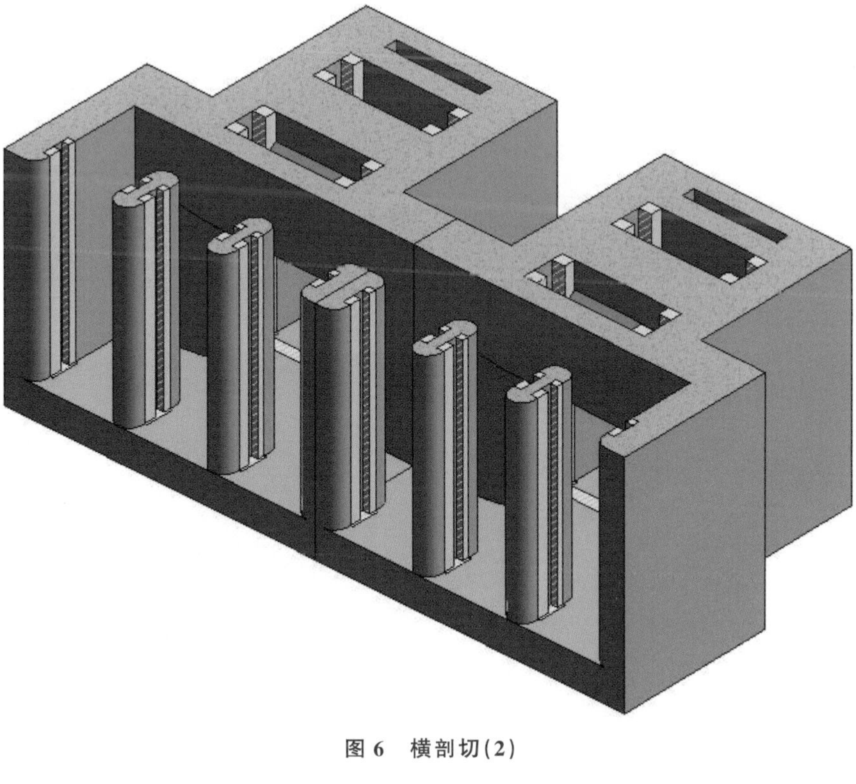

图 6　横剖切(2)

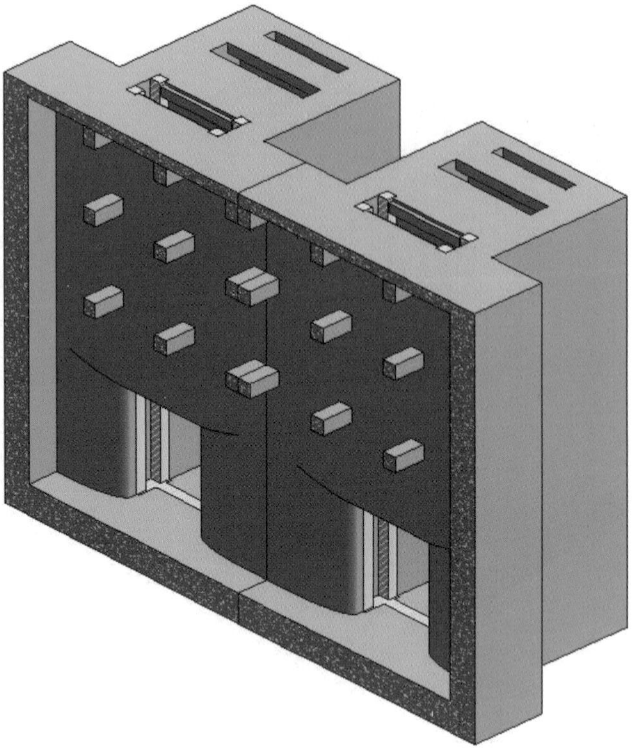

图 7 剖切模型(1)

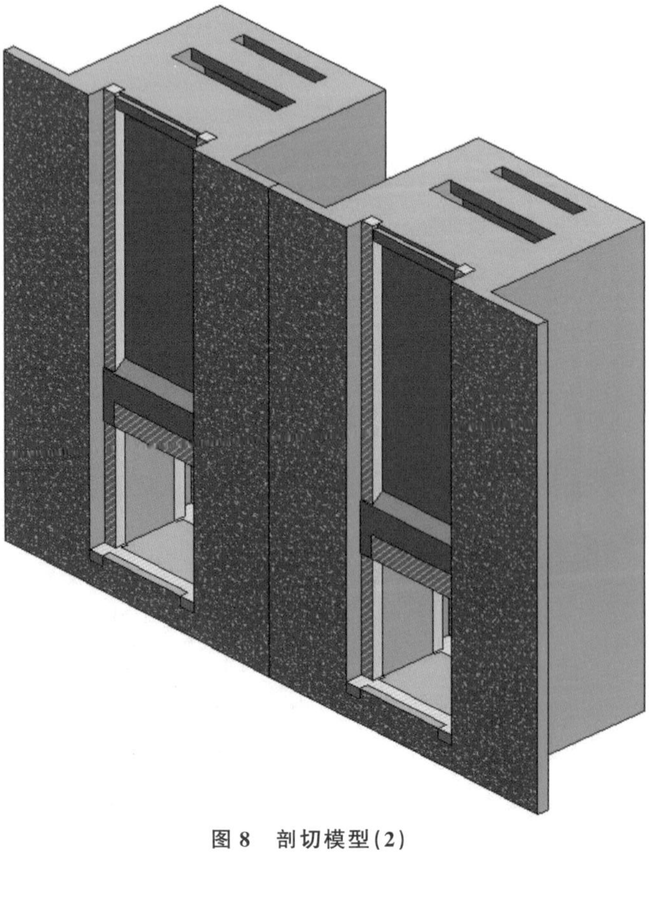

图 8 剖切模型(2)

第17届"高教杯"全国大学生先进成图技术与产品信息建模创新大赛 水利类三维建模试题评分标准

内容		评分细则				得分	备注
部位	内容分解	分值	形状大小	位置	数量	得分	解释说明
拦污栅边墩 8分	边墩一期混凝土部分	4	2	1	1		边墩2个
	边墩门槽二期混凝土部分	4	2	1	1		
拦污栅中墩 12分	中墩一期混凝土部分	6	4	1	1		中墩4个
	中墩门槽二期混凝土部分	6	4	1	1		
拦污栅缝墩 8分	缝墩一期混凝土部分	4	2	1	1		缝墩2个
	缝墩门槽二期混凝土部分	4	2	1	1		
胸墙4分	拦污栅墩墙	4	3	0.5	0.5		
胸墙与进水口导墙4分	横梁18个	4	3	0.5	0.5		
引水道12分	进水口边导墙	4	2	1	1		4个导流墙
	进水口顶导墙	6	4	1	1		2个顶导墙
	出水口	2	1	0.5	0.5		
检修门槽（含底板）12分	检修门槽一期混凝土部分	6	4	1	1		对称2个检修门槽
	检修门槽二期混凝土部分	6	4	1	1		
检修门槽与工作门槽间4分	隔墙	4	3	0.5	0.5		
工作门槽（含底板）12分	工作门槽一期混凝土部分	6	4	1	1		
	工作门槽二期混凝土部分	6	4	1	1		
工作门槽与通气孔间墙4分	隔墙	4	3	0.5	0.5		
通气孔4分	通气孔	4	2	1	1		
塔顶7分	塔顶盖板	7	5	1	1		
底板3分	底板	3	2	0.5	0.5		
外墙6分	外墙	6	4	1	1		
合计		100	64	18	18		

道桥类

第16届“高教杯”全国大学生先进成图技术与产品信息建模创新大赛 道桥类计算机绘图试题

总分200分;时间:180分钟

一、道桥类·计算机二维试题　总分100分

1. 试题要求:

阅读所附某飞燕式系杆拱桥施工图内容,在给出的图幅上,按照1∶1抄绘“拱座构造图”(图号:DQ003),内容为:除“边跨施工辅助墩及桩基位置示意图”外所有的图表及附注,并标注尺寸。图名:“拱座构造图”。

2. 绘图要求:

(1)图纸表达要正确、完整、清晰、线型线宽分明,尺寸标注完整、清晰、合理;

(2)标题栏中只需填写设计图名、绘图比例、图号,否则以作弊处理,取消比赛成绩;

(3)以“拱座构造图”为文件名保存文件,并上传到卡伦特平台(dwg格式),其他格式无效。

二、道桥类·计算机三维试题　总分100分

1. 试题要求:

阅读所附某飞燕式系杆拱桥施工图内容,完成该桥梁三维模型创建。试题图纸未涉及的结构构造尺寸自拟。

2. 绘图要求:

(1)完成全桥(含飞燕式系杆拱桥主梁及横梁、拱座及基础、拱圈及吊杆、拱上立柱、风撑、边墩及基础)三维模型;

(2)人行道及护栏尺寸自拟,并对桥梁外立面、桥面系及护栏等的色彩、材质进行设计;

(3)自行设计河道地形、河岸绿化等背景环境制作;

(4)以下成果除8)“渲染图”之外,1)~7)均以dwg格式输出,并分别上传至卡伦特平台:

①输出一张主桥整体模型(dwg格式),命名为:01主桥;

②输出一张能清楚表示主梁及横梁构造(含人行道和栏杆)的图形(dwg格式),命名为:02主梁及横梁;

③输出一张能清楚表示拱座及基础构造的图形(dwg格式),命名为:03拱座及基础;

④输出一张能清楚表示拱圈及吊杆的图形(dwg格式),命名为:04拱圈及吊杆;

⑤输出一张能清楚表示拱上立柱构造的图形(dwg格式),命名为:05拱上立柱;

⑥输出一张能清楚表示风撑构造的图形(dwg格式),命名为:06风撑;

⑦输出一张能清楚表示边墩及基础构造的图形(dwg格式),命名为:07边墩及基础;

⑧渲染出一张能反映整体结构的效果图(JPG格式,视角、方向合理,能将全桥表达清楚),命名为:08渲染图。

注:务必看清楚文件上传格式,否则结果自负;不得使用翻模软件或插件作答;文件存储中不允许出现选手其他任何信息,否则以作弊处理,取消比赛成绩。

图纸目录

序号	图名	图号	页数	序号	图名	图号	页数
0	题目		1	5	风撑构造图	DQ005	14
1	桥型总体布置图	DQ001	2	6	主拱拱肋构造图	DQ006	6
2	Z0,Z3号桥墩一般构造图	DQ002	1	7	边拱拱肋构造图	DQ008	4
3	拱座构造图	DQ003	1	8	拱上立柱构造图	DQ009	2
4	横梁构造图	DQ004	6				

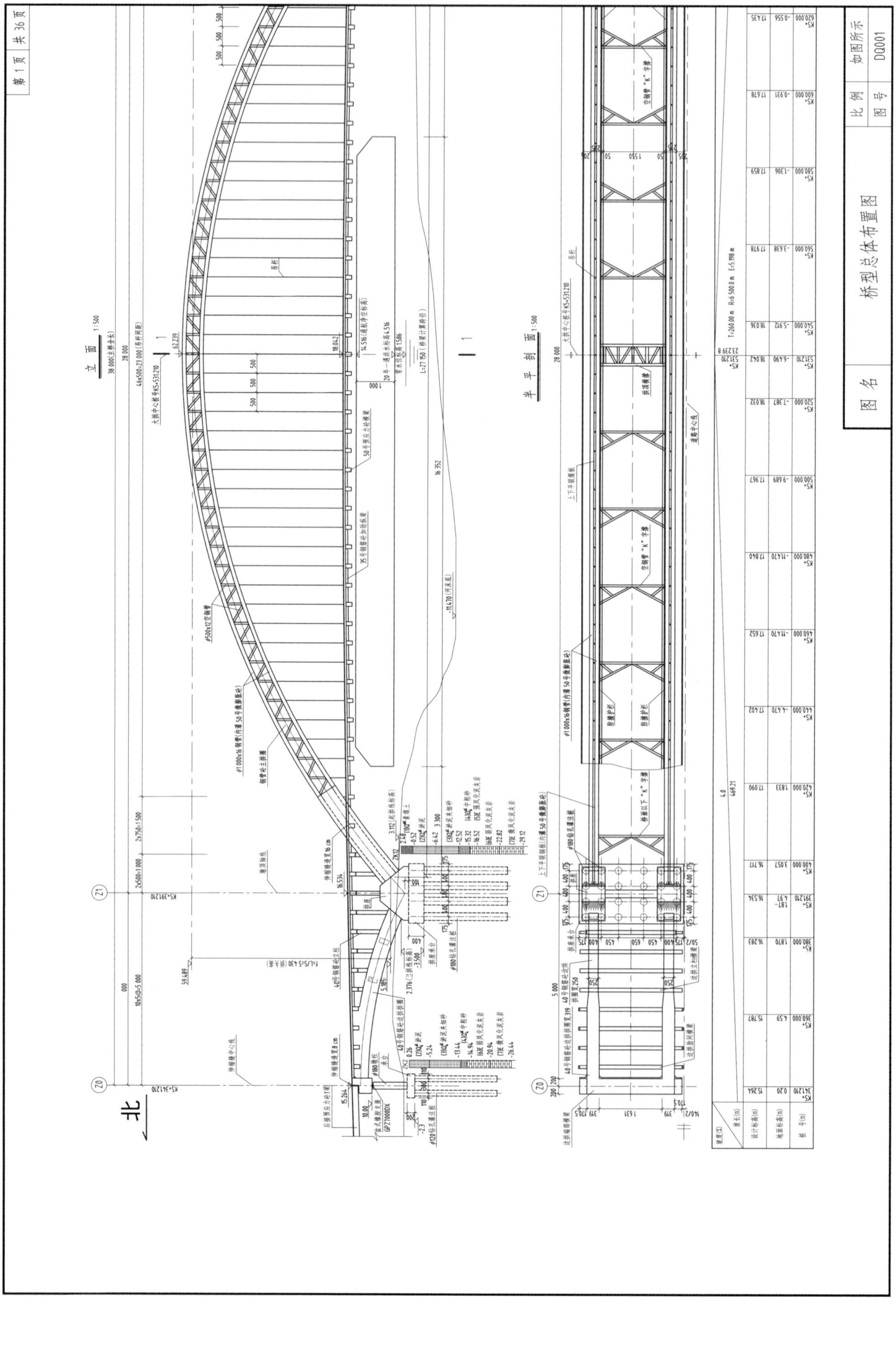
第 1 页 共 36 页
立面 1:500
半平面 1:500
北
图名 桥型总体布置图
比例 如图所示
图号 DQ001

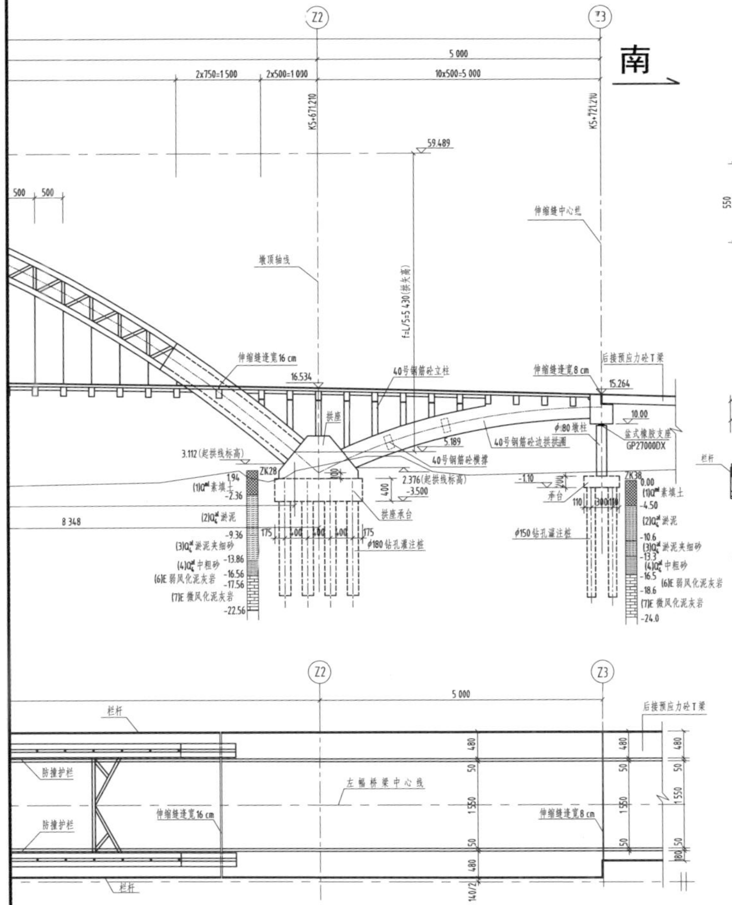

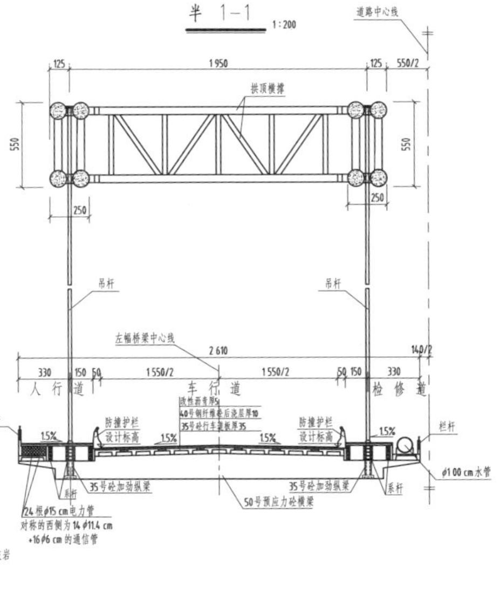

K5+620.000	K5+640.000	K5+660.000	K5+671.210	K5+680.000	K5+700.000	K5+721.210
-0.556	-0.222	-0.443	0.05- 4.75	4.390	1.112	1.400
17.435	17.131	16.766	16.534	16.339	15.850	15.264

说明：

1. 本图尺寸以cm计，高程和桩号以m计，钢管规格以mm计。
2. 吊杆直径为110 mm。
3. 本桥主拱为等截面悬链线钢管砼桁架系杆拱，其中计算跨径L=2 71.5 m，计算矢高f=54.3 m，f/L=1/5，M=1.5
   边拱为等截面悬链线钢筋砼拱，其中计算跨径L=89.35 m，计算矢高f=9.1 m，f/L=1/9.819，M=1.9。

图 名	桥型总体布置图	比 例	如图所示
		图 号	DQ001

第 3 页 | 共 36 页

立　面

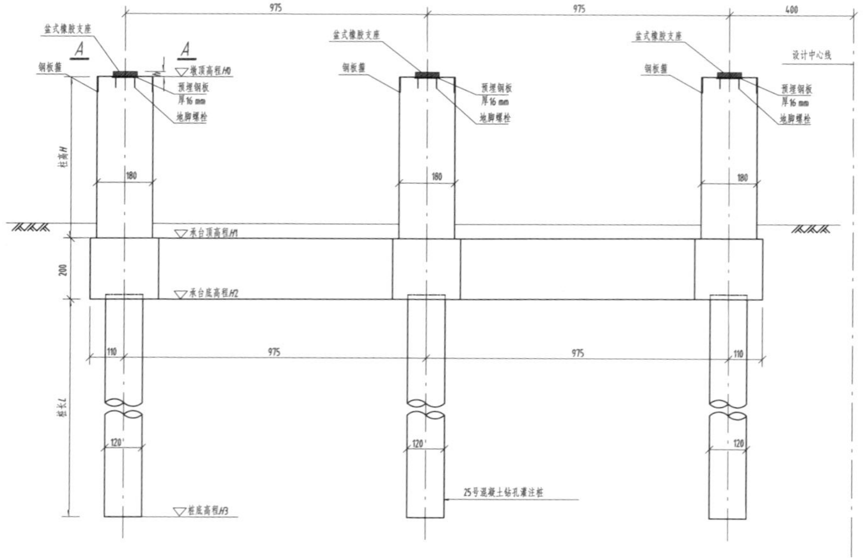

侧　面

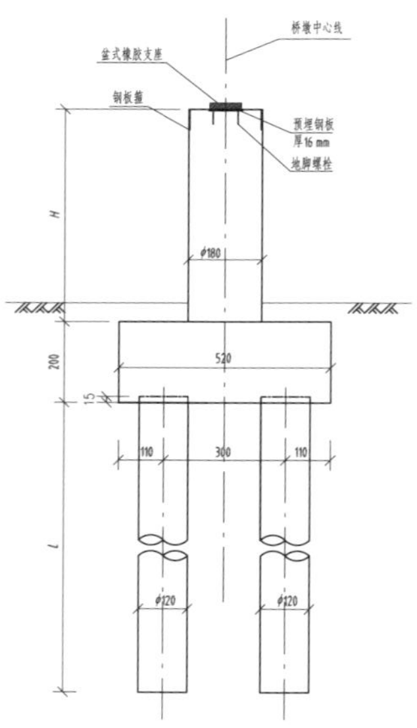

桩 柱 要 素 表

项　目	单位	Z0	Z3
墩顶高程H_0	m	9.84	9.84
承台顶高程H_1	m	0.3	0.90
柱高H	m	9.54	8.94
承台底高程H_2	m	-1.70	-1.10
桩底高程H_3	m	-23.00	-20.2
桩长L	m	21.3	19.1
30号混凝土	m^3	145.7	136.50
25号混凝土	m^3	289.1	259.2

平　面

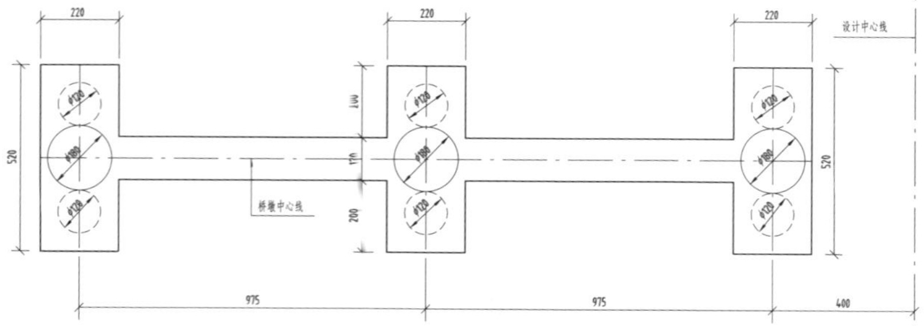

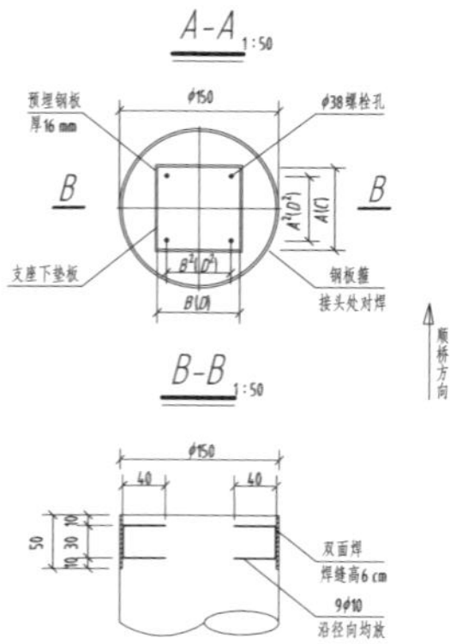

说明：

图中尺寸除注明者外，其余均以cm为单位。

图 名	Z0，23号桥墩一般构造图	比 例	如图所示
		图 号	DQ002

立 面 1:100

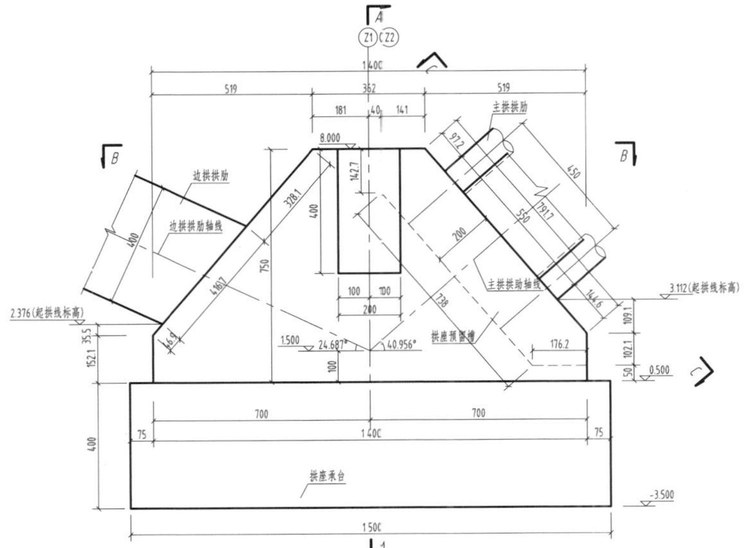

A-A 1:100

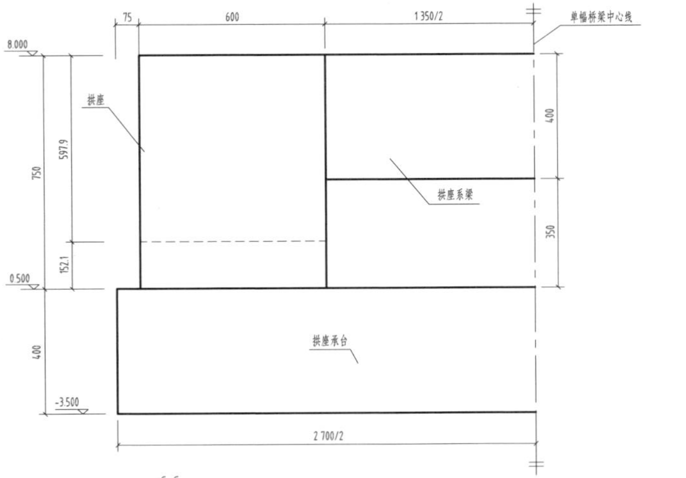

B-B 1:100

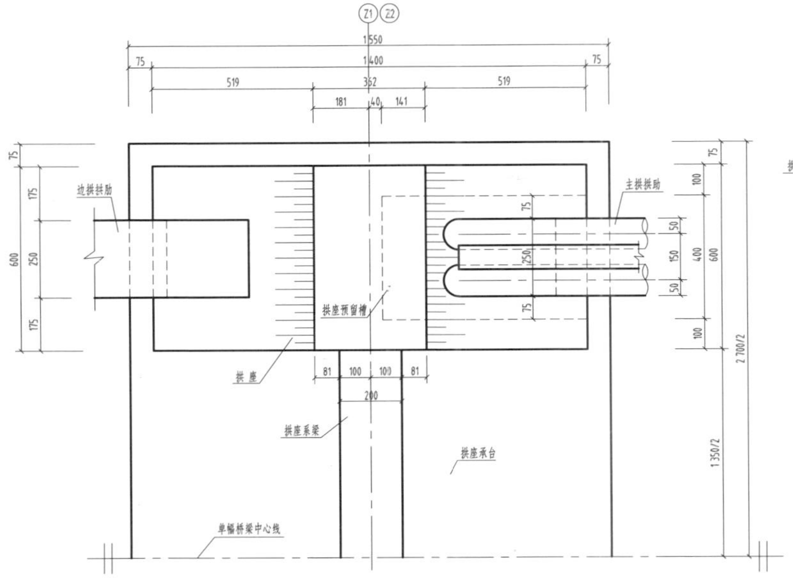

C-C 1:100

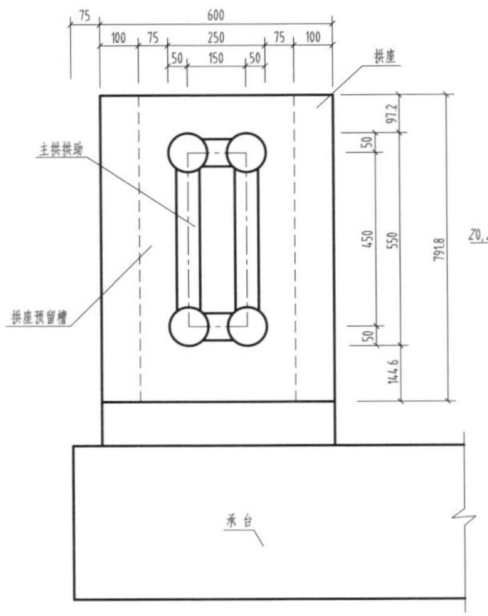

边跨施工辅助墩及桩基位置示意图

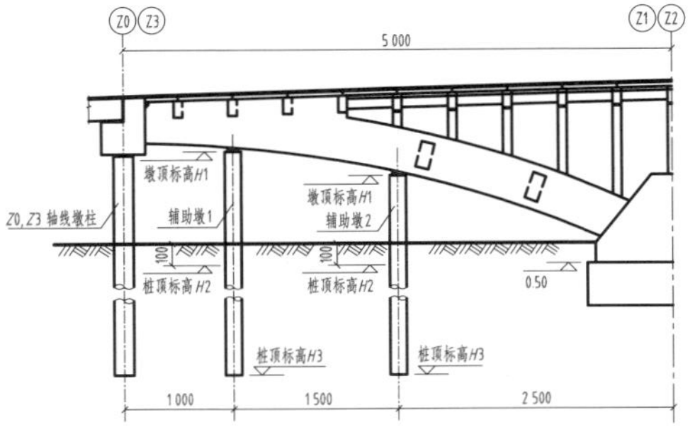

边跨施工辅助墩各部标高及长度表

轴线号	辅助墩号	H1墩顶标高 (m)	H2墩顶标高 (m)	H3墩顶标高 (m)	L (m)	L1 (m)	L2 (m)
Z0~Z1	辅助墩1	10.20	1.50	-24.50	34.70	8.70	14.00
	辅助墩2	8.00	1.50	-24.50	32.50	6.50	14.00
Z2~Z3	辅助墩1	10.20	0.50	-20.50	30.70	9.70	9.00
	辅助墩2	8.00	0.50	-20.50	28.50	7.50	9.00

说明：
本图尺寸以cm计，高程以m计。

图 名	拱座构造图	比 例	如图所示
		图 号	DQ003

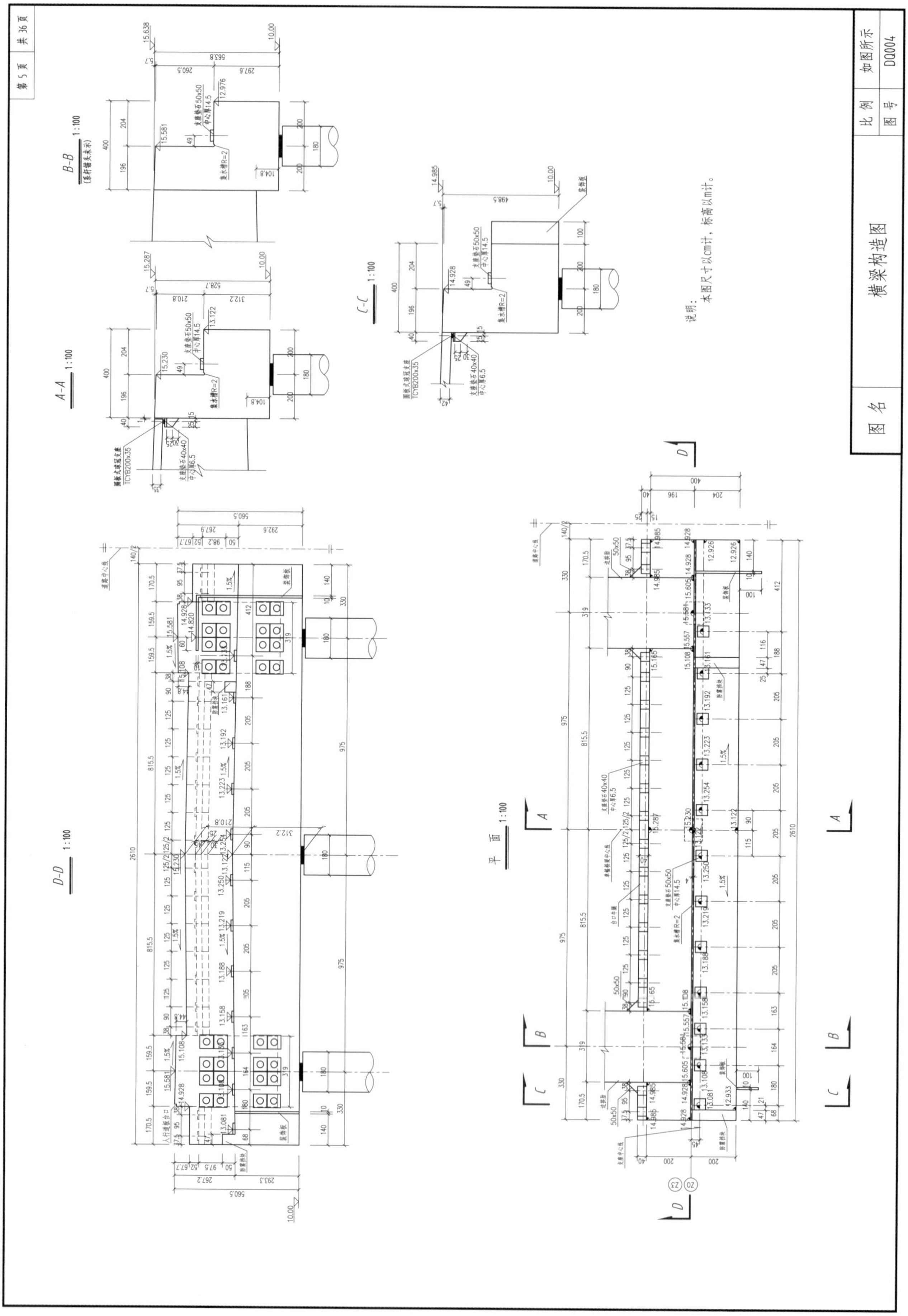
第 5 页 共 36 页
B-B 1:100
A-A 1:100
C-C 1:100
D-D 1:100
平面 1:100
说明：
本图尺寸以cm计，标高以m计。
图名 横梁构造图
比例 如图所示
图号 DQ004

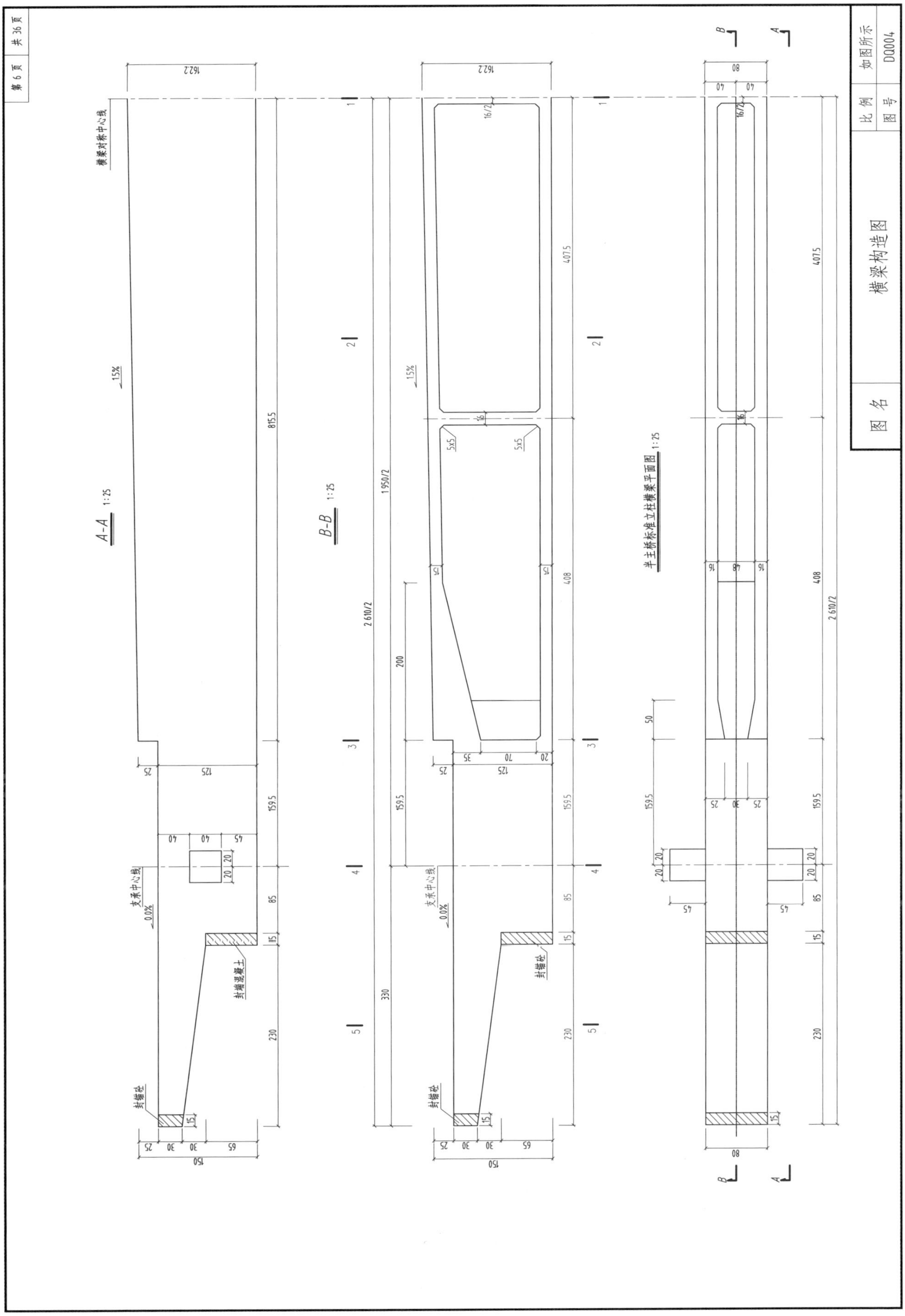
第 6 页 共 36 页
横梁构造图
比例 如图所示
图号 DQ004
图名
A-A 1:25
B-B 1:25
半主桥标准立柱横梁平面图 1:25
横梁对称中心线
支承中心线
封端混凝土
封锚砼
1.5%
0.0%
162.2
815.5
159.5
85
15
230
150
125
25
30
65
40
45
20
1 950/2
2 610/2
330
200
407.5
408
16/2
16
5x5
35
70
80
48

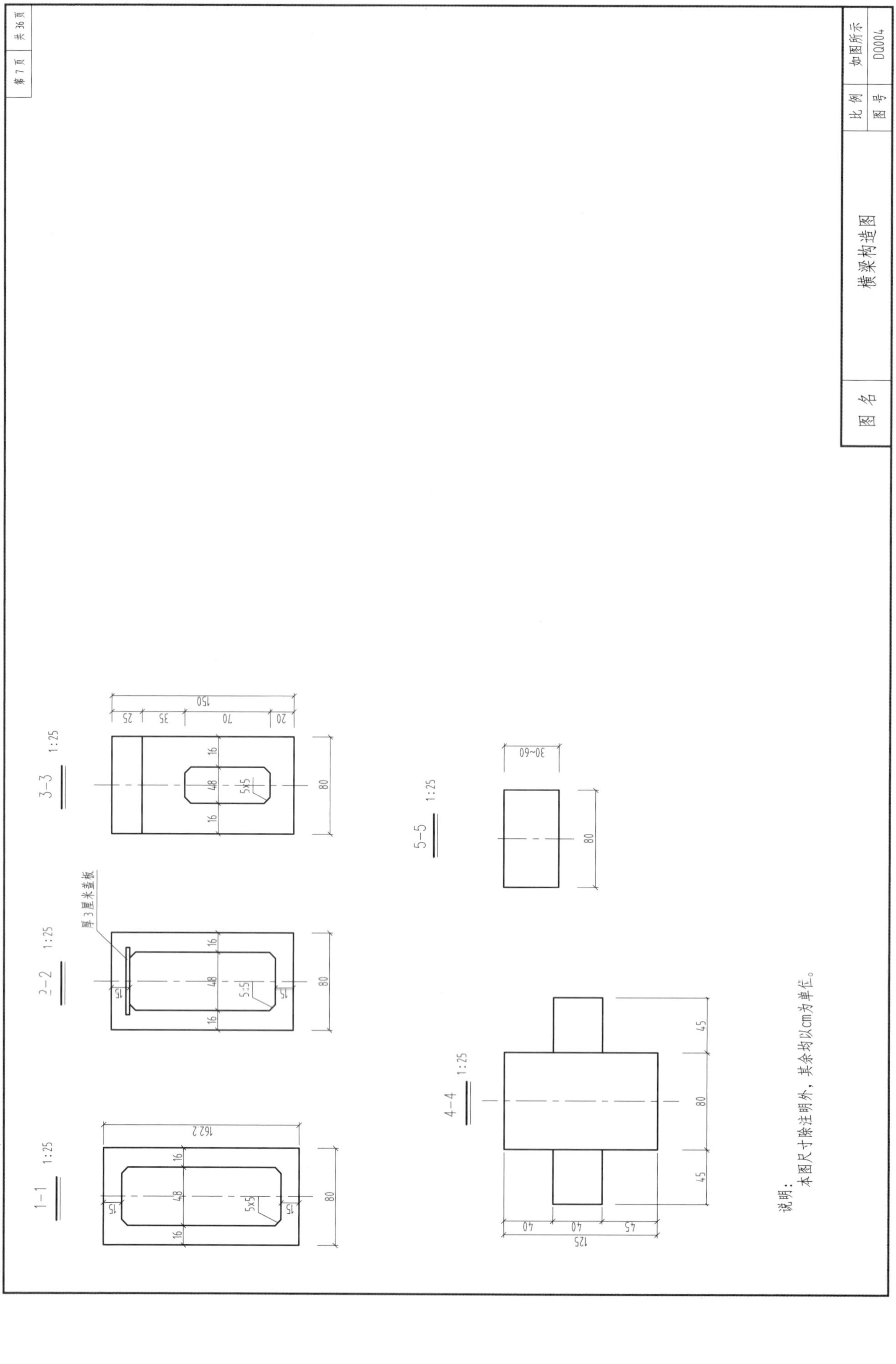
第 7 页 共 36 页
图名 横梁构造图
比例 如图所示
图号 DQ004
1—1 1:25
2—2 1:25
3—3 1:25
4—4 1:25
5—5 1:25
厚3厘米盖板
162
150
25 35 70 20
16 48 16
5x5
5:5
15
80
30~60
45 80 45
40 40 45
125
说明：
本图尺寸除注明外，其余均以cm为单位。

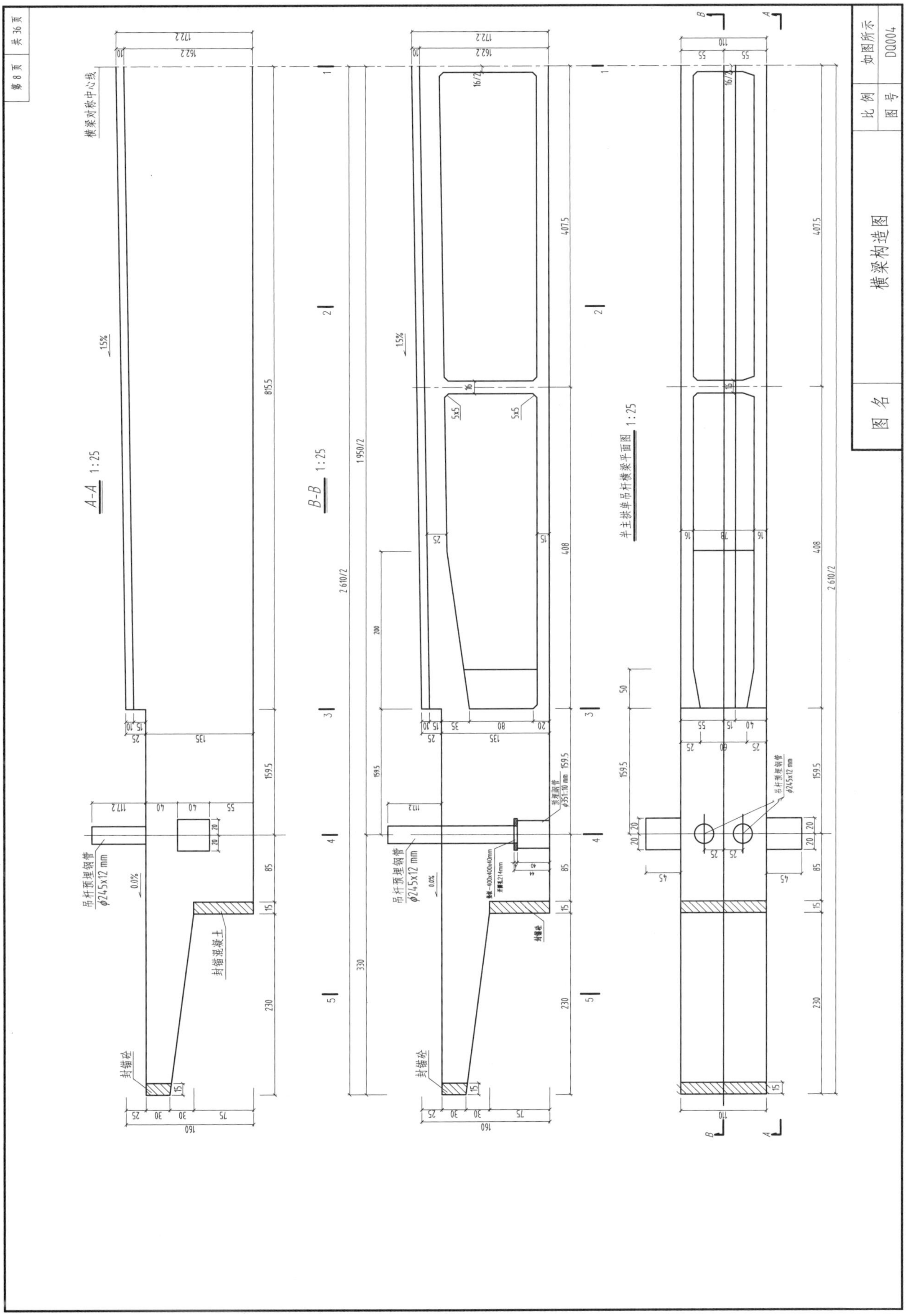
第 8 页 共 36 页
横梁构造图
比例 如图所示
图号 DQ004
图名
A-A 1:25
B-B 1:25
半主拱单吊杆横梁平面图 1:25
横梁对称中心线
吊杆预埋钢管 ϕ245x12 mm
封锚混凝土
封锚砼
15%
0.0%
1 950/2
2 610/2
172.2
162.2
135
160
407.5
408
159.5
85
230
330
110
55

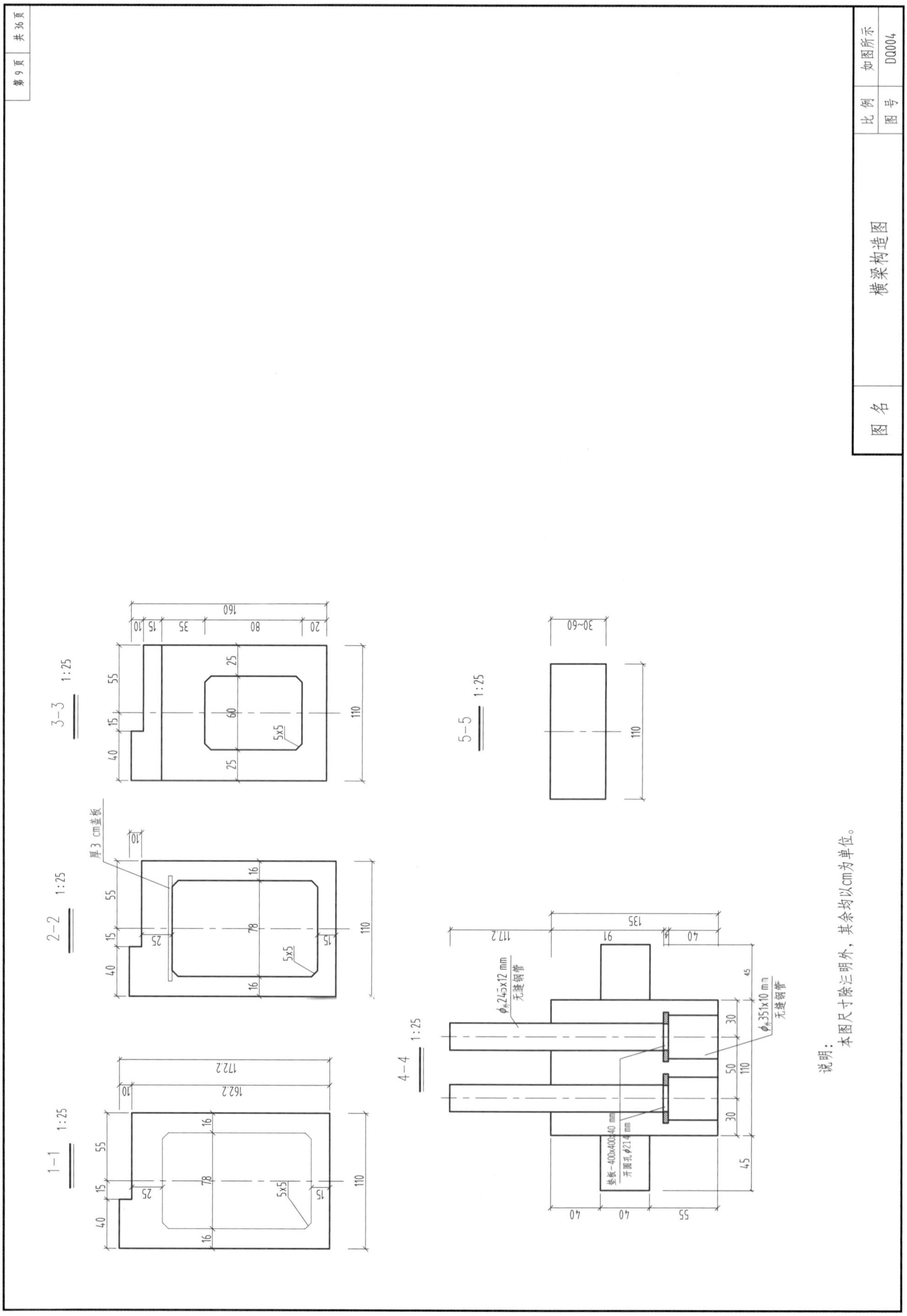
第 9 页
共 36 页
比例
如图所示
图号
DQ004
图名
横梁构造图
1-1 1:25
2-2 1:25
3-3 1:25
4-4 1:25
5-5 1:25
厚3 cm盖板
$\phi_外$245x12 mm 无缝钢管
$\phi_外$351x10 mm 无缝钢管
垫板-400x400x40 mm
开圆孔ϕ214 mm
说明:
本图尺寸除注明外，其余均以cm为单位。

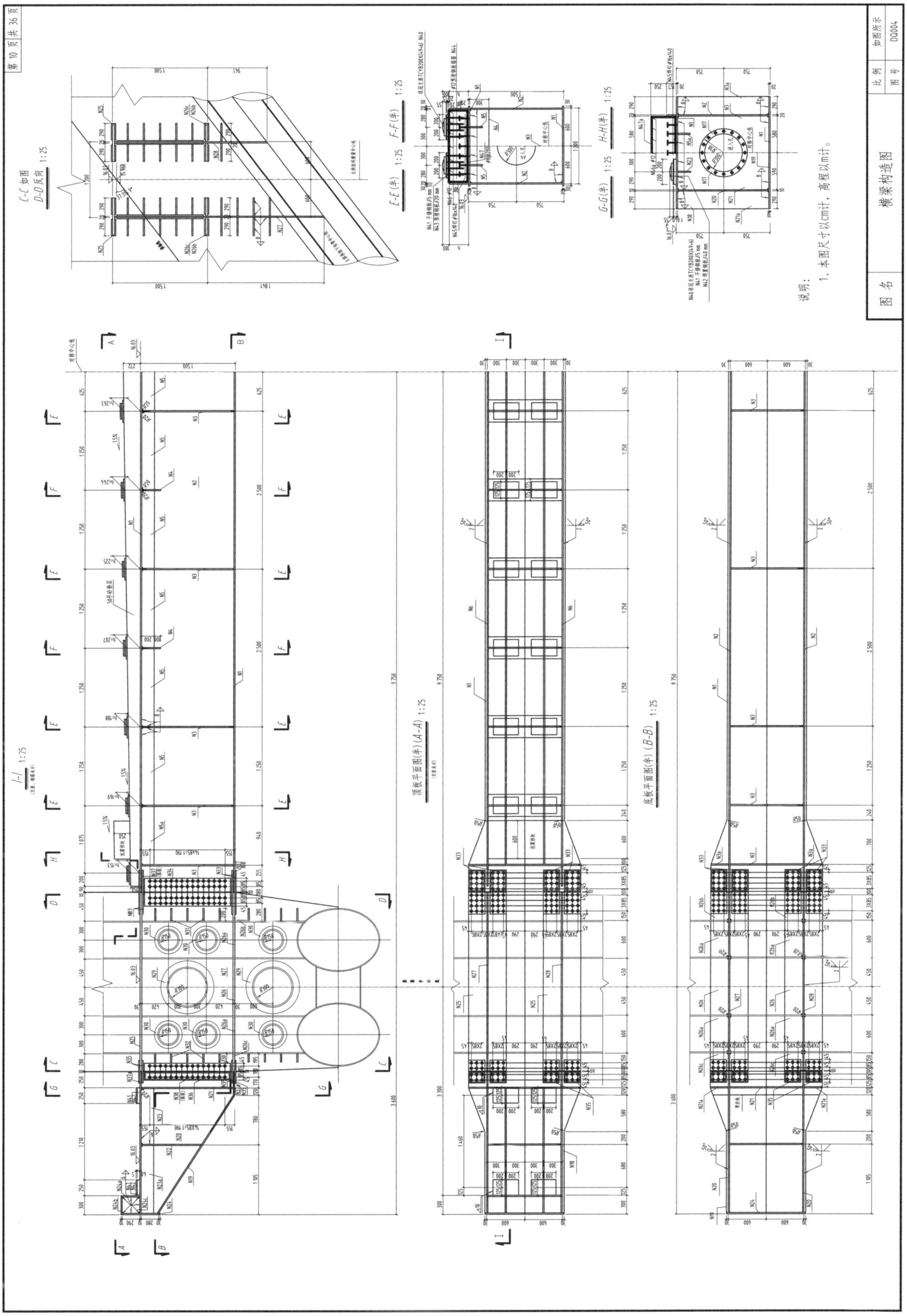
第 10 页 共 36 页
C-C 如图
D-D反向 1:25
E-E(半) 1:25
F-F(半) 1:25
G-G(半) 1:25
H-H(半) 1:25
I-I 1:25
顶板平面图(半)(A-A) 1:25
底板平面图(半)(B-B) 1:25
说明：
1. 本图尺寸以cm计，高程以m计。
比例 如图所示
图号 DQ004
图名 横梁构造图

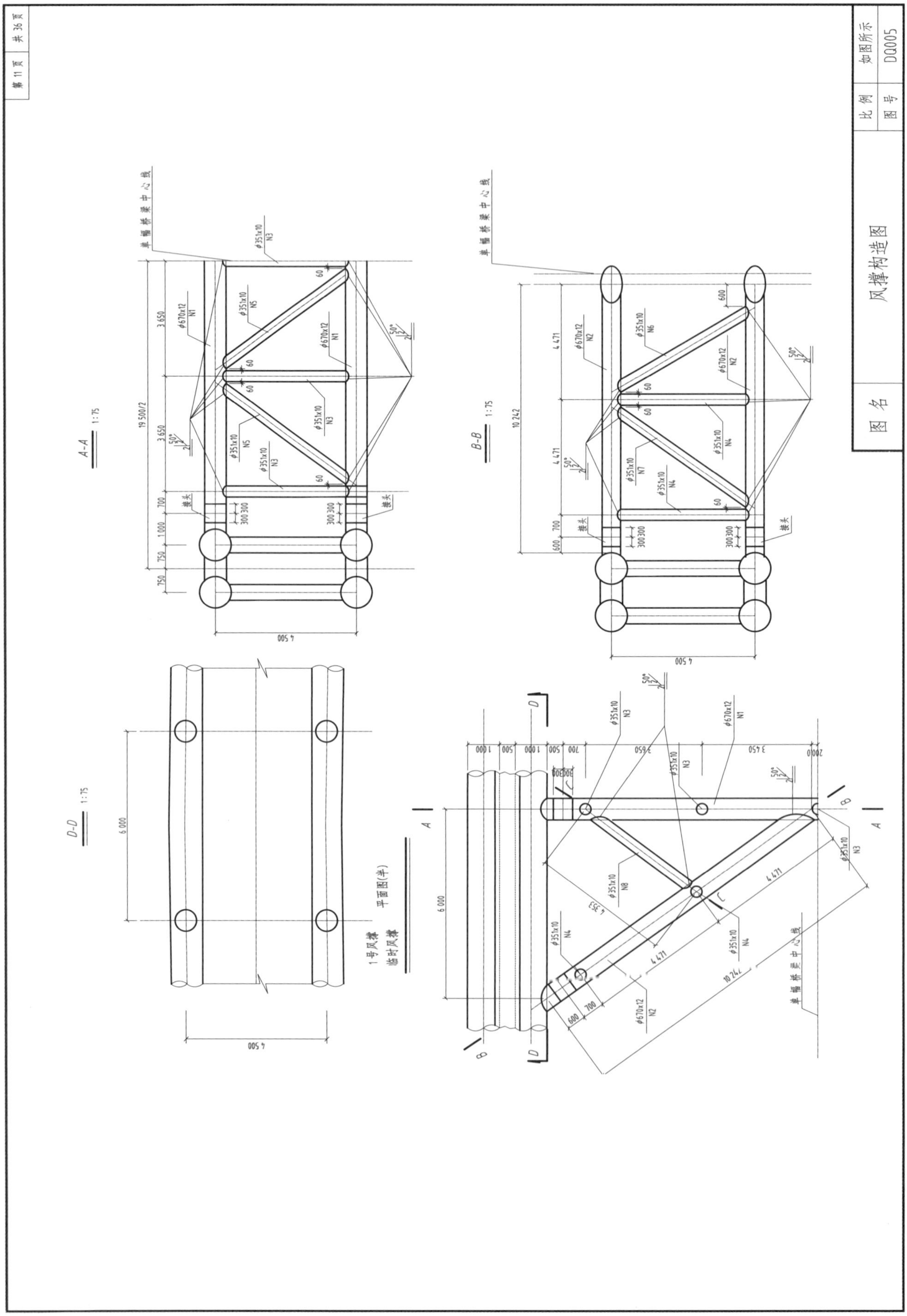
第 11 页 共 36 页
A-A 1:75
B-B 1:75
D-D 1:75
1号风撑 平面图(半)
临时风撑
单幅桥梁中心线
接头
φ670x12 N1
φ670x12 N2
φ351x10 N3
φ351x10 N4
φ351x10 N5
φ351x10 N6
φ351x10 N7
φ351x10 N8
19 500/2
10 242
4 471
4 500
6 000
图名 风撑构造图
比例 如图所示
图号 DQ005

C-C 1:75

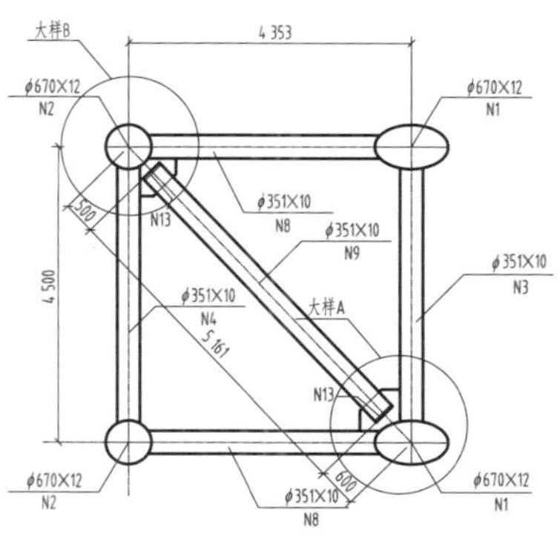

N13大样

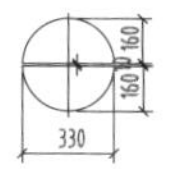

大 样 A 1:25

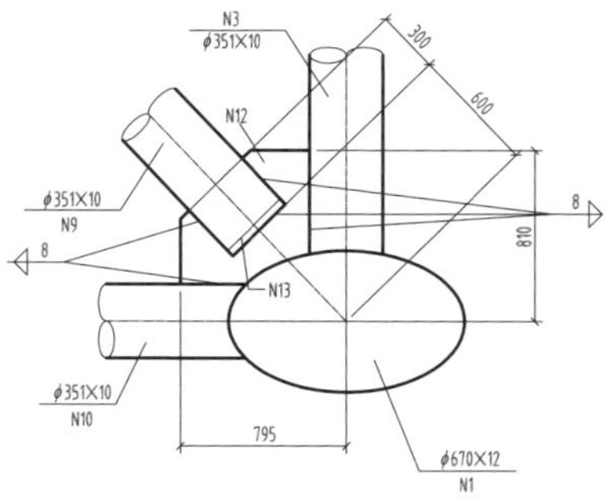

大 样 B 1:25

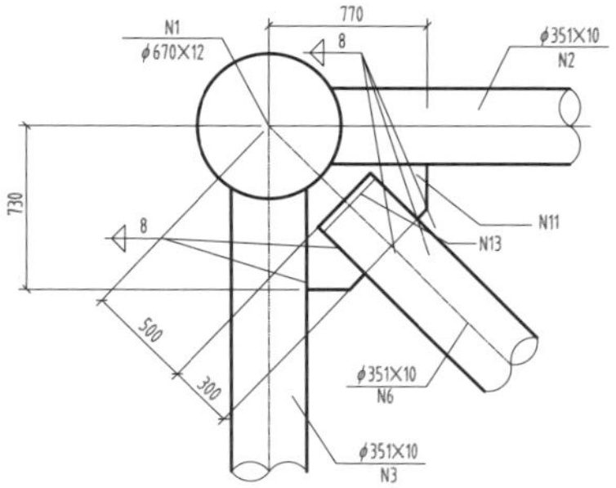

1号风撑
临时风撑 材料表
（一部风撑）

名称	编号	编号	规格	长度 (mm)	数量	单件重 (kg)	共重 (kg)	合计
横撑管	N1	Q345C	ϕ670×12	16 000	2	3 116.0	6 232	Q345C 钢板： 13 803 kg 无缝钢管： 8 385 kg
斜撑管	N2	Q345C	ϕ670×12	9 448	4	1 840.6	7 363	
竖腹管	N3	Q345C	ϕ351×10	3 930	5	328.6	1 642	
竖腹管	N4	Q345C	ϕ351×10	3 930	4	328.6	1 315	
斜腹管	N5	Q345C	ϕ351×10	4 761	4	368.0	1 592	
斜腹管	N6	Q345C	ϕ351×10	4 982	2	416.5	833	
斜腹管	N7	Q345C	ϕ351×10	5 290	2	422.2	885	
连接管	N8	Q345C	ϕ351×10	3 750	4	313.5	1 254	
连接管	N9	Q345C	ϕ351×10	5 161	2	431.5	863	
节点板	N11	Q345C	-351×10	800	2	44.0	88	
节点板	N11	Q345C	-10×675	900	2	48.0	96	
封头板	N11	Q345C	-8×ϕ300		4	6.0	24	

说明：
本图尺寸均以mm计。

图 名	风撑构造图	比 例	如图所示
		图 号	DQ005

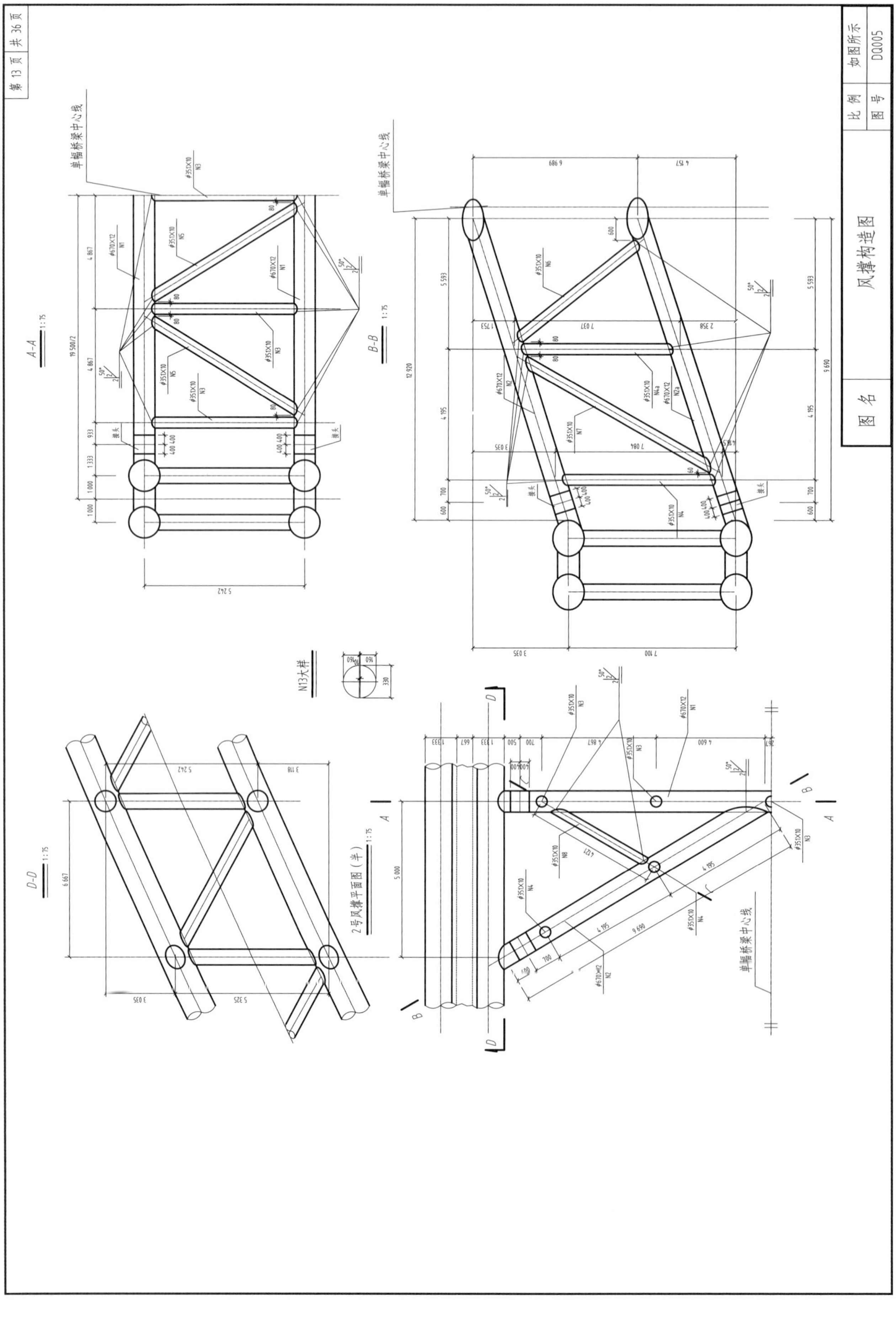

第 13 页 共 36 页
A-A 1:75
B-B 1:75
D-D 1:75
2号风撑平面图（半） 1:75
N13大样
单幅桥梁中心线
比 例 如图所示
图 号 DQ005
图 名 风撑构造图

C-C 1:75

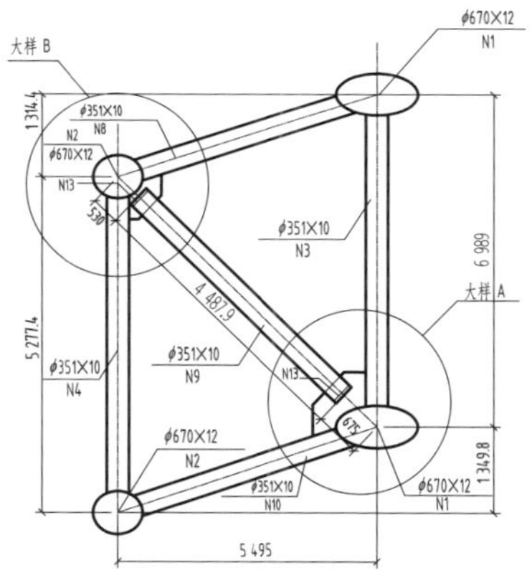

大样A 1:25

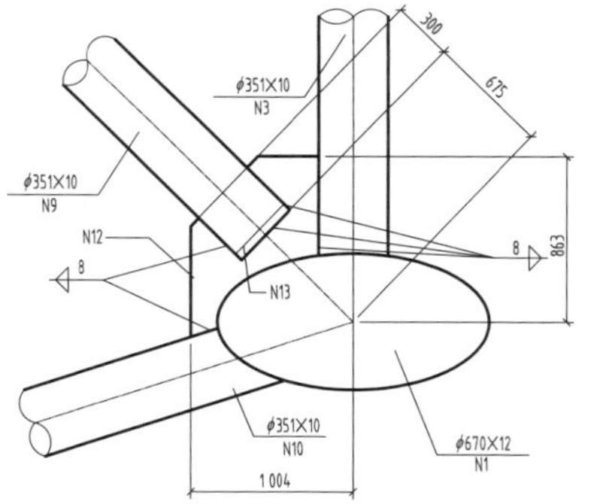

大样B 1:25

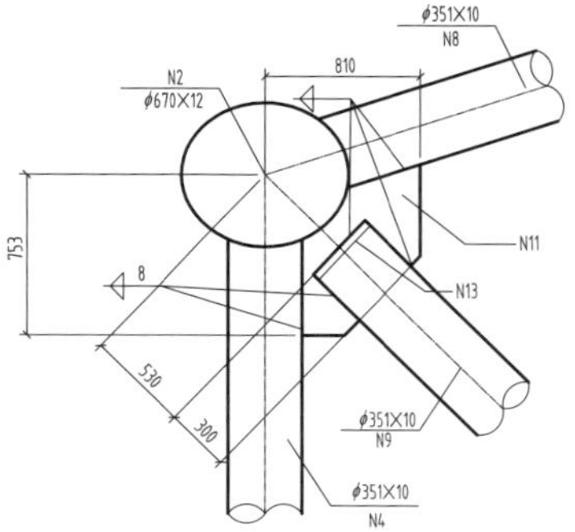

2号风撑材料表（一部风撑）

名称	编号	材质	规格	长度 (mm)	数量	单件量 (kg)	共重 (kg)	合计
横撑管	N1	Q345C	ϕ670X12	16 000	2	3 116.0	6 232	Q345C: 钢板: 13 882 kg 无缝钢管: 9 179 kg
斜撑管	N2	Q345C	ϕ670X12	9 522	2	1 855.0	3 710	
斜撑管	N2a	Q345C	ϕ670X12	9 540	2	1 859.0	3 718	
竖腹管	N3	Q345C	ϕ351X10	4 672	5	390.6	1 953	
竖腹管	N4	Q345C	ϕ351X10	4 743	2	396.5	793	
竖腹管	N4a	Q345C	ϕ351X10	4 707	2	393.5	787	
斜腹管	N5	Q345C	ϕ351X10	5 476	4	457.8	1 831	
斜腹管	N6	Q345C	ϕ351X10	4 580	2	382.9	766	
斜腹管	N7	Q345C	ϕ351X10	6 584	2	550.5	1 101	
连接管	N8	Q345C	ϕ351X10	3 571	2	298.6	597	
连接管	N9	Q345C	ϕ351X10	4 488	2	375.2	751	
连接管	N10	Q345C	ϕ351X10	3 585	2	299.8	600	
节点板	N11	Q345C	-10X600	850	2	40	80	
节点板	N12	Q345C	-10X750	1 000	2	59	118	
封头板	N13	Q345C	-8Xϕ330		4	6	24	

说明：
本图尺寸均以mm计。

图名	风撑构造图	比例	如图所示
		图号	DQ005

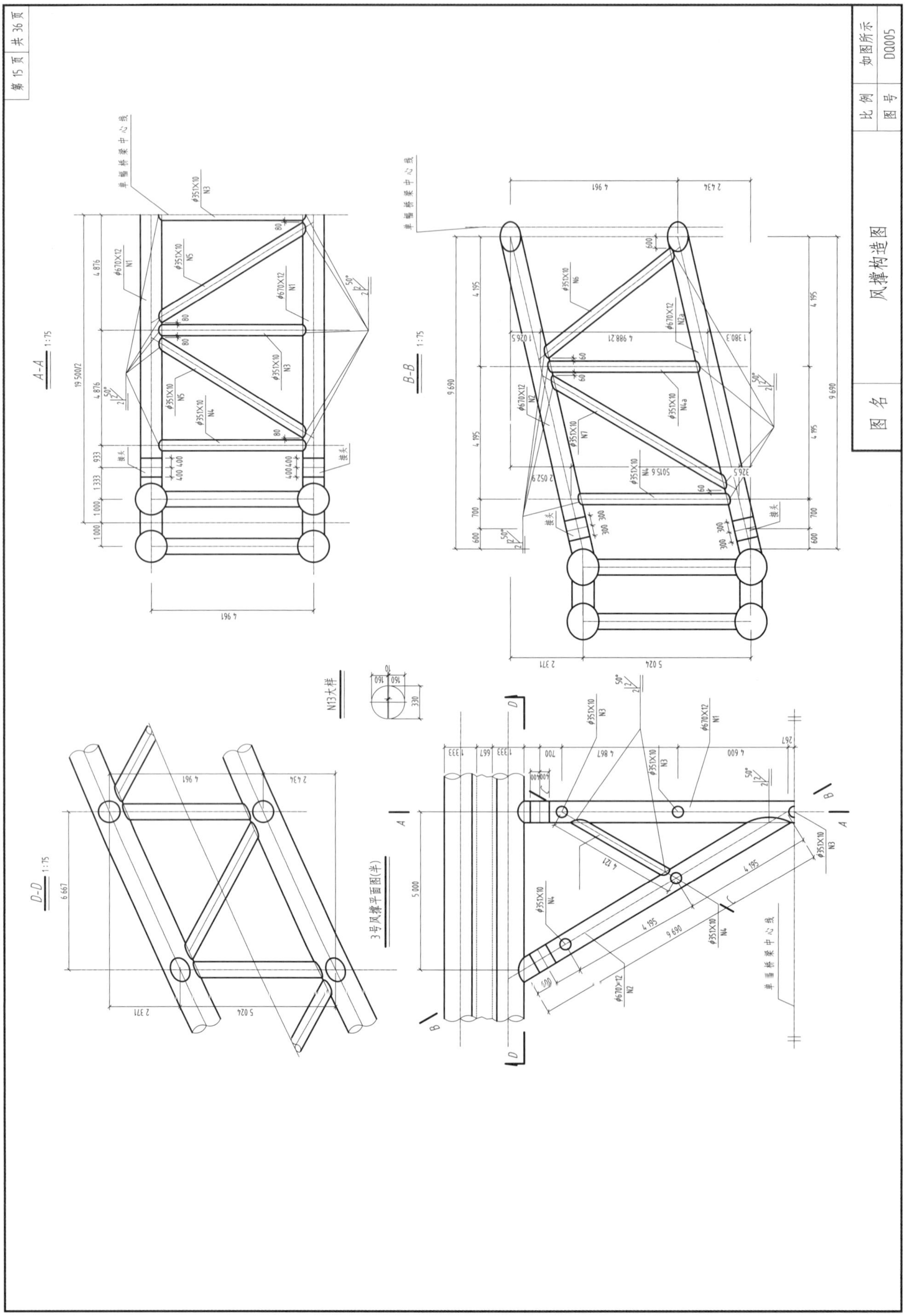
第 15 页 共 36 页
A-A 1:75
B-B 1:75
D-D 1:75
3号风撑平面图(半)
N13大样
图名 风撑构造图
比例 如图所示
图号 DQ005

C-C 1:75

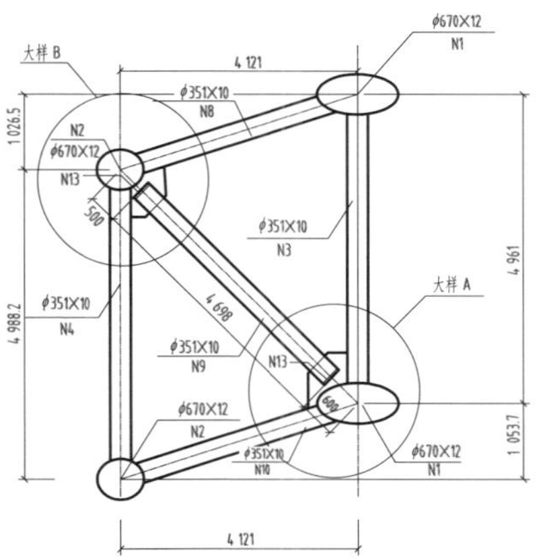

大样A 1:25

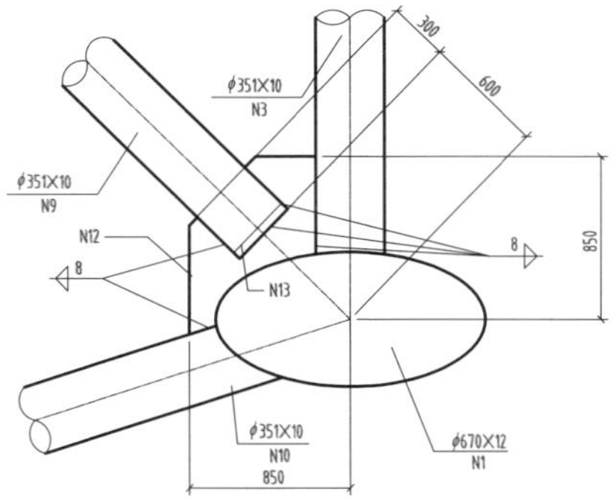

大样B 1:25

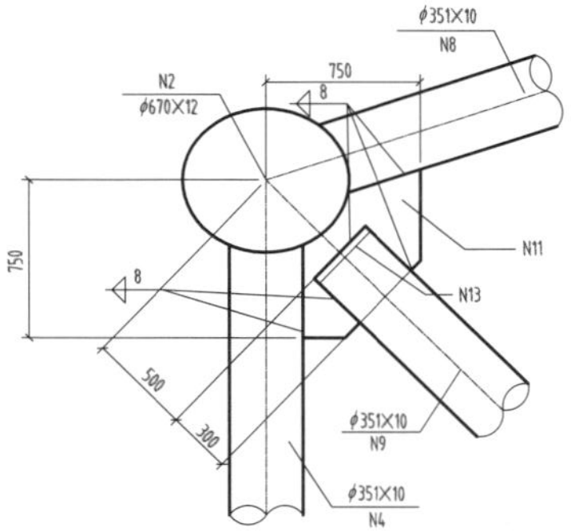

3号风撑材料表 (一部风撑)

名称	编号	材质	规格	长度 (mm)	数量	单件量 (kg)	共重 (kg)	合计
横撑管	N1	Q345C	φ670X12	16 000	2	3 116.0	6 232	Q345C: 钢板: 13 721 kg 无缝钢管: 8 840 kg
斜撑管	N2	Q345C	φ670X12	9 358	2	1 822.5	3 645	
斜撑管	N2a	Q345C	φ670X12	9 372	2	1 826.0	3 652	
竖腹管	N3	Q345C	φ351X10	4 390	5	367.0	1 835	
竖腹管	N4	Q345C	φ351X10	4 445	2	371.6	743	
竖腹管	N4a	Q345C	φ351X10	4 419	2	369.4	739	
斜腹管	N5	Q345C	φ351X10	5 223	4	436.6	1747	
斜腹管	N6	Q345C	φ351X10	4 600	2	384.6	769	
斜腹管	N7	Q345C	φ351X10	6 214	2	519.5	1 039	
连接管	N8	Q345C	φ351X10	3 530	2	295.1	590	
连接管	N9	Q345C	φ351X10	4 698	2	392.8	786	
连接管	N10	Q345C	φ351X10	3 540	2	296.0	592	
节点板	N11	Q345C	-10X575	800	2	36.0	72	
节点板	N12	Q345C	-10X675	900	2	48.0	96	
封头板	N13	Q345C	-8Xφ330		4	6.0	24	

说明:
本图尺寸均以mm计。

图名	风撑构造图	比例	如图所示
		图号	DQ005

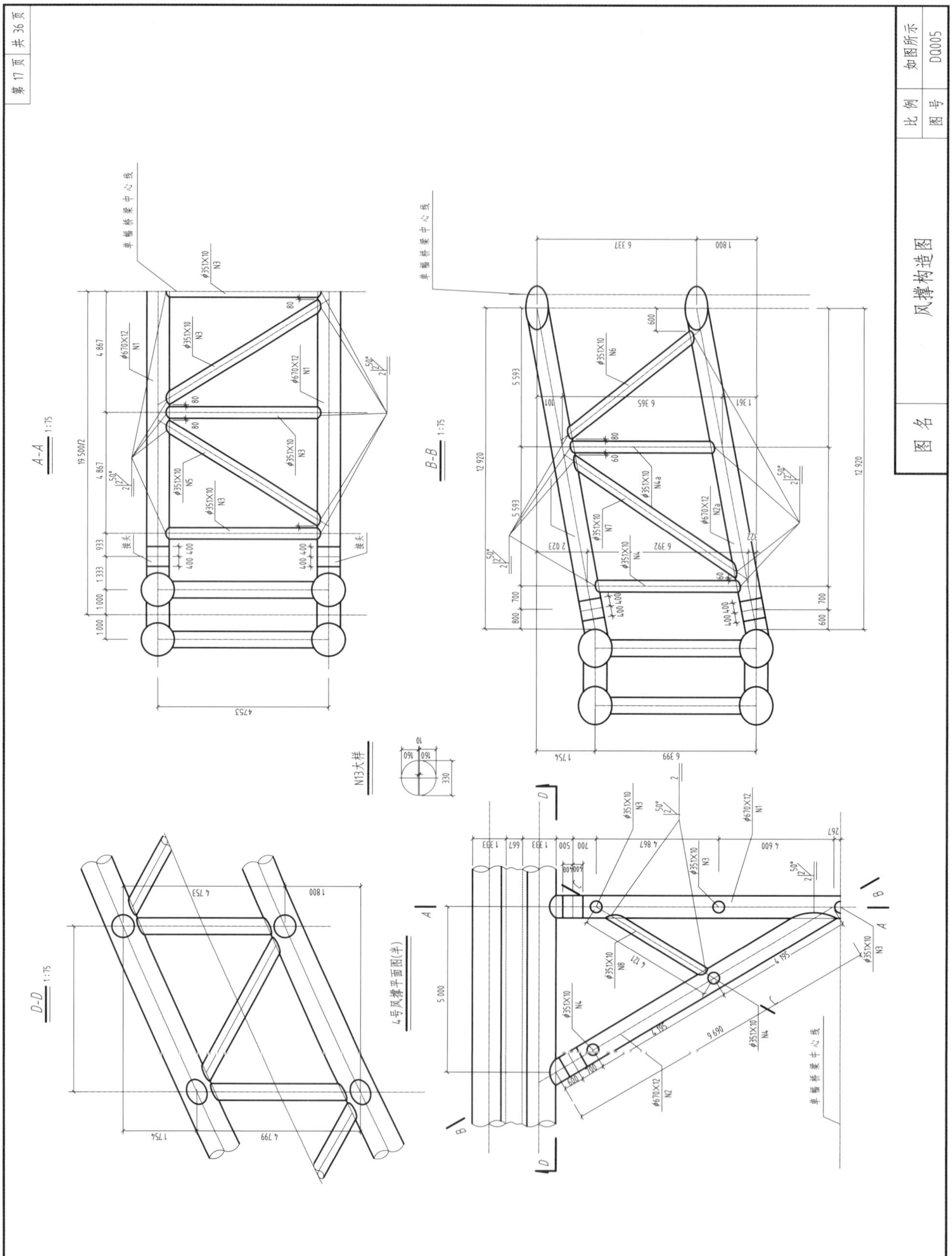
第 17 页 共 36 页
比例 如图所示
图号 DQ005
图名 风撑构造图
A-A 1:75
B-B 1:75
D-D 1:75
4号风撑平面图(半)
N13大样
车辐桥梁中心线
φ670X12 N1
φ670X12 N2
φ670X12 N2a
φ351X10 N3
φ351X10 N4
φ351X10 N4a
φ351X10 N5
φ351X10 N6
φ351X10 N7
φ351X10 N8
接头
19 500/2
12 920
4753
6 399
1 754
4 799
6 337
1 800

C-C 1:75

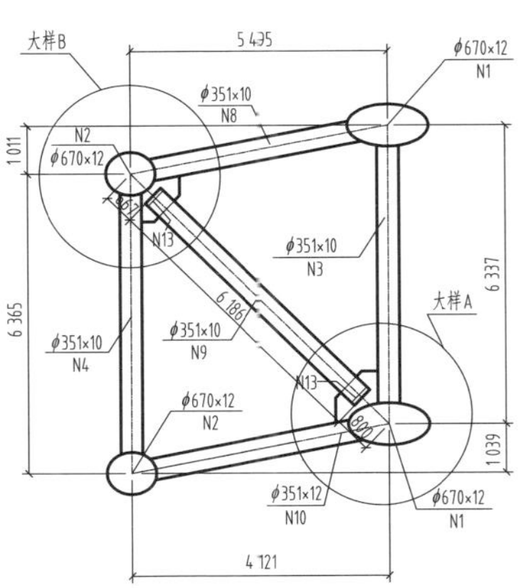

大样A 1:25

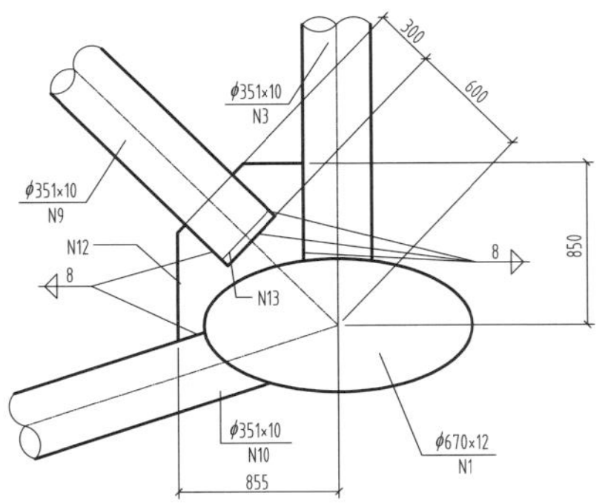

大样B 1:25

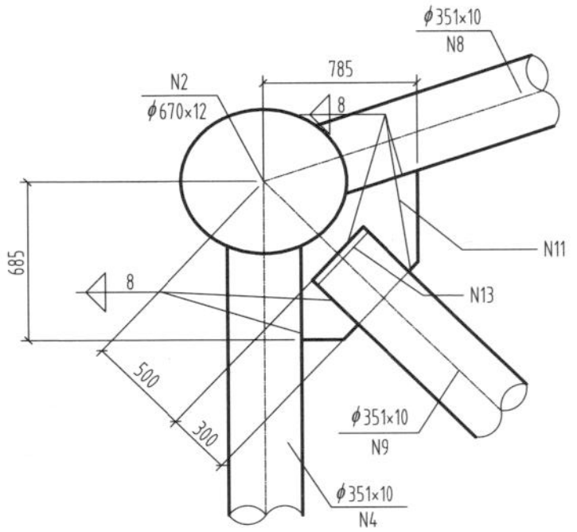

4号风撑材料表（一部风撑）

名称	编号	材质	规格	长度 (mm)	数量	单件重 (kg)	共重 (kg)	合计
横撑管	N1	Q345C	ϕ670×12	[illegible] 000	2	3 116.0	6 232	Q345C: 钢板: 13 601 kg 无缝钢管: 8 516 kg
斜撑管	N2	Q345C	ϕ670×12	[illegible] 203	2	1 792.3	3 585	
斜撑管	N2a	Q345C	ϕ670×12	9 217	2	1 795.8	3 592	
竖腹管	N3	Q345C	ϕ351×10	[illegible] 183	2	349.7	1 749	
竖腹管	N4	Q345C	ϕ351×10	[illegible] 212	2	352.1	704	
竖腹管	N4a	Q345C	ϕ351×10	[illegible] 192	2	350.5	701	
斜腹管	N5	Q345C	ϕ351×10	5 067	4	422.1	1 688	
斜腹管	N6	Q345C	ϕ351×10	[illegible] 870	2	407.1	814	
斜腹管	N7	Q345C	ϕ351×10	5 685	2	475.3	951	
连接管	N8	Q345C	ϕ351×10	3 382	2	282.7	566	
连接管	N9	Q345C	ϕ351×10	[illegible] 640	2	387.9	776	
连接管	N10	Q345C	ϕ351×10	3 388	2	283.3	567	
节点板	N11	Q345C	-10×575	800	2	36	72	
节点板	N12	Q345C	-10×675	900	2	48	96	
封头板	N13	Q345C	-8×ϕ675		4	6	24	

说明：
1. 本图尺寸均以mm计。

图名	风撑构造图	比例	如图所示
		图号	DQ005

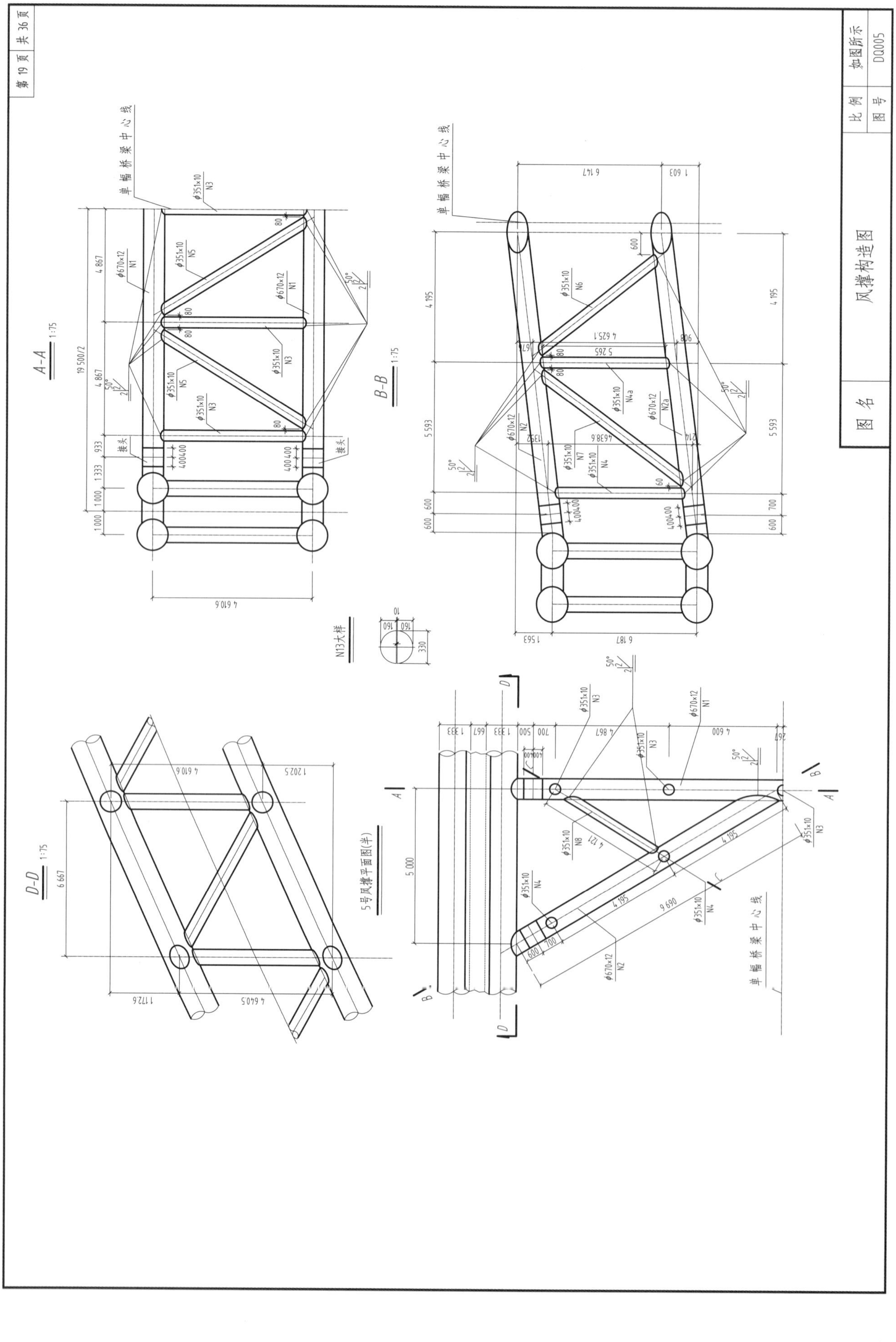
第 19 页 共 36 页
比例 如图所示
图号 DQ005
图名
风撑构造图
A-A 1:75
B-B 1:75
D-D 1:75
5号风撑平面图(半)
N13大样
单幅桥梁中心线
接头

C-C 1:75

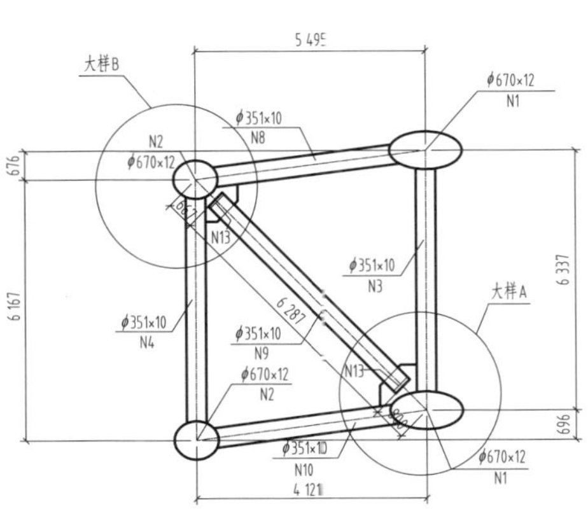

大样A 1:25

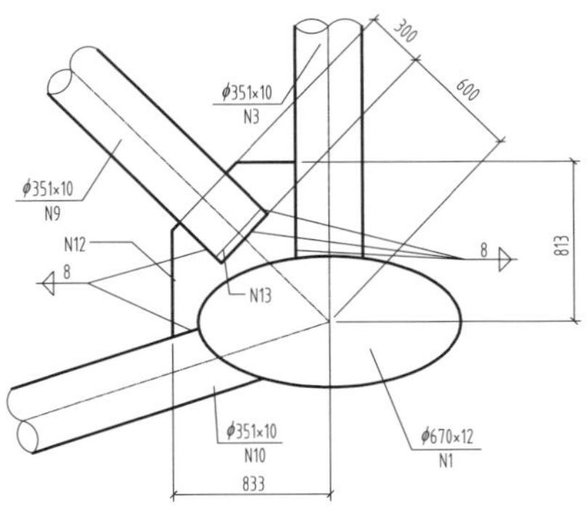

大样B 1:25

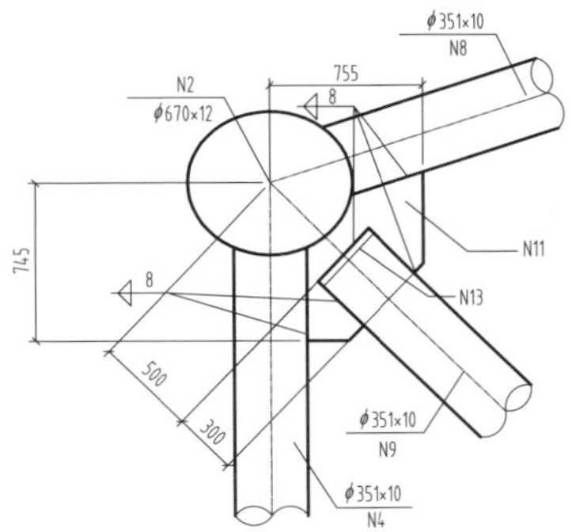

5号风撑材料表(一部风撑)

名称	编号	材质	规格	长度(mm)	数量	单件重(kg)	共重(kg)	合计
横撑管	N1	Q345C	ϕ670×12	16 000	2	3 116.0	6 232	Q345C: 钢板: 13 561 kg 无缝钢管: 8 310 kg
斜撑管	N2	Q345C	ϕ670×12	9 138	2	1 779.7	3 560	
斜撑管	N2a	Q345C	ϕ670×12	9 139	2	1 780.6	3 561	
竖腹管	N3	Q345C	ϕ351×10	4 04[illegible]	2	337.9	1 689	
竖腹管	N4	Q345C	ϕ351×10	4 06[illegible]	2	339.6	679	
竖腹管	N4a	Q345C	ϕ351×10	4 043	2	338.5	677	
斜腹管	N5	Q345C	ϕ351×10	495[illegible]	4	413.8	1 655	
斜腹管	N6	Q345C	ϕ351×10	4 687	2	392.9	786	
斜腹管	N7	Q345C	ϕ351×10	5 523	2	462.2	925	
连接管	N8	Q345C	ϕ351×10	3 315	2	277.2	555	
连接管	N9	Q345C	ϕ351×10	4 715	2	394.3	789	
连接管	N10	Q345C	ϕ351×10	3 319	2	277.5	555	
节点板	N11	Q345C	-10×700	800	2	44.0	88	
节点板	N12	Q345C	-10×675	900	2	48.0	96	
封头板	N13	Q345C	-8×ϕ330		4	6.0	24	

说明:
本图尺寸均以mm计。

图名	风撑构造图	比例	如图所示
		图号	DQ005

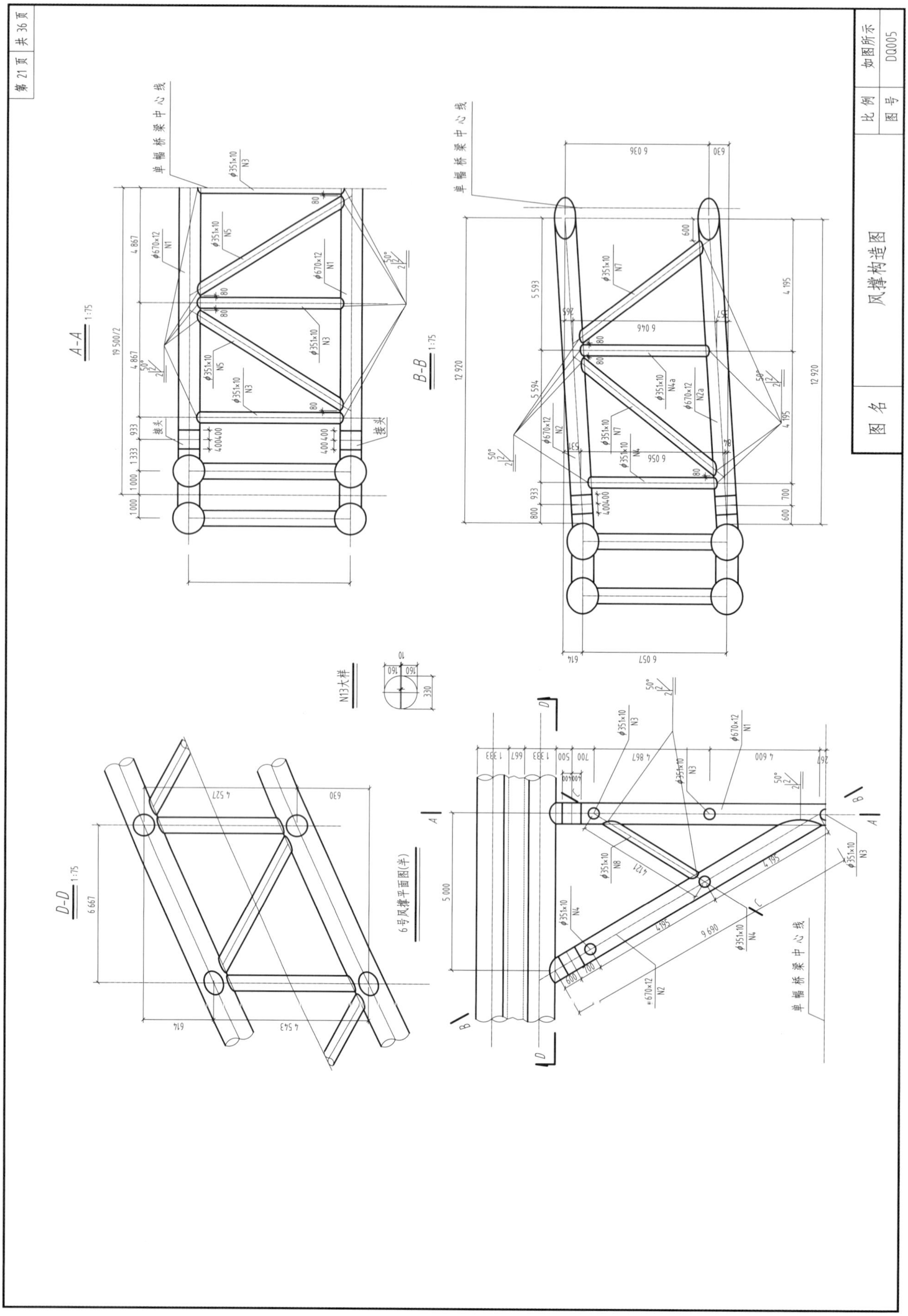
第 21 页 共 36 页
比例 如图所示
图号 DQ005
图名 风撑构造图
A-A 1:75
B-B 1:75
D-D 1:75
N13大样
6号风撑平面图(半)
单幅桥梁中心线

C-C 1:75

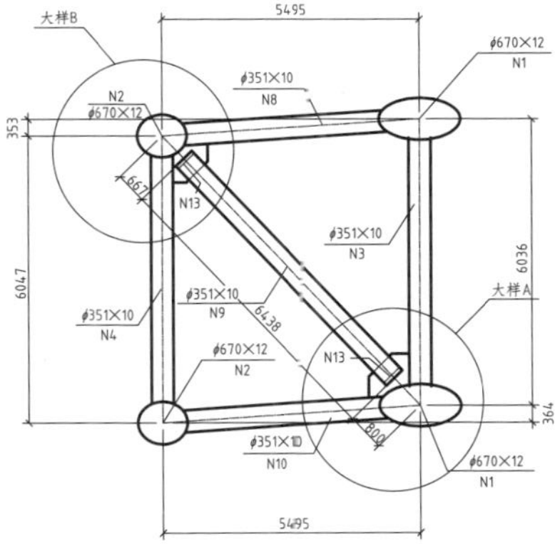

大样A 1:25

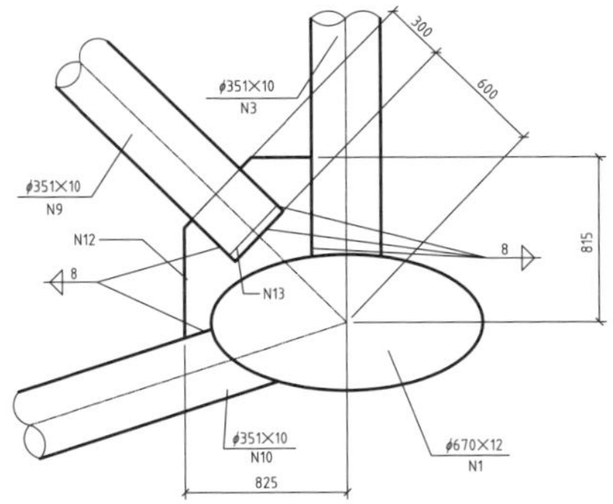

大样B 1:25

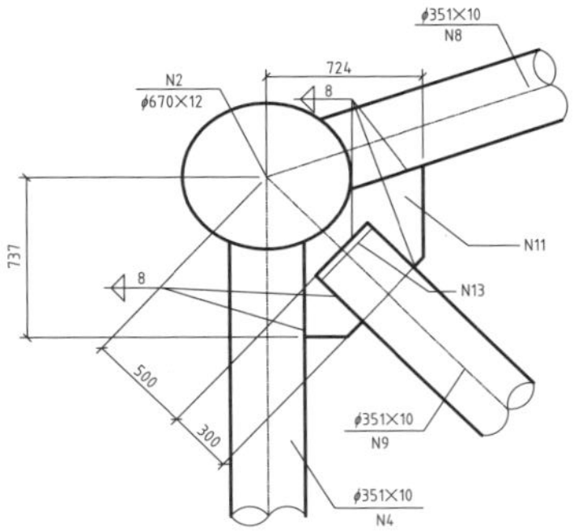

6号风撑材料表(一部风撑)

名称	编号	材质	规格	长度(mm)	数量	单件重(kg)	共重(kg)	合计
横撑管	N1	Q345C	φ670×12	16000	2	3116.0	6232	Q345C: 钢板: 13528kg 无缝钢管: 8313kg
斜撑管	N2	Q345C	φ670×12	9099	2	1771.8	3544	
斜撑管	N2a	Q345C	φ670×12	9101	2	1772.2	3544	
竖腹管	N3	Q345C	φ350×10	3956	5	332.7	1663	
竖腹管	N4	Q345C	φ350×10	3970	2	333.9	668	
竖腹管	N4a	Q345C	φ350×10	3963	2	333.3	667	
斜腹管	N5	Q345C	φ350×10	4732	4	417.4	1670	
斜腹管	N6	Q345C	φ350×10	4800	2	403.7	807	
斜腹管	N7	Q345C	φ350×10	5314	2	446.9	894	
连接管	N8	Q345C	φ350×10	3365	2	283.0	566	
连接管	N9	Q345C	φ350×10	4829	2	406.1	812	
连接管	N10	Q345C	φ350×10	3366	2	283	566	
节点板	N11	Q345C	-10×700	800	2	44.0	88	
节点板	N12	Q345C	-10×675	900	2	48.0	96	
封头板	N13	Q345C	-8×φ330		4	6.0	24	

说明：

本图尺寸均以mm计。

图 名	风撑构造图	比 例	如图所示
		图 号	DQ005

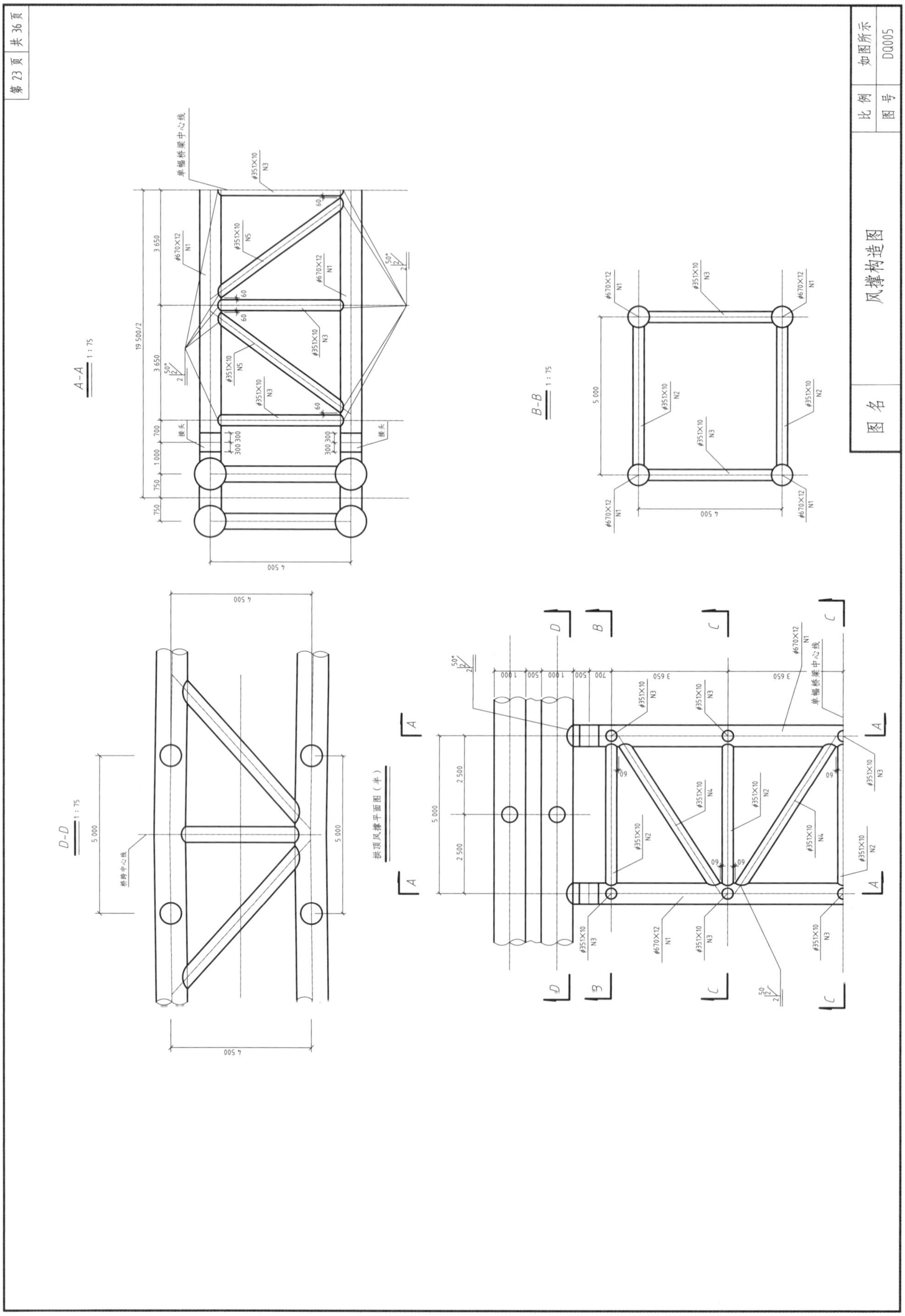
第 23 页 共 36 页
比例 如图所示
图号 DQ005
图名 风撑构造图
A–A 1：75
B–B 1：75
D–D 1：75
拱顶风撑平面图（半）
单幅桥梁中心线
桥跨中心线
接头
φ670×12 N1
φ351×10 N2
φ351×10 N3
φ351×10 N4
φ351×10 N5
19 500/2
3 650
4 500
5 000
2 500

C-C 1 : 75

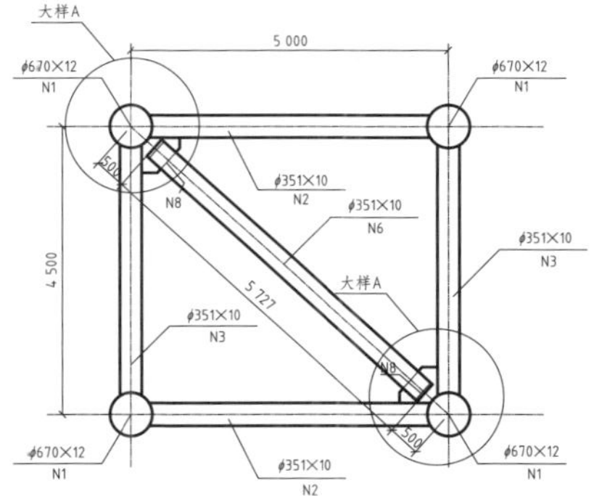

大样A 1 : 25

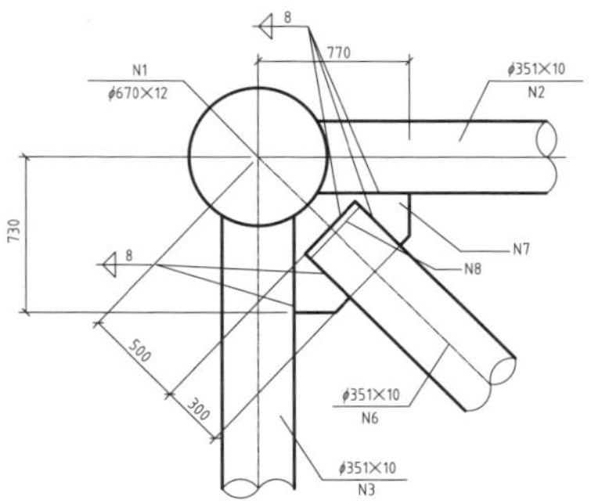

N8大样

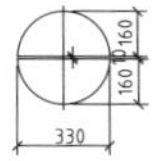

拱顶风撑材料表 (一部风撑)

名称	编号	材质	规格	长度 (mm)	数量	单件重 (kg)	共重 (kg)	合计
横撑管	N1	Q345C	ϕ670×12	16 000	4	3 116.0	12 464	Q345C 钢板： 12 800 kg 无缝钢管： 15 099 kg
平腹管	N2	Q345C	ϕ351×10	4 429	10	372.5	3 725	
竖腹管	N3	Q345C	ϕ351×10	3 929	10	330.4	3 304	
斜腹管	N4	Q345C	ϕ351×10	5 129	8	431.25	3 450	
斜腹管	N5	Q345C	ϕ351×10	4 718	8	396.8	3 174	
斜腹管	N6	Q345C	ϕ351×10	5 727	3	482.6	1 446	
节点板	N7	Q345C	-10×800	800	6	50.0	300	
封头板	N8	Q345C	-8×ϕ330		6	6.0	36	

说明：
本图尺寸均以mm计。

图名	风撑构造图	比例	如图所示
		图号	DQ005

第 25 页 共 36 页

腹管下料长度表

腹管编号	下料长度(m)	腹管编号	下料长度(m)	腹管编号	下料长度(m)	腹管编号	下料长度(m)
1	4.382	13	4.683	25	4.918	37	5.245
2	4.545	14	4.091	26	3.776	38	3.655
3	4.538	15	4.718	27	4.967	39	5.309
4	4.486	16	4.030	28	3.743	40	3.646
5	4.563	17	4.745	29	5.018	41	5.375
6	4.376	18	3.972	30	3.720	42	3.637
7	4.590	19	4.785	31	5.071	43	5.444
8	4.299	20	3.918	32	3.700	44	3.635
9	4.619	21	4.828	33	5.126	45	5.516
10	4.225	22	3.867	34	3.682	46	3.634
11	4.650	23	4.872	35	5.184		
12	4.156	24	3.820	36	3.667		

腹管下料长度示意图

主拱肋半立面图

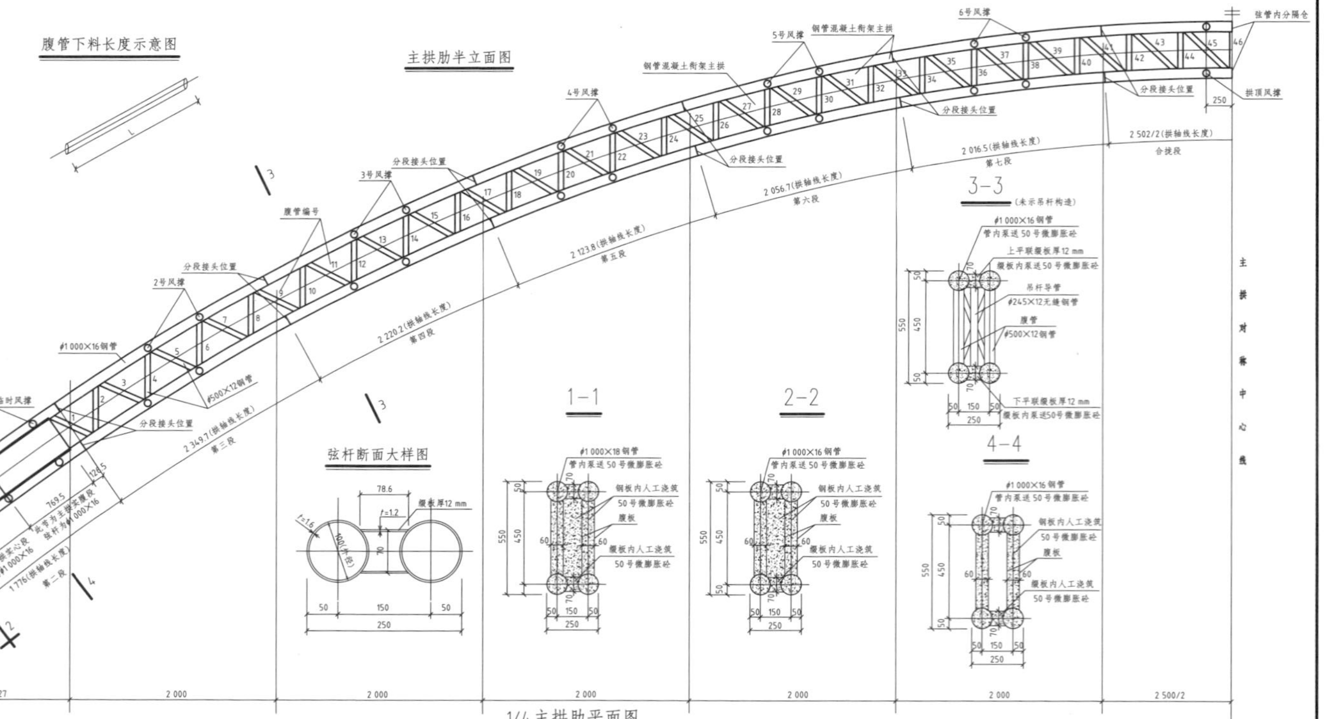

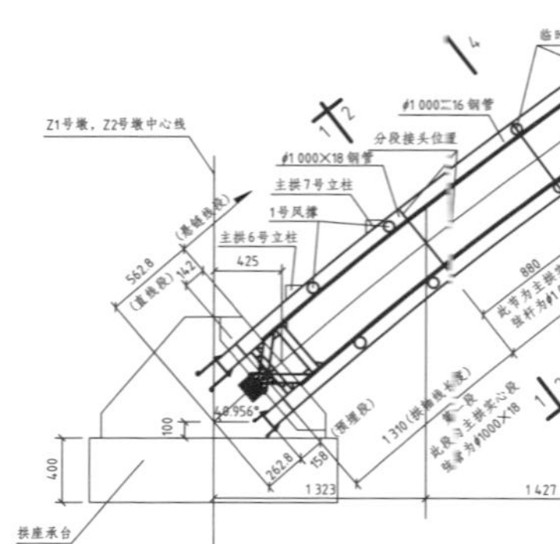

1/4主拱肋平面图 (仅示拱肋上层)

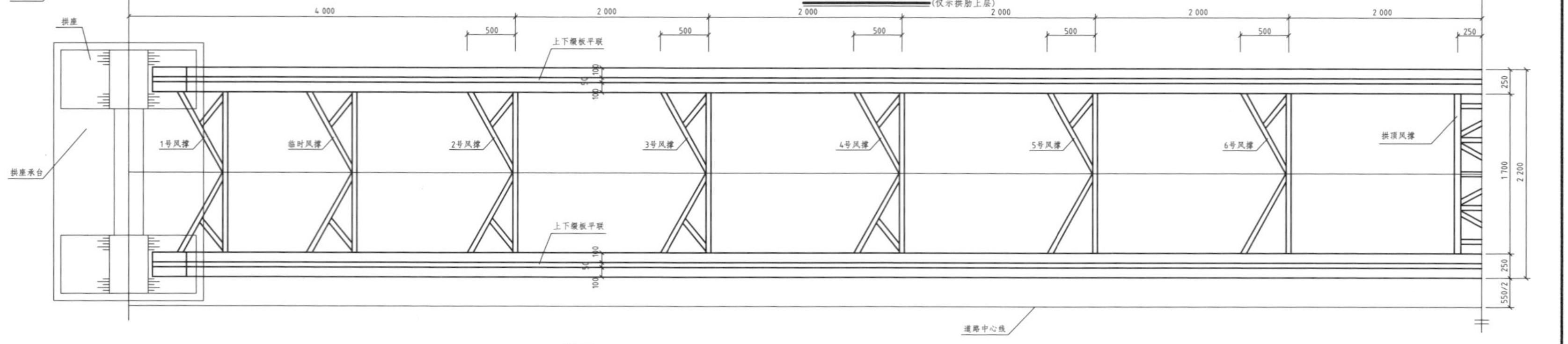

说明：

本图尺寸均以cm计，钢管及钢板规格以mm计。

图 名	主拱拱肋构造图	比 例	如图所示
		图 号	DQ006

第 26 页 共 36 页

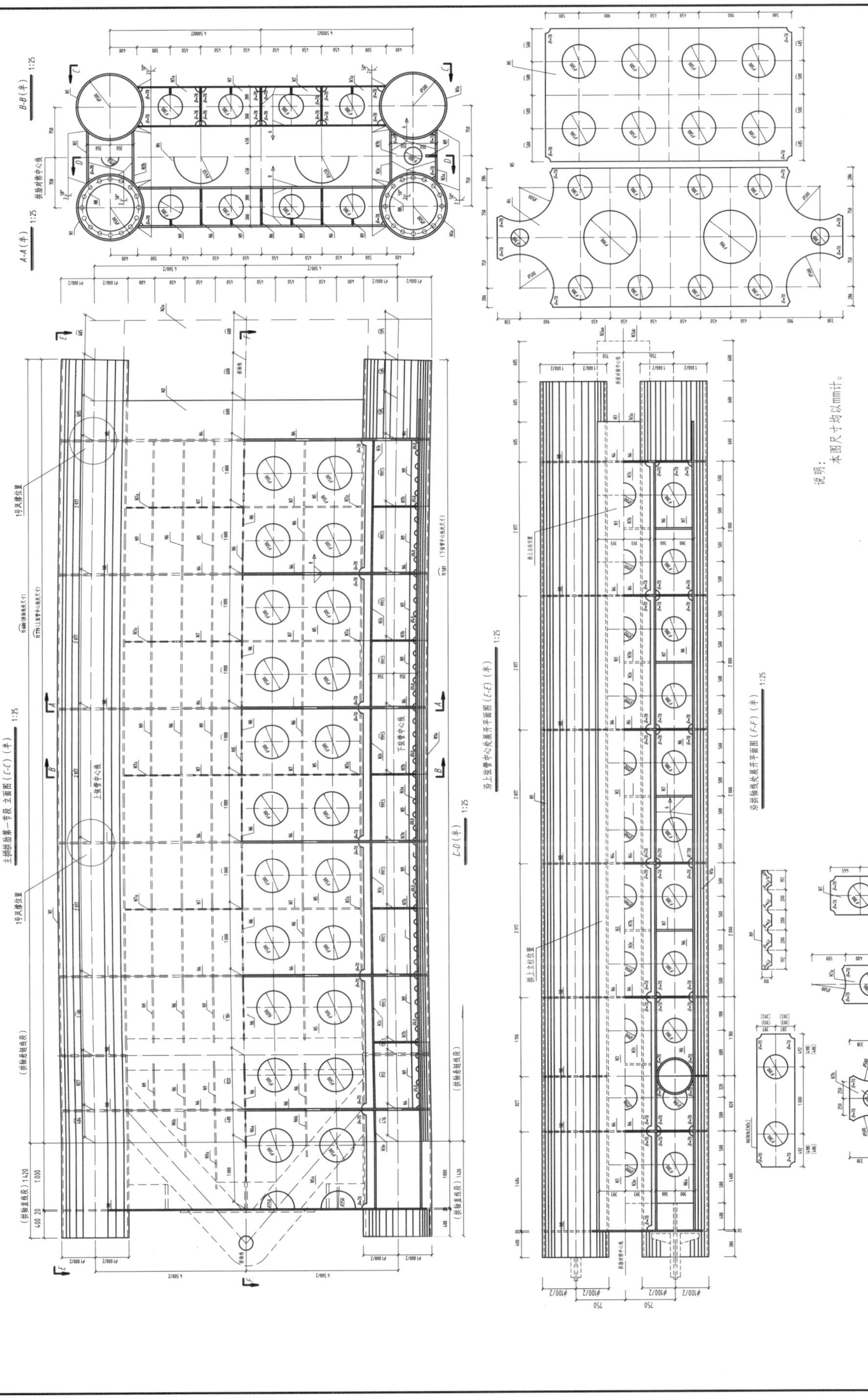

说明：
本图尺寸均以mm计。

比例	如图所示
图号	DQ006
图名	主拱拱肋构造图

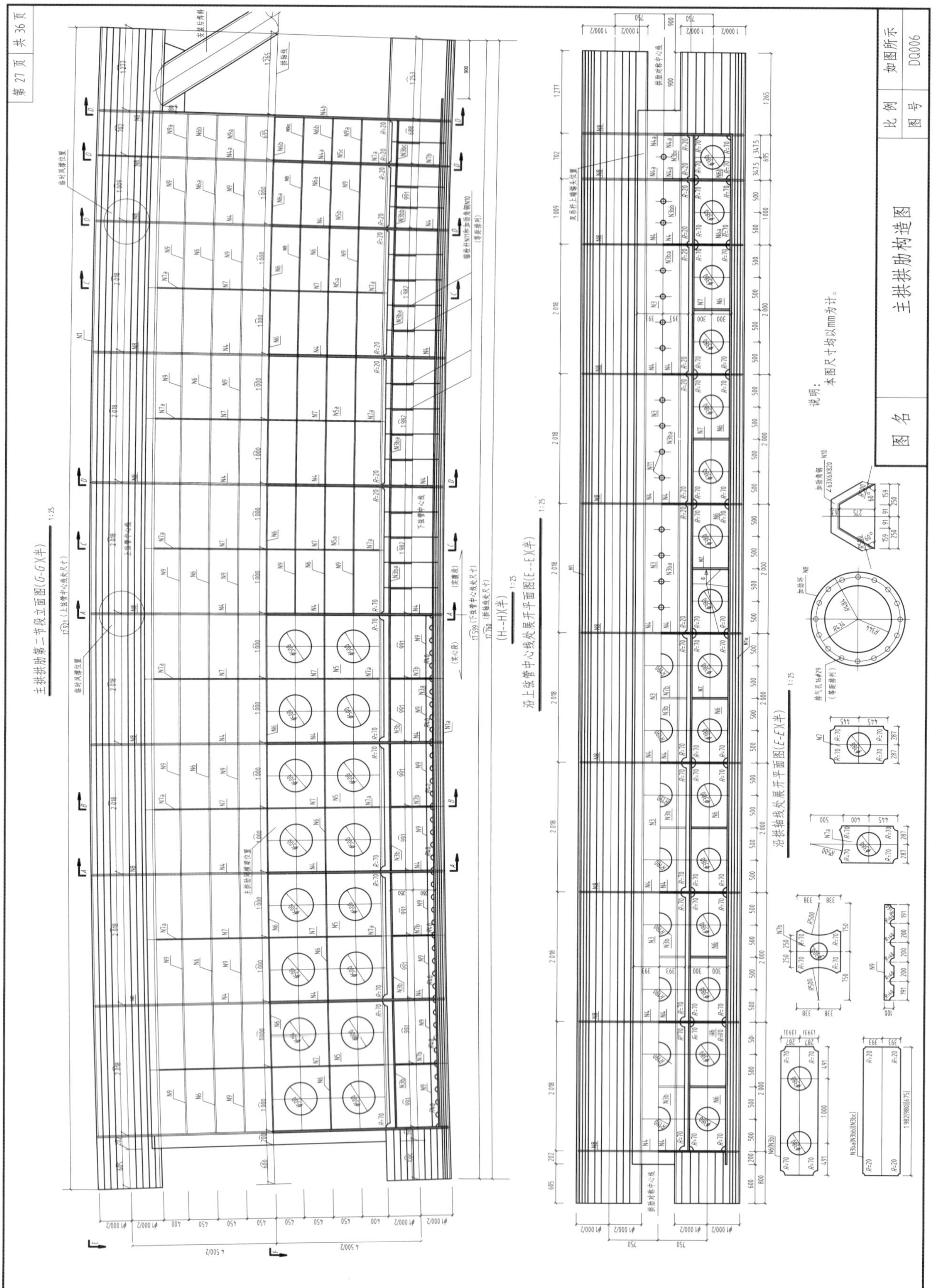

第 27 页 共 36 页
主拱拱肋第二节段立面图(G-G)(半) 1:25
(H-H)(半) 1:25
沿上弦管中心线处展开平面图(E-E)(半) 1:25
沿拱轴线处展开平面图(F-F)(半) 1:25
说明：
本图尺寸均以mm为计。
图名 主拱拱肋构造图
比例 如图所示
图号 DQ006

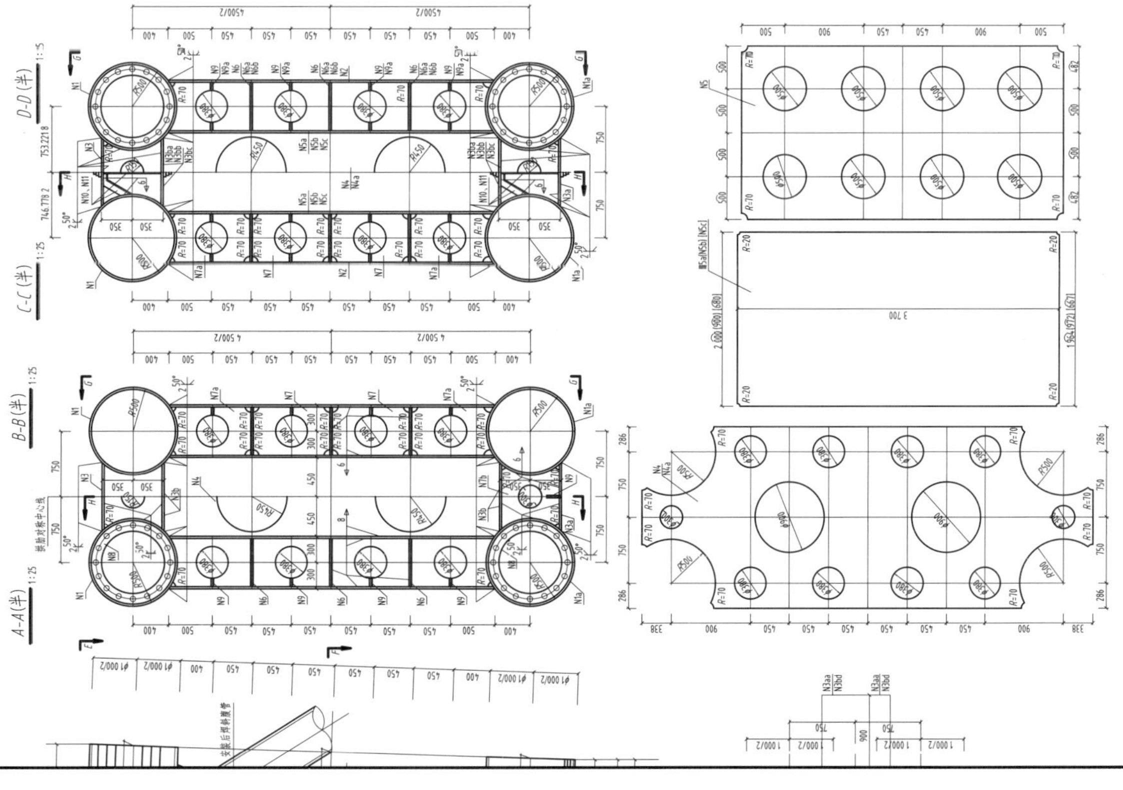

图名	主拱拱肋构造图
比例	如图所示
图号	DQ006

第 29 页 共 36 页

拱肋节段吊装重量表

节段	主体钢料重(t)	接头钢料重(t) 主管	接头钢料重(t) 风撑	支点处钢料重(t) 端部段	支点处钢料重(t) 吊杆处	其它(t)	合计(t)
预埋段	8.0						8.0
第一段	52.17	0.62	0.74	.12		9.60(拆段)	65.25
第二段	73.70	1.02	0.74	.94	2.37	3.51（主拱肋钢管梁预埋段）	85.28
第三段	54.87	2.74	0.74		4.16		62.51
第四段	52.29	2.74	0.74		4.16		59.93
第五段	50.62	2.74	0.74		4.16		58.26
第六段	49.12	2.74	0.74		4.16		45.76
第七段	48.50	2.74	0.74		4.16		56.14
合拢段	64.43	2.52	0.74		5.20		72.89

主拱拱肋第三~第七节段立面图 1:150

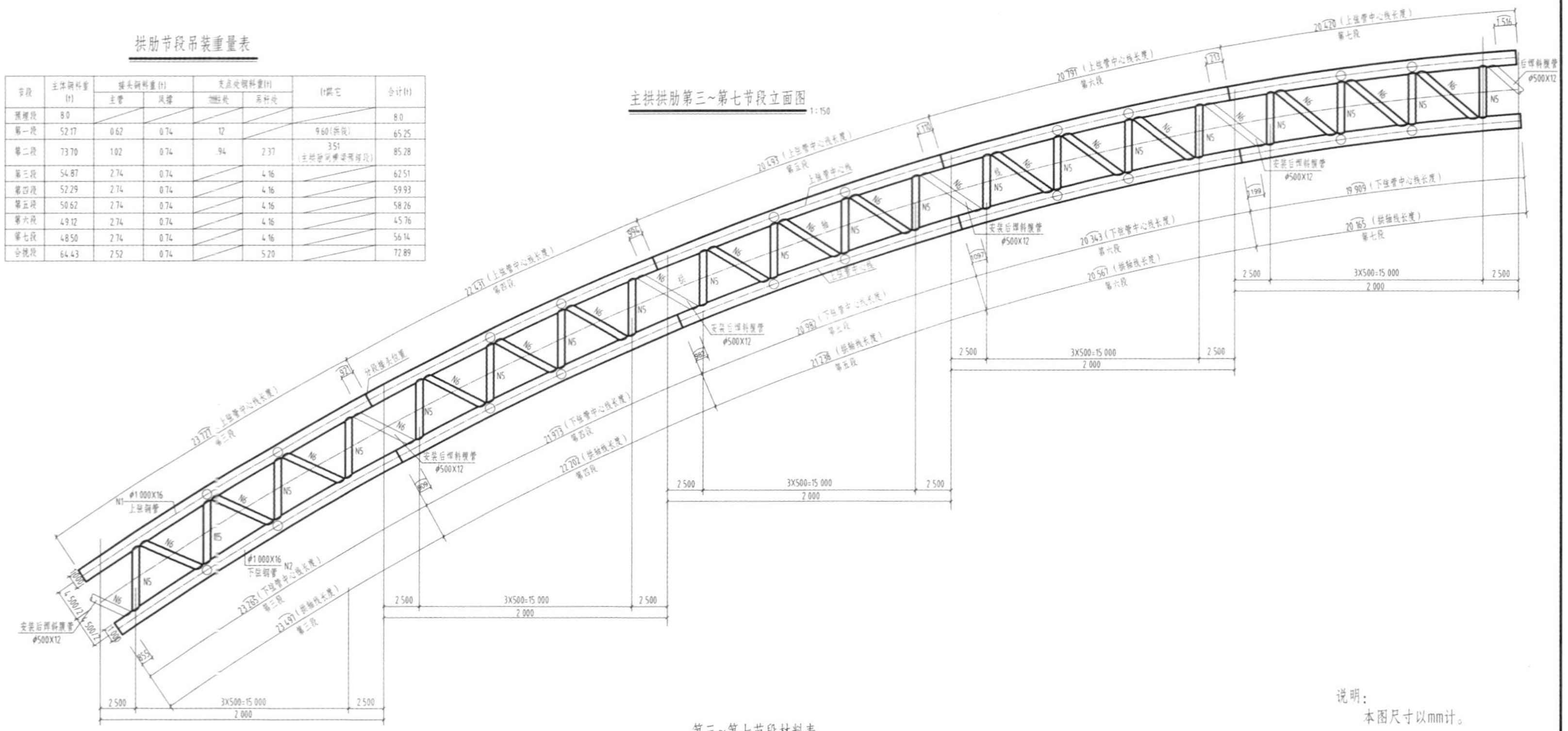

说明：
本图尺寸以mm计。

第三~第七节段材料表

第三段

名称	编号	规格	材质	长度(mm)	数量	单件重(kg)	共重(kg)
上弦管	N1	ϕ1 000X16	Q345C	23 727	2	9 212.5	18 425.0
下弦管	N2	ϕ1 000X16	Q345C	23 265	2	9 033.1	18 066.2
上缀板	N3	-12X786	Q345C	21 927(均)	2	1 623.5	3 427.0
	N3a	-12X786	Q345C	1 800	2	133.3	266.6
下缀板	N4	-12X786	Q345C	21 465(均)	2	1 589.3	3 178.6
	N4a	-12X786	Q345C	1 800	2	133.3	266.6
竖腹管	N5	ϕ500X12	Q345C	4 427(均)	8	639.3	5 114.4
斜腹管	N6	ϕ500X12	Q345C	4 518(均)	8	652.5	5 212.0
加劲板	N7	-10X350X350	Q345C		16	9.62	153.9
	N8	-10X350X482(均)	Q345C		16	13.24	211.9
	N9	-10X350X350	Q345C		16	9.62	153.9
加劲环	N10	-10X968X968	Q345C		48	28.59	1 372.3
加劲板	N11	-10X676X780	Q345C		8	35.84	286.7
加劲角钢	N12	∠63X63X820	Q345C		48	4.58	219.8
锚栓杆	N13	M28X780（配螺母垫圈各两个）	级光面钢筋		48		
合计	Q345C 钢板：55 955 kg，角钢：220 kg，M27X780 锚栓杆（配螺母垫圈各两个）：48套						

第四段

名称	编号	规格	材质	长度(mm)	数量	单件重(kg)	共重(kg)
上弦管	N1	ϕ1 000X16	Q345C	22 431	2	8 710.0	17 420.0
下弦管	N2	ϕ1 000X16	Q345C	21 973	2	8 531.1	17 064.2
上缀板	N3	-12X786	Q345C	20 631(均)	2	1 527.5	3 055.0
	N3a	-12X786	Q345C	1 800	2	133.3	266.6
下缀板	N4	-12X786	Q345C	20 173(均)	2	1 493.6	2 987.2
	N4a	-12X786	Q345C	1 800	2	133.3	266.6
竖腹管	N5	ϕ500X12	Q345C	4 126(均)	8	595.9	4 767.2
斜腹管	N6	ϕ500X12	Q345C	4 699(均)	8	678.6	5 428.8
加劲板	N7	-10X350X350	Q345C		16	9.62	153.9
	N8	-10X350X482(均)	Q345C		16	13.24	211.9
	N9	-10X350X350	Q345C		16	9.62	153.9
加劲环	N10	-10X968X968	Q345C		48	28.59	1 372.3
加劲板	N11	-10X676X780	Q345C		8	35.84	286.7
加劲角钢	N12	∠63X63X820	Q345C		48	4.58	219.8
锚栓杆	N13	M28X780（配螺母垫圈各两个）	级光面钢筋		48		
合计	Q345C 钢板：53 434 kg，角钢：220 kg，M27X780 锚栓杆（配螺母垫圈各两个）：48套						

第五段

名称	编号	规格	材质	长度(mm)	数量	单件重(kg)	共重(kg)
上弦管	N1	ϕ1 000X16	Q345C	21 493	2	8 345.7	16 691.4
下弦管	N2	ϕ1 000X16	Q345C	21 238	2	8 246.7	17 493.4
上缀板	N3	-12X786	Q345C	19 693(均)	2	1 458.1	2 916.2
	N3a	-12X786	Q345C	1 800	2	133.3	266.6
下缀板	N4	-12X786	Q345C	19 438(均)	2	1 493.6	2 878.4
	N4a	-12X786	Q345C	1 800	2	133.3	266.6
竖腹管	N5	ϕ500X12	Q345C	3 894(均)	8	562.4	4 499.2
斜腹管	N6	ϕ500X12	Q345C	4 851(均)	8	700.6	5 604.8
加劲板	N7	-10X350X350	Q345C		16	9.62	153.9
	N8	-10X350X482(均)	Q345C		16	13.24	211.9
	N9	-10X350X350	Q345C		16	9.62	153.9
加劲环	N10	-10X968X968	Q345C		48	28.59	1 372.3
加劲板	N11	-10X676X780	Q345C		8	35.84	286.7
加劲角钢	N12	∠63X63X820	Q345C		48	4.58	219.8
锚栓杆	N13	M28X780（配螺母垫圈各两个）	级光面钢筋		48		
合计	Q345C 钢板：51 795 kg，角钢：220 kg，M27X780 锚栓杆（配螺母垫圈各两个）：48套						

第六段

名称	编号	规格	材质	长度(mm)	数量	单件重(kg)	共重(kg)
上弦管	N1	ϕ1 000X16	Q345C	20 791	2	8 073.1	16 146.2
下弦管	N2	ϕ1 000X16	Q345C	20 343	2	7 899.2	15 798.4
上缀板	N3	-12X786	Q345C	18 991(均)	2	1 406.1	2 812.2
	N3a	-12X786	Q345C	1 800	2	133.3	266.6
下缀板	N4	-12X786	Q345C	18 543(均)	2	1 372.9	2 745.8
	N4a	-12X786	Q345C	1 800	2	133.3	266.6
竖腹管	N5	ϕ500X12	Q345C	3 735(均)	8	539.4	4 315.2
斜腹管	N6	ϕ500X12	Q345C	5 046(均)	8	728.7	5 829.6
加劲板	N7	-10X350X350	Q345C		16	9.62	153.9
	N8	-10X350X482(均)	Q345C		16	13.24	211.9
	N9	-10X350X350	Q345C		16	9.62	153.9
加劲环	N10	-10X968X968	Q345C		48	28.59	1 372.3
加劲板	N11	-10X676X780	Q345C		8	35.84	286.7
加劲角钢	N12	∠63X63X820	Q345C		48	4.58	219.8
锚栓杆	N13	M28X780（配螺母垫圈各两个）	级光面钢筋		48		
合计	Q345C 钢板：50 360 kg，角钢：220 kg，M27X780 锚栓杆（配螺母垫圈各两个）：48套						

第七段

名称	编号	规格	材质	长度(mm)	数量	单件重(kg)	共重(kg)
上弦管	N1	ϕ1 000X16	Q345C	20 420	2	7 929.1	15 858.2
下弦管	N2	ϕ1 000X16	Q345C	19 909	2	7 730.7	15 461.4
上缀板	N3	-12X786	Q345C	18 620(均)	2	1 378.6	2 757.2
	N3a	-12X786	Q345C	1 800	2	133.3	266.6
下缀板	N4	-12X786	Q345C	18 109(均)	2	1 340.8	2 681.6
	N4a	-12X786	Q345C	1 800	2	133.3	266.6
竖腹管	N5	ϕ500X12	Q345C	3 663(均)	8	529.0	4 232.0
斜腹管	N6	ϕ500X12	Q345C	5 278(均)	8	762.2	6 097.6
加劲板	N7	-10X350X350	Q345C		16	9.62	153.9
	N8	-10X350X482(均)	Q345C		16	13.24	211.9
	N9	-10X350X350	Q345C		16	9.62	153.9
加劲环	N10	-10X968X968	Q345C		48	28.59	1 372.3
加劲板	N11	-10X676X780	Q345C		8	35.84	286.7
加劲角钢	N12	∠63X63X820	Q345C		48	4.58	219.8
锚栓杆	N13	M28X780（配螺母垫圈各两个）	级光面钢筋		48		
合计	Q345C 钢板：49 800 kg，角钢：220 kg，M27X780 锚栓杆（配螺母垫圈各两个）：48套						

图名	主拱拱肋构造图	比例	如图所示
		图号	DQ006

主拱拱肋合拢段立面图 1:40

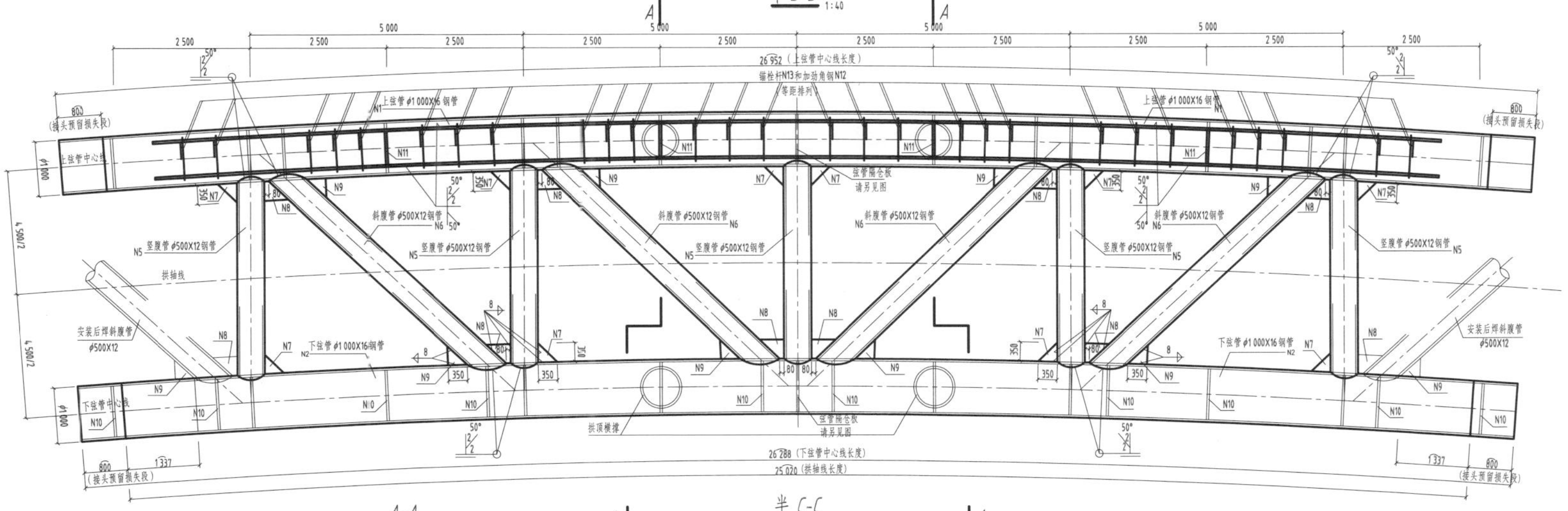

A-A 1:25

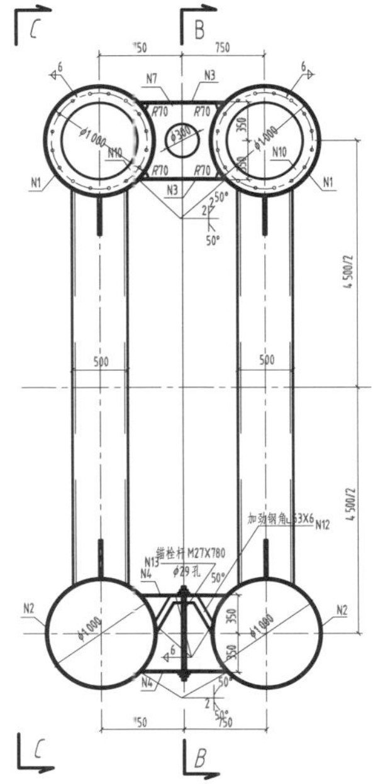

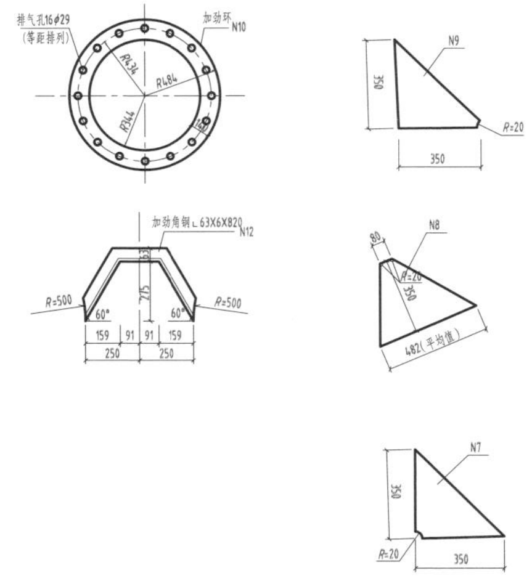

主拱拱肋合拢段材料表

名称	编号	规格	材质	长度(mm)	数量	单件重(kg)	共重(kg)
上弦管	N1	ϕ1 000X16	Q345C	26 952	2	10 465.5	20 931.0
下弦管	N2	ϕ1 000X16	Q345C	26 288	2	10 207.6	20 415.2
上缀板	N3	-12X786	Q345C	23 552(均)	2	1 743.8	3 487.6
下缀板	N4	-12X786	Q345C	22 888(均)	2	1 694.7	3 389.4
竖腹管	N5	ϕ500X12	Q345C	3 636(均)	10	525.47	5 254.7
斜腹管	N6	ϕ500X12	Q345C	5 459(均)	12	788.28	9 458.8
加劲板	N7	-10X350X350	Q345C		20	9.62	192.4
	N8	-10X350X482(均)	Q345C		20	13.24	264.8
	N9	-10X350X350	Q345C		20	9.62	192.4
加劲环	N10	-10X968X968	Q345C		60	28.59	1 715.4
加劲板	N11	-10X676X780	Q345C		12	35.84	430.1
加劲角钢	N12	∟63X63X6X820	Q345C		60	4.58	274.8
锚栓杆	N13	M22X780（配螺母垫圈各两个）	级光面钢筋		60		
合计	Q345C钢板：65 732 kg，角钢：275 kg，M27X780锚栓杆（配螺母垫圈各两个）：60套						

说明：

本图尺寸以mm为计。

图名	主拱拱肋构造图	比例	如图所示
		图号	DQ006

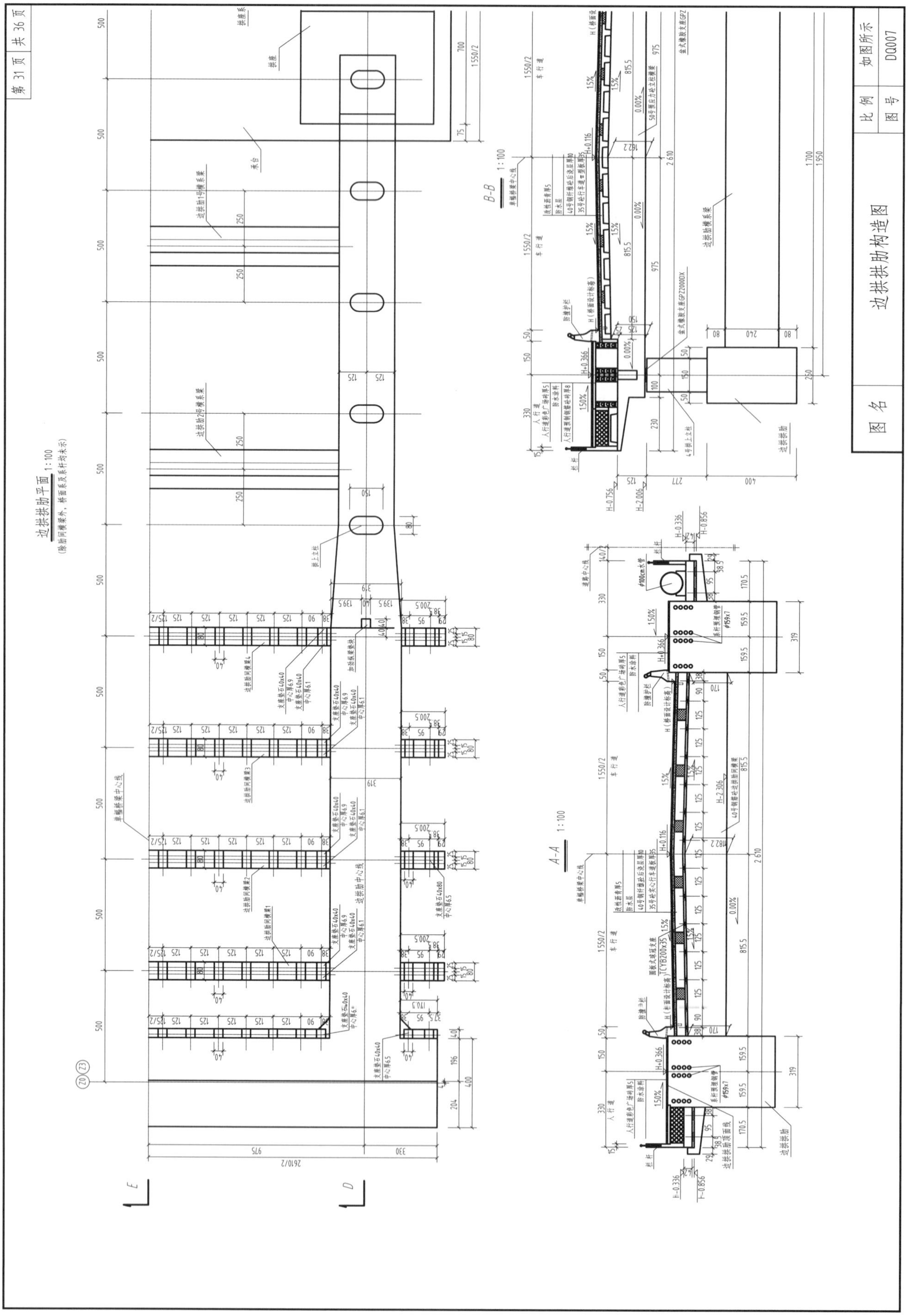
第 31 页 共 36 页
边拱拱肋平面 1:100
(除拱间横梁外，桥面系及系杆均未示)
B-B 1:100
A-A 1:100
图名
边拱拱肋构造图
比例
如图所示
图号
DQ007

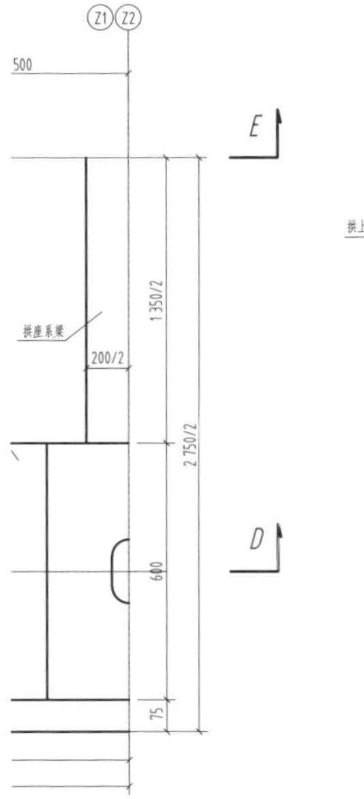

C-C 1:50

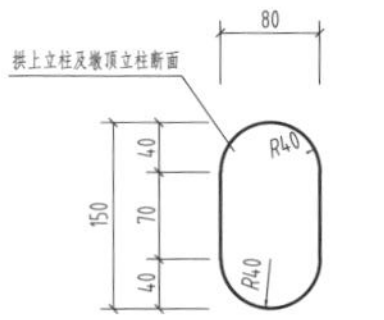

边拱拱肋横系梁断面 1:50

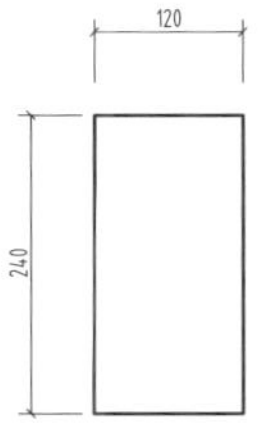

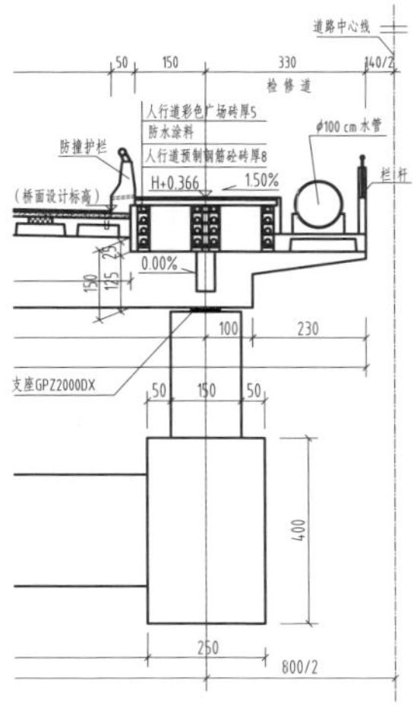

说明：

本图钢管规格和支座规格以mm计，尺寸以cm计，高程以m计。

图 名	边拱拱肋构造图	比 例	如图所示
		图 号	DQ007

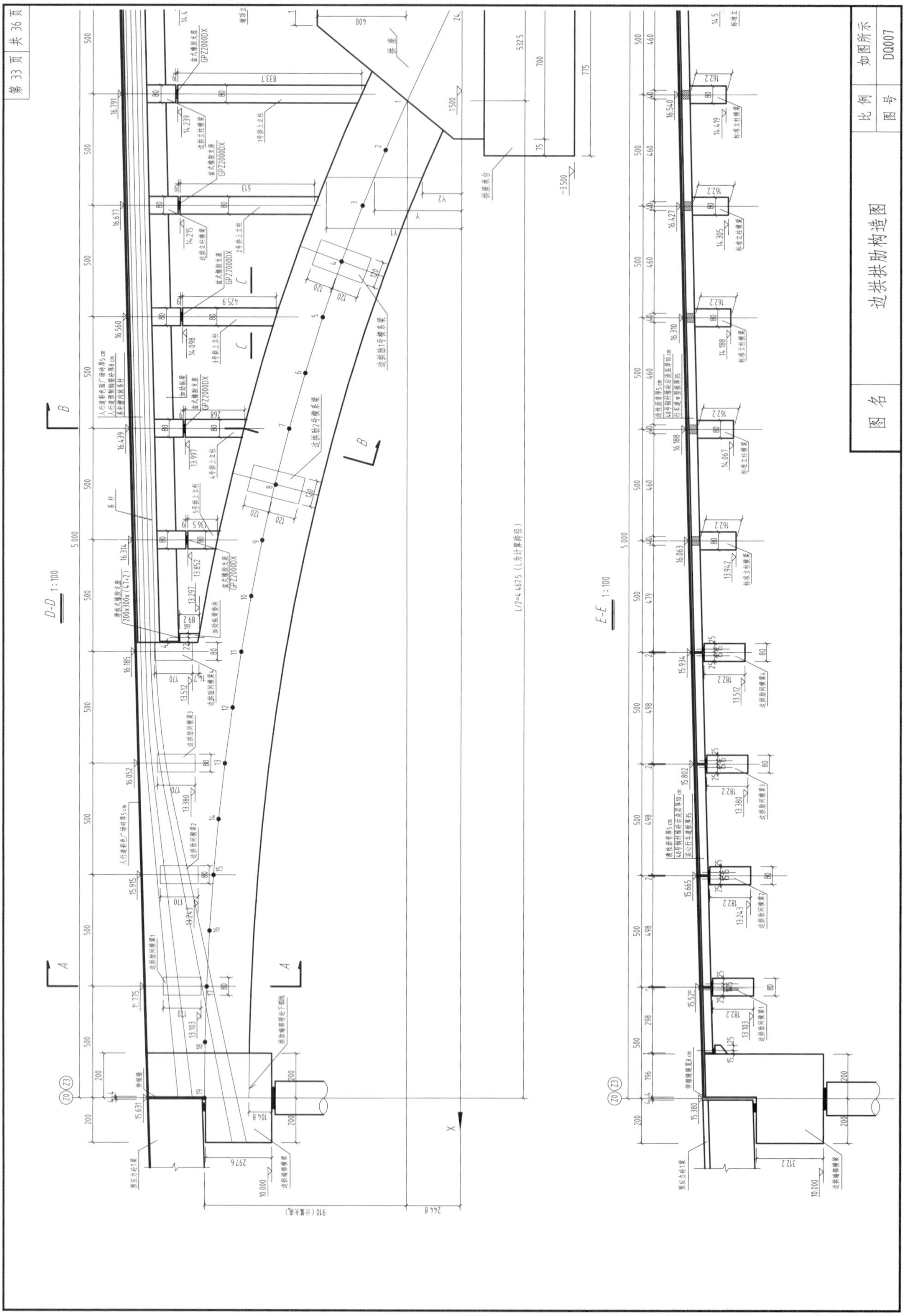
第 33 页 共 36 页
D-D 1:100
E-E 1:100
边拱拱肋构造图
图名
比例
如图所示
图号
DQ007

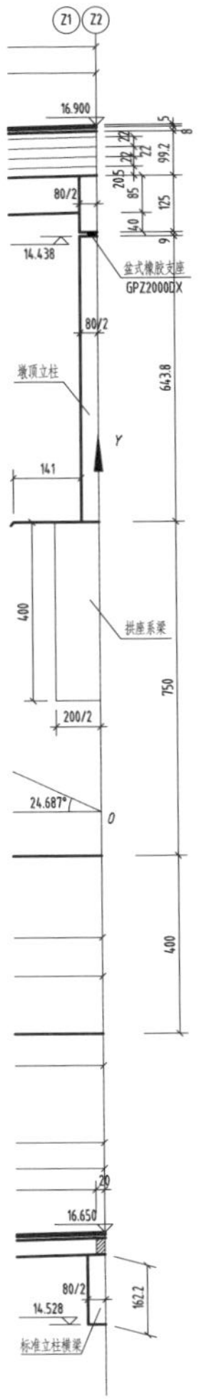

边跨拱肋坐标表(未计预拱)

节点编号	1	2	3	4	5	6	7	8	9	10
节点截面轴线横坐标X(米)	5.325	7.50	10.00	12.50	[illegible]5.00	17.50	20.00	22.50	25.00	27.50
节点截面轴线纵坐标Y(米)	2.448	3.412	4.437	5.376	[illegible].234	7.016	7.725	8.366	8.941	9.452
节点截面上缘竖直坐标Y1(米)	4.649	5.587	6.585	7.501	[illegible].339	9.103	9.797	10.424	10.987	11.489
节点截面下缘竖直坐标Y2(米)		1.237	2.288	3.250	[illegible].129	4.929	5.654	6.308	6.894	7.416
节点拱轴线切线与水平线夹角	24.687°	23.143°	21.422°	19.757°	[illegible]8.150°	16.597°	15.098°	13.650°	12.249°	10.893°
预拱度值(米)	0.000	0.006	0.012	0.017	[illegible].021	0.024	0.027	0.029	0.030	0.030

节点编号	11	12	13	14	15	16	17	18	19	
节点截面轴线横坐标X(米)	30.00	32.50	35.00	37.50	40.00	42.50	45.00	47.50	50.00	
节点截面轴线纵坐标Y(米)	9.904	10.297	10.634	10.916	11.145	11.322	11.448	11.523	11.548	
节点截面上缘竖直坐标Y1(米)										
节点截面下缘竖直坐标Y2(米)	7.875	8.276	8.618	8.905	9.138	9.138	9.446	9.522	9.548	
节点拱轴线切线与水平线夹角	9.577°	8.298°	7.052°	5.833°	4.638°	3.462°	2.300°	1.148°	0.000°	
预拱度值(米)	0.03	0.029	0.027	0.024	0.021	0.017	0.012	0.006	0.00	

说明：
本图钢管规格和支座型号以mm计，尺寸以cm计，高程以m计。

16届道桥试题

16届道桥建模

图 名	边拱拱肋构造图	比 例	如图所示
		图 号	DQ007

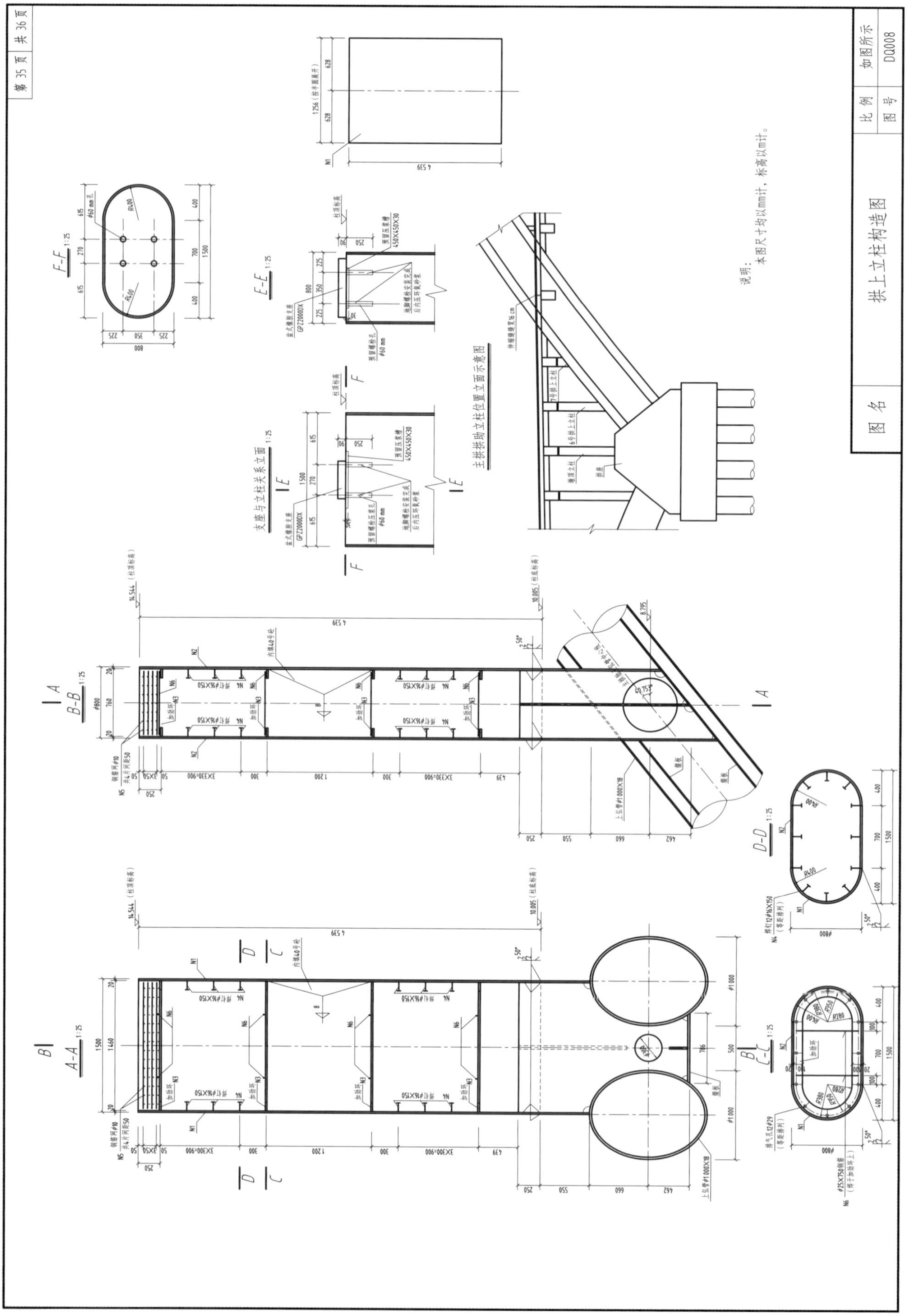
第 35 页 共 36 页
A-A 1:25
B-B 1:25
C-C 1:25
D-D 1:25
E-E 1:25
F-F 1:25
支座与立柱关系立面 1:25
主拱拱肋立柱位置立面示意图
说明：
本图尺寸均以mm计，标高以m计。
拱上立柱构造图
图名
比例 如图所示
图号 DQ008

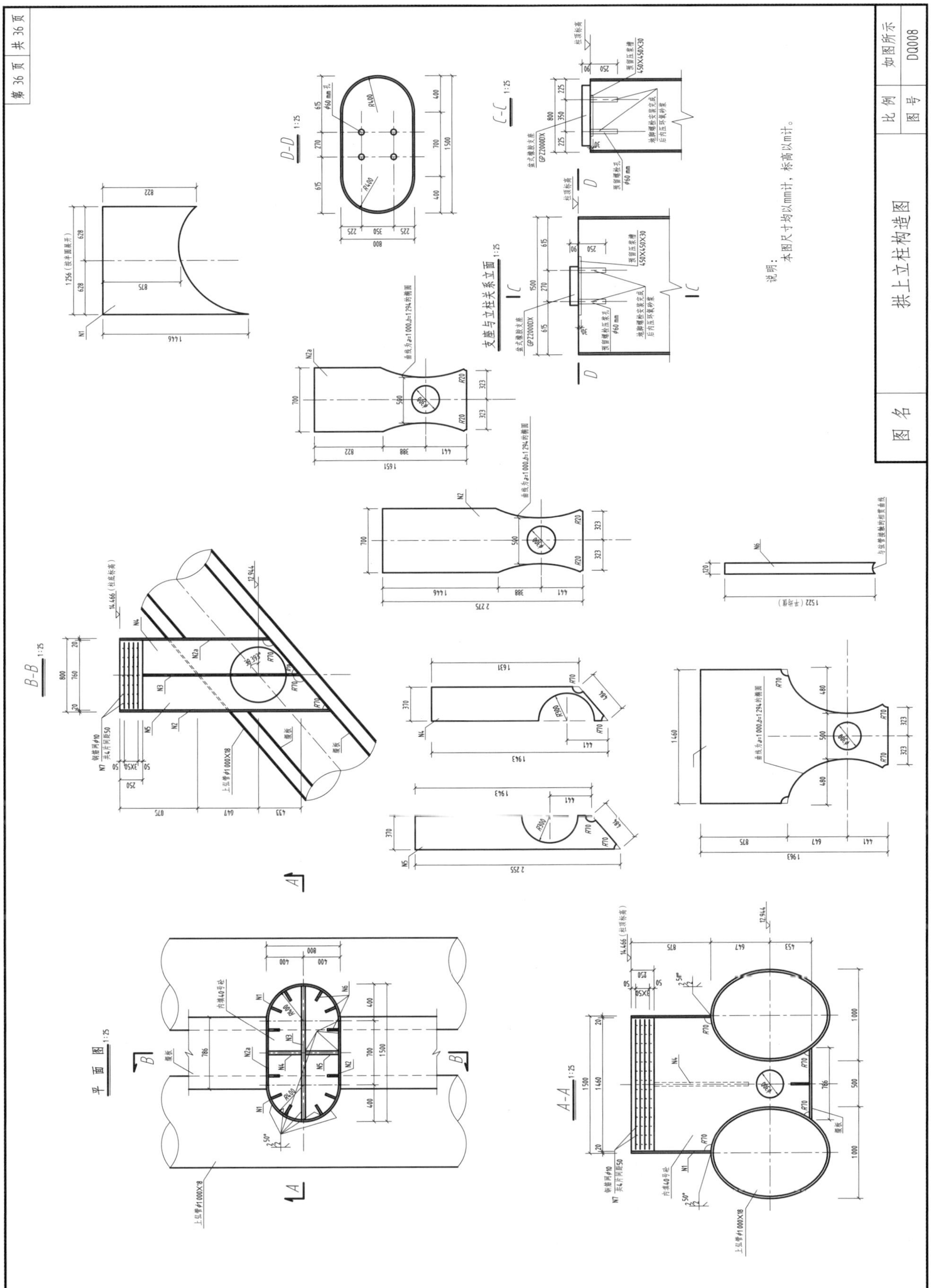
第 36 页 共 36 页
比例 如图所示
图号 DQ008
图名 拱上立柱构造图
说明：
本图尺寸均以mm计，标高以m计。
D-D 1:25
C-C 1:25
支座与立柱关系立面 1:25
B-B 1:25
平面图 1:25
A-A 1:25
GPZ2000DX
450×450×30
φ60 mm
上弦管φ1000×18
上弦管φ1000×8
钢筋网φ10 共4片间距50
曲线为a=1000,b=1294的椭圆
14.466（柱顶标高）
12.944

第 16 届“高教杯”全国大学生先进成图技术与产品信息建模创新大赛 道桥类计算机绘图试题答案

图 1 主桥

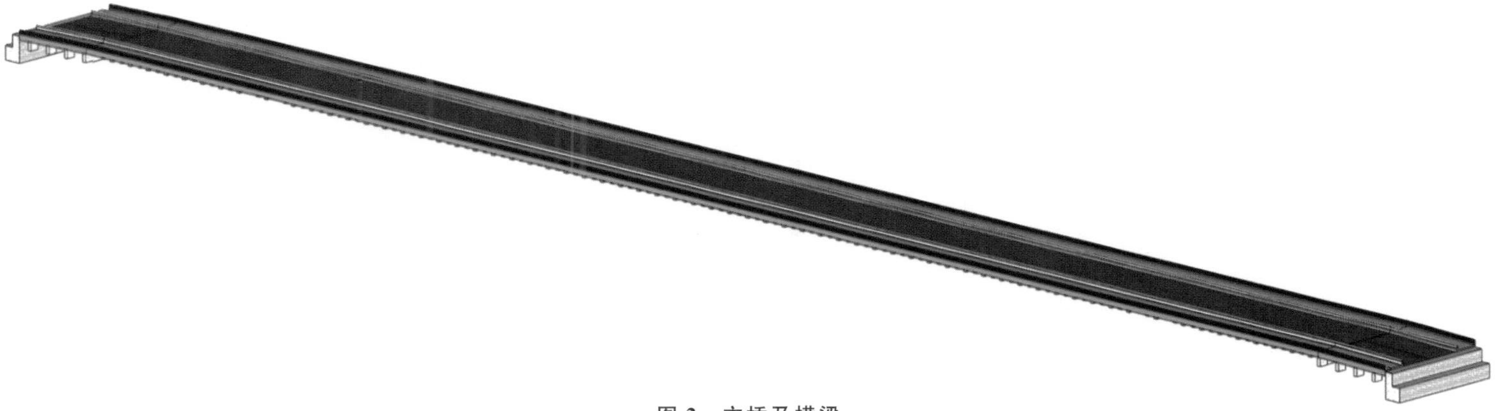

图 2　主桥及横梁

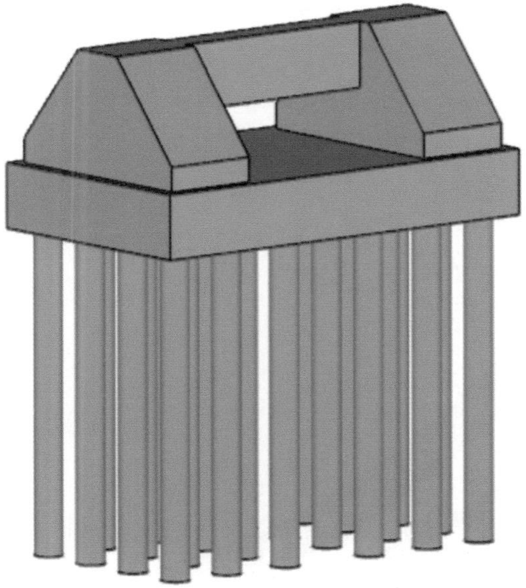

图 3　拱座及基础

图 4　拱圈及吊杆

图 5　拱上立柱

图 6 风撑

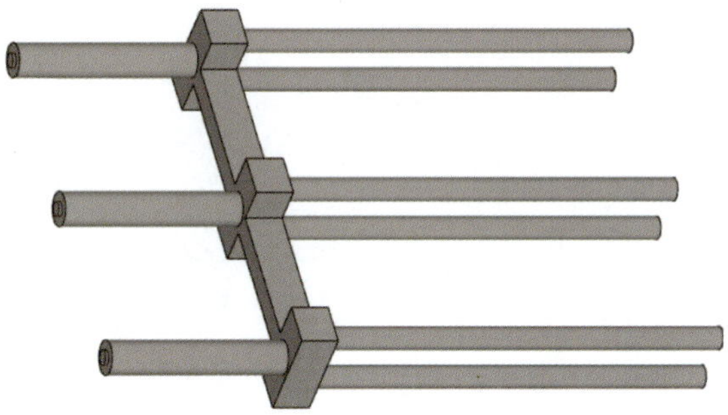

图 7 边墩及基础

图 8 渲染图

第17届"高教杯"全国大学生先进成图技术与产品信息建模创新大赛 道桥类计算机绘图试题

总分200分;时间:180分钟

一、道桥类·计算机二维试题(80分)

1. 阅读所附桥梁拱上立柱及盖梁构造图1(图号:DQ-6),在A3图幅上抄绘"拱上立柱及盖梁构造图2",含所有图表及附注,并标注尺寸,抄绘时仍保持1∶50的绘图比例。注意,图中拱上立柱高度H,拱上垫梁尺寸a、b的取值,按照5#立柱尺寸取值,立柱的立面图和侧面图中不再绘制折断线。以"拱上5#立柱及盖梁构造图"为文件名保存文件,并上传到卡伦特平台(.dwg格式),其他格式无效。

2. 阅读所附桥梁10 m空心板构造图2(图号:DQ-8),在A3图幅上抄绘"1/2边板立面"和"边板断面",含所有图表及附注,并标注尺寸,再补充绘制"1/2边板平面"图,绘图时仍保持1∶250的绘图比例。以"10 m空心板构造图2"为文件名保存文件,并上传到卡伦特平台(.dwg格式),其他格式无效。

3. 绘图要求:

(1)图纸表达要正确、完整、清晰、线型线宽分明,尺寸标注完整(原图中的标注不一定合理,请按相应制图规范要求标注)、清晰、合理;

(2)标题栏中只需填写设计图名、图号、总分和时间,否则以作弊处理,取消比赛成绩。

二、道桥类·计算机三维试题(120分)

1. 试题要求:阅读所附某桥梁示意图(图号:DQ-1～DQ-8,完成该桥梁三维模型创建。试题图纸未涉及到的结构构造尺寸自拟。

2. 绘图要求:

(1)完成该桥主要构件的三维模型;

(2)对梁体外立面及附属设施的色彩、材质进行设计;

(3)输出以下成果,并分别上传至卡伦特平台:

①输出一张能清楚表示拱上1#立柱(包含拱上垫梁、系梁、盖梁、支座)的三维模型(dwg格式),命名为:01拱上1#立柱;

②输出一张能清楚表示拱上2#立柱(包含拱上垫梁、系梁、盖梁、支座)的三维模型(dwg格式),命名为:02拱上2#立柱;

③输出一张能清楚表示拱上3#立柱(包含拱上垫梁、盖梁、支座)的三维模型(dwg格式),命名为:03拱上3#立柱;

④输出一张能清楚表示拱上4#立柱(包含拱上垫梁、盖梁、支座)的三维模型(dwg格式),命名为:04拱上4#立柱;

⑤输出一张能清楚表示拱上5#立柱(包含拱上垫梁、盖梁、支座)的三维模型(dwg格式),命名为:05拱上5#立柱;

⑥输出一张能清楚表示拱上6#立柱(包含拱上垫梁、盖梁、支座)的三维模型(dwg格式),命名为:06拱上6#立柱;

⑦输出一张能清楚表示拱上7#立柱(包含拱上垫梁、盖梁、支座)的三维模型(dwg格式),命名为:07拱上7#立柱;

⑧输出一张能清楚表示拱上8#立柱(包含拱上垫梁、盖梁、支座)的三维模型(dwg格式),命名为:08拱上8#立柱;

⑨输出一张能清楚表示拱上9#立柱(包含拱上垫梁、系梁、盖梁、支座)的三维模型(dwg格式),命名为:09拱上9#立柱;

⑩输出一张能清楚表示拱上10#立柱(包含拱上垫梁、系梁、盖梁、支座)的三维模型(dwg 格式),命名为:10 拱上 10#立柱;

⑪输出一张能清楚表示拱座及背墙的三维模型(dwg 格式),命名为:11 拱座及背墙;

⑫输出一张能清楚表示主拱圈的三维模型(dwg 格式),命名为:12 主拱圈;

⑬输出一张能清楚表示空心板梁(每跨的板梁独立存在,不合并为整体)的三维模型(dwg 格式),命名为:13 空心板梁;

⑭输出一张能清楚表示防撞护栏(每跨的护栏独立存在,不合并为整体)的三维模型(dwg 格式),命名为:14 防撞护栏;

⑮输出一张包含上述构件的整体模型图(dwg 格式),命名为:15 整体模型;

⑯渲染出一张能反映该桥梁整体的效果图(视角、方向合理,表达清楚,*.jpg 格式),命名为:16 渲染图。

注:务必看清楚文件上传格式,否则结果自负;文件存储中不允许出现选手其他任何信息,否则以作弊处理,取消比赛成绩。

第 17 届道桥解题参考视频

立面 1:500

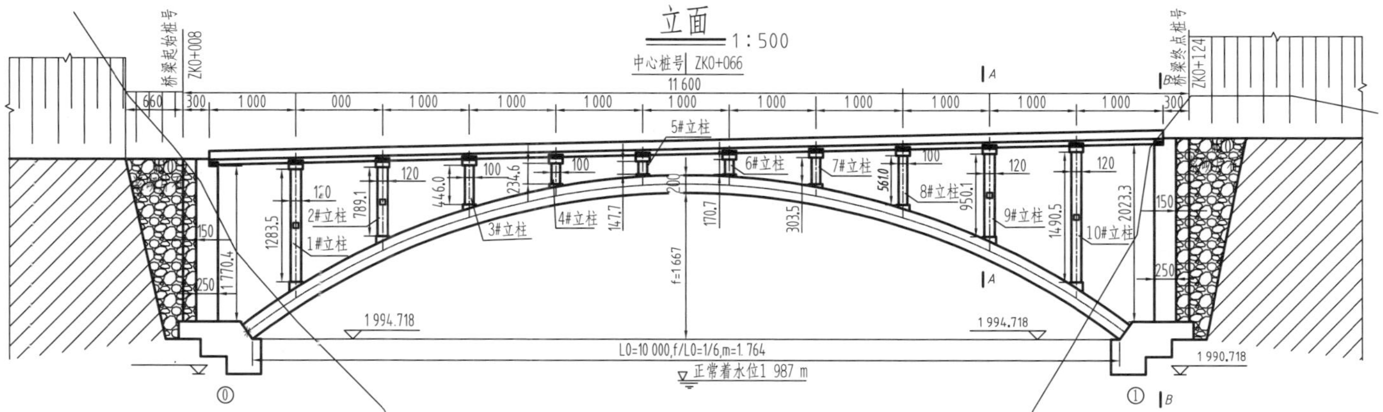

弱风化基岩

表1 拱轴线坐标

序号	x坐标(cm)	y坐标(cm)	说明	序号	x坐标(cm)	y坐标(cm)	说明	序号	x坐标(cm)	y坐标(cm)	说明
1	0.00	0.00		12	1 800.00	1 030.01		23	3 600.00	1 559.96	
2	200.00	144.55		13	2 000.00	1 111.39		24	3 800.00	1 592.64	
3	400.00	280.91		14	2 200.00	1 186.15		25	4 000.00	1 619.78	
4	559.25	384.87	拱轴线与1#立柱轴线交点	15	2 400.00	1 254.91		26	4 200.00	1 643.01	
5	600.00	410.68		16	2 559.25	1 305.41	拱轴线与3#立柱轴线交点	27	4 400.00	1 600.90	
6	800.00	531.00		17	2 600.00	1 317.90		28	4 559.25	1 672.40	拱轴线与5#立柱轴线交点
7	1 000.00	641.50		18	2 800.00	1 377.17		29	4 600.00	1 674.97	
8	1 200.00	748.99		19	3 000.00	1 429.13		30	4 800.00	1 683.43	
9	1 400.00	846.99		20	32.00	1 476.00		31	5 000.00	1 685.96	
10	1 559.25	922.30	拱轴线与2#立柱轴线交点	21	3 400.00	1 521.65		32	5 058.97	1 686.14	拱轴线对称中心
11	1 600.00	941.22		22	3 559.25	1 552.81	拱轴线与4#立柱轴线交点				

附注：

1. 本图尺寸除高程、里程桩号以m计外，其余均以cm为单位。
2. 1/2拱轴线坐标数据如本图表1所示（左侧）。表1中（0，0）点位于小里程拱脚✳处，拱座详细尺寸请见图DQ-4。

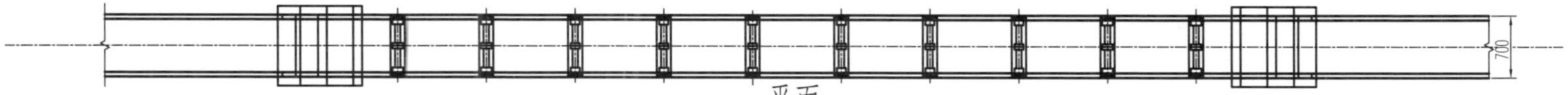

平面 1:500

坡度(%) / 坡长(m)：2.3%

设计高程(m)：

里程桩号	+021	+031	+041	+051	+061	+071	+081	+091	+101	+111
设计高程(m)	2 015.483	2 015.713	2 015.943	2 016.173	2 016.403	2 016.633	2 016.863	2 017.093	2 017.323	2 017.553

里程桩号	地面高程(m)
-012.0	2 042.000
-006.0	2 036.000
+001.8	2 025.844
+006.9	2 020.000
+010.0	2 016.000
+014.0	2 008.000
+021.2	2 000.000
+031.2	1 990.000
+039.0	1 974.000
+041.8	1 966.000
+048.6	1 956.000
+052.1	1 950.000
+055.7	1 948.000
+060.0	1 948.000
+070.0	1 948.000
+075.3	1 948.000
+082.4	1 952.000
+086.1	1 958.000
+089.6	1 964.000
+093.6	1 970.000
+096.5	1 972.000
+099.5	1 976.000
+106.0	1 990.000
+110.9	1 998.000
+118.0	2 010.000
+119.5	2 020.000
+124.2	2 026.000
+132.3	2 026.000
+135.9	2 026.000
+140.9	2 025.000
+145.8	2 024.000

竞赛名称	第17届“高教杯”全国大学生先进成图技术与产品信息建模创新大赛(道桥类)				
图名	桥型布置图1				
图号	DQ-1	总分	200分	时间	180分钟

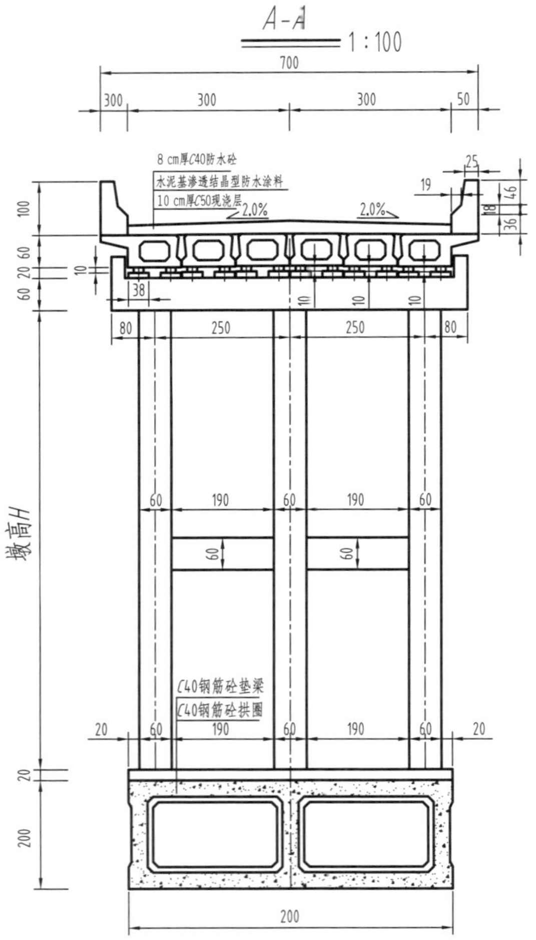

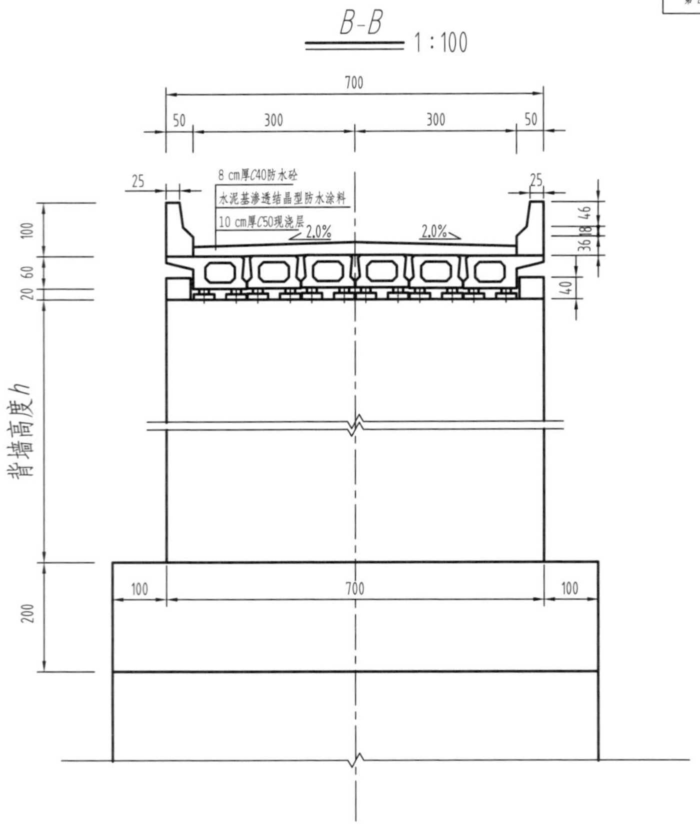

附注

1. 本图尺寸除高程、里程桩号以m计外，其余均以cm为单位。
2. 桥梁小里程一侧背墙高度h=1 770.4 cm，大里程一侧背墙高度h=2 023.3 cm。
3. 各墩高度H见图《拱上立柱及盖梁构造图1》、《拱上立柱及盖梁构造图2》。
4. 主桥为上承式钢筋混凝土箱型拱桥，净跨100 m，净矢高16.67 m，净矢跨比1/6拱轴系数m=1.764:主拱圈采用钢拱支架现浇:拱上建筑采用10 m预应力混凝土简支空心板，桥面连续，背墙部位设置D80伸缩缝，拱上立柱采用排架式，桥台为重力式，拱座采用刚性扩大基础。
5. 本桥台后设6 m长搭板，图中未示。
6. 50年超越概率10%地震动峰值加速度为113.6gal，相应的地震基本烈度为V。
7. 桥面宽度:0.5 m(防撞护墙)+6.0 m(车行道)+0.5 m(防撞护墙)=7 m。

竞赛名称	第17届“高教杯”全国大学生先进成图技术与产品信息建模创新大赛(道桥类)				
图名	桥型布置图2				
图号	DQ-0	总分	200分	时间	180分钟

第3页 共8页

1/2主拱圈C-C剖面图 1:150

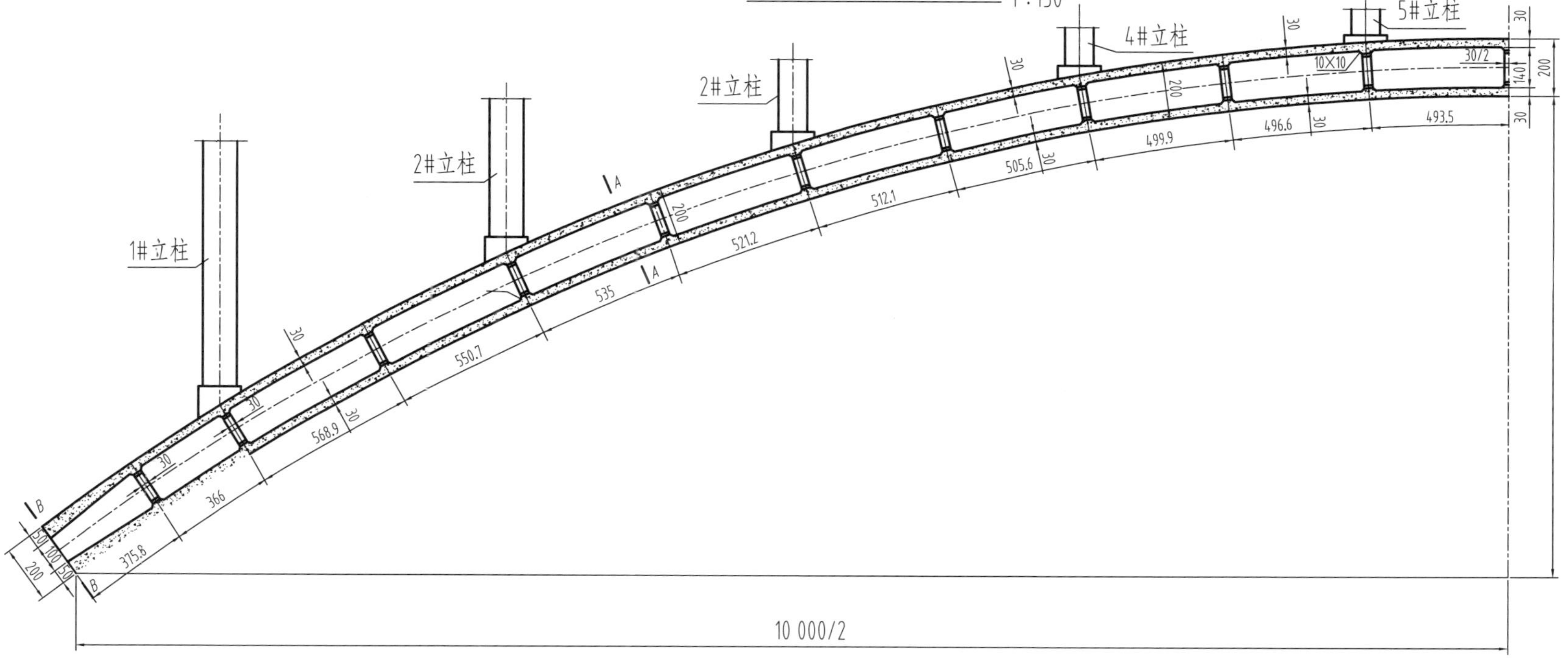

A-A 1:50

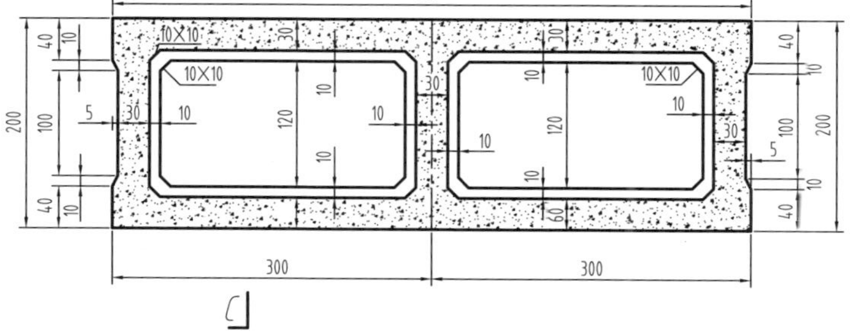

B-B 1:50

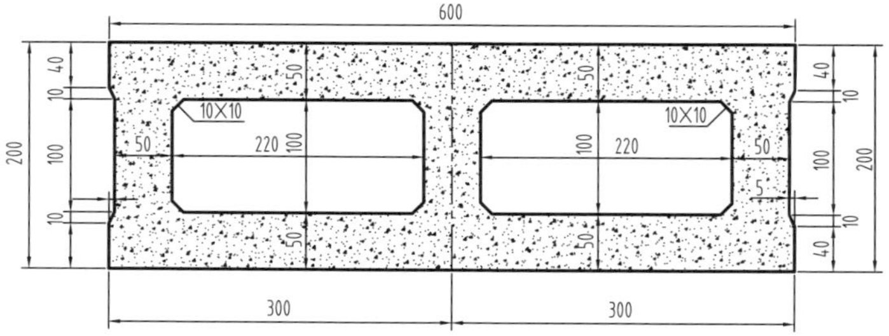

附注

1. 本图尺寸除高程、里程桩号以m计外，其余均以cm为单位。
2. 设计拱肋为钢筋等截面悬链线无铰拱，拱肋高度2.0 m，净矢跨比1/6.0，拱轴系数1.764。
3. 图中拱圈长度方向所标注拱圈长度尺寸为下弧尺寸。

竞赛名称	第17届“高教杯”全国大学生先进成图技术与产品信息建模创新大赛(道桥类)				
图名	拱圈一般构造图				
图号	DQ-3	总分	200分	时间	180分钟

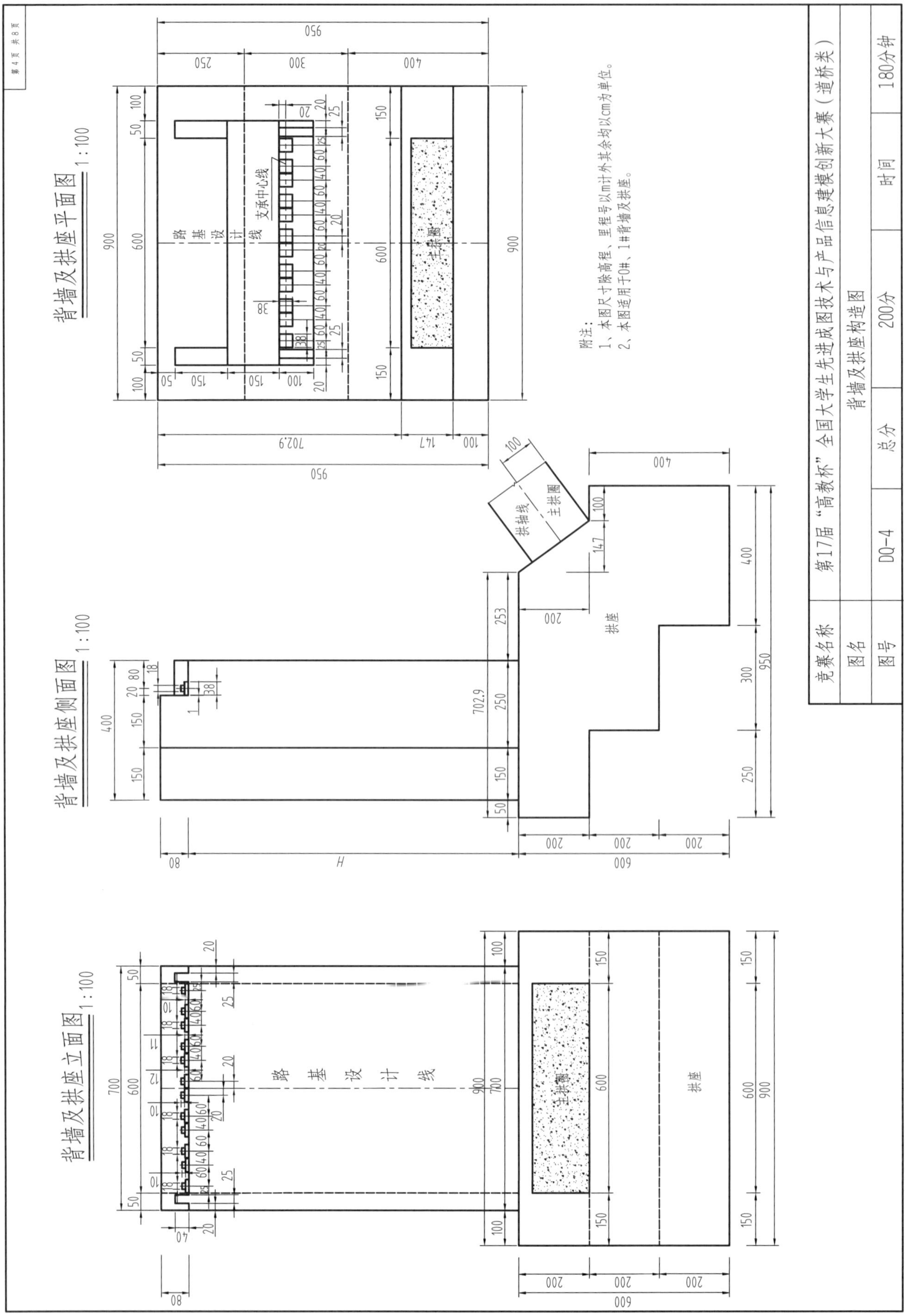
第4页 共8页
背墙及拱座平面图 1:100
背墙及拱座侧面图 1:100
背墙及拱座立面图 1:100
路基设计线
支承中心线
主拱圈
拱轴线
拱座
附注：
1、本图尺寸除高程、里程号以m计外其余均以cm为单位。
2、本图适用于0#、1#背墙及拱座。
竞赛名称
第17届“高教杯”全国大学生先进成图技术与产品信息建模创新大赛（道桥类）
图名
背墙及拱座构造图
图号
DQ-4
总分
200分
时间
180分钟

拱桥立柱及盖梁立面图 1:50

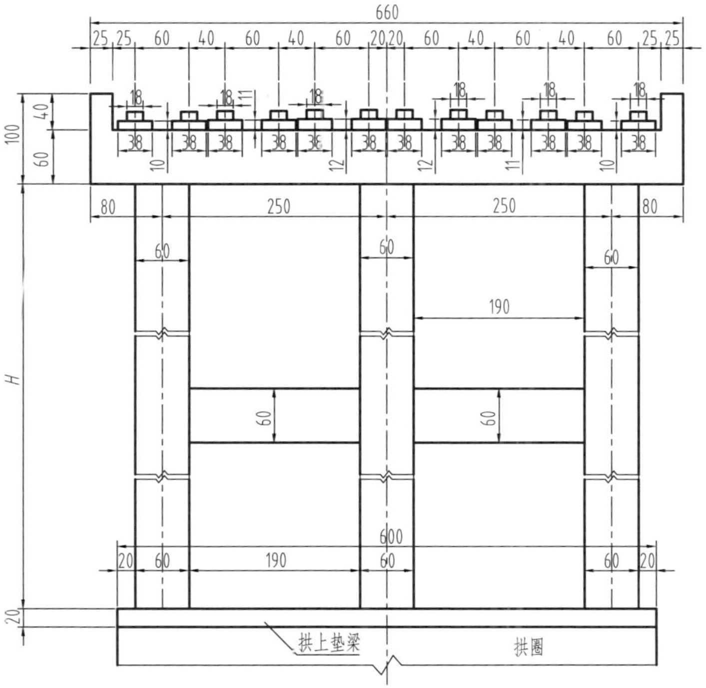

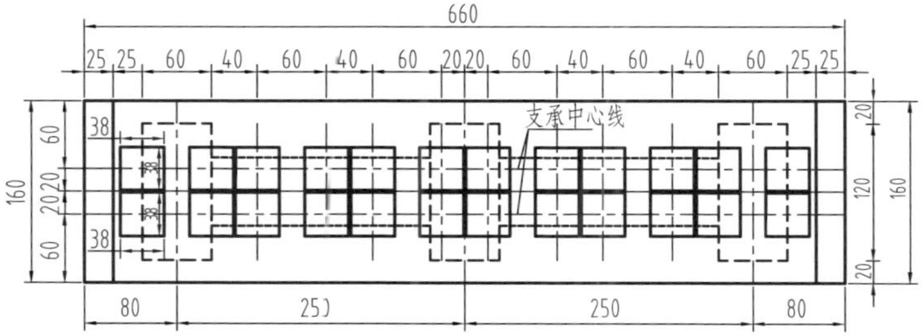

侧面图 1:50

侧面图 1:50

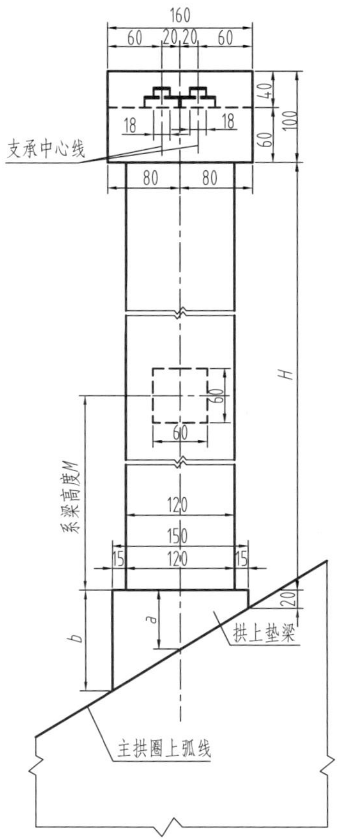

附注：
1、本图尺寸除高程、里程桩号以m计外，其余均以cm为单位。
2、拱上立柱编号详见《桥型布置图1》。
3、本图适用于1#、2#、9#、10#拱上立柱，本图中立柱尺寸H，以及垫梁尺寸a、b，系梁高度M取值如下表所示。

拱上立柱编号	1#立柱	2#立柱	9#立柱	10#立柱
拱上垫梁尺寸a	66.1	54.1	54.1	66.1
拱上垫梁尺寸b	113.5	89.1	89.1	113.5
拱上立柱高度H	1 283.5	789.1	950.1	1 490.5
拱上立柱系梁M	641.75	394.55	475.05	745.25

竞赛名称	第17届“高教杯”全国大学生先进成图技术与产品信息建模创新大赛（道桥类）				
图名	拱上立柱及盖梁构造图1				
图号	DQ-5	总分	200分	时间	180分钟

第6页 共8页

拱桥立柱及盖梁立面图 1:50

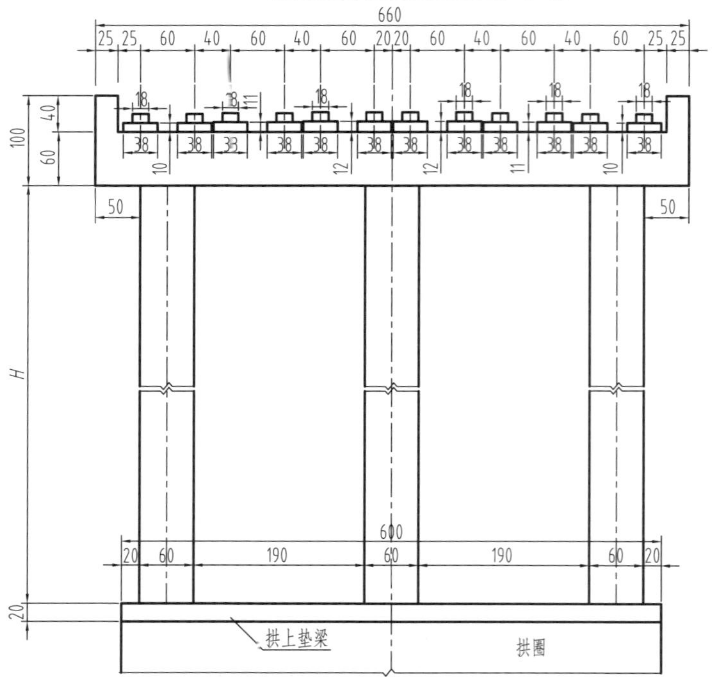

侧面图 1:50

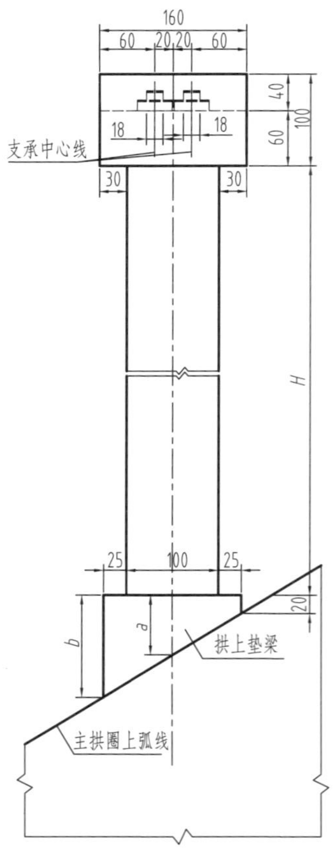

平面图 1:50

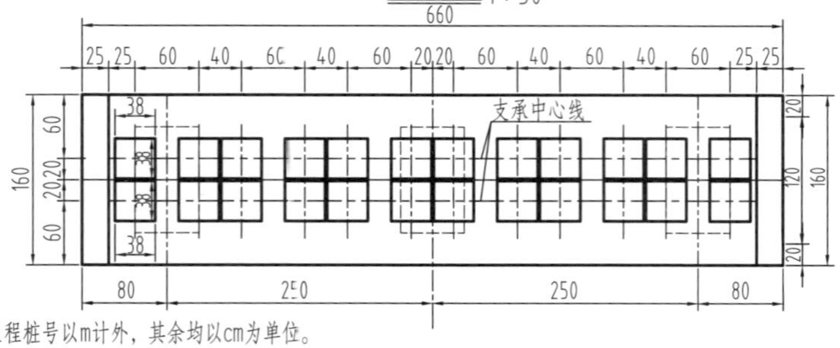

附注：

1、本图尺寸除高程、里程桩号以m计外，其余均以cm为单位。

2、拱上立柱编号详见桥型布置图1。

3、本图适用于3#~8#拱上立柱，本图中立柱尺寸H，以及垫梁尺寸a、b取值如下表所示。

拱上立柱编号	3#立柱	4#立柱	5#立柱	6#立柱	7#立柱	8#立柱
拱上垫梁尺寸a	42.8	32.9	24.5	24.5	32.9	42.8
拱上垫梁尺寸b	65.9	46.5	29.6	29.6	46.5	65.9
拱上立柱高度H	446.0	234.6	147.7	170.7	303.5	561.0

竞赛名称	第17届“高教杯”全国大学生先进成图技术与产品信息建模创新大赛（道桥类）				
图名	拱上立柱及盖梁构造图2				
图号	DQ-6	总分	200分	时间	180分钟

第7页 共8页

1/2中板立面 1:250

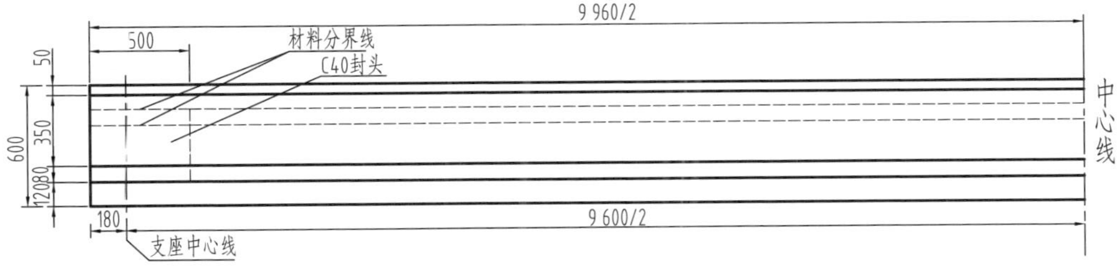

1/2中板立面 1:250

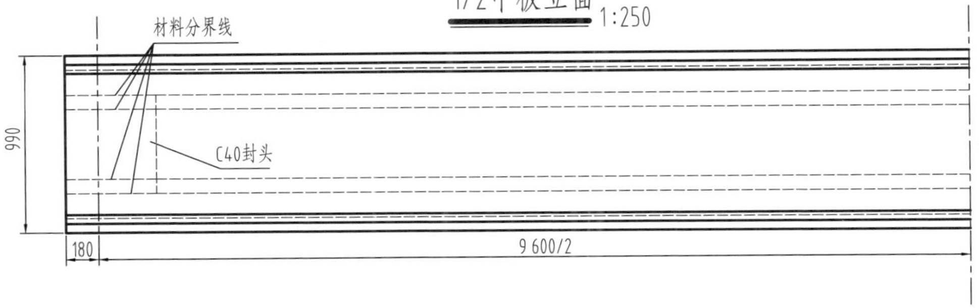

中板跨中断面 1:250

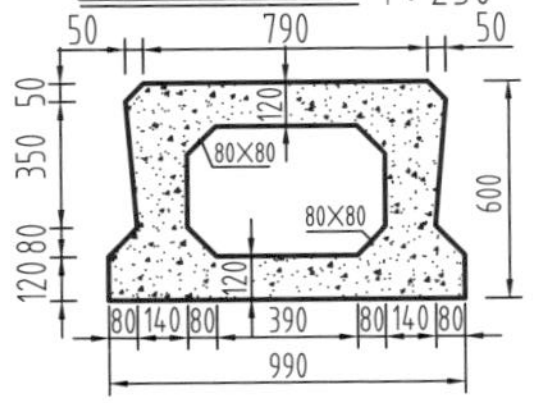

附注：
1. 本图尺寸均以mm计。
2. 预制板采用C50混凝土，封头采用C40混凝土。

竞赛名称	第17届“高教杯”全国大学生先进成图技术与产品信息建模创新大赛（道桥类）				
图名	10 m空心板构造图1				
图号	DQ-7	总分	200分	时间	180分钟

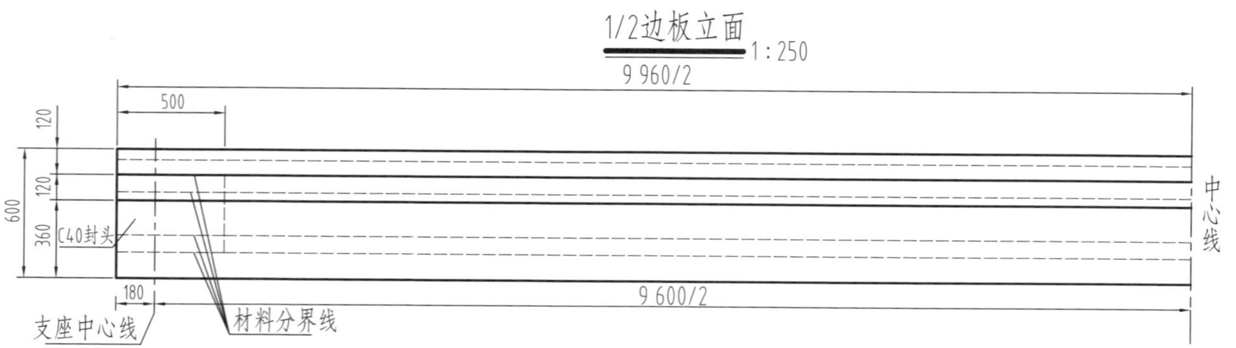

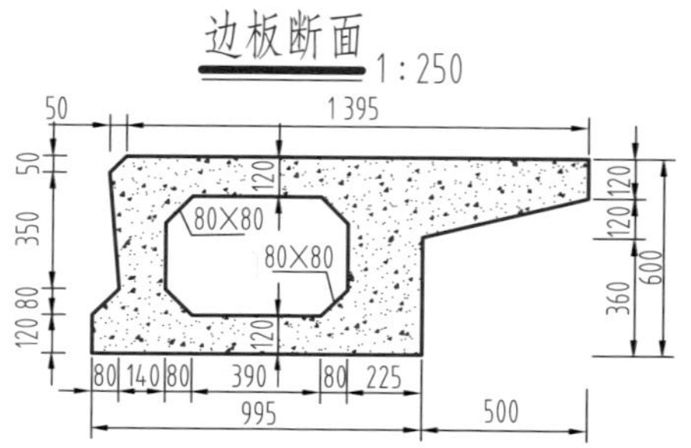

1/2边板立面 1:250

附注：
1. 本图尺寸均以mm计。
2. 预制板采用C50混凝土，封头采用C40混凝土。

竞赛名称	第17届“高教杯”全国大学生先进成图技术与产品信息建模创新大赛（道桥类）				
图名	10 m空心板构造图2				
图号	DQ-8	总分	200分	时间	180分钟

第17届“高教杯”全国大学生先进成图技术与产品信息建模创新大赛道桥类计算机二维绘图试题答案

本题目共2页，当前第1页

1/2中板立面 1:250

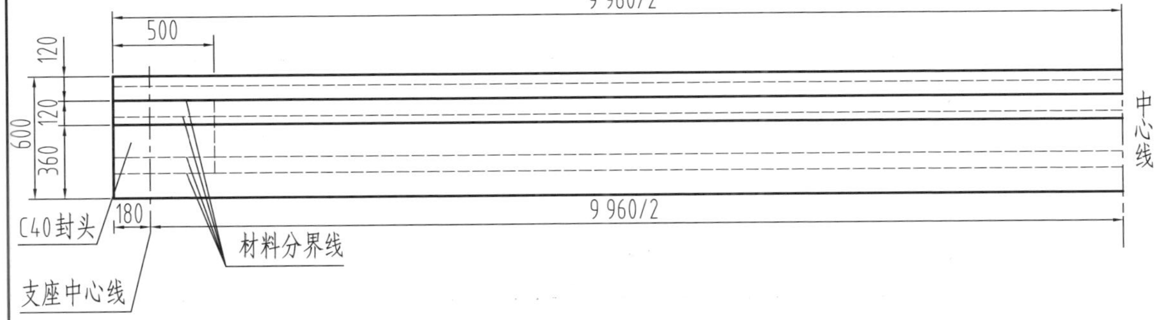

边板断面 1:250

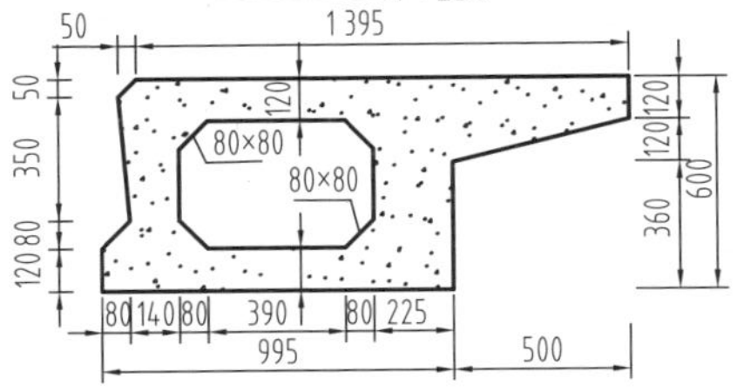

1/2中板立面 1:250

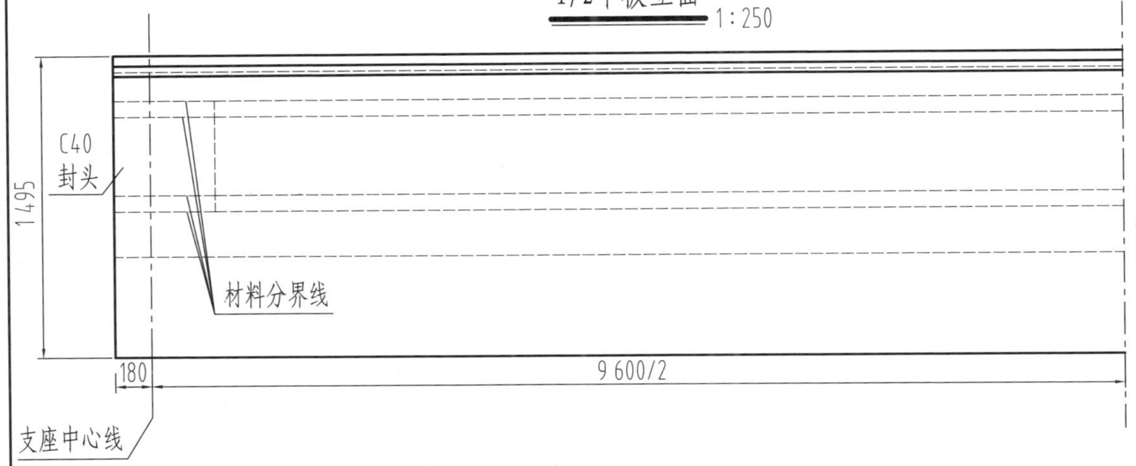

附注：
1.本图尺寸均以mm计。
2.预制板采用C50混凝土，封头采用C40混凝土。

竞赛名称	第17届“高教杯”全国大学生先进成图技术与产品信息建模创新大赛(道桥类)				
图名	10 m空心板构造图2				
图号	DQ-8	总分	200分	时间	180分钟

拱桥立柱及盖梁立面图 1∶50

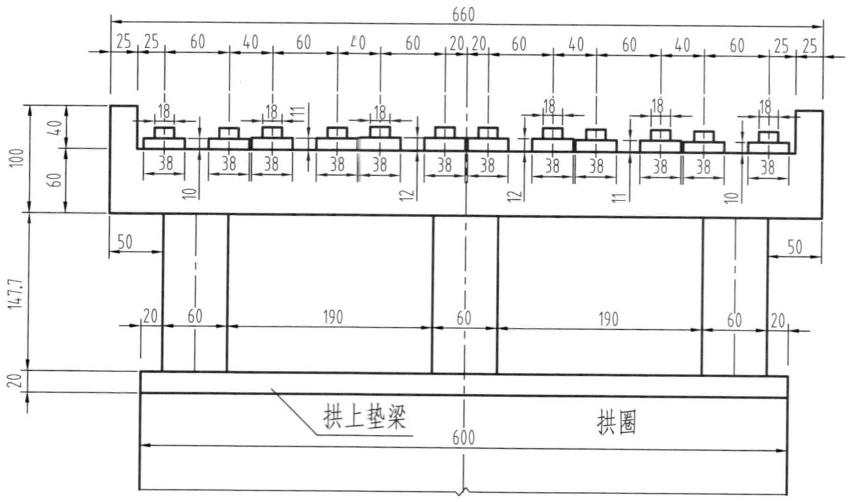

侧面图 1∶50

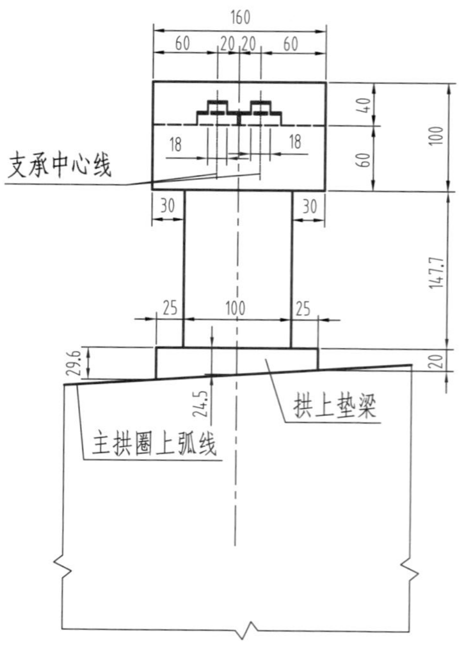

平面图 1∶50

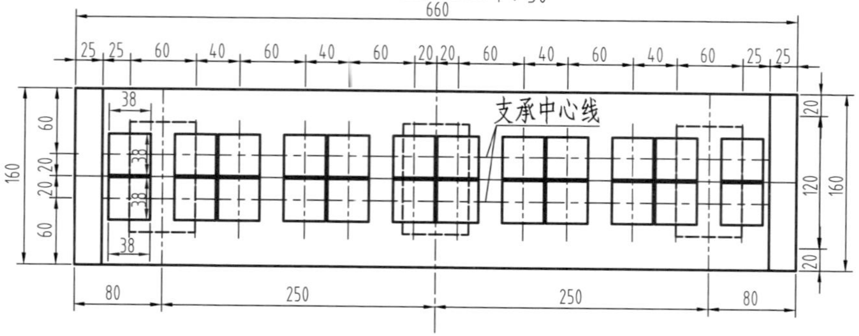

附注:
1. 本图尺寸除高程、里程桩号以m计外，其余均以cm为单位。
2. 拱上立柱编号详见《桥型布置图1》。
3. 本图适用于3#~8#拱上立柱,本图中立柱尺寸H，以及垫梁尺寸a、b取值如下表所示。

拱上立柱编号	3#立柱	4#立柱	5#立柱	6#立柱	7#立柱	8#立柱
拱上垫梁尺寸a	42.8	32.9	24.5	24.5	32.9	42.8
拱上垫梁尺寸b	65.9	46.5	29.6	29.6	46.5	65.9
拱上立柱高度H	446.0	238.9	147.7	170.7	303.5	561.0

竞赛名称	第17届“高教杯”全国大学生先进成图技术与产品信息建模创新大赛(道桥类)				
图名	拱上立柱及盖梁构造图2				
图号	DQ-6	总分	200分	时间	180分钟

第17届"高教杯"全国大学生先进成图技术与产品信息建模创新大赛道桥类计算机三维绘图试题答案

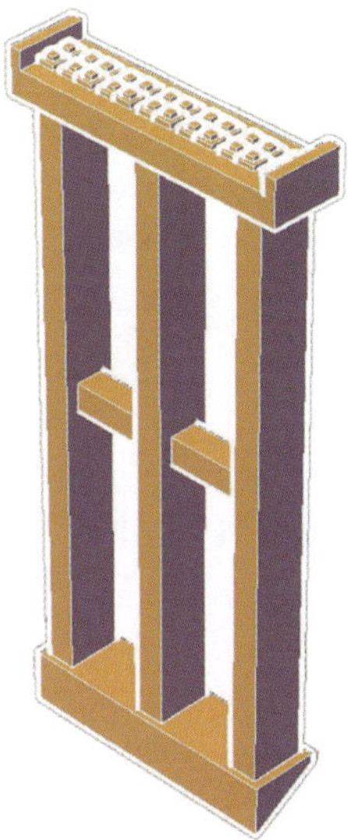

图1　拱上1# 立柱

图2　拱上2# 立柱

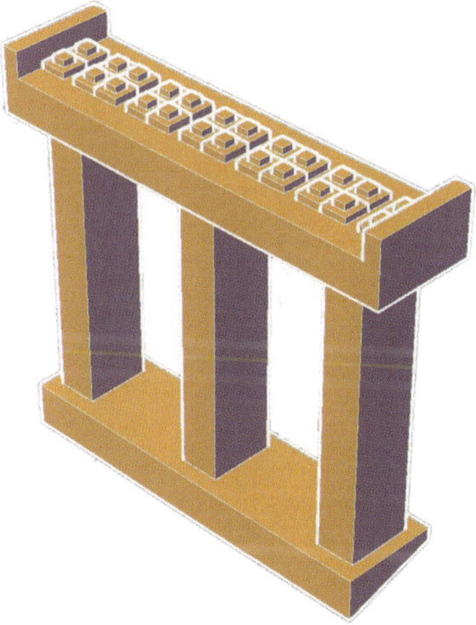

图3　拱上3# 立柱

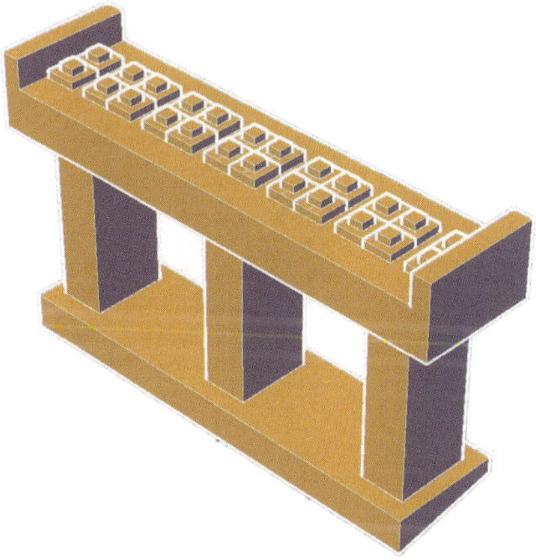

图4　拱上4# 立柱

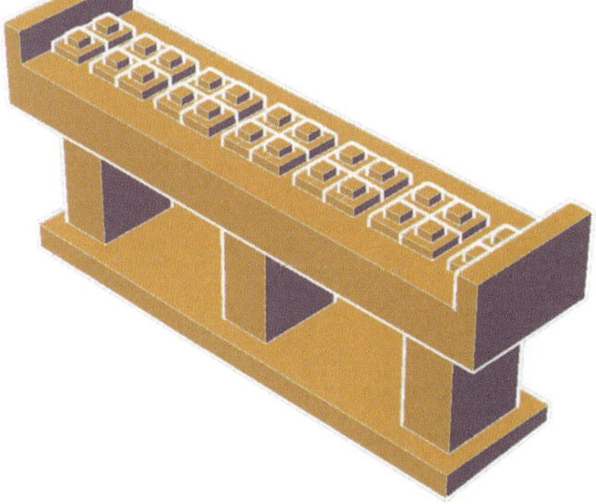

图5　拱上5# 立柱

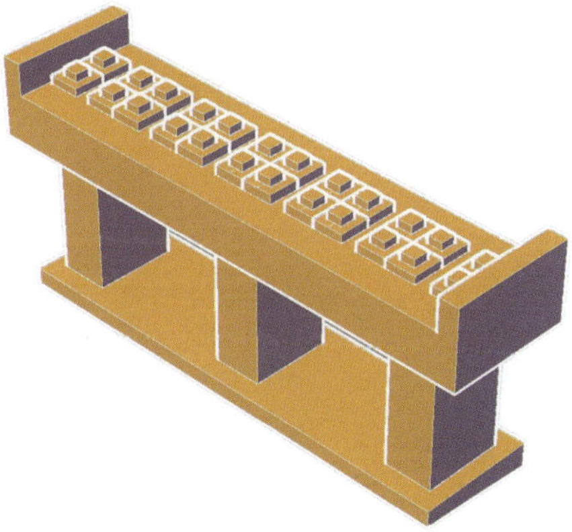

图6　拱上6# 立柱

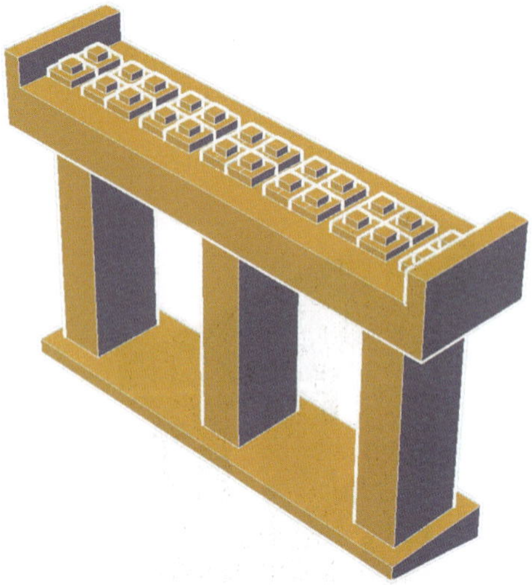

图 7　拱上 7# 立柱

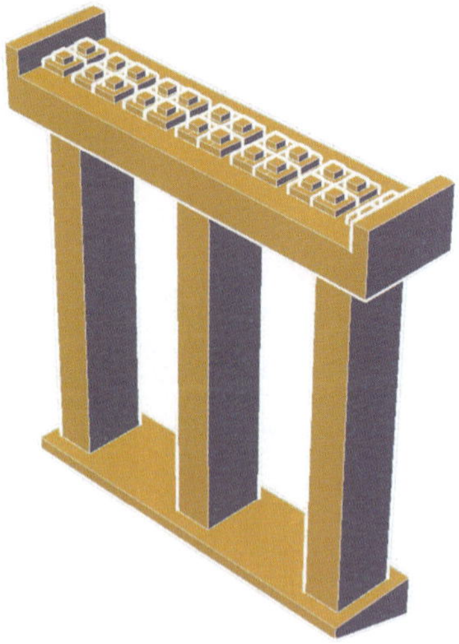

图 8　拱上 8# 立柱

图 9　拱上 9# 立柱

图 10　拱上 10# 立柱

图 11　拱座及背景

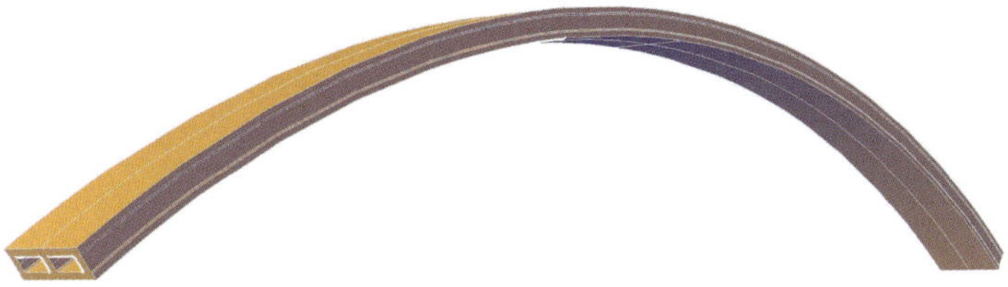

图 12　主拱圈

图 13　空心板梁

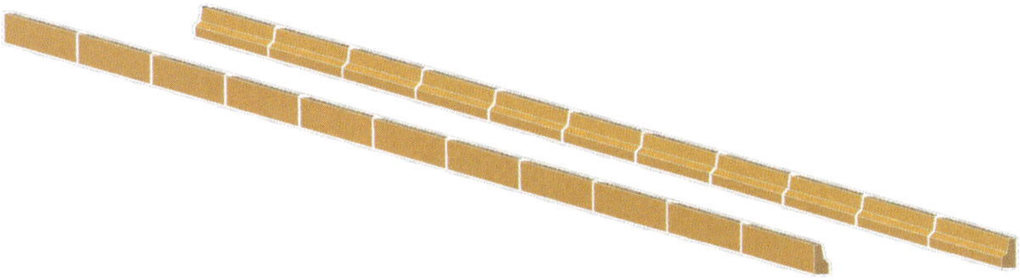

图 14　防撞护栏

图 15　整体模型

电子类

第17届“高教杯”全国大学生先进成图技术与产品信息建模创新大赛 电子类先进成图技术赛道国赛试题

说明：本试题共七页四题，竞赛时间为3小时，本试卷采用软件为 Altium Designer、版本不限。

上交竞赛结果方式：

1. 选手须在监考人员指定的硬盘驱动器下建立一个工程文件夹，文件夹名称以本人选手编号后8位来命名（如：选手陈大勇的编号为13520240727，则工程文件夹名为：20240727）；

2. 选手根据题目要求完成作图，并将答案保存到工程文件夹中。

一、管理文件（5分）

1. 说明：工程文件夹中新建的文件均以本人选手编号后8位来命名。
2. 新建原理图模版文件，文件名为 20240727. Schdot；
3. 在工程文件夹中新建项目工程文件，文件名为：20240727. PrjPCB)；
4. 在项目工程内新建原理图库文件，文件名为 20240727. SchLib；
5. 在项目工程内新建 PCB 封装库文件，文件名为 20240727. PcbLib；
6. 在项目工程内添加素材库中的5个原理图设计文件；
7. 在项目工程内新建 PCB 设计文件，文件名为 20240727. PcbDoc；
8. 在工程文件夹中新建一个子文件夹，并命名为 Gerber。

二、制作原理图库元件及 PCB 封装（20分）

1. 在原理图库文件 20240727. SchLib 中，根据图1给出的元件示意图绘制原理图库元件，并命名为 LM2575，并在抄画原理图中调用，（注：单位为 mil）

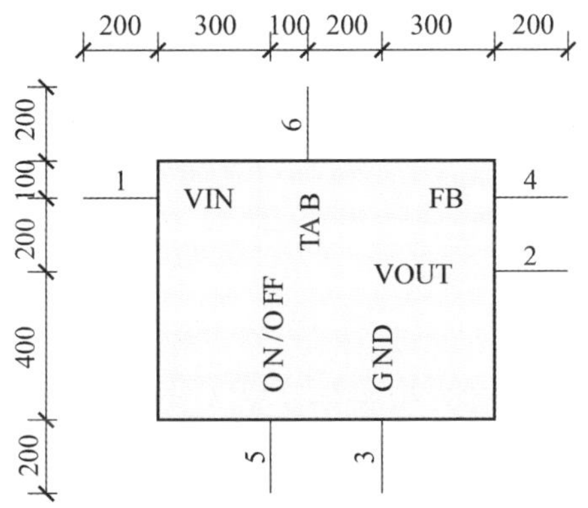

图 1

2. 在 PCB 库文件 20240727. PcbLib 中根据图2给出的相应参数创建集成电路的 PCB 封装，命名为 TO-263-5，并在生成电路板中调用；

SYMBOLS	MILLIMETERS		INCHES	
	MIN	MAX	MIN	MAX
A	10.050	10.668	0.396	0.420
B	8.280	9.169	0.326	0.361
C	4.310	4.670	0.170	0.184
D	0.660	0.910	0.026	0.036
E	1.140	1.400	0.045	0.055
G	1.70REF		0.067REF	
H	14.605	15.875	0.575	0.625
K	1.143	1.680	0.045	0.066
N	0.330	0.580	0.013	0.023
P	2.280	2.800	0.090	0.110
R	0°	8°	0°	8°
W	0.25REF		0.01REF	

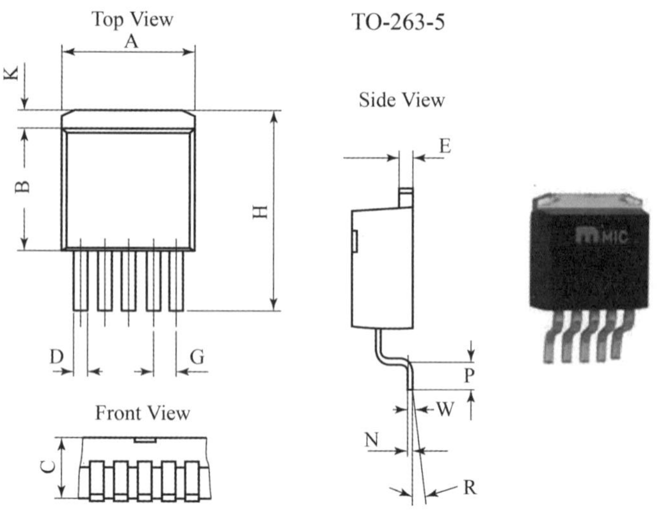

图 2

三、抄画电路原理图(15 分)

1. 在原理图模板文件 20240727. Schdot 中画出图 3 所示的动态标题栏，要求：设置图纸大小为 A4，水平放置，边框直线为小号直线，文字大小为 14 磅，颜色均为黑色，字体为仿宋_GB2312；(注：单位为 mil)

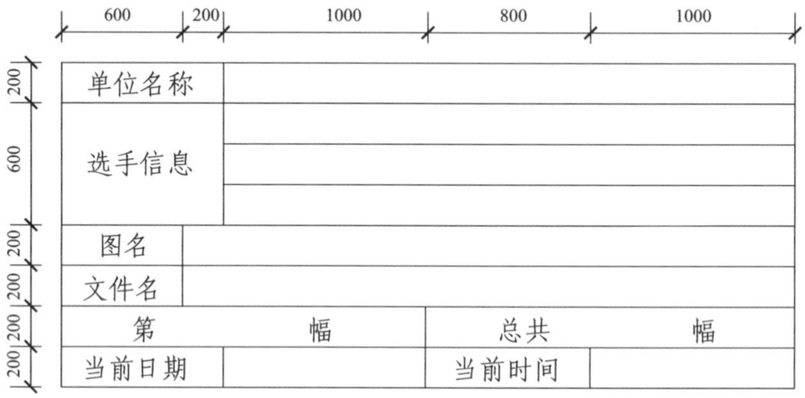

图 3

2. 将素材库中 01-POWER AC-DC. SchDoc、02-POWER DC-DC. SchDoc、03-CPU Core. SchDoc、05-lnterface2. SchDoc 调用模板文件 20240727. SchDot，并依据图 4 所示抄画 02-POWERDC-DC. SchDoc；注意：标题栏中各项内容均要从 organization 中输入或自动生成，其中在选手信息中第一行输入选手姓名，第二行输入身份证号码，第三行输入选手编号，图名为工控主板。

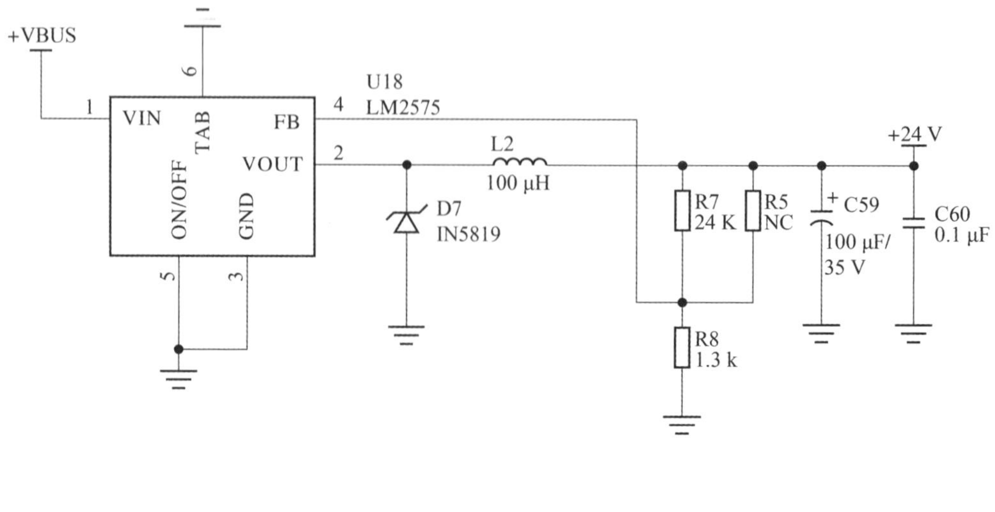

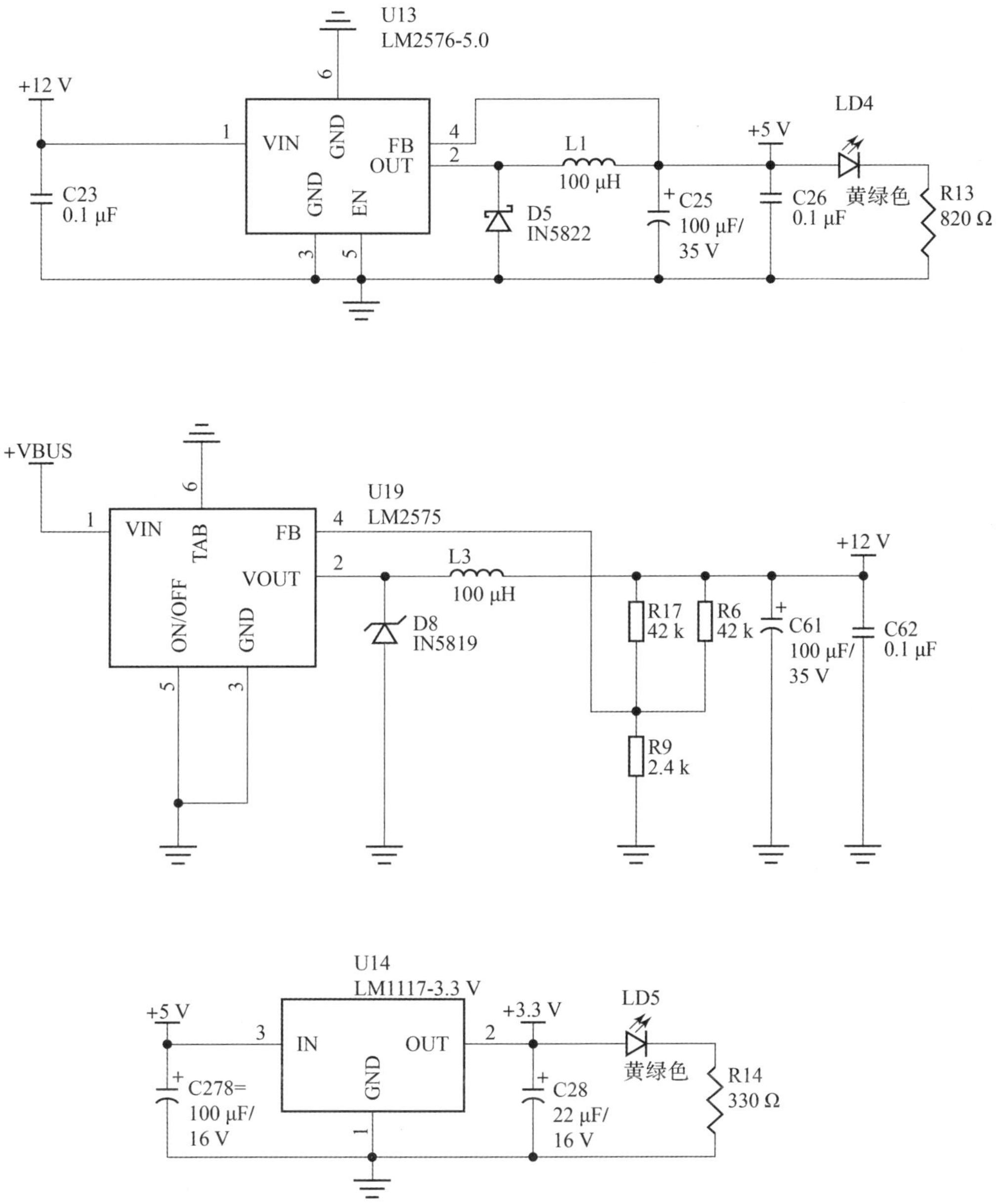

图 4

所用元件如表 1 所示，同时素材库文件夹中提供了不同软件版本的原理图文件素材和元件库素材，可供选手使用。

表 1　原理图所用元件清单

序号	元件名称	元件规格	PCB 封装	序号	元件名称	元件规格	PCB 封装
1	整流桥	GBL407G	GBL407G	9	二极管	1N5822	SMA-L4
2	贴片电容	1 pF-2.2 μF	C0805	10	二极管	1N4148	FR107W
3	钽电容	10 μF/16 V	C3216	11	二极管	IN5819	SMA-L4
4	钽电容	22 μF/16 V	C3528	12	二极管	FR107	FR107W
5	铝电解电容	100 μF/35 V	SMD-6.3 * 7.7	13	保险丝	4T2A250V	4T2A250V
6	X 安规电容	0.1 μF/275 V	CBB62-275VAC-104K	14	插座	XH-10P_2P54	XH-10P_2P54
7	铝电解电容	33 μF/100 V	CE16250SH1	15	插座	HEADER_12x2	HEADER_12x2
8	瓷片电容	0.33 μF/100 V	AF334J1J079L270D9H	16	插座	VH3.96 mm-1x3P	VH-3A

续表

序号	元件名称	元件规格	PCB 封装
17	插座	2P	A2512WV-2P
18	插座	6P	A2512WV-6P
19	插座	3P	A2512WV-3P
20	插座	4P	A2512WV-4P
21	插座	DB9	DB9
22	轻触开关	DTSM-61,6.2 mm	DISM-61
23	电感	100 μH	L100 μH
24	发光二极管	黄绿色,黄色	LED0805
25	MOS 管	IRFR024N	TO-252AA
26	贴片电阻	0～100M	R0805
27	排阻	220～10 k	RP
28	热敏电阻	NTC	NTC-10D9
29	共模电感	1.2 mH	UU1014
30	TVS 管	P6SMB36CAT	SMD
31	集成电路	C8051F020	TQFP-100
32	集成电路	74HC245MIR	SSOP-20
33	集成电路	W25X16	SOIC-8
34	集成电路	LM2576-5.0	TO-263-5
35	集成电路	LM1117-3.3V	SOT-223
36	集成电路	74HC540	SOP-20
37	集成电路	ULN2003AFW	SO-16P
38	集成电路	LM2575	TO-263-5
39	集成电路	EL817C-F	EL817-S
40	压敏电阻	05D560K	VR_05D560K
41	晶振	22.118400 MHz	HC-49

四、生成电路板(60 分)

将所有补充完整后的原理图文件生成电路板，要求如下：

1. 四层板设计，板面积 160 mm×120 mm，双面布局；插座靠近板边放置；
2. 芯片和较高的元件要放置在 TOP 层；DB9 座子要考虑经常插拔的牢固性；
3. 电路没开路，短路，符合生产要求；过孔采用 10/20(内径/外径，单位：mil)；
4. 单端信号线控制特性阻抗 50 欧，线宽按 6 mil；电源网络和地网络线宽应满足载流设计，芯片处的线宽不得低于 8 mil；整板线距不得低于 6 mil；
5. 安规要求：

AC 交流端与次级电路保证 4.6 mm 的电气距离和 6.4 mm 爬电距离；

AC 交流端爬电距离要求：保险丝前保持 2.5 mm、保险丝后保持 2 mm；

6. 将 PCB 文件输出光绘文件及装配图，并保存在 Gerber 文件夹中。

绘制原理图　**设计 PCB**　**制作 PCB 封装**　**制作原理图库元件**

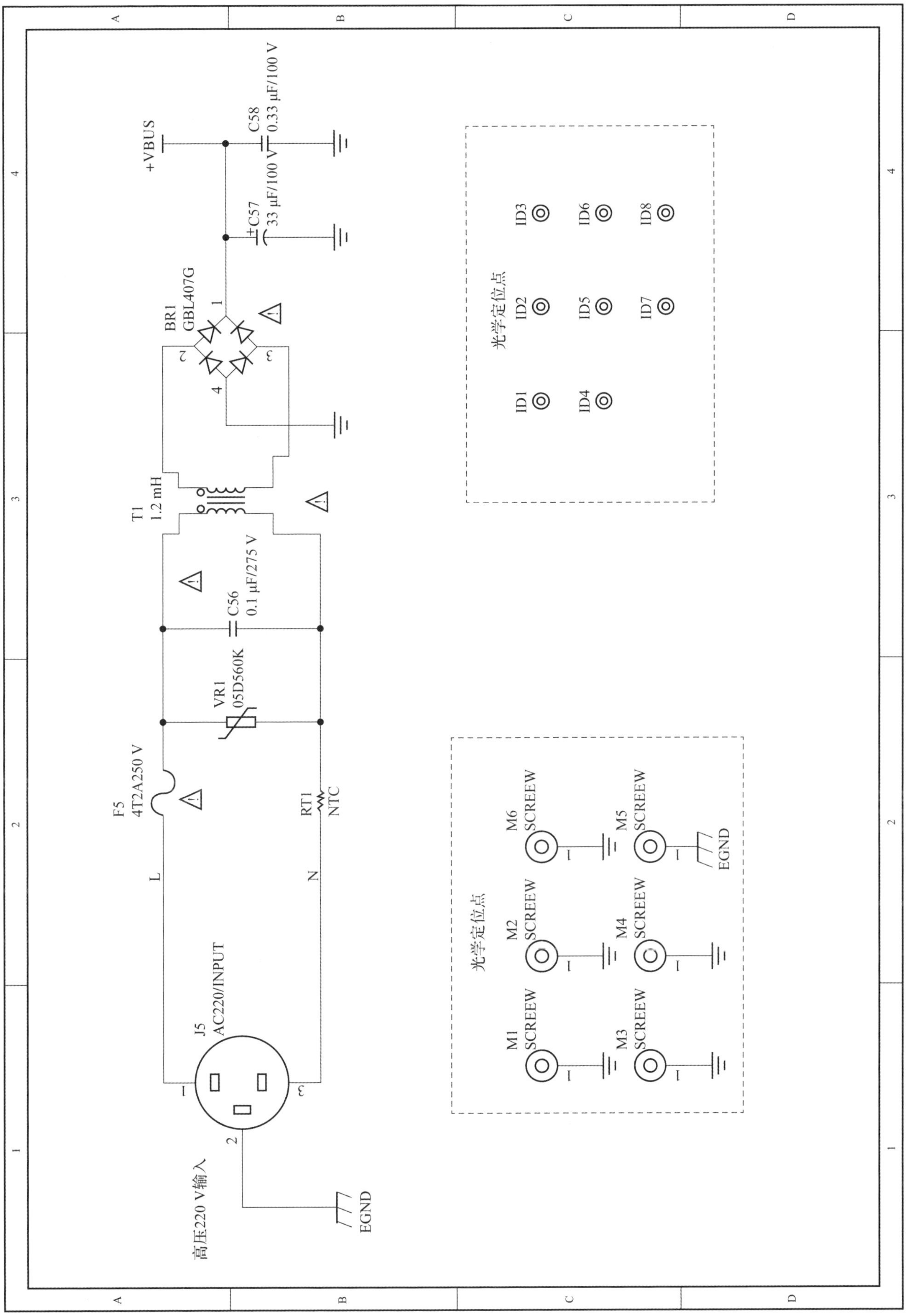

+VBUS
C58
0.33 μF/100 V
C57
33 μF/100 V
BR1
GBL407G
T1
1.2 mH
C56
0.1 μF/275 V
VR1
05D560K
F5
4T2A250 V
RT1
NTC
L
N
J5
AC220/INPUT
高压220 V输入
EGND
光学定位点
ID1
ID2
ID3
ID4
ID5
ID6
ID7
ID8
M1
M2
M3
M4
M5
M6
SCREEW

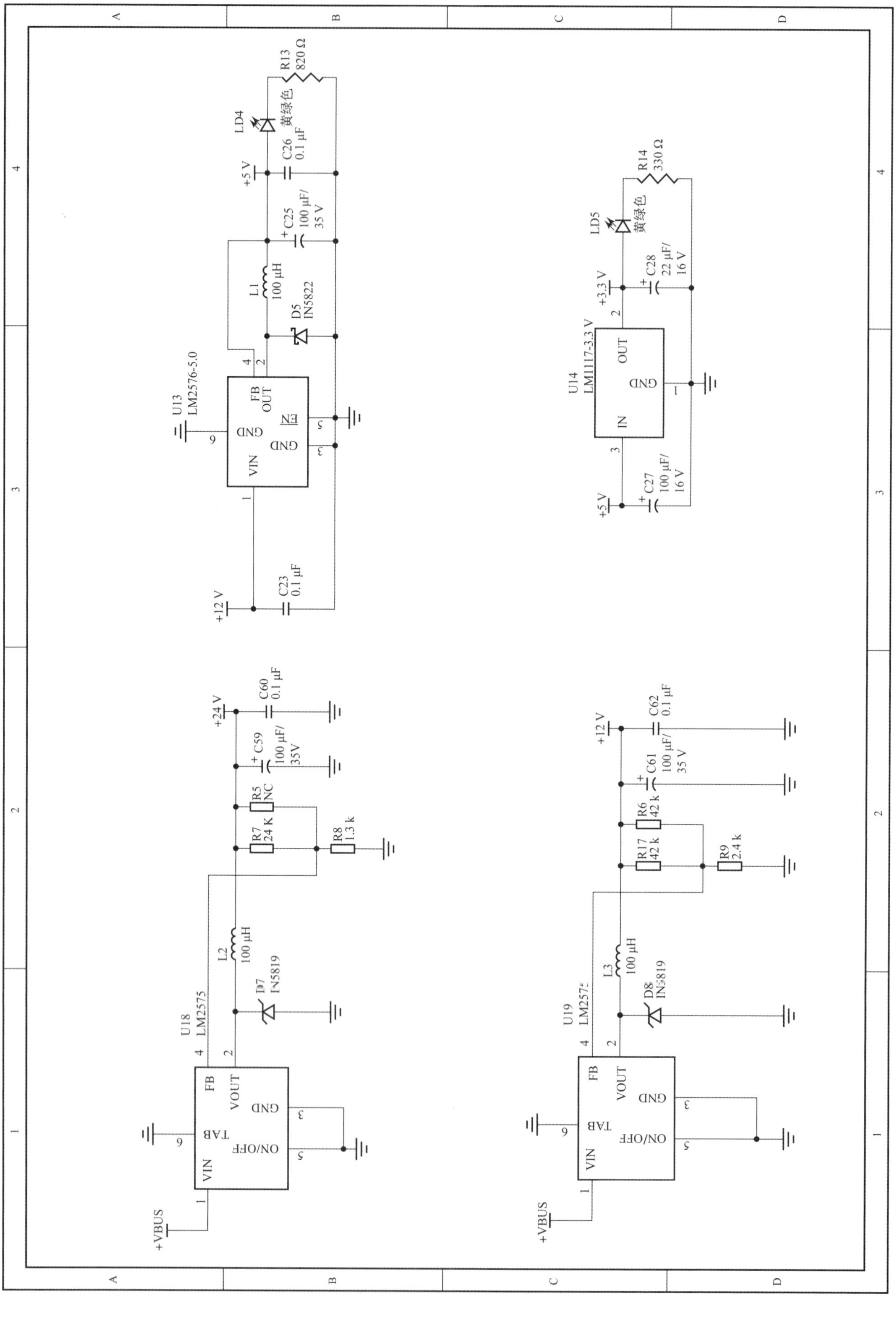
A
B
C
D
1
2
3
4
R13
820 Ω
LD4
黄绿色
C26
0.1 μF
+5 V
C25
100 μF/
35 V
L1
100 μH
D5
IN5822
U13
LM2576-5.0
FB
OUT
EN
GND
VIN
C23
0.1 μF
+12 V
R14
330 Ω
LD5
黄绿色
C28
22 μF/
16 V
+3.3 V
U14
LM1117-3.3 V
OUT
GND
IN
C27
100 μF/
16 V
+5 V
+24 V
C60
0.1 μF
C59
100 μF/
35V
R5
NC
R7
24 K
R8
1.3 k
L2
100 μH
D7
IN5819
U18
LM2575
VOUT
TAB
ON/OFF
+VBUS
+12 V
C62
0.1 μF
C61
100 μF/
35 V
R6
42 k
R17
42 k
R9
2.4 k
L3
100 μH
D8
IN5819
U19

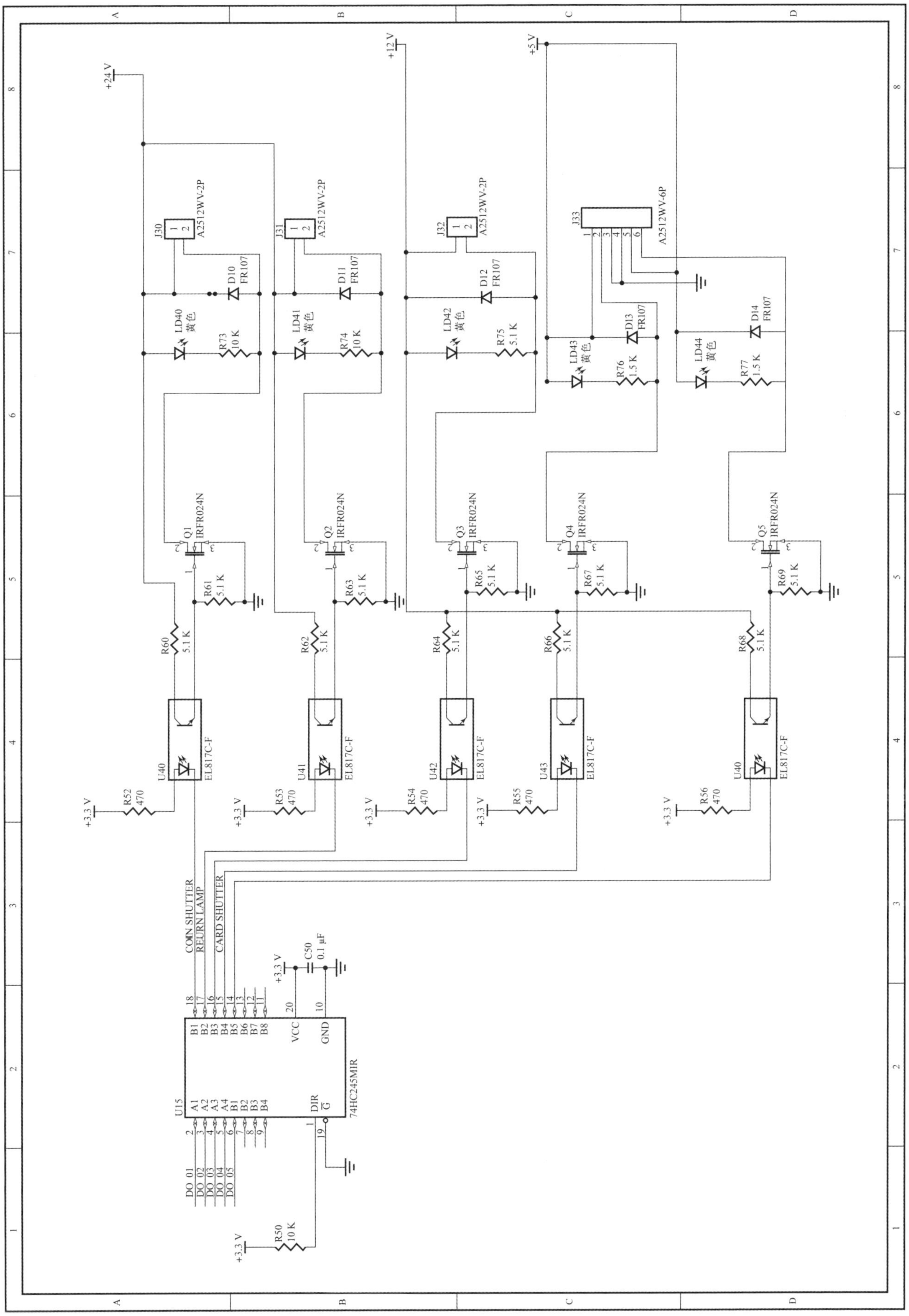
+24 V
+12 V
+5 V
+3.3 V
J30
J31
J32
J33
A2512WV-2P
A2512WV-6P
D10 FR107
D11 FR107
D12 FR107
D13 FR107
D14 FR107
LD40 黄色
LD41 黄色
LD42 黄色
LD43 黄色
LD44 黄色
R73 10 K
R74 10 K
R75 5.1 K
R76 1.5 K
R77 1.5 K
Q1 IRFR024N
Q2 IRFR024N
Q3 IRFR024N
Q4 IRFR024N
Q5 IRFR024N
R61 5.1 K
R63 5.1 K
R65 5.1 K
R67 5.1 K
R69 5.1 K
R60 5.1 K
R62 5.1 K
R64 5.1 K
R66 5.1 K
R68 5.1 K
U40 EL817C-F
U41 EL817C-F
U42 EL817C-F
U43 EL817C-F
R52 470
R53 470
R54 470
R55 470
R56 470
COIN SHUTTER
REURN LAMP
CARD SHUTTER
C50 0.1 μF
VCC
GND
U15 74HC245MIR
A1 A2 A3 A4 B1 B2 B3 B4
B1 B2 B3 B4 B5 B6 B7 B8
DIR
G
DO 01
DO 02
DO 03
DO 04
DO 05
R50 10 K
A B C D
1 2 3 4 5 6 7 8

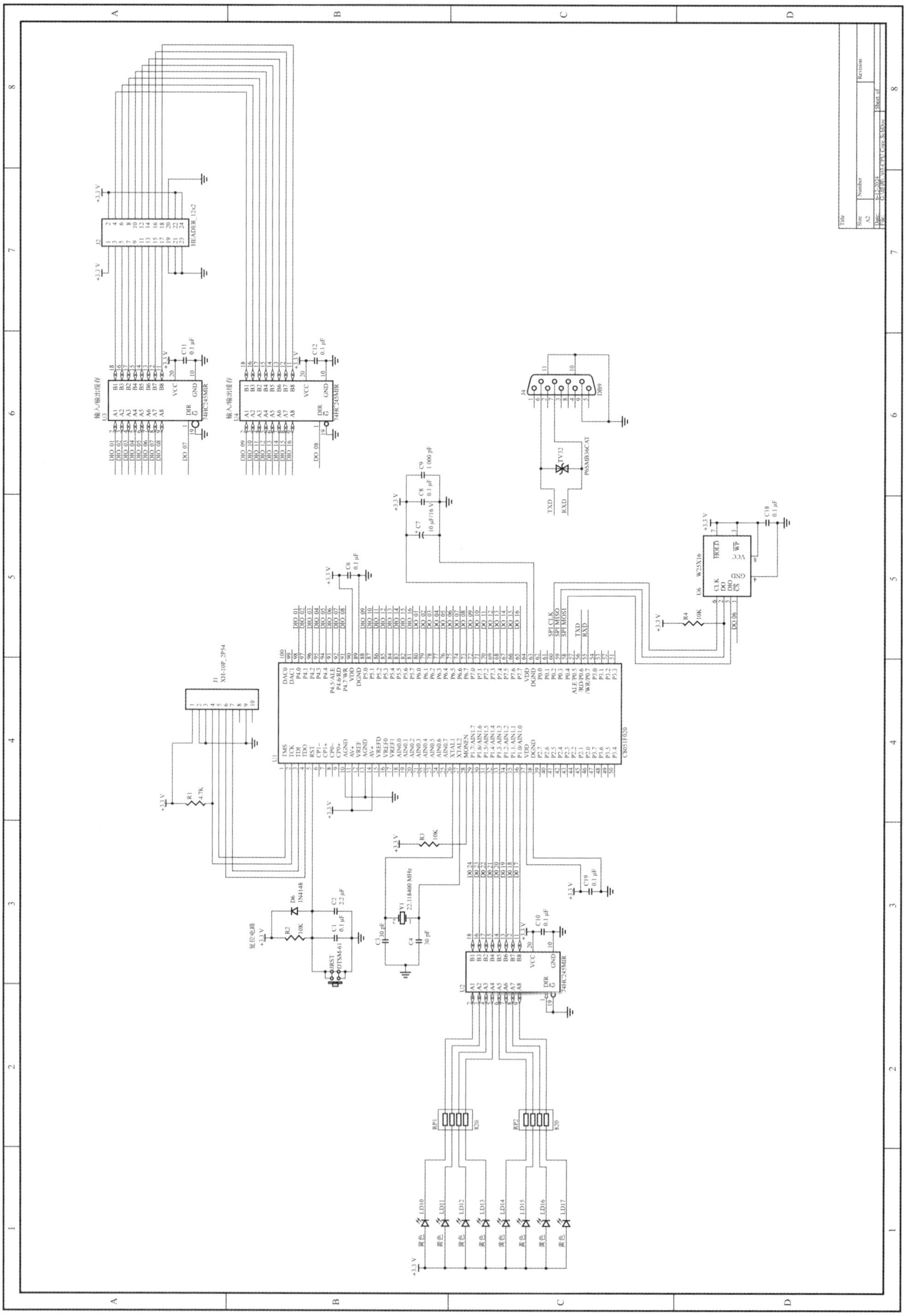

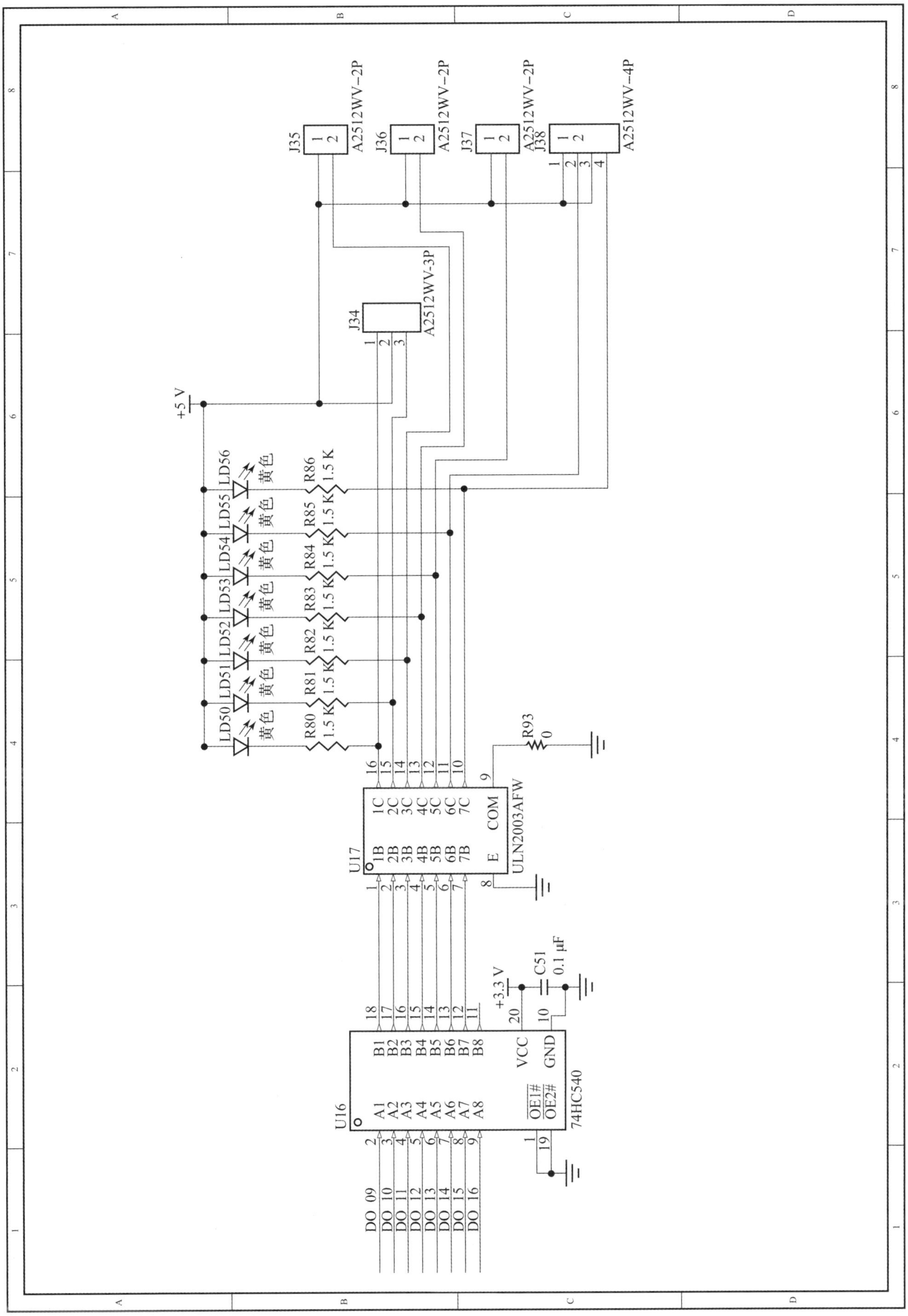
J35
A2512WV-2P
J36
A2512WV-2P
J37
A2512WV-2P
J38
A2512WV-4P
J34
A2512WV-3P
+5 V
LD50
LD51
LD52
LD53
LD54
LD55
LD56
黄色
R80
R81
R82
R83
R84
R85
R86
1.5 K
U17
ULN2003AFW
1B 2B 3B 4B 5B 6B 7B E
1C 2C 3C 4C 5C 6C 7C COM
R93
0
U16
74HC540
A1 A2 A3 A4 A5 A6 A7 A8
B1 B2 B3 B4 B5 B6 B7 B8
OE1#
OE2#
VCC
GND
+3.3 V
C51
0.1 μF
DO_09
DO_10
DO_11
DO_12
DO_13
DO_14
DO_15
DO_16

第17届“高教杯”全国大学生先进成图技术与产品信息建模创新大赛
电子类先进成图技术赛道国赛试题评分表

准考证号：　　　　　　姓名：　　　　得分：

一、管理文件(5分)

文件夹名称 (1分)		设计文件名称 (3分)		文件保存位置 (1分)	

二、制作原理图库元件及PCB封装(20分)

错/漏画管脚 (1分/个,共4分)		元件命名错误 (2分/个,共4分)		元件形状画错 (1分/个,共2分)	
封装尺寸画错 (2分/个,共4分)		分配封装错误 (1分/个,共2分)		焊盘选择不合理 (1分/个,共4分)	

三、抄画电路原理图(15分)

1. 作图方法(共10分)

错/漏画元件 (1分/个)		电源、接地错误 (1分/个)		错/漏画电线 (1分/条)	
漏/错标网络标号 (1分/个)		漏/错标元件标称值 (0.5分/个)		漏/错标元件标号 (1分/个)	

2. 作图质量(共5分)

原理图模版调用错误 (1分/个,共2分)		主要元件PCB封装分配错误 (扣1分/个,共3分)	

四、生成电路板(60分)

1. 作图方法(共25分)

原理图与PCB不一致 (5分)		短路错误未处理 (4分)		连通性未完成 (5分)	
元件编号未处理 (3分)		过孔选择不合理 (2分)		螺丝孔位置不合理 (1分)	
线宽设置不合理 (3分)		缺少光学定位点(每面少于3个扣1分,共2分)			

2. 作图质量(35分)

电路板布局美观程度(5分)		AC交流端安规距离(5分)	
布线合理程度(5分)		PCB可制造性设计合理程度(5分)	
AC交流端与低压的安规距离(2分)		晶体时钟电路设计合理程度(2分)	
电源模块处理合理程度(3分)		电源平面、地平面合理程度(2分)	
滤波电容布线合理程度(4分)		正确输出生产文件(2分)	

裁判签名：

年　　月　　日

第 17 届“高教杯”全国大学生先进成图技术与产品信息建模创新大赛
电子类先进成图技术赛道国赛试题参考答案

一、管理文件

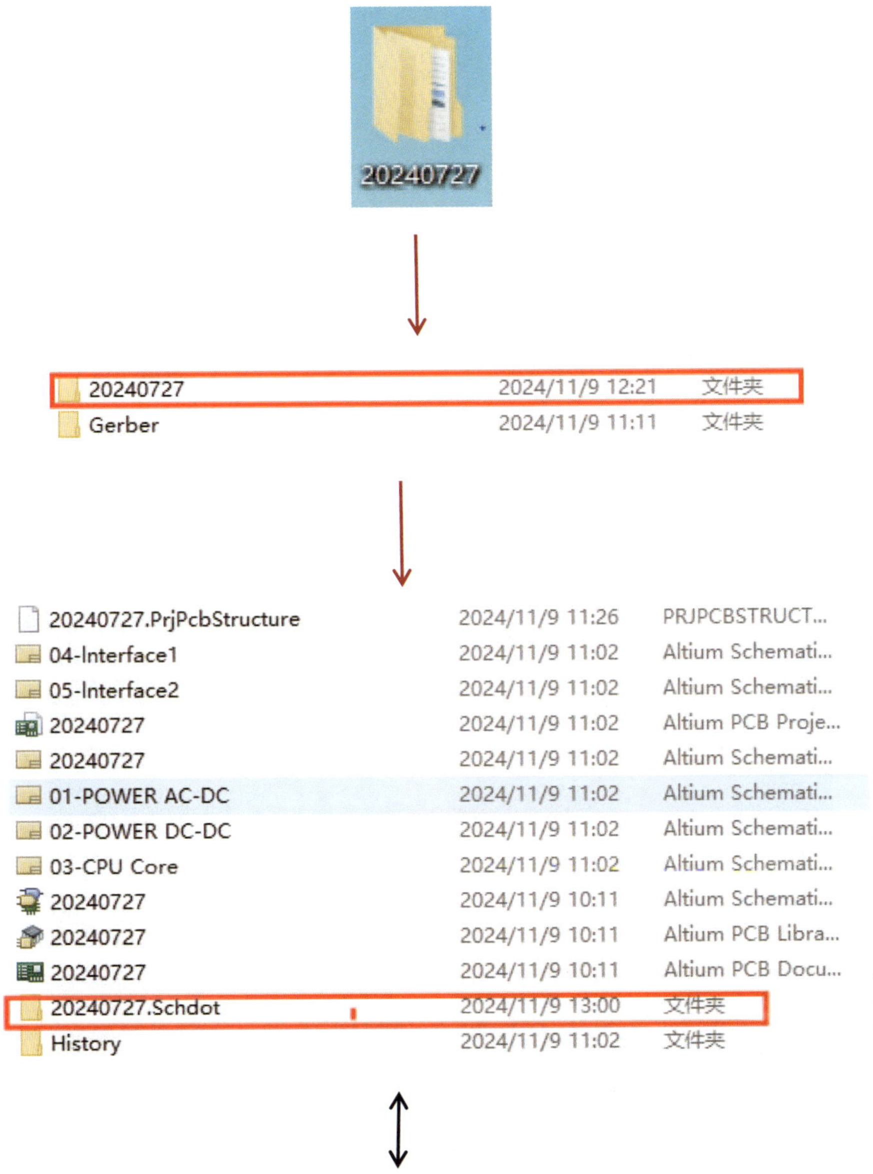

工控主板模版

二、制作原理图库元件及 PCB 封装

1. 原理图库元件 LM2575

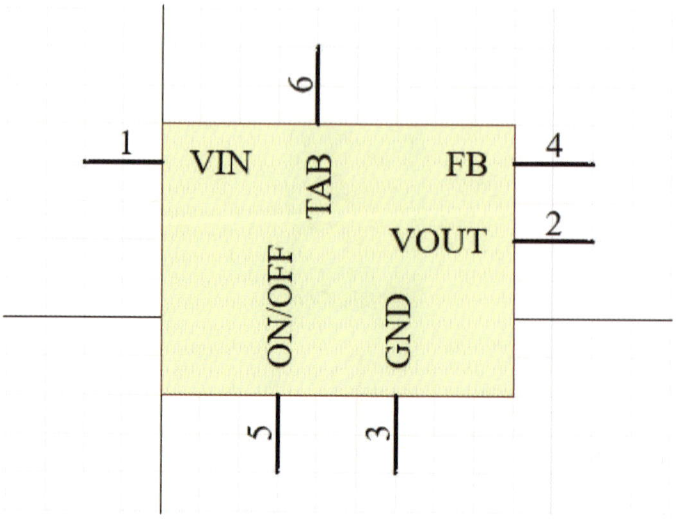

2. PCB 封装 TO-263-5

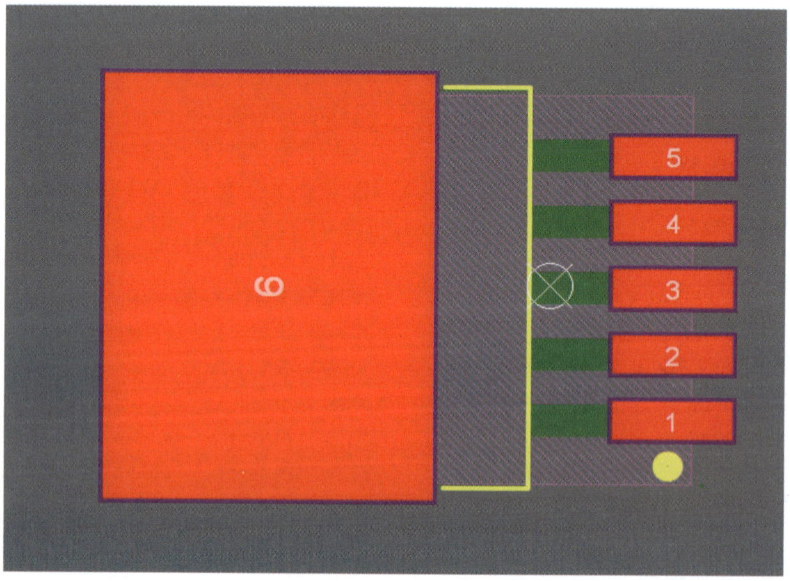

三、抄画电路原理图

1. 模版 20240727. Schdot

单位名称	广东某某大学		
考生信息	张某某		
	12345678910		
	4453**********0595		
图名	工控主板		
文件名	20240727. SchDoT		
第	* 幅	总共	6 幅
当前日期	2024/11/9	当前时间	12:35:05

2. 原理图

(1)父原理图 20240727. schdoc

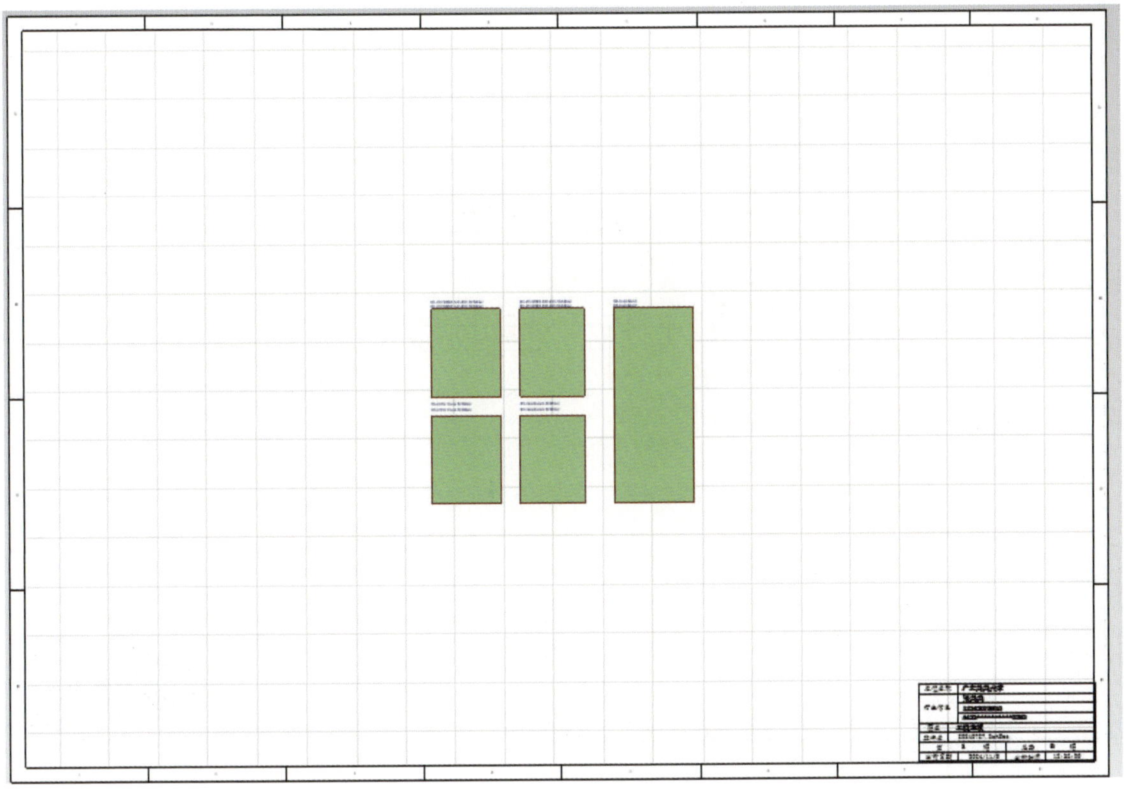

(2)子原理图 01-POWER AC-DC

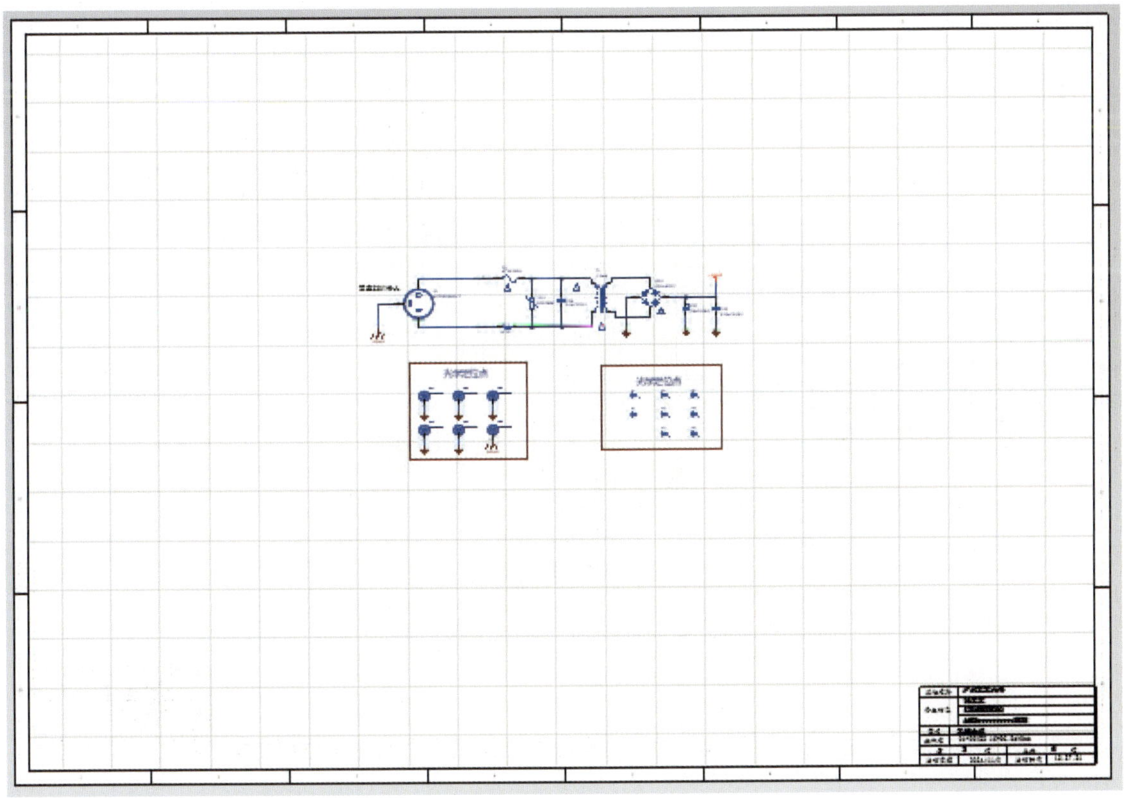

(3)子原理图 02-POWER DC-DC

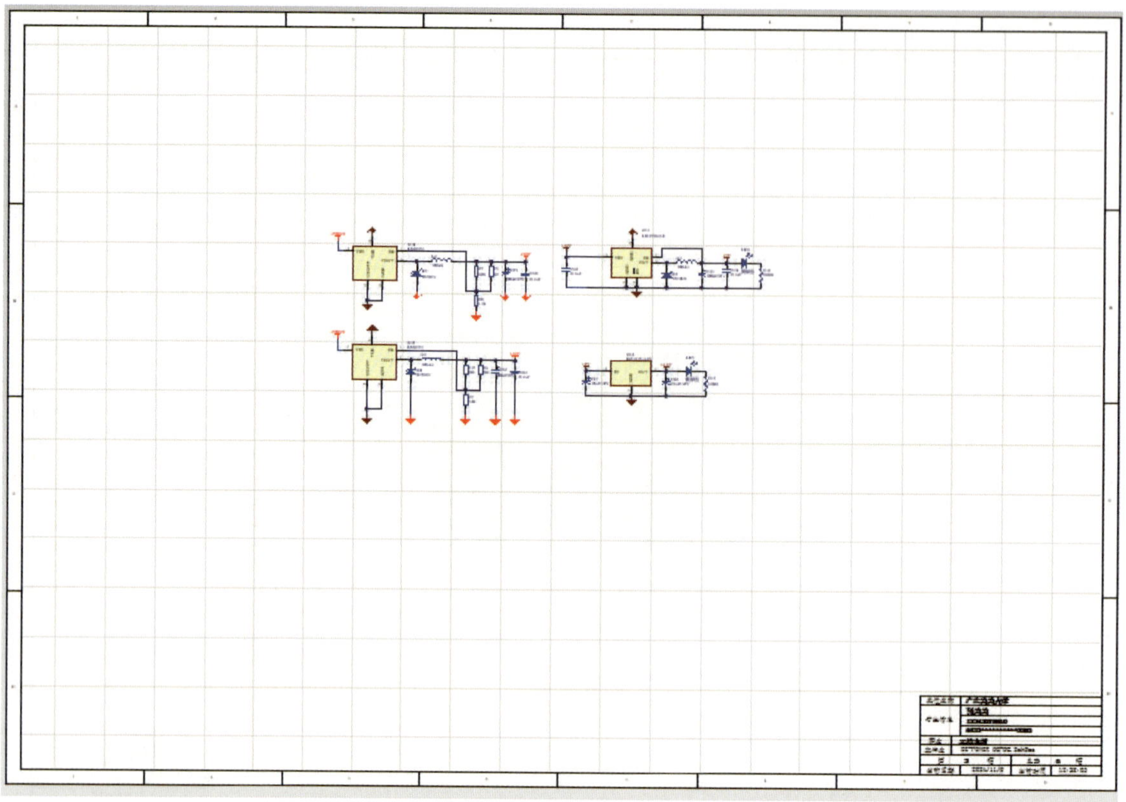

(4)子原理图 03-CPU Core

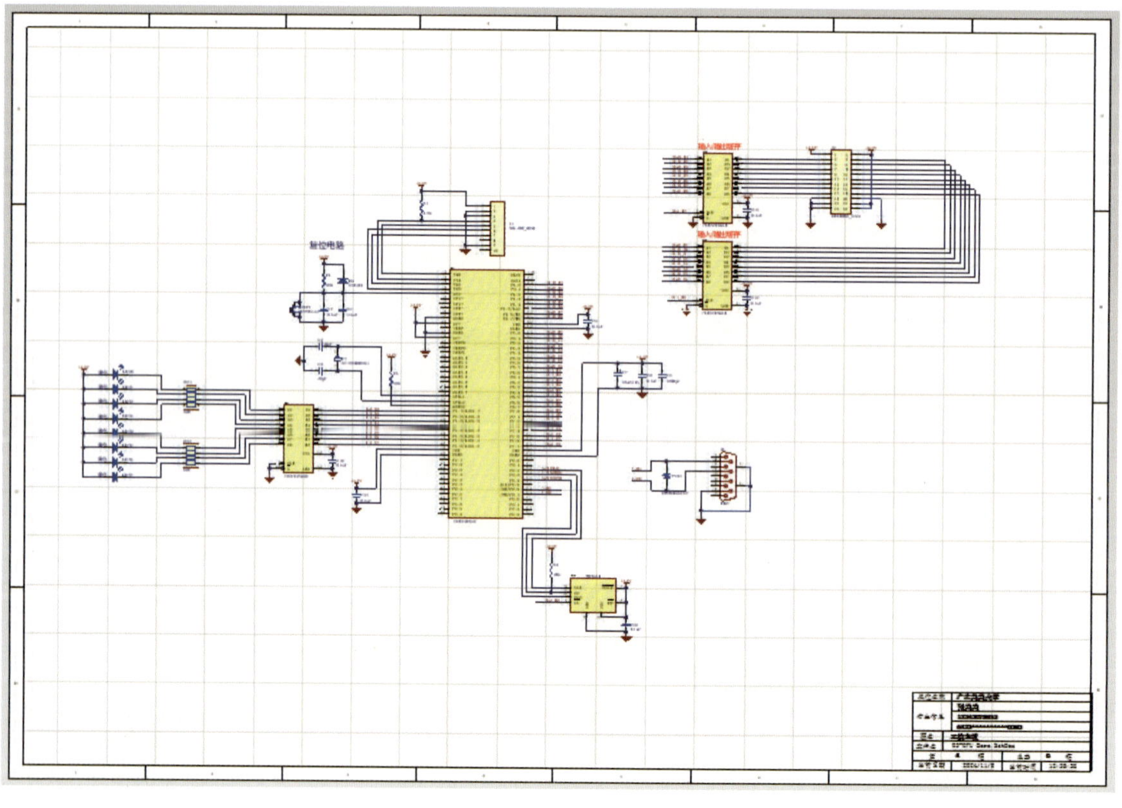

(5)子原理图 04-Interface1

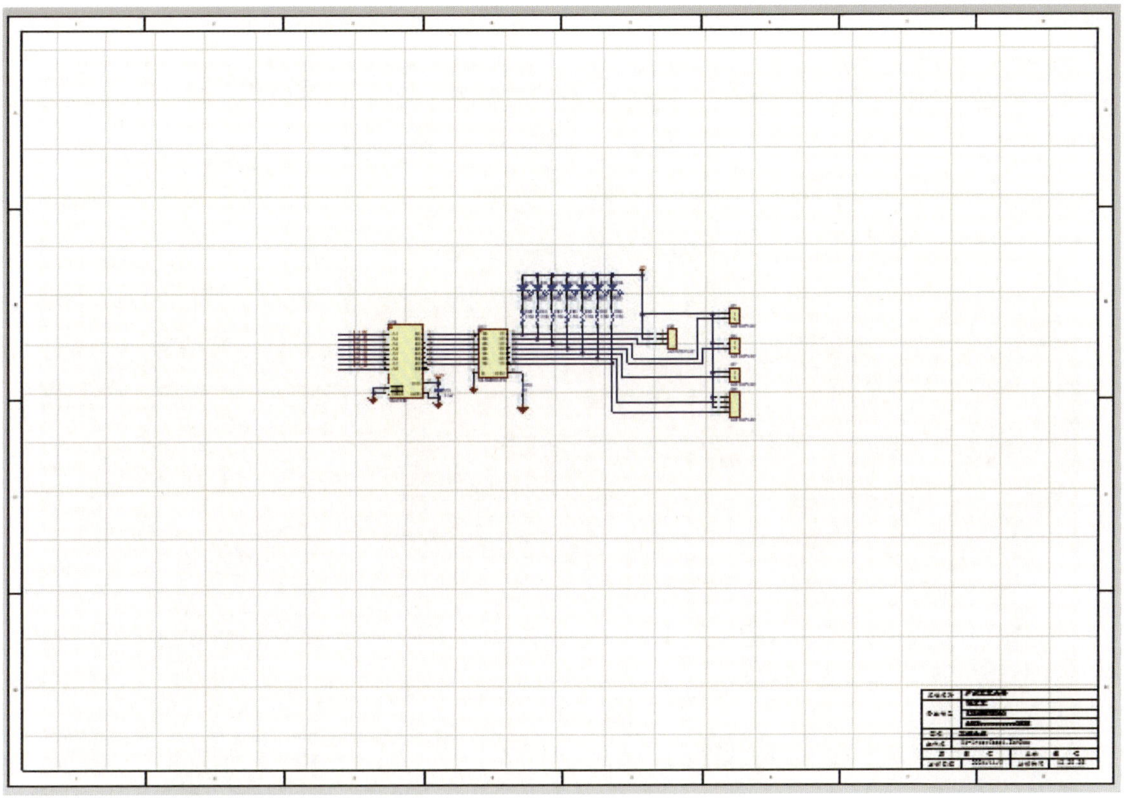

(6)子原理图 05-Interface2

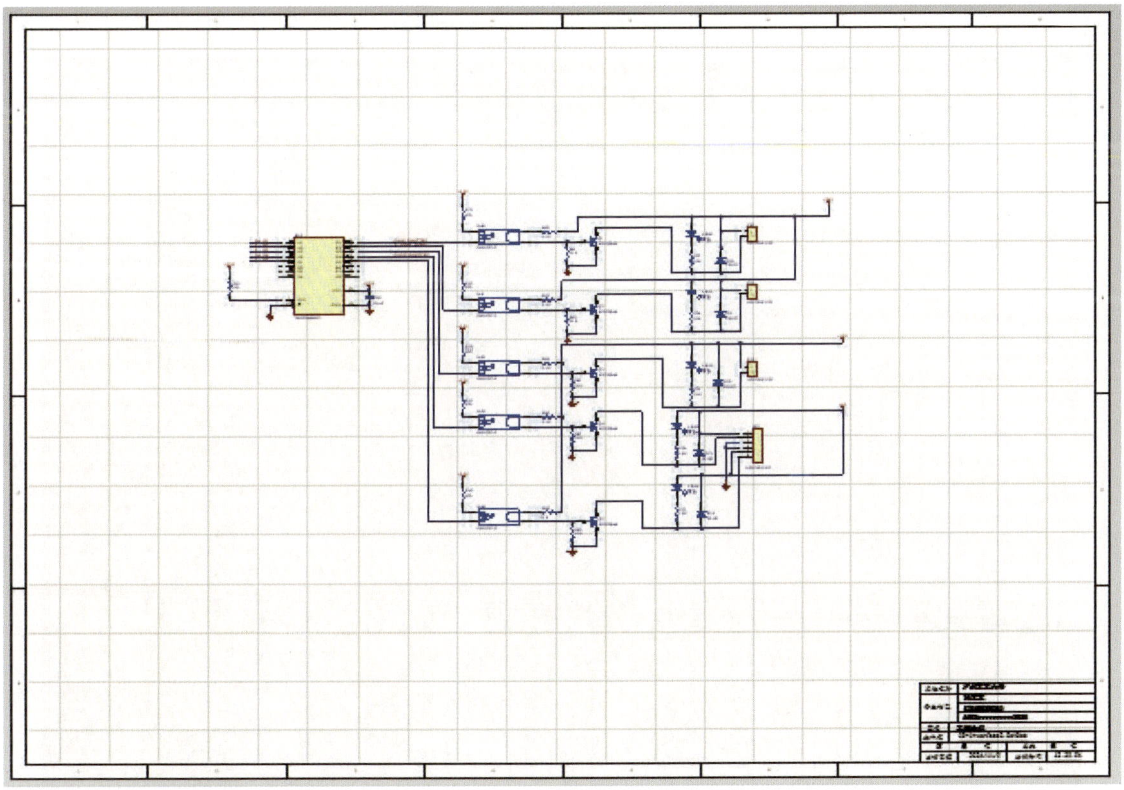

四、生成电路板

1. PCB-TOP 层

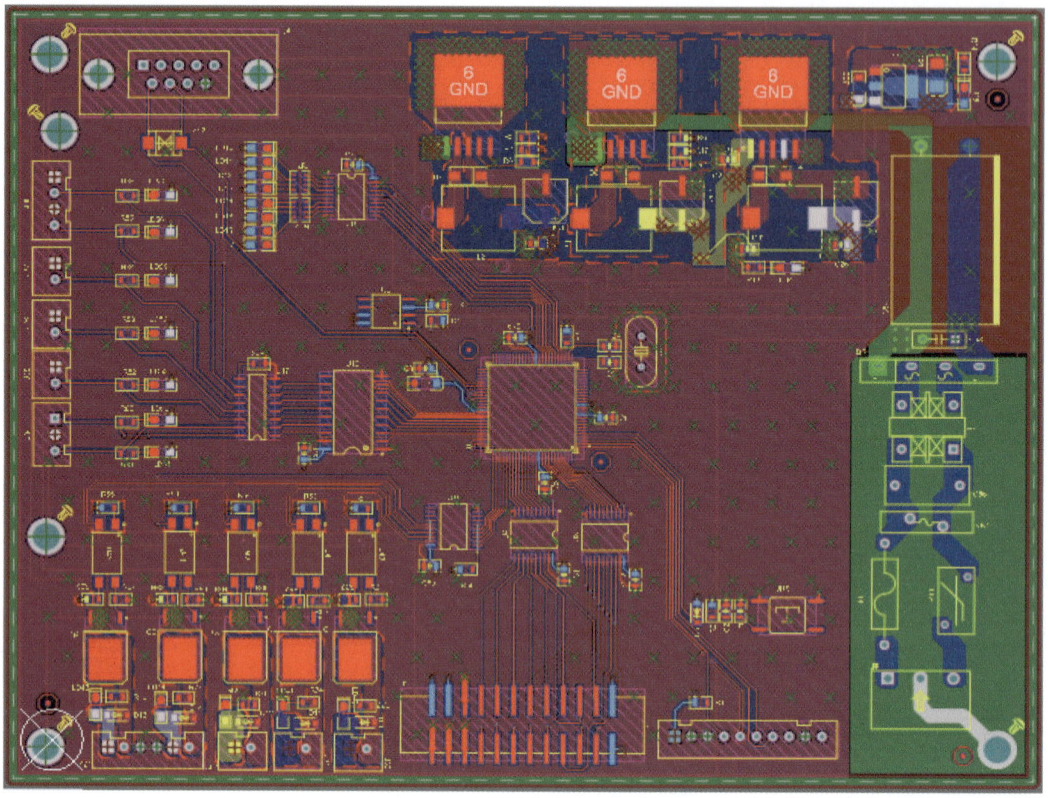

2. PCB-GND02 层

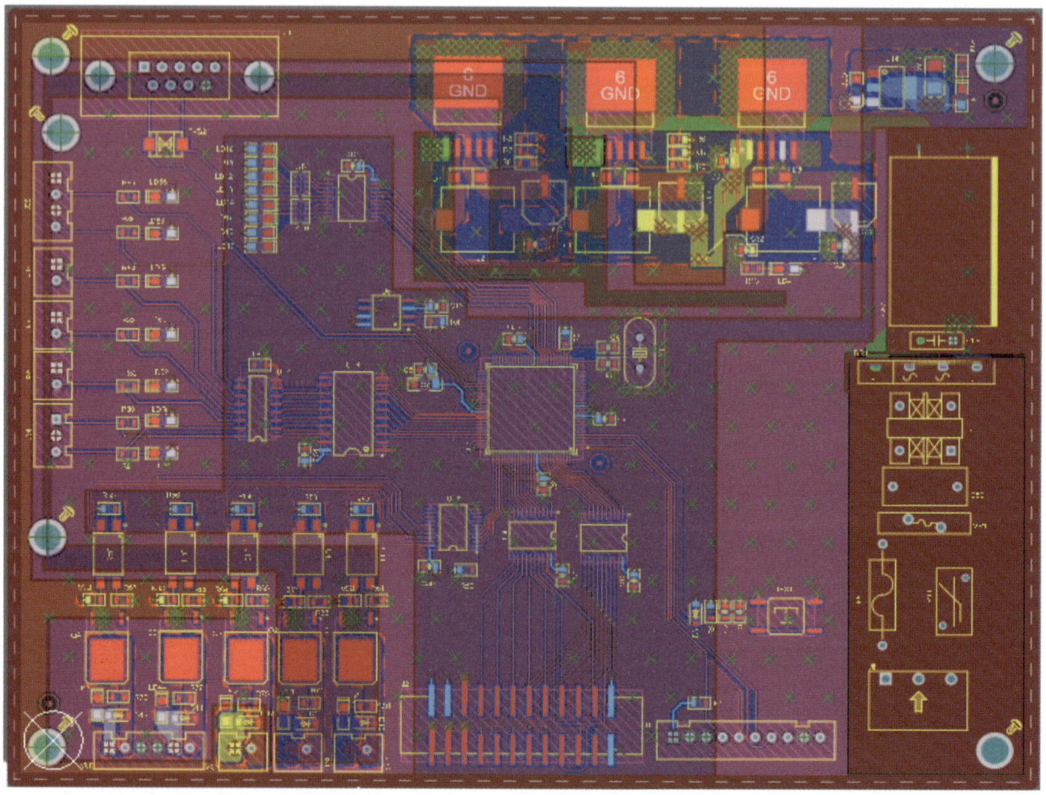

3. PCB-PWR03 层

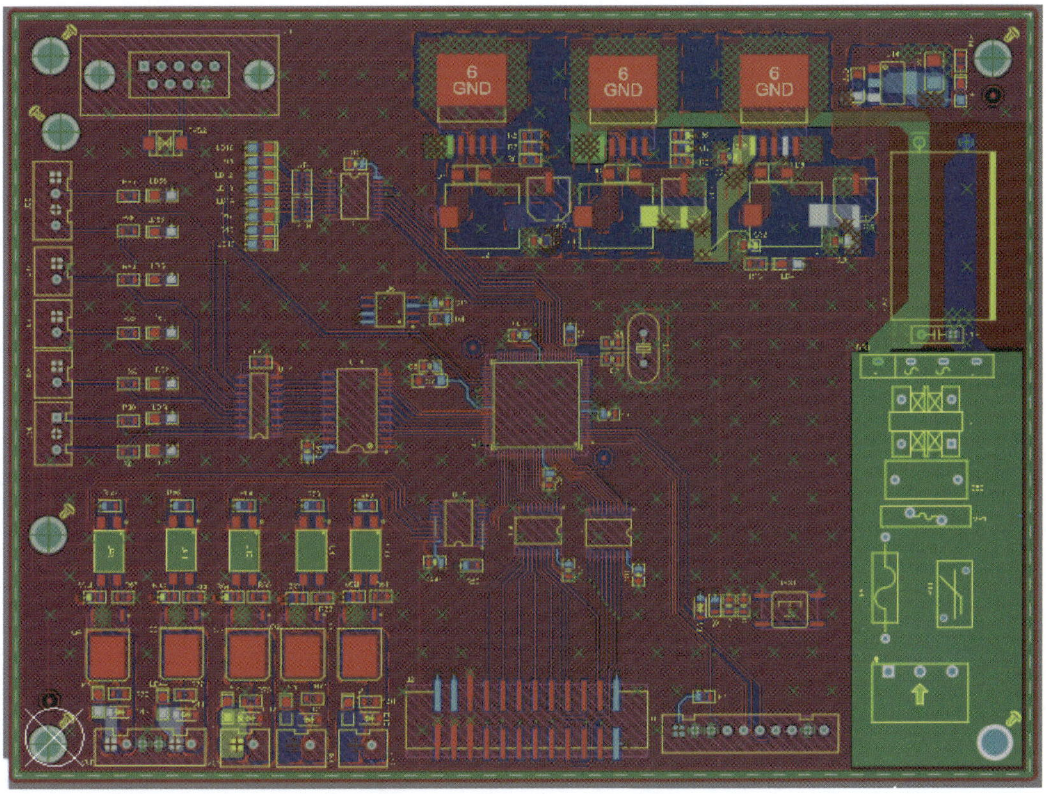

4. PCB-BOTTOM 层

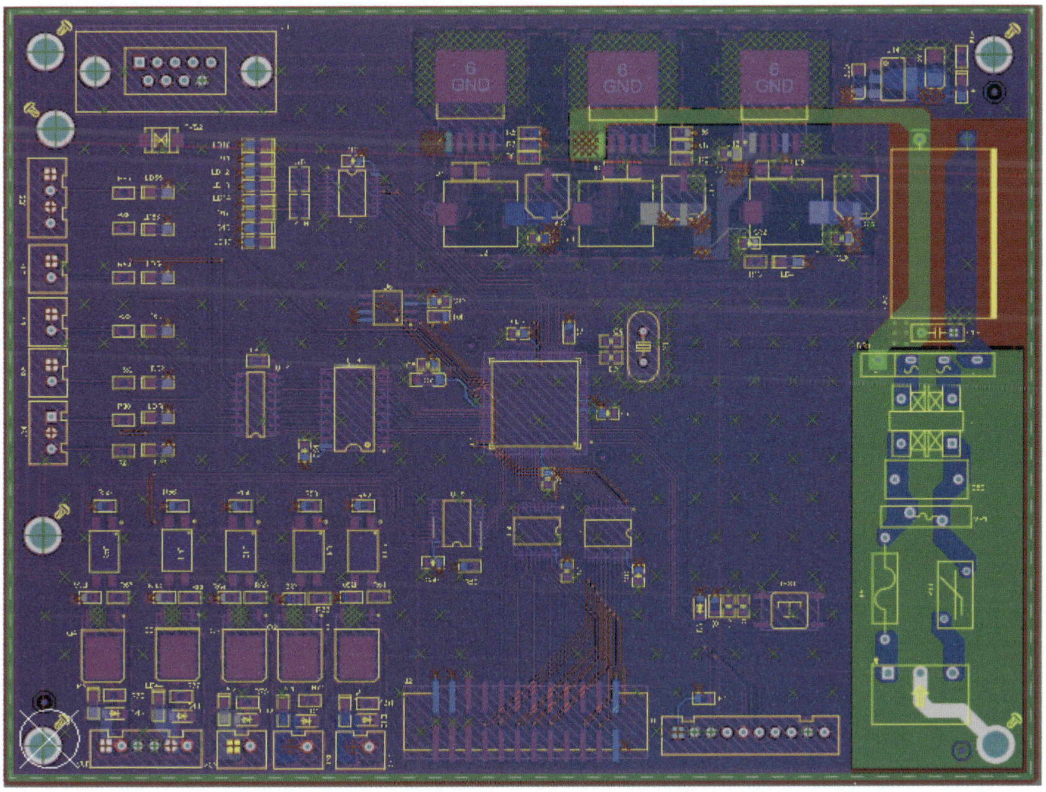